高等职业教育“十四五”规划教材

兽医临床基础

第3版

范俊娟 贾富勃 吉尚雷 主编

中国农业大学出版社
·北京·

内 容 简 介

兽医临床基础是一门高度整合的课程，包括动物病理、动物药理和动物临床诊断三个方面的内容，是畜牧兽医专业的重要专业基础课。为了适应职业教育改革的需要，在课程整合的基础上，进一步对本教材进行充分整合，打破原有的"系统"，结合产业发展趋势和岗位能力要求，根据临床诊断、病理变化和用药治疗三者之间的联系，构建新的教材结构体系，从而更加适应高素质技术技能人才的培养要求。本教材主要内容包括：基本病理变化的识别和临床诊断基本理论、临床一般检查及药物应用、心血管系统检查及药物应用、呼吸系统检查及药物应用、消化系统检查及药物应用、泌尿生殖系统检查及药物应用、神经系统检查及药物应用、临床实验实训共8个项目。所选编的内容，以理论适当、够用为度，遵循职业教育的教学规律，充分体现职业教育特点，尤为注重知识和技能的应用性和实用性，突出能力和素质的培养。在结构体系上，注重便于读者学习和使用。在内容阐述上，力求反映当代新知识、新方法和新技术，保证其先进性。

本教材可以作为职业教育畜牧兽医相关专业的教材，也可以作为从事畜牧兽医相关工作人员的学习参考用书。

图书在版编目(CIP)数据

兽医临床基础 / 范俊娟，贾富勃，吉尚雷主编. --3版. --北京：中国农业大学出版社，2023.8

ISBN 978-7-5655-3050-0

Ⅰ.①兽… Ⅱ.①范…②贾…③吉… Ⅲ.①兽医学一高等职业教育一教材 Ⅳ.①S85

中国国家版本馆CIP数据核字(2023)第155827号

书　　名　兽医临床基础　第3版

作　　者　范俊娟　贾富勃　吉尚雷　主编

策划编辑　康昊婷　　**责任编辑**　康昊婷

封面设计　李尘工作室

出版发行　中国农业大学出版社

社　　址　北京市海淀区圆明园西路2号　　**邮政编码**　100193

电　　话　发行部 010-62733489,1190　　读者服务部 010-62732336

编辑部 010-62732617,2618　　出　版　部 010-62733440

网　　址　http://www.caupress.cn　　**E-mail**　cbsszs@cau.edu.cn

经　　销　新华书店

印　　刷　运河(唐山)印务有限公司

版　　次　2023年8月第3版　　2023年8月第1次印刷

规　　格　185 mm×260 mm　　16开本　　19印张　　500千字

定　　价　69.00元

编审人员

主　编　范俊娟（辽宁农业职业技术学院）
　　　　贾富勃（辽宁农业职业技术学院）
　　　　吉尚雷（辽宁农业职业技术学院）

副主编　贺永明（辽宁农业职业技术学院）
　　　　路卫星（辽宁农业职业技术学院）
　　　　孟令楠（辽宁农业职业技术学院）

参　编　曹　晶（辽宁农业职业技术学院）
　　　　王　振（湖南加农正和生物技术有限公司）
　　　　李建光（辽宁农业职业技术学院）
　　　　韩　周（辽宁农业职业技术学院）
　　　　王忠顺（辽宁农业职业技术学院）
　　　　何丽华（辽宁生态工程职业学院）
　　　　梁德洁（辽宁农业职业技术学院）
　　　　张文晶（辽宁农业职业技术学院）
　　　　张　雷（辽宁省农业发展服务中心）
　　　　李春华（辽宁农业职业技术学院）
　　　　卢　玮（塔城职业技术学院）
　　　　徐晓江（辽宁农业职业技术学院）

主　审　刘衍芬（辽宁农业职业技术学院）

前 言

党的二十大报告指出，“统筹职业教育、高等教育、继续教育协同创新，推进职普融通、产教融合、科教融汇，优化职业教育类型定位”，为新时代职教发展提供了根本遵循。职业教育作为重要的教育类型，在实现中国式现代化目标中注定将发挥至关重要的作用。近年来，职业教育围绕人才培养目标，在人才培养模式、教学方法、教材等方面都进行了大规模的改革，但有些课程和教材还不能完全适应高等职业教育的特点，需要进一步的整合和完善。

兽医临床基础是一门高度整合的课程，包括动物病理、动物药理、临床诊断三个方面的内容，是畜牧兽医专业的重要专业基础课。为了适应职业教育改革的需要，在课程整合的基础上，进一步对教材进行充分整合，打破原有的“系统”，结合产业发展趋势和岗位能力要求，根据临床诊断、病理变化和用药治疗三者之间的联系，构建新的教材结构体系，从而更加适应高素质技术技能人才的培养要求。

学习本课程应具备解剖、生理、生化的基础知识，并为后续的兽医专业课程学习打下良好的基础。本书主要内容包括：基本病理变化的识别和临床诊断基本理论、临床一般检查及药物应用、心血管系统检查及药物应用、呼吸系统检查及药物应用、消化系统检查及药物应用、泌尿生殖系统检查及药物应用、神经系统检查及药物应用。教材中的“临床实验实训”，可配合理论授课分散进行，也可以在教学计划安排的教学实习中完成。

本教材所选编的内容，以理论适当、够用为度，遵循职业教育的教学规律，充分体现职业教育特点，尤为注重知识和技能的应用性和实用性，突出能力和素质的培养。在结构体系上，注重便于读者学习和使用。在内容阐述上，力求反映当代新知识、新方法和新技术，保证其先进性。本教材是辽宁农业职业技术学院校级精品课程配套教材，在线课程资源联系邮箱：116085821@qq.com。

本教材由刘衍芬主审，在此表示由衷的感谢。由于编者水平所限，书中难免有不足之处，敬请读者批评指正。

编　者

2023 年 3 月

目　录

项目一

基本病理变化的识别和临床诊断基本理论

- 基本病理变化的识别和临床诊断基本理论
  - 疾病的基本理论
    - 疾病的概念
    - 疾病发生的原因
      - 外界致病因素：生物性、化学性、物理性、营养性
      - 内部致病因素：浅表屏障、深部屏障
      - 内、外致病因素的相互关系
    - 疾病的经过和转归
      - 潜伏期、前驱期、临床明显期、转归期
  - 疾病的基本病理过程
    - 血液循环障碍的局部变化
      - 充血、缺血、出血、血栓形成、栓塞、梗死
    - 物质代谢障碍的局部变化
      - 萎缩、变性、坏死
    - 炎症反应
      - 炎症的原因、介质、基本病理变化、局部症状与全身反应、类型、结局
  - 临床诊断的基本理论
    - 诊断的概念
    - 临床检查的基本方法
      - 基本检查方法：问诊、视诊、触诊、叩诊、听诊、嗅诊
      - 特殊检查方法：导管探诊、穿刺法、实验室诊断、特殊仪器检查

知识目标：

1. 了解疾病的基本理论。
2. 能够识别疾病的基本病理过程，学会分析其发生的原因。

技能目标：

1. 熟练掌握临床基本检查方法及其检查内容和注意事项，了解特殊检查方法。
2. 熟练掌握临床基本诊断方法。

任务一　疾病的基本理论

一、疾病的概念

疾病是日常生活中常见的一种自然现象。人类对疾病本质的认识，随着科学技术的发展，也在不断地深化和完善。目前，现代动物医学对疾病概念比较完整的认识是：疾病是指动物机体在一定条件下，与来自内外环境中的致病因素相互作用所产生的损伤和抗损伤的复杂斗争过程，并使其生命活动障碍和经济价值降低。

二、疾病发生的原因

任何疾病的发生都有一定的原因，没有原因的疾病是不存在的。疾病发生的原因简称病因，又称致病因素。概括起来可分为外界致病因素（外因）和内部致病因素（内因）两方面。对于多数疾病除了内因与外因以外，还有促使疾病发生的条件，即所谓的诱因。

（一）外界致病因素

1. 生物性致病因素

生物性致病因素是动物最常见的致病因素，包括各种病原微生物（如病毒、细菌、支原体、衣原体、立克次氏体、螺旋体、真菌）和病原寄生虫（如原虫、蠕虫和节肢动物）（图 1-1 至图 1-6）。这些致病因素作用于动物机体可引起传染病、寄生虫病和某些肿瘤病等。

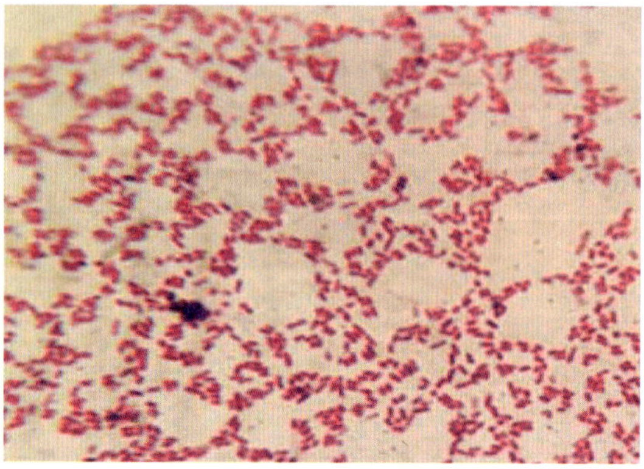

图 1-1　猪副伤寒沙门菌

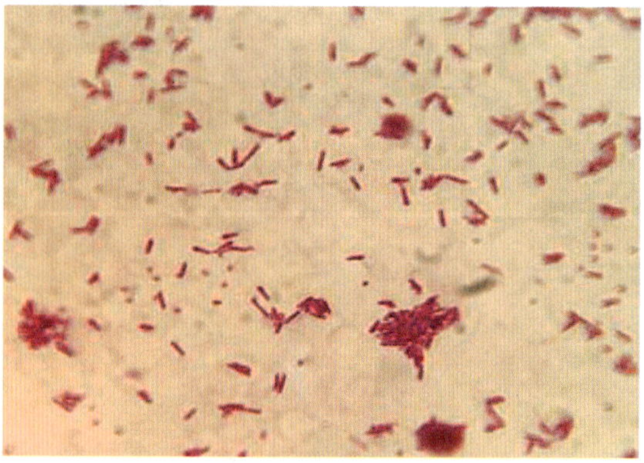

图 1-2　产气荚膜梭菌

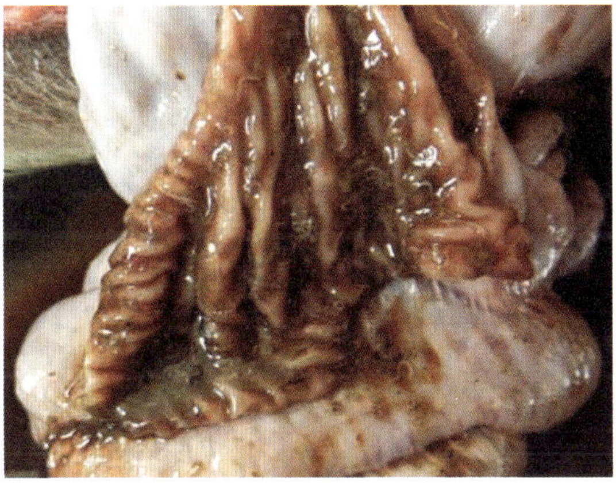
图 1-3　寄生在结肠内的鞭虫

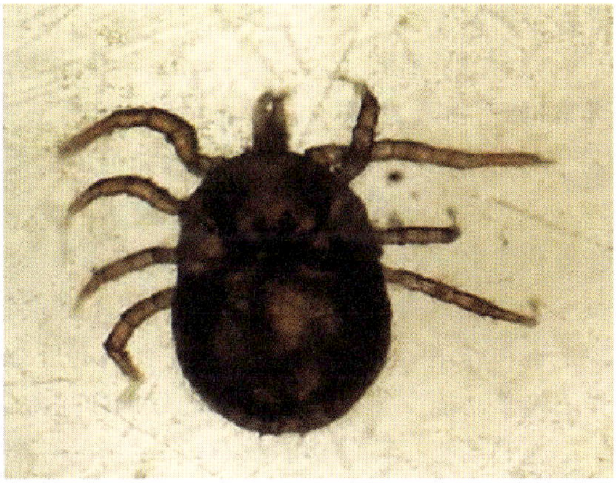
图 1-4　显微镜下的疥螨

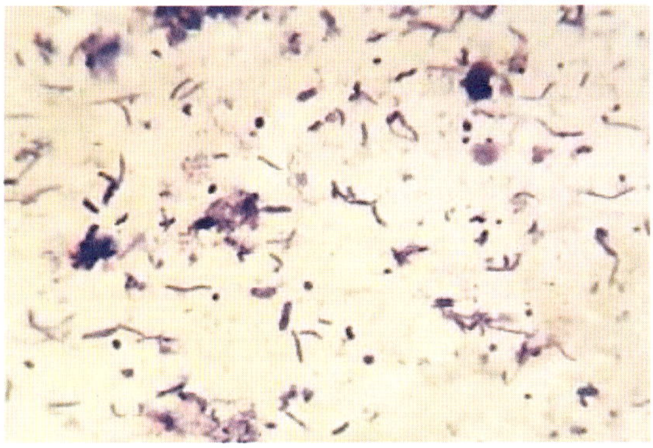
图 1-5　猪痢疾密螺旋体

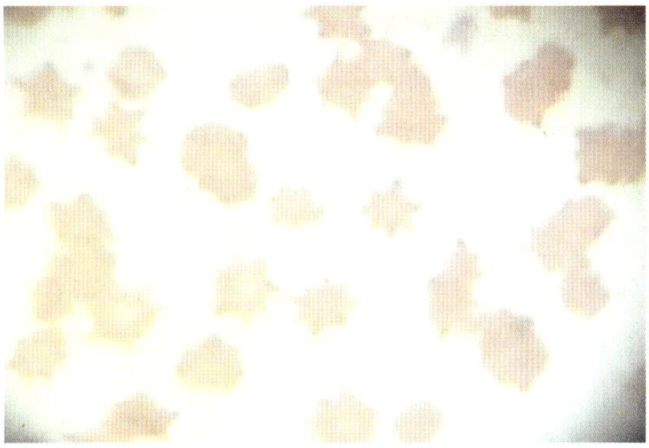
图 1-6　附着在红细胞上的猪附红细胞体

侵入机体的微生物，主要通过产生有害的毒性物质，如外毒素、内毒素、溶血素、杀白细胞素、溶纤维蛋白素及蛋白分解酶等而造成病理性损伤。寄生虫除产生毒素外，还可通过机械作用和夺取营养等引起疾病。

生物性致病因素致病的共同特点是：①对机体的作用有一定的选择性。病原微生物对易感动物的种属有一定的选择性，如只有猪对猪瘟病毒易感，而其他动物不易感；对侵入门户和作用部位有一定的选择性，如破伤风杆菌一定要通过皮肤或黏膜的深部创伤才会引起感染，沙门杆菌只有侵入肠道才有致病作用。②有一定的持续性和传染性。病原微生物侵入机体后，能不断繁殖、增强毒性，持续发挥致病作用，因此具有一定的持续性。有些病原微生物可随排泄物、分泌物、渗出物等排出体外，造成疾病的传播和流行，因而具有传染性。③致病有一定的特异性。如有一定的潜伏期、病程经过、病理特征、临床症状以及特异的免疫反应等。④病原微生物侵入机体是否引起疾病，与侵入宿主的病原体数量、毒力以及动物本身的抵抗力关系极大。当机体抵抗力强时，虽然体内带有致病微生物，但也不一定发病；相反，若机体抵抗力减弱，即使平时没有致病作用或毒力不强的微生物也可引起机体发病。

2. 化学性致病因素

对动物机体有致病作用的化学性因素种类很多，归纳起来主要有以下几种。

(1)无机毒物　强酸、强碱、重金属盐类(如铅、铜、砷)等，作用于机体时能使蛋白质、核酸等大分子发生变化，引起组织变性、坏死，导致器官功能障碍。

（2）有机毒物　醇、乙醚、氯仿、氰化物、有机磷农药（如敌百虫、敌敌畏、乐果、1605）、植物毒素（如生物碱、苷类）、动物毒液（如蛇毒、斑蝥毒、蜂毒）等许多有机毒物都可对机体产生损害。药物使用不当也可引起中毒，如鸡的痢菌净中毒、喹乙醇中毒、抗生素中毒等。

（3）工业“三废”　在工业生产排出的废气、废水、废渣内，常含有二氧化硫、硫化氢、一氧化碳等化学物质，引起环境污染，造成动物中毒。

化学性致病因素的致病作用有以下共同特点：①某些化学物质对机体的组织、器官有选择性地毒害作用。例如，四氯化碳主要引起肝细胞损伤；一氧化碳能牢固与血红蛋白结合，使其失去携氧功能。②化学性因素的致病作用除与毒物本身的性质、剂量等有关外，还决定于其作用部位和动物机体的功能状态，与动物的种类、性别、年龄、营养状况、个体反应性以及饲养管理条件等有关。此外，有些化学毒物在排泄过程中，可使排泄器官受损。③除慢性中毒外，化学毒物引起的疾病一般都有一短暂的潜伏期。

3. 物理性致病因素

物理性致病因素常包括各种机械力、温度、电流、光、电离辐射、大气压的改变和噪声等。机械力达到一定程度可引起创伤、脱臼、骨折、脑震荡等。高温可引起烧伤；外界环境温度过高，易发生日射病或热射病。低温可引起冻伤，还可降低机体防御能力，而引起感冒和肺炎，甚至冻死。电流和雷电都有致病作用，可使局部发生烧伤、出血、电击斑，甚至造成动物死亡。紫外线和红外线高能光子有较强穿透力，可在组织内产生光化学反应，导致细胞损伤。电离辐射的致病作用，常见 X 射线、镭射线等，能引起机体的放射性损伤和放射病。低气压和高气压对机体都有致病作用，但低气压的作用较大，常引起缺氧症。噪声可使动物惊恐不安，使产蛋下降、泌乳减少等。

4. 营养性致病因素

机体内某种营养物质缺乏或过多会引发营养代谢性疾病。例如，雏鸡日粮中缺乏维生素 E 或微量元素硒，引起雏鸡脑软化、渗出性素质或白肌病；长期饲料不足，动物处于慢性饥饿状态，可引起营养性贫血、全身性萎缩等，最终导致衰竭死亡；反刍动物摄入过多的碳水化合物引起瘤胃酸中毒，鸡日粮中蛋白质过多时会引起禽痛风等。

（二）内部致病因素

机体的防御机能主要是指机体屏障机能，包括外部屏障和内部屏障，它们能阻挡外界致病因素进入体内，并消灭进入体内的致病因素，保持或恢复机体的健康。

1. 浅表屏障

浅表屏障包括皮肤、黏膜、骨骼和肌肉、淋巴结等。

（1）皮肤　完整的皮肤能阻挡细菌的侵入，汗腺、皮脂腺的分泌物有冲洗和杀菌作用。大多数微生物是通过损伤的皮肤才能侵入体内。

（2）黏膜　黏膜能阻挡细菌侵入，黏膜的分泌液，有杀菌作用。如胃黏膜分泌胃酸，对一般病菌有很强的杀菌能力。

（3）骨骼和肌肉　骨骼和肌肉能保护中枢神经系统和内脏器官免受外界的损伤。

（4）淋巴结　微生物或其他致病因素一旦穿过皮肤黏膜，可沿皮下淋巴管进入淋巴结，并被挡在淋巴结内。这时淋巴结内的吞噬细胞就会把细菌或其他异物吞噬消灭。淋巴结还可以产生抗体,具有破坏细菌和毒素的作用。

2. 深部屏障

致病因素通过皮肤或黏膜侵入机体后,还会遇到体内各种屏障机构的阻挡、吞噬、解毒及排泄等作用,阻止病原在体内蔓延和损害。其中以网状内皮系统的作用最大。

(1)网状内皮系统　网状内皮系统包括全身网状内皮组织(如脾及淋巴结的网状细胞和窦壁细胞)、骨髓的网状细胞、肝脏的枯否氏细胞、肺泡内的间隔细胞、神经组织的小胶质细胞、各脏器中疏松结缔组织的组织细胞以及血液中的大单核细胞等,均具有吞噬及消化细菌、异物的能力。

(2)肝脏　肝脏是机体内较强大的屏障器官,具有丰富的网状内皮组织,可以吞噬细菌、异物;并且可通过结合、氧化、合成等方法进行解毒,把有害的物质变成无害的物质,再进入血液循环而排出体外。当肝脏有病变和营养不良时,肝脏的防御功能就会减退,因此往往引起动物自体中毒。

(3)肾脏　主要通过滤过及分泌机能,将有害物质排出体外。

(4)血脑屏障　由脑膜、脉络膜、室管膜及脑血管内皮细胞所构成。能阻止血液中某些毒素、细菌进入脑脊髓液及脑组织,防止致病因素对脑组织的损害作用。

(5)胎盘屏障　能阻止某些细菌和毒性产物通过胎盘(主要是绒毛膜)进入胎儿的血液循环,保护胎儿不受侵害。

此外,特异性免疫机能是机体一种重要的生理防御机能。当免疫机能障碍或免疫反应异常时,机体防御机能降低,可导致疾病发生。

三、疾病的经过和转归

从疾病开始至结束的过程中,由于损伤和抗损伤矛盾双方力量对比的不断变化,疾病出现不同的发展阶段。由生物性致病因素引起的传染病,其病程经过的阶段性表现更为明显,通常可分为潜伏期、前驱期、临床明显期和转归期 4 个发展阶段。

1. 潜伏期

潜伏期是指致病因素作用于机体,至机体出现一般临床症状前的一段时期。传染病由于病原微生物的特性不同,机体所处的环境及状况不同,而潜伏期长短不一,如猪瘟一般为 7～10 d,猪丹毒为 3～5 d。这一时期的特点是机体动员一切防御力量,同入侵的致病因素做斗争。如果防御力量能克服致病因素的损害,则机体可不发病。反之,若致病因素在机体内相对增强,则疾病继续发展而进入第二期(前驱期)。

2. 前驱期

从疾病的一般症状出现开始,到疾病的全部症状出现为止。在这一阶段中,机体的活动及反应性均有所改变,出现一些非特异性的临床症状,如精神沉郁、食欲减退、呼吸及脉搏的变化、体温升高等。

3. 临床明显期

临床明显期为疾病的特异病状表现出来的阶段。不同的疾病在这一阶段持续的时间是不一样的。如口蹄疫为 1～2 周,马腺疫为 1 周左右。在这一时期,患病动物抗损伤功能得到进一步发挥,同时机体因致病因素作用而造成的损伤,不但未得到修复,甚至更加严重。因此研究此期机体的功能、代谢和形态结构的改变，对正确诊断和合理治疗疾病有着重要的意义。

4. 转归期

转归期是指疾病的结束阶段。疾病的转归可分为完全康复、不完全康复和死亡3种情况。

(1)完全康复　这种转归通常称为痊愈，是指患病动物机体的功能、代谢障碍完全消失，形态结构的损伤得到完全修复，机体内部各器官系统之间以及机体与外界环境之间的协调关系得到完全的恢复，动物的生产能力也恢复正常。

(2)不完全康复　不完全康复是指疾病的主要症状已经消失，致病因素对机体的损害作用已经停止，但是机体的功能、代谢障碍和形态结构的损伤未完全康复，往往遗留下某些持久性的不再变化的损伤残迹，这种情况称为病理状态。此时机体借助代偿作用来维持正常生命活动，如心内膜炎后所形成的心瓣膜闭锁不全。

(3)死亡　死亡是生命活动的终止，完整机体的解体。

任务二　疾病的基本病理过程

一、血液循环障碍的局部变化

血液循环是维持动物生命活动的重要保证。通过血液循环向各组织器官输送氧和各种营养物质，同时又不断地运走组织中的二氧化碳和各种代谢产物，以保证组织器官的物质代谢和功能活动的正常进行。如果血液循环发生障碍，则将引起器官组织的代谢紊乱、功能失调以及形态结构改变。组织细胞的变性、坏死及炎症等变化多与血液循环变化有着密切的关系。

(一)充血

局部组织或器官的血管内血液含量增多的现象，称为充血。根据血量增多发生的机理不同，分为动脉性充血和静脉性充血。

1. 动脉性充血

动脉性充血是指局部组织或器官内的小动脉和毛细血管扩张，动脉血含量增多，简称充血。

(1)原因及类型

①炎性充血。在炎症早期或炎灶边缘，由于致炎因子刺激产生神经反射以及一些炎症介质(如组织胺、5-羟色胺、激肽、腺苷等)的作用，引起局部组织的小动脉及毛细血管扩张充血。

②侧支性充血。当机体局部动脉血管受栓子和异物的阻塞发生缺血时，会引起与其邻接的动脉吻合支发生扩张充血，这就是侧支性充血。

③贫血后充血。局部组织或器官长期受压迫而发生贫血，当压力迅速消除后，该组织器官的小血管会立即扩张充血，这种现象称为贫血后充血。例如，牛发生瘤胃膨胀，马、骡发生肠膨胀或胸腔积液时，腹腔或胸腔内压升高，压挤内脏器官，使胃、肠和肺等脏器的血管内血液，大部分分布到头、躯干及四肢等处，于是这些内脏器官发生贫血；如果此时穿刺腹腔或胸腔，突然大量排气或排液，则腹腔或胸腔内压急剧降低，大量血液急速流入胸、腹腔脏器。胸、腹腔器官

组织的小动脉和毛细血管发生强度扩张，立即由贫血转为充血，这就是贫血后充血。此种情况，由于大量血液迅速重新分布，往往引起脑贫血而造成严重后果。

(2)病理变化　眼观动脉性充血由于小动脉和毛细血管扩张，动脉血流入增多，局部组织或器官呈鲜红色(图 1-7)，体积轻度增大，代谢旺盛，机能增强(如黏膜腺体分泌增多)，局部温度升高(图 1-8)。镜检：小动脉和毛细血管扩张，充满红细胞，平时处于闭锁状态的毛细血管也开放，有毛细血管数增多的感觉。由于充血多半是炎性充血，故常见炎性渗出、出血、实质细胞变性或坏死等病变。

图 1-7　猪皮肤充血潮红

图 1-8　猪发热，皮肤充血潮红

(3)结局　充血是机体防御、适应性反应之一。充血时由于血流量增加和血流速度加快，给局部组织带来大量氧气、营养物质、白细胞和抗体，具有抗损伤作用。同时又可将局部的病理产物和致病因子及时排除，对消除病因和修复组织损伤均有积极作用。兽医临床上常采用红外线照射、热敷和涂擦刺激药剂等人为造成充血的方法来治疗某些疾病。

充血一般是暂时的，病因消除后即可恢复。若病因作用较强或持续时间较长而引起持续性充血时，可造成血管壁的紧张度下降或丧失，血流逐渐缓慢，进而发生淤血、水肿和出血等变化。充血有时也会造成严重后果，如动物日射病时，脑部严重充血，甚至因脑出血致死。

2. 静脉性充血

静脉血液回流受阻，血液在小静脉及毛细血管内淤积，局部组织器官静脉性血量增多，称为静脉性充血，简称淤血。这是一种常见的病理变化，可分为全身性和局部性两种形式。

(1)原因　全身性淤血多见于心功能衰竭、胸膜及肺脏的疾病，使静脉血液回流受阻而发生全身性淤血。局部性淤血见于下述情况：

①静脉受压。静脉受压使其管腔狭窄或闭塞，血液回流受阻，导致相应部位的器官和组织发生静脉性淤血。例如，肿瘤、肿大的淋巴结、寄生虫包囊对局部静脉的压迫，妊娠子宫对髂静脉的压迫，绷带包扎过紧对肢体静脉的压迫，肠扭转和肠套叠对肠系膜静脉的压迫以及肝硬化时门静脉受增生结缔组织的压迫等，均可引起相应器官、组织淤血。

②静脉管腔阻塞。静脉内血栓形成、栓塞或因静脉内膜炎使血管壁增厚等，均可造成静脉管腔狭窄或阻塞，引起相应器官、组织淤血。但由于静脉分支多，只有当静脉管腔阻塞而血流又不能充分地通过侧支回流时，才会发生淤血。

(2)病理变化　眼观局部淤血的组织器官，因静脉血液回流受阻，血量增多而表现为局部肿胀。同时因血流缓慢，血液中氧合血红蛋白减少，还原血红蛋白增多，使局部组织呈暗红色或蓝紫色(这在动物的可视黏膜与被毛较少或缺乏色素的皮肤上特别明显,这种症状称为发绀)(图 1-9、图 1-10),淤血局部组织由于血液灌流量的减少,导致组织缺氧,代谢降低,产热减少,尤其是在容易散热的体表淤血区温度下降。淤血若持续发展,静脉压力升高与局部代谢产物蓄积,血管壁的通透性也随之升高,血浆渗出增多而继发水肿(淤血性水肿,图 1-11)与出血;器官淤血、缺氧坏死后,可继发结缔组织增生最后导致器官硬化,称为淤血性硬化。

镜检:淤血组织的小静脉及毛细血管扩张充满红细胞,小血管周围的间隙及结缔组织内积聚水肿液,阻塞时间较长的毛细血管有时发生出血。如果淤血持续时间更长,淤血组织器官的实质细胞萎缩、变性,甚至坏死;间质结缔组织可发生增生。

各器官的淤血,既有上述共同的规律性表现,又有各自的特点。现以肺淤血、肝淤血的病理变化为例说明如下:

①肺淤血。主要由于左心功能不全,血液淤积在左心房,阻碍肺静脉血液流入左心房,从而引起肺淤血。眼观:急性肺淤血时,肺胸膜呈蓝紫色,体积膨大,质地稍变韧,重量增加,被膜紧张而光滑,取小块淤血肺组织置于水中,呈半浮半沉。肺切面上流出大量混有泡沫的血样液体(图 1-12)。镜检:肺内小静脉及肺泡壁毛细血管扩张,充满大量红细胞;肺泡腔内出现淡红色的水肿液和数量不等的红细胞及巨噬细胞。这种巨噬细胞的胞浆内常含有含铁血黄素颗粒,称为心力衰竭细胞。当含铁血黄素形成较多时,肺组织呈棕色。肺淤血,肺组织因缺氧长期营养不良,时间较久,肺间质结缔组织增生及网状纤维胶原化,肺质地硬变,称为肺的"褐色硬化"。

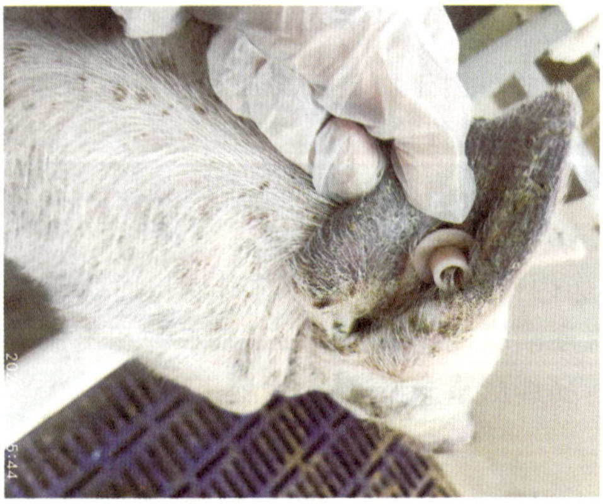

图 1-9 仔猪耳朵淤血发绀

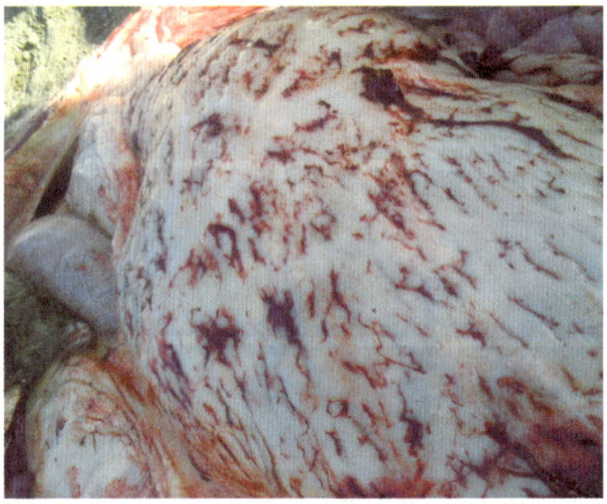

图 1-10 牛大网膜淤血

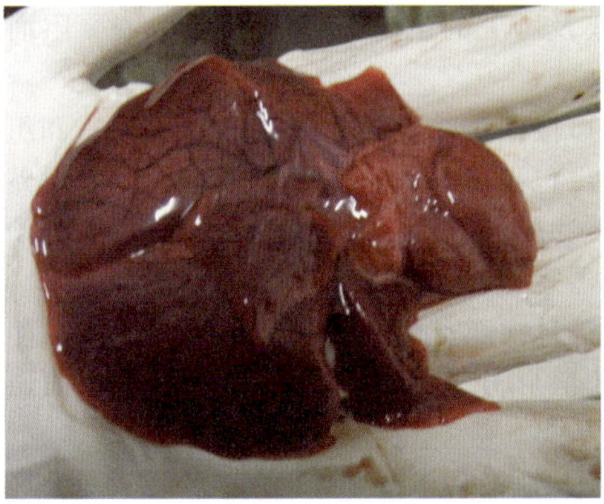

图 1-11 仔猪肺淤血性水肿

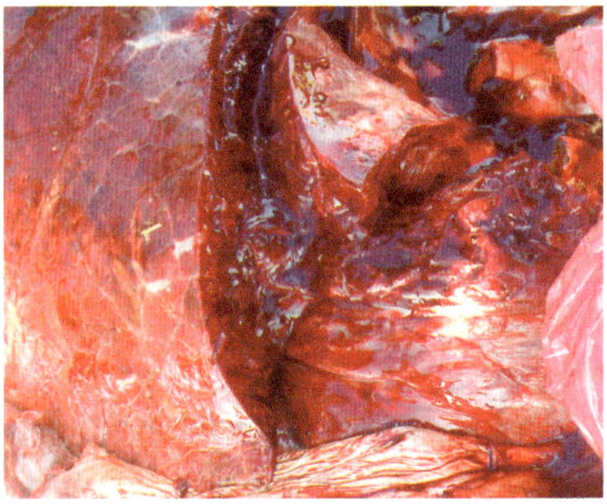

图 1-12 犊牛肺淤血,切面流出大量血液

②肝淤血。主要见于右心功能不全，肝静脉与后腔静脉回流障碍时。眼观：肝体积肿大，被膜紧张，边缘钝圆，重量增加，呈紫红色，质地较实。切面流出多量暗红色凝固不良的血液。淤血较久时，由于淤血的肝组织伴发脂肪变性，肝切面上形成暗红色淤血区和土黄色脂变区相间的花纹，故有“槟榔肝”之称。镜检：肝小叶中心部的窦状隙及中央静脉扩张，充满红细胞。病程稍久，肝小叶中心部肝细胞因受压迫而发生萎缩或消失，肝小叶周边肝细胞因缺氧而发生脂肪变性。如肝淤血较久，肝细胞萎缩消失后，发生网状纤维胶原化，间质结缔组织增生，此时肝脏眼观体积缩小，变硬，称为淤血性肝硬化。

(3)结局　暂短的淤血在病因消除后可迅速恢复正常的血液循环。如果淤血持续时间过长，侧支循环又不能很好建立时，淤血局部除水肿与出血外，还发生血栓形成，局部组织得不到足够的氧和营养物质供应，代谢中间产物蓄积，淤血组织或器官的代谢及机能下降，实质细胞萎缩、变性、坏死，间质结缔组织增生，组织或器官硬化等。淤血的组织抵抗力降低，损伤不易修复，容易继发感染发炎。

(二)缺血

机体局部组织或器官含血量少于正常，称为缺血或局部贫血。

1. 病因及机理

发生局部贫血的主要原因是动脉血液供应不足。

(1)动脉痉挛性贫血　在某些致病因素的影响下，血管收缩神经兴奋，引起中小动脉痉挛性收缩，造成动脉管腔持续狭窄，导致血液流入减少，甚至完全停止而引起贫血。如寒冷、外伤、疼痛等均可引起动脉痉挛，而发生局部贫血。

(2)动脉阻塞性贫血　当动脉管腔狭窄或被某些物质堵塞，使流入动脉的血液供应不足而造成局部贫血。多见于动脉瘤、栓塞和血栓形成。

(3)压迫性贫血　动脉管被某种外力压迫所引起的局部贫血，如肿瘤或异物或积液压迫动脉、结扎动脉等均可引起压迫性贫血。临床上卧地较久的患畜，所发生的褥疮也是由压迫性贫血造成的。

2. 病理变化

局部贫血组织因缺血之故，所以出现组织所固有的色彩。如黏膜、皮肤呈现苍白色(图 1-13)，肺则呈灰白色，肾脏缺血导致颜色变白(图 1-14)，肝呈褐色。缺血的组织温度下降，体积变小，被膜有皱褶形成。长期慢性贫血的组织，由于缺氧导致物质代谢障碍，引起实质细胞萎缩、变性或坏死。

3. 局部贫血对机体的影响

由于组织器官的贫血程度、时间的长短、侧支循环建立的情况及组织的耐受性不同，对机体的影响也不同。短时间的缺血，由于组织缺氧程度不深，一旦病因消除后可以迅速恢复其机能和结构。轻度的动脉狭窄，可引起组织的细胞变性或萎缩；若动脉很快被完全堵塞，可使该血管所属的局部组织发生坏死，称此为梗死。以上情况，尚取决于侧支循环是否能及时建立。局部贫血能取得良好转归，就在于侧支循环充分的建立。另外，组织对缺氧的敏感程度不同，也将带来不同的后果。实验证明，犬脑组织的需氧量是肌肉的 22 倍，因此神经细胞对缺氧最为敏感，而皮肤、骨骼肌和结缔组织等，则对缺氧有较强的耐受性。

图 1-13　保育猪贫血，皮肤苍白

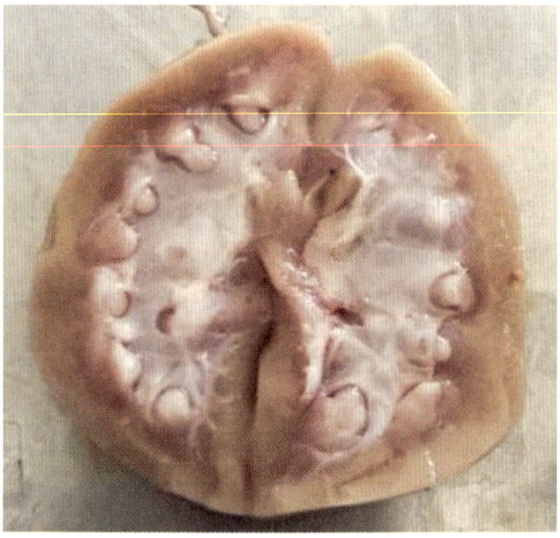

图 1-14　肾脏贫血颜色变白

（三）出血

血液流出（或渗出）到血管或心脏外，称为出血。血液流出体外，称为外出血；血液流入组织间隙或体腔内（如胸腔、腹腔、心包腔），称为内出血。

1. 原因

出血的基本原因在于血管壁的完整性遭到破坏，根据出血的原因不同，可分为破裂性出血和渗出性出血。

（1）破裂性出血　破裂性出血是由血管破裂造成的出血，多发生于外伤（如挫伤、刀伤）或血管壁因受炎症及肿瘤的侵蚀，如病畜发生肺坏疽或鼻疽性肺空洞时，组织大量崩解和有毒产物对血管的损害，则引起血管破裂而出血；也见于血管壁病理性变化，如动脉瘤、动脉硬化等，当血压突然增高时，会使血管破裂而发生出血。

（2）渗出性出血　这种出血，肉眼上或光学显微镜下看不出血管壁有明显的解剖学变化，而在疾病或病理过程中，血管内皮细胞的黏合质与血管壁的嗜银性膜发生改变，使血管壁的通透性增强，血液从管腔透过管壁而渗出，引起出血。渗出性出血只发生于毛细血管及细小的动、静脉，多发生于某些传染病（如猪瘟、出血性败血病、炭疽、马传染性贫血等）、寄生虫病（如焦虫病）、中毒（如一氧化碳、磷、砷中毒等）、维生素 C 缺乏以及一些急性炎症过程中。严重的淤血和缺氧也常继发渗出性出血。

2. 病理变化

出血的病理变化，因出血血管的种类、局部组织的特性以及发生的原因和出血的速度不同而异。

破裂性出血可区分动脉性出血、静脉性出血和毛细血管出血。动脉破裂性出血，由于血压高，血流急，出血量多，当流出的血液蓄积在组织间隙或被膜下，压挤周围组织，往往形成血肿。动脉破裂性出血呈喷射状，血色鲜红；静脉破裂性出血呈线状均等流出，颜色为暗红色（图 1-15 至图 1-18）。

渗出性出血，多在组织器官内出现暗红色的点状、斑块状的出血，其大小不等。疏松组织出血时，血液浸透于组织内，呈浸润状，故称为出血性浸润。患某些传染病、中毒性疾病或血液病的畜体，常有全身渗出性出血倾向，称为出血性素质。混有血液的尿液，称为血尿，见于肾脏、膀胱渗出性出血（图 1-19、图 1-20）。粪便里有血液，称为血便，见于出血性肠炎。

图 1-15　鸡肝脏出血

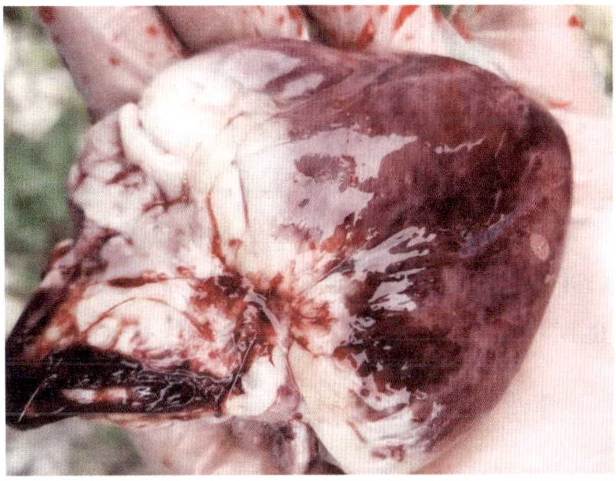

图 1-16　猪心肌出血，呈暗红色

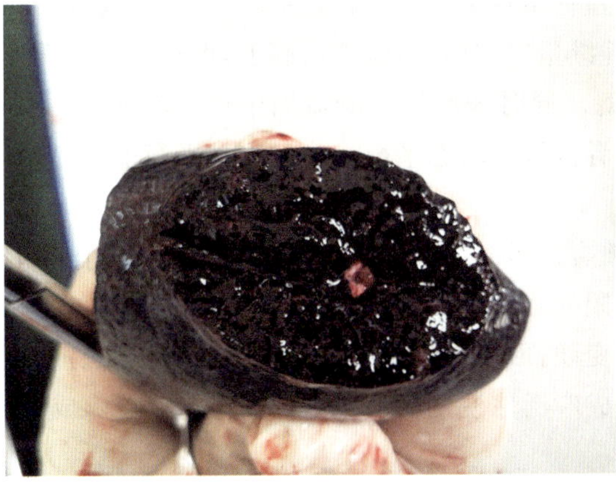

图 1-17　猪脾脏出血，切面有血液流出

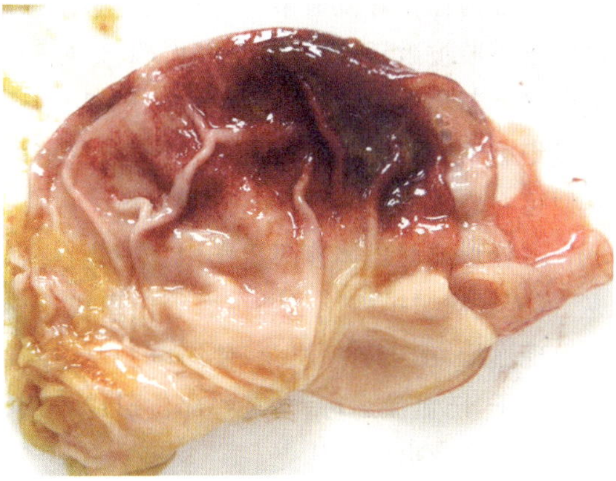

图 1-18　猪胃黏膜出血，呈暗红色

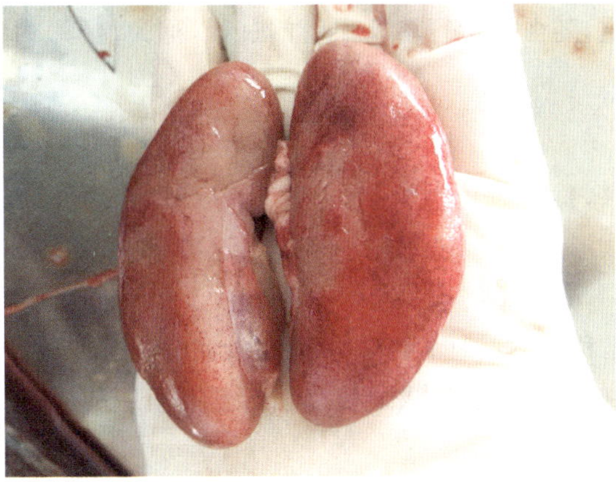

图 1-19　猪伪狂犬病肾脏表面大量出血斑点

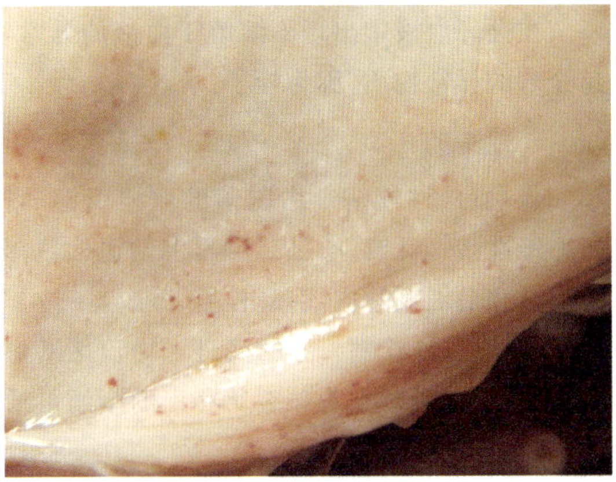

图 1-20　猪瘟肾脏膀胱出血点

3. 出血的结局及对机体的影响

出血的血管，可因血管的反射性痉挛而收缩，局部血栓形成和流出的血液迅速凝固而止血。一般小的出血灶可以被完全吸收，较大的出血灶不能完全被吸收时，或被结缔组织取代，或被结缔组织包围(包囊形成)。

由于出血的原因、部位、速度及数量的不同，对机体影响也不同。少量出血时，有效循环血量不会受到显著影响；但是出血发生在脑或心脏等重要器官，即使少量出血，也可引起严重后果。当全身有比较大面积小出血或长期持续的小出血时，可以引起全身性贫血。急性大出血，后果严重，出血量超过总血量的 1/3～1/2 时，常造成家畜死亡。因此，临床手术时，要注意防止损伤大血管。

(四)血栓形成

在活体的心脏或血管内，血液发生凝固或血液中有形成分析出、黏集，形成固体质块的过程，称为血栓形成。所形成的固体物，称为血栓。

血液内存在着凝血系统与抗凝血系统(纤维蛋白溶解系统)。在生理状态下，血液中的凝血因子不断被激活，产生少量凝血酶，形成微量纤维蛋白，沉着在血管内膜上，但这些微量纤维蛋白又不断地被激活了纤维蛋白溶解系统所溶解。同时被激活的凝血因子也不断地被单核-巨噬细胞系统所吞噬。正常时，凝血与抗凝血二者保持着动态平衡。一旦这种平衡被破坏，血液便可在心脏、血管内凝固，形成血栓。

血栓形成对机体有两重作用。一是在血管破裂处形成血栓，有止血作用；炎灶周围血栓形成，可阻止病原扩散。二是在血管内形成血栓可阻塞血管；引起组织器官缺血、梗死。心瓣膜上出现血栓，由于血栓机化，使瓣膜肥厚或皱缩、变硬，形成瓣膜性心脏病。另外血栓还易脱落形成栓子，随血流运行，在某些部位形成栓塞，造成广泛性梗死。微循环的大量微血栓形成，可引起全身广泛出血和休克。

(五)栓塞

在循环血液中出现不溶解于血液的异常物质，随血流运行堵塞血管的过程，称为栓塞。引起栓塞的异常物质，称为栓子。

1. 栓塞的种类

(1)血栓性栓塞　由脱落的血栓引起的栓塞，称为血栓性栓塞，是栓塞中最常见的一种。如患慢性猪丹毒时，心脏二尖瓣上的血栓脱落后，形成栓子，随动脉血流运行至脾、肾等器官的小动脉和毛细血管内，引起栓塞。

(2)脂肪性栓塞　脂肪滴进入血流堵塞血管，称为脂肪性栓塞。多见于管状骨骨折或脂肪组织挫伤时，脂肪细胞破裂所释出的脂滴可通过破裂的静脉进入血流而引起器官组织的栓塞。这种栓塞多见于肺。

(3)空气性栓塞　正常时血液仅能溶解很少量的空气，若大量空气于短时间内进入血液，则不能溶解而成的栓子，引起空气性栓塞。多发生在大静脉损伤时，由于静脉的破裂口处于负压状态，空气通过创口进入血流；或静脉注射时误将空气带入血流。大量空气入血之后，随着血流抵达右心，受到血流冲击后形成无数小气泡，严重妨碍静脉血向心脏回流和血液向肺动脉的输送，造成严重的血液循环障碍，可引起动物急性死亡。

(4)组织性栓塞　组织外伤或坏死的情况下，破损的组织碎片或细胞团块通过损伤的血管进入血流引起栓塞。恶性肿瘤细胞形成的瘤细胞栓塞不仅构成一般组织性栓塞的恶果，还可以引起肿瘤的转移。

(5)细菌性栓塞　机体内感染灶中的病原菌，可能以单纯菌团的形成或与坏死组织、血栓相混合，进入血液循环引起细菌性栓塞。它除了具有一般栓塞的作用外，同时还能造成细菌的播散，在全身各处引起新的感染灶，甚至可引起脓毒败血症。

(6)寄生虫性栓塞　某些寄生虫虫体或虫卵也可成为栓子，如马圆虫的幼虫经门静脉进入肝脏；旋毛虫进入肠壁淋巴管，经胸导管进入血液，均可构成寄生虫性栓塞。

2. 栓塞对机体的影响

微小的栓子阻塞少数毛细血管，一般不引起严重后果。较大的血管发生栓塞时，它的后果取决于侧支循环的建立，如果有足够的侧支循环的形成，一般也不会造成严重影响。要是侧支循环未能及时建立，则局部组织常因缺血而坏死（梗死）。脑血管和心脏冠状动脉发生栓塞时，往往导致心、脑功能障碍，引起动物急性死亡。

(六)梗死

梗死是指血液供应中断而引起的局部组织坏死，通常由于动脉阻塞而又不能建立有效的侧支循环。

1. 梗死的原因和发生机理

任何能引起的动脉管腔闭塞，而导致局部组织缺血的原因均可引起梗死。

(1)动脉阻塞　血栓形成和栓塞是引起动脉阻塞而导致梗死的最常见原因。如心脏冠状动脉和脑动脉梗死诱发的血栓形成，可将动脉完全阻塞，引起心肌梗死和脑梗死（脑软化）。

(2)动脉受压　动脉受机械性压迫而致管腔闭塞也可引起梗死。如肿瘤、炎症包块、腹水、肠套叠、肠扭转等。

(3)动脉痉挛　单纯动脉痉挛一般不会引起梗死，但在严重的动脉粥样硬化病变的基础上，当动脉壁受到刺激时，可引起反射性痉挛（如冠状动脉、脑动脉粥样硬化时发生的持续痉挛），可使管腔完全闭塞而引起梗死。

2. 梗死的类型及病理变化

根据梗死灶内含血量的多少，可将梗死分为贫血性梗死（白色梗死）和出血性梗死（红色梗死）。

(1)贫血性梗死　常发生于侧支循环不丰富、组织结构比较致密的心、脾、肾等器官。当这些器官的动脉被阻塞时，血流中断，其分支及邻近动脉发生反射性痉挛，将梗死灶内的血液排挤出去，随后梗死灶内红细胞溶解消失，使梗死灶呈灰白色，故称为贫血性梗死。

贫血性梗死灶病变形状不一，这与器官的血管分布特点有关。大多数器官（如脾、肾等）内的动脉血管分支的分布呈锥体形，故其梗死灶切面也呈锥形。尖端朝向器官门部（即血管阻塞处），锥底位于器官的表面。心肌、肠道与脑的梗死灶形状不规则，这也与这些器官的血管分布有关。新鲜梗死灶因吸收水分，比正常组织稍为肿胀，略向器官表面隆起，经数日后梗死组织变干、变硬，表面略凹陷。梗死灶与正常组织交界处，常形成明显的充血和出血带；颜色暗红，界线清楚。陈旧性梗死灶由于发生机化则较干燥、质硬，表面凹陷(图 1-21、图 1-22)。光镜下，梗死灶的组织坏死属凝固性坏死。而脑组织的梗死为液化性坏死。早期实质细胞无明显变化，逐渐胞核溶解消失，胞浆呈颗粒状，但组织的结构轮廓尚能辨认。在其外围有不等量中性粒细胞浸润，形成白细胞浸润带。

(2)出血性梗死　常发生于组织疏松，血管吻合支丰富的组织器官，如肺、脾、肠等。出血性梗死的形成，除动脉血管阻塞外，往往还有严重的静脉淤血，此时由于静脉和毛细血管内压升高，影响动脉侧支循环的建立。再如肺脏有双重血液循环供应，一支被阻塞，另一支虽有血液流注，但它不能克服梗死灶内淤血的阻力，于是血液停滞在梗死灶，血管壁由于缺氧，通透性升高而出血，梗死灶呈暗红色，故称为出血性梗死。梗死灶切面湿润，呈黑红色，与周围组织界线清楚。光镜下，组织结构模糊，甚至消失，小血管内充满血液，间质水肿出血。

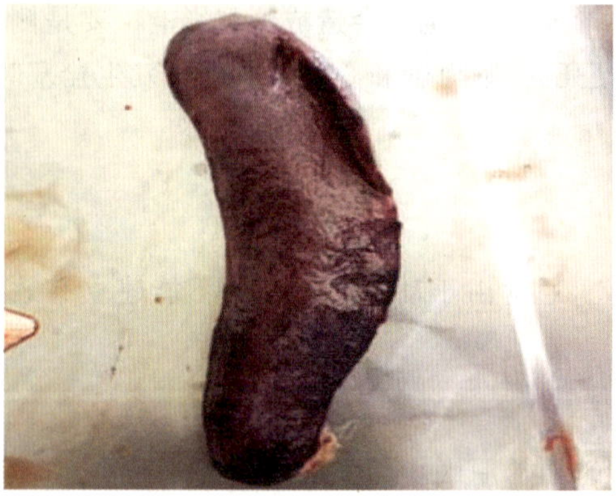

图 1-21　猪瘟的脾脏边缘梗死

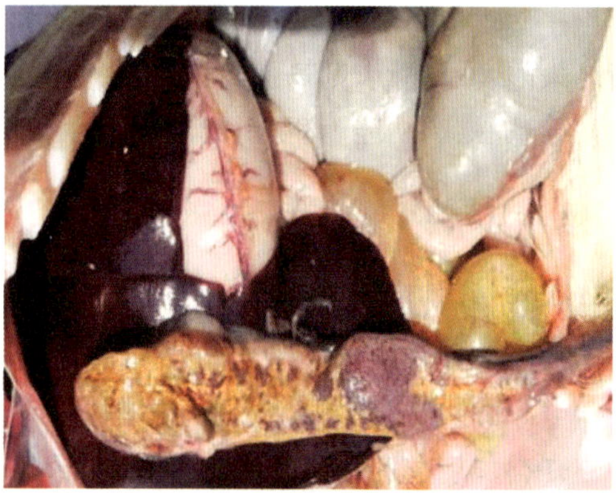

图 1-22　脾脏梗死，粘连

3. 梗死的结局和影响

视梗死灶的部位、大小、栓子的性质以及器官组织的解剖生理特点而定。梗死灶小，坏死组织经酶的作用可溶解、液化、吸收而消散。梗死组织在周围健康组织中发生炎症反应，并有肉芽组织向梗死灶内生长，称为梗死机化。陈旧的机化灶常因结缔组织收缩，形成苍白色的凹陷瘢痕。若梗死灶较大，坏死组织不能被完全吸收，新生的肉芽组织在坏死组织周围形成包囊。若梗死灶含有化脓细菌，可形成脓肿。心肌与脑的梗死，常引起动物急性死亡。肠道梗死易致坏疽，甚至肠壁破裂，造成严重的后果。

二、物质代谢障碍的局部变化

机体物质代谢障碍引起的局部变化，最常见的有萎缩、变性和坏死三种形式，现分述如下。

(一)萎缩

发育正常的组织、器官，由于物质代谢障碍而发生体积缩小和机能减退，称为萎缩。萎缩不单纯是实质细胞的体积缩小，往往细胞的数量也减少。萎缩同先天性发育障碍造成的发育不良有本质区别。

1. 萎缩的原因

(1)生理性萎缩　生理性萎缩是指随着动物衰老，机体各组织器官的物质代谢和生理机能逐渐减退，导致各组织器官萎缩。例如，动物达到一定年龄之后，它们的胸腺、生殖器官(睾丸、卵巢、子宫)等，都可发生明显的萎缩，所以生理性萎缩，又称年龄性萎缩。

(2)病理性萎缩　病理性萎缩包括全身性萎缩和局部性萎缩。

全身性萎缩　多见于长期饲料营养不足、慢性消化道疾病(如慢性肠炎)、严重的消耗性疾病(如结核病、寄生虫病、恶性肿瘤)时。

局部性萎缩　局部性萎缩是由局部原因引起器官、组织的萎缩，按其发生原因可分为以下几种。

①神经性萎缩。当外周神经或运动神经受到损伤，相关组织发生萎缩。例如，颜面神经麻痹所致的颜面肌肉萎缩；鸡患马立克病时，引起相应的肢体发生瘫痪和肌肉萎缩。

②废用性萎缩。当动物的某肢体发生骨折或关节性疾患，由于长期固定，肌肉活动受限，故患肢的肌肉逐渐萎缩。

③压迫性萎缩。这是一种最常见的萎缩。如肝脏、肺脏受肿瘤、寄生虫(囊尾蚴、棘球虫)等压迫，可发生显著萎缩；当输尿管阻塞，导致排尿困难，肾盂内尿液积聚，可引起肾脏的萎缩。

④激素性萎缩。由于内分泌功能异常而引起相应靶器官的萎缩，如去势后的性器官萎缩。

2. 萎缩的病理变化

全身性萎缩时，剖检可见尸体皮下、肌间、腹膜下、大网膜等处的脂肪组织几乎全部消失。心冠状沟和纵沟以及肾周围的脂肪被消耗后，其间隙由浆液填充，外观呈黄白色胶冻样，称为脂肪胶样萎缩(图 1-23)。鼻甲骨萎缩变形(图 1-24、图 1-25)，全身肌肉显著萎缩，变薄、变轻，故眼观肌肉色泽变淡，血液稀薄色淡，凝固不良。

器官萎缩时，实质器官体积缩小，重量减轻，但整个器官的外形结构，一般无明显变化(图 1-26、图 1-27)。如肝脏、肺脏体积缩小，韧性增强，边缘锐薄(图 1-28)。镜检，萎缩器官的实质细胞体积缩小，胞浆致密，染色较深，胞核皱缩浓染。间质早期见浆液性水肿，后期结缔组织增多。

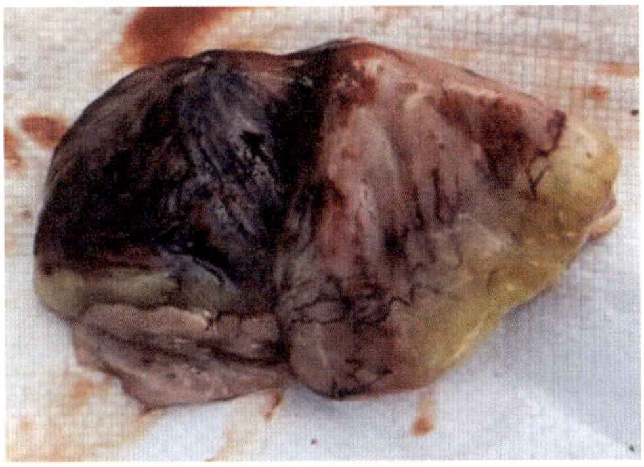

图 1-23　猪心冠脂肪萎缩，心肌出血，淤血

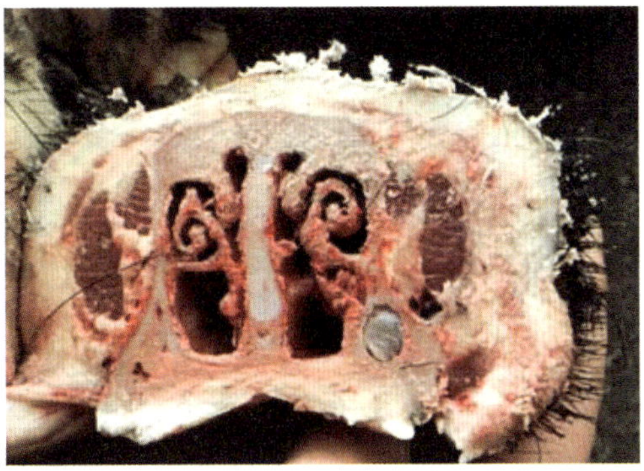

图 1-24　猪鼻甲骨萎缩

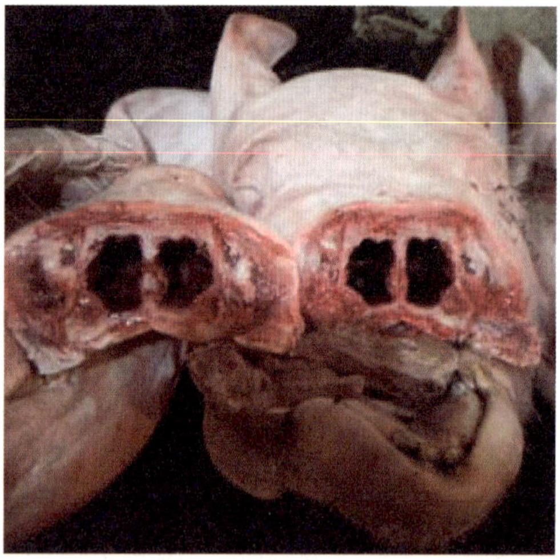

图 1-25　猪鼻甲骨严重萎缩

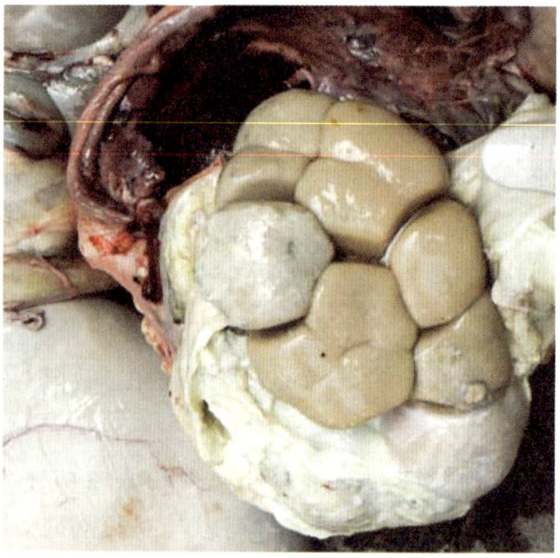

图 1-26　牛肾脏萎缩

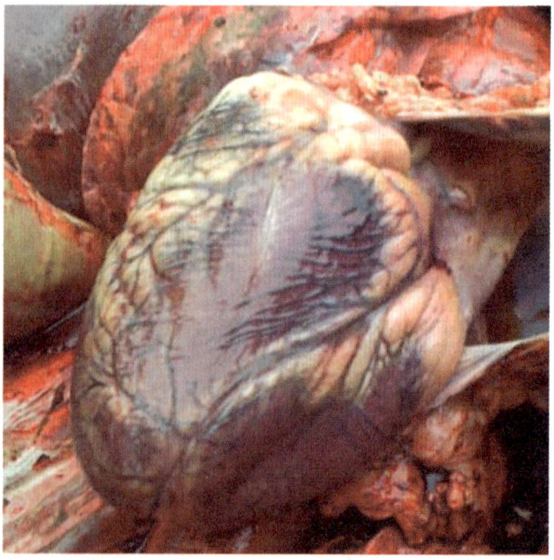

图 1-27　心肌萎缩

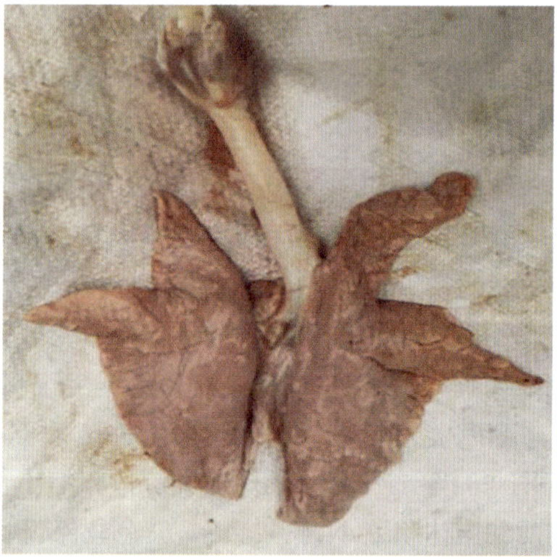

图 1-28　猪肺脏萎缩，体积变小，边缘锐薄

3. 萎缩对机体的影响

萎缩是一种可复性过程，在病因消除后，无论局部性萎缩或全身性萎缩，都能恢复其原有的形态和机能。例如，肢体骨折或关节疾患治愈后，其所致的肌肉萎缩，可随机能锻炼而得到恢复。但是，如果病因继续存在，将给病畜带来不良后果。

（二）变性

变性是指在细胞或间质内出现各种异常物质或原有的正常物质显著增多。变性是一种可复性病理过程。变性的细胞或组织仍有活力，但往往机能降低。严重的变性，则能导致细胞组织的死亡。变性的种类很多，其中以颗粒变性、水泡变性和脂肪变性最为常见。

1. 颗粒变性

颗粒变性为程度较轻的细胞变性，其特征是细胞体积肿大，胞浆内布满许多微细的蛋白质颗粒。颗粒变性多发于肝、肾、心脏等实质器官的实质细胞，所以又称实质变性。此外，又因为发生颗粒变性的器官体积肿大，色泽浑浊，失去原有光泽，故颗粒变性又称浑浊肿胀，简称浊肿。

(1)原因及机理　颗粒变性常见于急性热性传染病、中毒、缺氧、血液循环障碍、过敏等急性病理过程。

由于中毒、缺氧等致病因素的损害，破坏了细胞内线粒体的氧化酶系统，细胞内酸性代谢产物增多，细胞膜通透性增强，结果细胞内水、电解质平衡发生紊乱，细胞质的胶质亲水性增强，线粒体吸水膨胀、破裂及细胞质的蛋白质凝集，结果发生颗粒变性。

(2)病理变化　颗粒变性轻微时，眼观往往不易辨认。严重时，器官体积肿大，重量增加，被膜紧张，器官切面隆起，边缘外翻，失去正常色泽，犹如经开水烫过，变得苍白浑浊(图 1-29、图 1-30)，触摸时质地松软，脆弱易碎。镜检实质细胞肿大，细胞浆内出现许多微细淡红色颗粒。

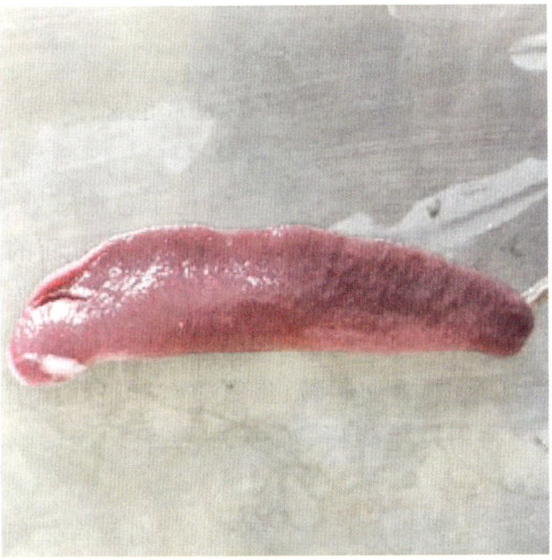

图 1-29　脾脏颗粒变性呈苍白色

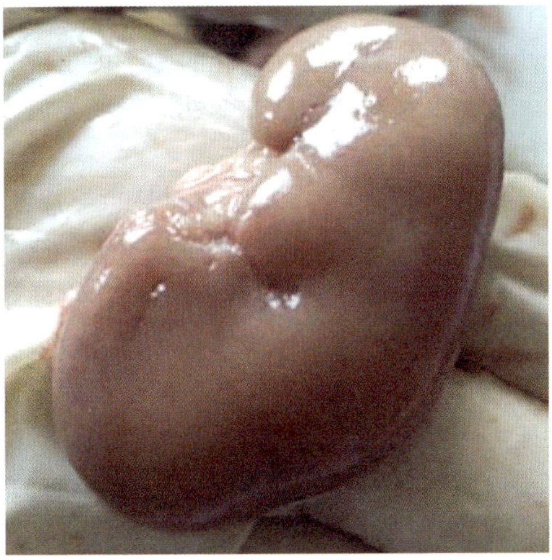

图 1-30　肾脏颗粒变性呈苍白色，质地变脆

(3)对机体的影响　颗粒变性是一种可复性的病理变化，只要消除病因，是完全可以恢复正常的。如果病变继续发展，可引起细胞进一步发生脂肪变性或导致细胞坏死。发生颗粒变性的组织器官，其生理机能降低。

2. 水泡变性

水泡变性是指变性细胞的胞浆或胞核内出现大小不等的水泡。

(1)原因及机理　水泡变性多发生于烧伤、冻伤、口蹄疫、痘病、猪传染性水疱病以及中毒性疾病等急性病理过程。水泡变性与颗粒变性常同时出现，在形态上也无明显界线，发病机理基本相同，是一个病理过程的不同发展阶段，所以有人将两种变性合称为“细胞肿胀”。

(2)病理变化　水泡变性多见于皮肤和黏膜的被覆上皮，最初只见病变部肿胀，随后即可形成肉眼可见的水泡。脏器呈现水肿变化(图 1-31、图 1-32)，肝、肾等器官发生水泡变性时，与颗粒变性难以区别。

镜检变性细胞的体积肿大，胞浆内含有大小不一，形态不规则的水泡，小水泡可融合成较大水泡，甚至充盈整个细胞，使细胞呈气球样肿胀，所以又称为气球样变。肿胀严重时，细胞破裂，水分集聚在表皮的角质层下，向表面隆起，形成肉眼可见的水泡。

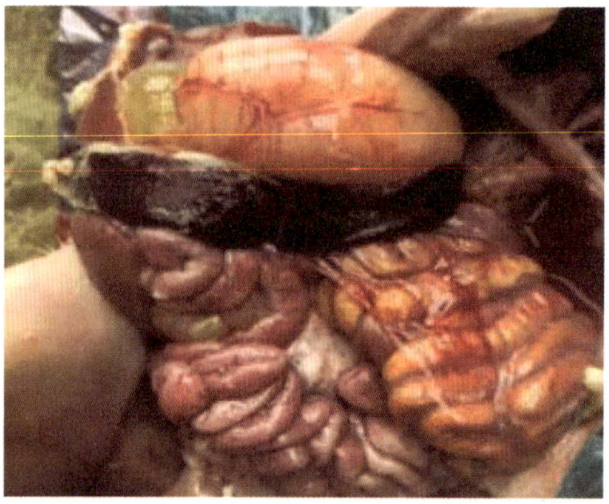

图 1-31　猪水肿病，肠管水肿

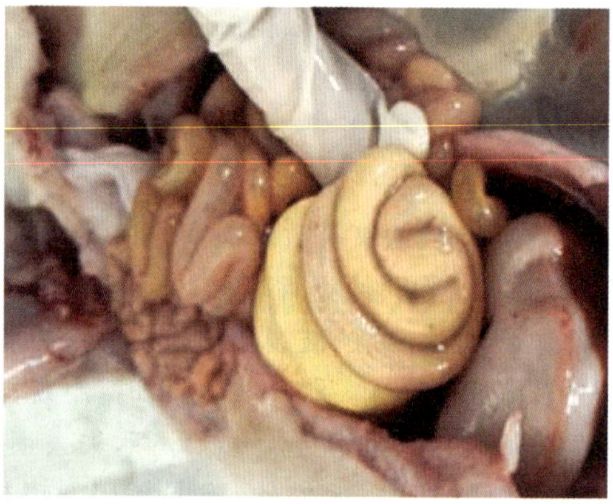

图 1-32　猪结肠袢水肿

3. 脂肪变性

脂肪变性是指变性细胞的胞浆内出现大小不等的脂肪小滴，简称脂变。

脂肪变性往往和颗粒变性同时或先后发生于心、肝、肾等实质器官，故通常也称之为实质变性。

(1)原因和机理　脂肪变性是一种常见于急性病理过程的细胞变性。常见于急性感染、中毒、缺氧、饥饿或某些营养物质缺乏等。脂肪变性的发生机理很复杂，至少有以下几方面的因素：①脂肪显现。在疾病过程中，与蛋白质结合成脂蛋白的结构脂肪与蛋白分解，于是细胞内就显现出成形的脂肪滴。②从肠道吸收或脂库释放的脂肪过多，超出了肝脏处理能力，就会造成脂肪在肝细胞内蓄积。③肝细胞损伤或缺乏某些营养物质(如胆碱、蛋氨酸)，肝脏处理脂肪的能力降低，造成肝细胞脂肪变性。④脂肪酸的氧化利用发生障碍，如中毒、缺氧均能影响肝细胞内脂肪酸的氧化过程，造成中性脂肪的蓄积。

(2)病理变化　轻度脂变，眼观变化不明显，只见器官稍带黄色。严重脂变，则器官体积肿大，边缘钝圆，质地松软，呈灰黄色或黄色，切面结构模糊不清，触之有油腻感(图 1-33)。猪心肌脂肪变性伴有淤血，呈虎皮样，称为“虎斑心”(图 1-34)，口蹄疫常表现该病理变化。镜检，在一般石蜡切片中，变性细胞内的脂肪滴，已被脂肪溶剂(如酒精、二甲苯)溶解掉，因此只能看到大小不等的空泡。

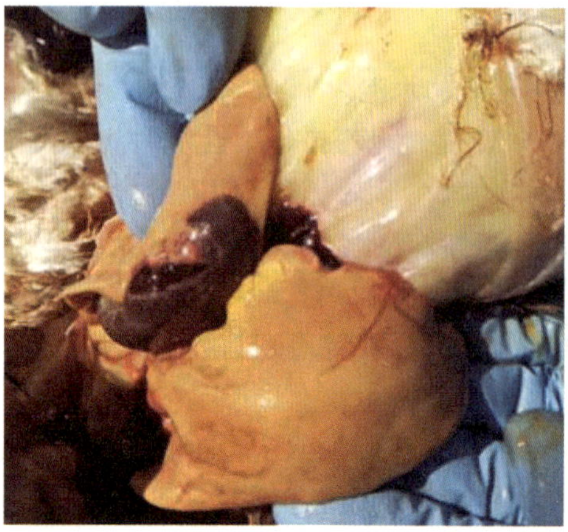

图 1-33　鸡肝脏脂肪变性，呈土黄色

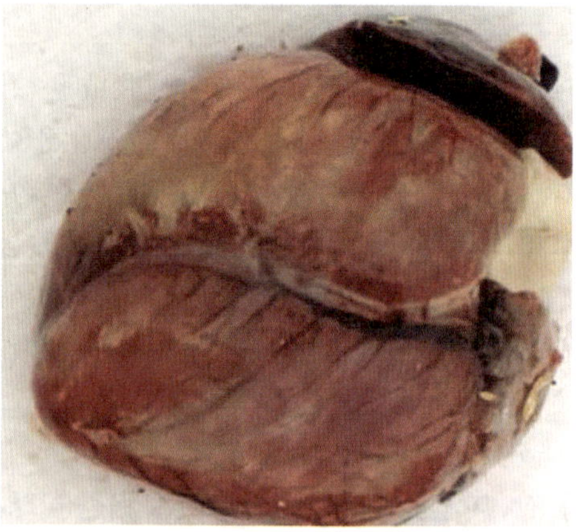

图 1-34　猪心肌脂肪变性和淤血，称为“虎斑心”

(3)对机体的影响　脂变多继发于颗粒变性,如早期消除病因,可以恢复正常。若病因持续作用,则容易发展为坏死。脂变主要发生在肝、心、肾等主要器官,它对机体的危害较大。如心肌脂变使心肌松弛,收缩力减弱,可造成全身性淤血、缺氧,甚至急性心力衰竭。肝、肾发生脂变,则其解毒、排泄机能降低,势必造成毒物在体内蓄积,引起自体中毒。

(三)坏死

在活体内局部组织、细胞的死亡,称为坏死。坏死组织内的物质代谢过程已完全停止,所以坏死是一种不可逆的病理变化。坏死除少数是由强烈致病因子(如强酸、强碱)作用而造成组织的立即死亡外,大多数坏死是在萎缩、变性的基础上发展起来的,是一个由量变到质变的发展过程,故称为渐进性坏死。这就决定了变性与坏死的不可分割性,在病理组织检查时,往往发现两者同时存在。

在生理条件下,体内各组织持续不断的新老交替过程,是一种正常生理条件下的坏死。在疾病过程中,任何致病因素只要达到一定强度或持续相当的时间,能使细胞、组织代谢完全停止者,都能引起坏死。常见的原因有局部缺血、缺氧,也有物理因素(如机械性创伤、高温、低温)、化学因素(如强酸、强碱)、生物性因素(如细菌、毒素、病毒、寄生虫)引起。

1. 坏死的一般病理变化

组织坏死的初期与坏死前相似,不易辨认,时间稍长可发现坏死组织失去正常光泽或变为苍白,浑浊,失去正常组织的弹性而软化,局部温度降低,切割无血液流出,感觉及运动功能消失。在坏死 2～3 d 后,坏死组织周围出现一条明显的分界性炎性反应带。有的坏死液化或形成坏疽。

镜检细胞死亡的特征变化为核浓缩浓染(核体积缩小,染色加深)、核破碎(核膜破裂,核崩解成碎块)和核溶解消失(核完全消失或仅见轮廓)。胞浆出现颗粒、空泡,最后崩解成颗粒样碎屑。间质结缔组织失去纤维结构陷于崩解。

2. 坏死的类型

(1)凝固性坏死　组织坏死后,由于受蛋白凝固酶的作用,蛋白质发生凝固,形成灰白、灰黄、较干燥、无光的固体物质,称为凝固性坏死(图 1-35、图 1-36)。如心脏和肾脏的贫血性梗死,组织干燥坚实,无光泽呈灰白色;结核引起的干酪样坏死灶,呈灰白色或黄白色,松软无结构,似奶酪样或豆腐渣样(图 1-37);动物白肌病引起的骨骼肌蜡样坏死,肌纤维浑浊,灰白色,干燥而坚实,如石蜡样(图 1-38)。

(2)液化性坏死　坏死组织呈液状。如组织感染化脓菌时,因为坏死的组织中有大量中性白细胞,崩解后释放出蛋白分解酶,把坏死组织分解液化成脓液。脑组织的液化性坏死,称为脑软化,多见于雏鸡的维生素 E 及硒缺乏症和猪细菌性脑炎(图 1-39)。

(3)坏疽　组织坏死后,因受外界环境条件的影响或继发感染腐败菌所引起的变化,称为坏疽。由于发生的原因及条件不同,坏疽分为以下 3 种。

①干性坏疽。多发生于体表。坏死组织干燥,皱缩,边界清楚,质硬,呈灰黑色(因坏死组织分解产生的硫化氢与血红蛋白分解出来的铁相结合,形成硫化铁,使坏死组织变为黑色)。如慢性猪丹毒的皮肤内形成的干性坏疽;鸡痘引起鸡冠和肉髯形成干性坏疽(图 1-40)。

②湿性坏疽。多发生于肺脏、子宫和肠管等与外界相通的器官。这些器官发生坏死后，由于坏死组织内含水分较多，有利于腐败菌的繁殖，此时局部明显肿胀，腐败组织产生大量有臭味蛋白质分解物（如吲哚、粪臭素、硫化氢等有毒物质）造成恶臭。组织呈灰绿色、污绿色或黑色，变成粥样。由于湿性坏疽发展较快，所以坏死部分与正常组织之间没有明显的界线。在马、牛的肠变位（肠扭转、肠套叠）和异物性肺炎、母牛产后的子宫内膜炎，都可继发湿性坏疽。鸡由于病毒等感染也可引起肠道坏疽（图 1-41）。

③气性坏疽。气性坏疽是湿性坏疽的一种特殊类型，大多发生于深部创伤（如阉割伤和刺伤等）感染恶性水肿杆菌、产气荚膜杆菌等厌氧细菌所引起。这些厌氧性细菌在创伤深部繁殖，产生毒素，侵害创伤周围的肌组织使局部肌肉坏死，并分解肌糖原和坏死组织，产生大量气体，使组织呈蜂窝状。切开病变组织，流出多量黄红色、带酸臭味、含气泡的浑浊液体，患部肌肉呈棕红或黑红色，用手按压有捻发音（图 1-42）。

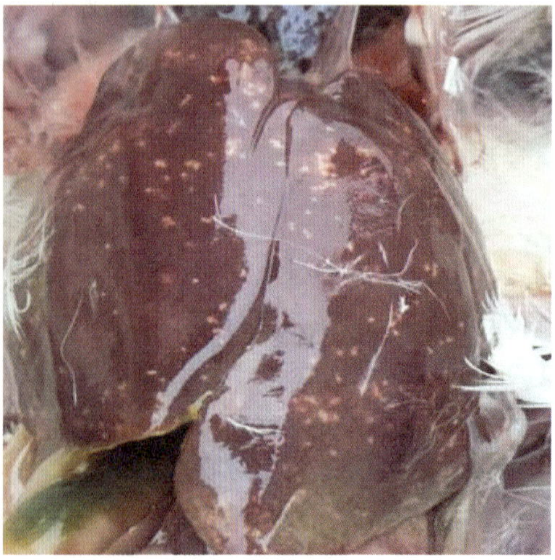

图 1-35　鸡肝脏大量白色坏死点

图 1-36　鸡肝脏肿大，坏死

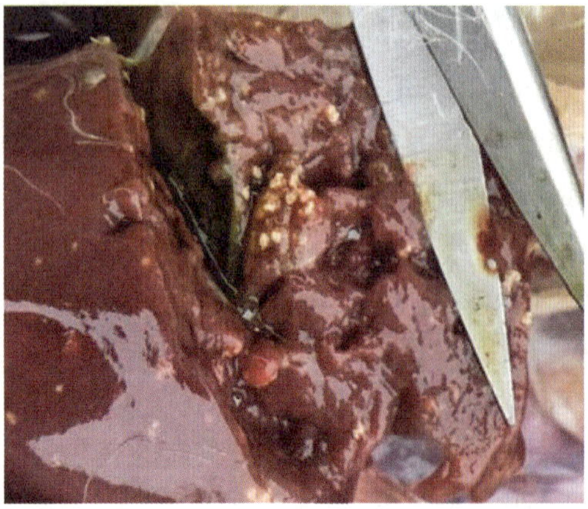

图 1-37　鸡肝脏横切面大量干酪样坏死结节

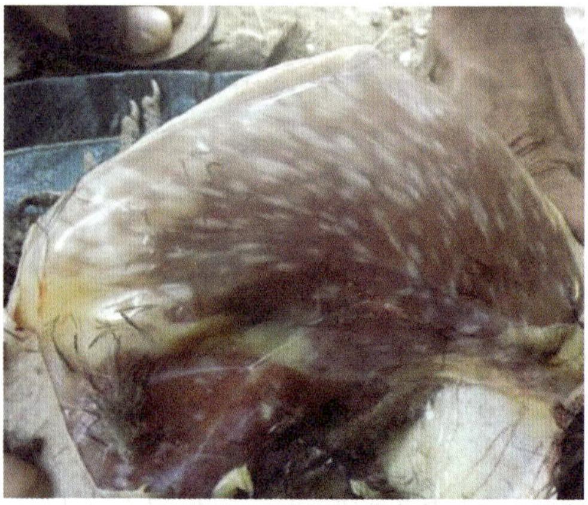

图 1-38　鸡胸肌白色条纹状坏死

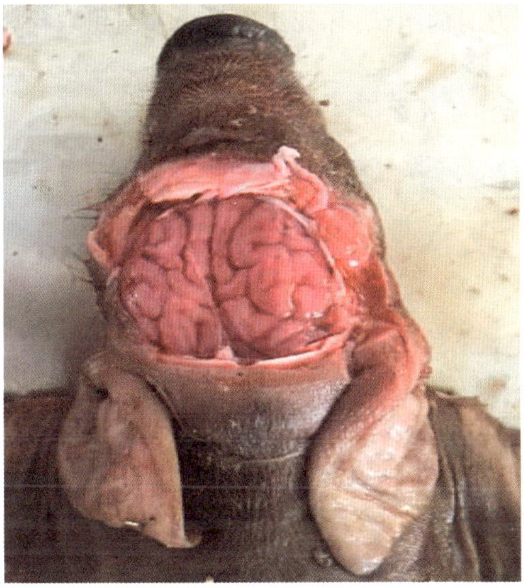
图 1-39　猪细菌性脑炎引起脑组织液化坏死

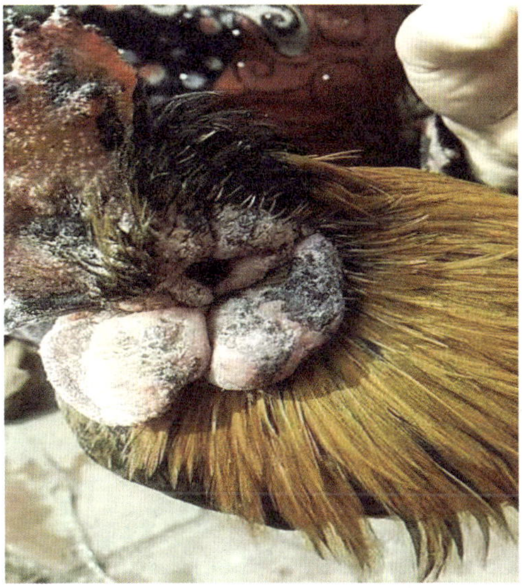
图 1-40　鸡冠和肉髯形成干性坏疽

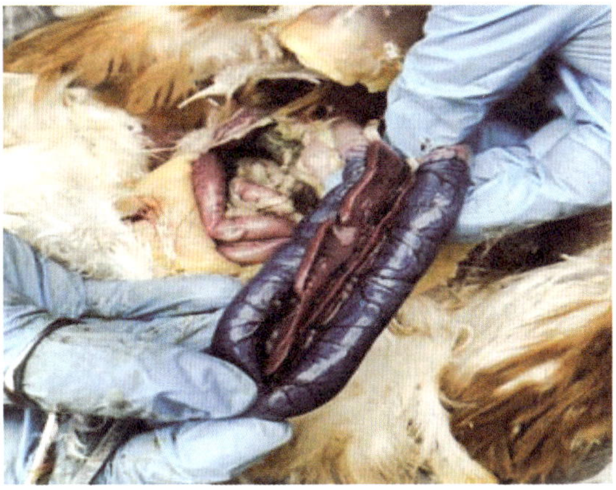
图 1-41　鸡十二指肠湿性坏疽

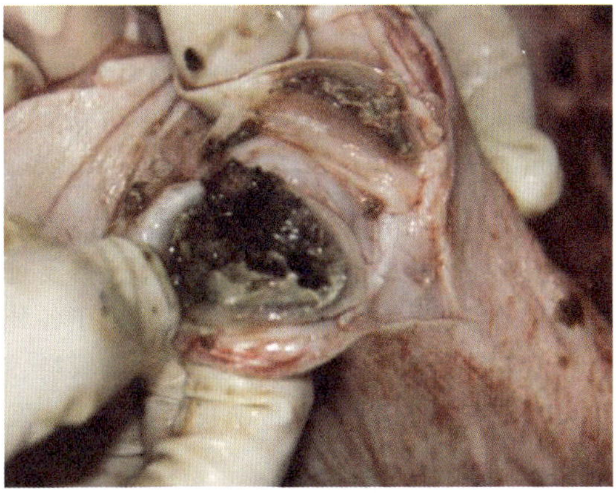
图 1-42　猪皮下组织气性坏疽

3. 坏死的结局及对机体影响

坏死的结局，取决于坏死的原因、类型、发生部位、坏死组织的范围及有无感染等。组织坏死后，本身已不能康复，在机体内是一种异物，必须将其清除，才能进行修复。机体处理坏死组织的方式有如下几种。

（1）溶解吸收　溶解吸收是处理坏死组织的基本方式。小面积的坏死，死亡的细胞可被蛋白分解酶分解液化，液化的坏死组织被淋巴管或小血管吸收，一些小碎片可被吞噬细胞吞噬消化，并由周围组织再生而修复，所以对机体影响不大。如果坏死发生在心脏和脑，即是小面积的坏死，也往往招致严重后果。

（2）脱落排出　在较大的坏死灶周围出现炎性反应，白细胞可吞噬坏死组织碎片，并释放蛋白分解酶，加速坏死灶边缘部分坏死组织的溶解吸收，使坏死灶与健康组织脱离，如慢性猪丹毒的大片皮肤坏死脱落。皮肤和黏膜的坏死组织脱落后，形成缺损，其浅者称糜烂（烂斑），深者称溃疡（图 1-43）。

(3)机化、包囊形成　见于坏死范围大，再生能力弱的组织，坏死组织被肉芽组织取代（机化）或将其包围（包囊形成）（图 1-44）。

(4)钙化　坏死组织发生钙盐沉积，常见于干酪样坏死灶等。

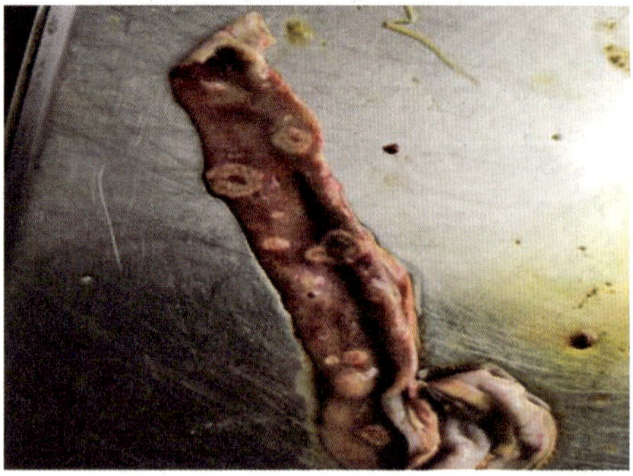

图 1-43　鸡肠黏膜溃疡

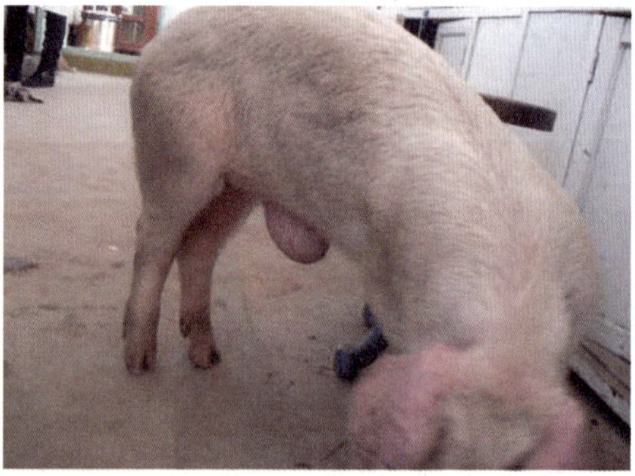

图 1-44　猪脐疝，脐部因感染形成包囊

三、炎症反应

炎症是动物机体对致炎因素引起的损伤所产生的以防御反应为主的应答性反应。其基本病理变化表现为局部组织的变质、渗出和增生；局部症状为红、肿、热、痛和机能障碍；炎症过程还会出现不同程度的全身性病理反应，主要表现为发热和白细胞增多。

炎症是十分常见而复杂的病理过程，炎症过程中既有组织细胞的变性、坏死性变化，又有炎性充血、炎性渗出及组织细胞的增生修复过程；许多疾病如传染病、寄生虫病、内科病及外科病等都是以炎症为基础的；炎症可发生于各种组织，如胃肠炎、咽喉炎、支气管炎、肺炎、肝炎、肾炎、脑炎、乳腺炎、子宫炎、关节炎、胸膜炎、腹膜炎等。因此，正确认识炎症的本质，掌握其发生发展的基本规律，可以帮助我们了解疾病发生发展的机制，更好地防治动物疾病。

（一）炎症的原因

凡是能够引起组织损伤的致病因素都可成为炎症的原因，但是否发生炎症还决定于机体内部因素，包括机体的防御机能、免疫状态、应激机能、营养状态、遗传性等。常见致炎因素有如下几种。

1. 生物性因素

生物性因素是最常见的致炎因素，如细菌、病毒、支原体等病原微生物和寄生虫等，它们通过机械性损伤或产生内外毒素使组织损伤，也可通过诱发免疫反应导致炎症。

2. 化学性因素

化学性因素包括内、外源性化学物质。如强酸、强碱，机体内的组织坏死崩解产物、代谢废物等在它接触或排泄的部位引起组织不同程度的损伤而引起炎症，如霉菌毒素可引起动物胃肠炎。

3. 物理性因素

高温、低温、放射线及紫外线等均可造成组织损伤引起炎症，机械性因素如机械性创伤、挫伤等可引起炎症。

4. 免疫反应

各种变态反应均能造成组织细胞损伤而导致炎症，如过敏性皮肤炎，变态反应性甲状腺炎。

（二）炎症介质

炎症介质是指在炎症过程中由细胞释放或由体液产生、参与或引起炎症反应的化学物质。按其来源可分为细胞源性炎症介质和血浆源性炎症介质。

1. 细胞源性炎症介质

机体内在致炎因素的作用下能够生成并释放炎症介质的细胞主要有：肥大细胞、白细胞、巨噬细胞、血小板等。

（1）血管活性胺　①组织胺，它主要贮藏于肥大细胞、嗜碱性粒细胞及血小板中。在各致炎因素、抗原抗体复合物及蛋白水解酶等的作用下，使组织及肥大细胞受到损害，于是大量组织胺被释放出来。组织胺能明显地引起毛细血管、小动脉及小静脉扩张，血管壁通透性增加。组织胺能引起血管内皮细胞收缩，从而使邻接的细胞互相牵拉，结果使一些细胞间隙扩大，导致渗出增加。此外，它还可引起支气管、胃肠道、子宫平滑肌收缩，导致哮喘、腹泻和腹痛。②5-羟色胺（5-HT），它主要存在于肥大细胞、血小板、脑组织和胃肠道的嗜银细胞内。炎症时，由于这些组织和细胞受到损害，可将 5-HT 释出。它的作用和组织胺相似，能使血管壁的通透性显著升高，可引起痛觉反应，并能促进组织胺释放。

（2）白细胞三烯（LT）　来自嗜碱性粒细胞、肥大细胞和单核细胞。白细胞三烯能增强血管的通透性，而且是强有力的白细胞趋化性因子，它能吸引中性粒细胞并促进中性粒细胞黏附于血管内膜。它也是强有力的血小板凝集因子，还能引起平滑肌收缩。

（3）前列腺素（PG）　前列腺素是广泛存在机体各处的一种组织激素，特别是前列腺、肾、肠、肺、子宫、脑、胰腺等，炎区内的 PG 主要来自血小板和白细胞。在炎症反应中，前列腺素具有多方面的效应，如对毛细血管有显著的扩张作用，增强血管壁的通透性及吸引白细胞游出。它增强组织胺及缓激肽的致痛作用，作为热原，它与炎症时的发热反应有关。

（4）过敏性嗜酸性粒细胞趋化因子　其贮存部位与组织胺相同，它的作用是吸引嗜酸性粒细胞向炎区聚集，吞噬免疫复合物和杀伤寄生虫，同时能促进组织胺酶释放。

（5）溶酶体成分　中性粒细胞和单核细胞的溶酶体具有致炎作用，其中的主要炎症介质有：阳离子蛋白、酸性蛋白酶、中性蛋白酶、纤溶酶原激活物等，具有促进肥大细胞脱颗粒释放组胺，使血管壁通透性升高，降解胶原纤维、基底膜、细菌和细胞碎片等作用。

（6）细胞因子　机体各种组织细胞在其生命周期中，释放多种具有不同生物学效应的物质，以完成自身的功能，参加复杂的细胞-细胞间调节网络，这类物质被统称为细胞因子。根据其生物学效应的不同，分为白细胞介素（在白细胞间发挥作用）、肿瘤坏死因子（对肿瘤细胞具有细胞毒作用）、造血生长因子（作用于骨髓造血前体细胞，促其增殖、分化、成熟）、干扰素（干扰正常细胞内病毒增殖，增强免疫活性）、淋巴因子（促进免疫活性细胞增殖、增强免疫活性）等。细胞因子在作用上具有四个显著的特点：多效性、多源性、高效性、快速反应性。具有强烈的致炎活性的细胞因子有以下几种：白细胞介素 1（IL-1）、白细胞介素 6（IL-6）、肿瘤坏死因子、白细胞介素 8(IL-8)、单核细胞趋化蛋白 1(MCP-1)。

2. 血浆源性炎症介质

在致炎因素作用下,血浆内的凝血系统、纤维蛋白溶解系统、激肽形成系统和补体系统可被激活,产生许多有活性的炎症介质,主要有:纤维蛋白肽、纤维蛋白降解产物、激肽、补体裂解产物。

(1)激肽类　激肽是属于多肽类物质。激肽系统的激活最终产生缓激肽。缓激肽能显著增强血管壁的通透性,还能使支气管、胃、肠的平滑肌痉挛,故能引起气喘、腹泻等症状。激肽也是一种致痛物质,很微量即能引起疼痛感反应。缓激肽作用限于早期增加血管通透性(又称过敏毒素)。

(2)补体系统　补体系统是一组血浆蛋白,具有酶活性,正常情况下以非活性状态存在,当受到某些物质激活时,补体各成分便按一定顺序呈现连锁的酶促反应,参与机体的防御功能,并非为炎症介质参与机体的炎症过程。如 C_{2b} 能使小血管扩张,增强血管壁的通透性及具有收缩平滑肌的作用;C_{3a} 和 C_{5a} 能刺激组织中的肥大细胞和血液中的嗜酸性粒细胞,促使其释放组胺和其他活性介质,因而使渗出加强;C_{3a}、C_{5a} 具有趋化性因子的作用,能吸引中性粒细胞和单核细胞游走;$C_{5\sim7}$ 还能促使释放溶酶,导致组织坏死;C_{3b} 具有调理素的作用,它能加强吞噬活动。还有 $C_{5\sim9}$ 复合物能破坏靶细胞膜的类脂质,故对病毒、细菌、原虫以及受病毒感染的细胞等均能溶解。

(3)纤维蛋白溶酶(纤溶酶)　纤维蛋白溶酶又称血浆素,由血浆内的纤维蛋白酶原被组织中的激肽释放酶分解而形成。它的作用是消化纤维蛋白和其他血浆蛋白。纤维蛋白裂解则形成纤维蛋白肽,此物具有抗凝血、增加毛细血管壁通透性和吸引白细胞游走等作用。

综上所述,炎症介质是炎症发生、发展的一个重要物质基础。炎症过程中,组织损害、血管反应、渗出形成以及炎症的消散和修复都是相当复杂的过程,炎症介质在其中参与启动和推动各个环节。

临床上在治疗炎症时,除针对生物性致炎因素常采用相应的药物外,其他的抗炎药物,其疗效机理大多数是通过抑制炎症介质的合成与释放,或直接对抗炎症介质,而达到抗炎的效果。类固醇药物(如糖皮质激素类的可的松)有较好的抗炎疗效,是由于具有降低血管壁的通透性,稳定溶酶体膜从而控制溶酶体的释出,抑制白细胞向血管内皮细胞黏附和血管外游出,抑制肥大细胞的组织胺合成和蓄积,抑制血小板释放前列腺素等的作用。糖皮质激素对肉芽组织的形成也有抑制作用,这是因为它能抑制毛细血管和成纤维细胞的增生,同时也能抑制成纤维细胞的胶原合成和黏多糖的合成所致。故局部反复使用极少量的糖皮质激素,对缩小炎灶的瘢痕组织形成是有好处的。非类固醇抗炎药(如吲哚美辛、保泰松等)能抑制前列腺素的合成,同时也有稳定细胞溶酶体膜的作用,从而达到减轻炎症的发展及缓和炎症的诸多症状。

(三)炎症的基本病理变化

炎症在临床上虽然有许多不同的表现,但无论任何原因引起的、发生在任何组织的炎症,其基本的病理变化都包括变质、渗出和增生,而这些变化又是彼此密切相关的。

1. 变质

变质是炎区局部组织物质代谢障碍、理化性质改变和形态变化的总称。导致炎区局部组织发生的这些变化，一方面是致病因素的直接作用，另一方面是神经营养机能障碍，使局部组织物质代谢发生改变的结果。此外，炎区组织的血液循环障碍，也能促使变质的发展。不同的炎症，组织变质的程度也不一样，这取决于致病因素的性质、强度以及机体的反应性，特别是处于过敏状态的机体，在发生炎症时，往往变质性变化更为明显。

(1)物质代谢的障碍　炎区组织物质代谢变化的特点是分解代谢增强和氧化不全产物的蓄积。炎症初期，局部组织的耗氧量增加，氧化过程增强；以后炎区中心由于血液循环障碍及组织细胞损伤较严重，氧化酶活性降低，无氧分解增强，故氧化不全产物蓄积增多；而炎区周边物质代谢仍增强，氧化酶活性升高，耗氧量增高，发生供氧不足，氧化不全的代谢产物也相应增多。故造成大量氧化不全的酸性产物蓄积。

(2)理化性质的改变　由于分解代谢的加强，酸性代谢产物蓄积，细胞组织的损伤崩解，血浆蛋白的渗出，故使炎区局部酸度升高，渗透压升高。

(3)炎区组织细胞的形态变化　在变质时，炎区组织的形态变化，主要表现为炎区组织细胞的颗粒变性、脂肪变性以及坏死，间质肿胀、断裂和溶解。

2. 渗出

炎症局部组织血管内液体成分经血管壁进入局部组织的过程称为渗出。渗出过程包括炎性充血和渗出两个环节。

(1)炎性充血　在致炎因素的作用下，炎区组织的血管发生短时间的痉挛。痉挛持续的时间很短，几秒钟到几分钟。继之小动脉和毛细血管扩张，局部血流加快，血压升高和血流量增多，称为动脉性充血，也称为炎性充血。动脉性充血能加强炎区的营养和物质代谢，促进代谢产物的排出，有利于提高组织的抵抗力。

随着炎症过程的继续发展，动脉性充血的持续时间不等，长的可达几小时。随后血流逐渐变慢，并发展为淤血，炎区由鲜红色转变为紫红色，局部温度也降低，最后甚至出现血流停滞。引起淤血和血流停滞的主要原因是：①血管壁的神经肌肉装置发生麻痹，紧张度进一步降低，使血管管腔过度扩张，因而血流速度减慢。②由于血浆外渗，血液浓度和黏稠性增加，炎症性酸中毒导致红细胞和血管内皮细胞发生肿胀，阻碍血流。③组织水肿使静脉受压，影响静脉血液的回流，以及白细胞壁立、血液阻力增高等对血流减慢和血流停滞的发生也有一定的作用。④淤血和血流停滞，可使炎区组织缺氧和营养障碍，并使有毒物质蓄积，还能促使血浆渗出和白细胞游出。

(2)渗出　炎症的渗出过程包括液体渗出和细胞渗出两方面。

①液体渗出。炎症过程中，由于血管壁通透性升高，血浆可通过血管壁渗出到血管外。积聚在炎区组织内的液体成分可引起组织的炎性水肿。

炎症时，炎区内液体渗出与多种因素有关。首先，以血管壁的损伤引起通透性增高具有重要影响。其次，血管内流体静压升高及炎区内组织渗透压升高也有影响。

由于毛细血管壁受损伤的程度不同，渗出液的成分也有所不同。一般说来，血管壁受损伤轻时，渗出液中是分子较小的清蛋白；损伤较重时，就有分子较大的球蛋白渗出；当血管壁损伤严重时，则纤维蛋白原也可渗出。因此根据渗出液中的蛋白质成分，可以判定毛细血管通透性大小或炎症反应的强度。

渗出液对机体具有重要的防御作用。渗出液具有稀释有毒物质以及带走炎灶内的代谢产物的作用，而且因其含有抗体等物质，有利于消灭病原微生物。渗出液中的清蛋白和球蛋白，容易附着有毒物质，使其不能迅速被吸收，还有助于沉淀细菌。渗出液中的纤维蛋白原，在坏死组织释放出的组织凝血酶的作用下，变成纤维素，可阻止细菌的扩散。

在炎症过程中，虽然渗出液对机体是有利的，但是渗出液过多则往往引起不良后果。心包炎时，心包腔内蓄积多量渗出液，可机械地压迫心脏而影响血液循环(图 1-45)。严重的喉头、气管水肿可引起窒息(图 1-46)。

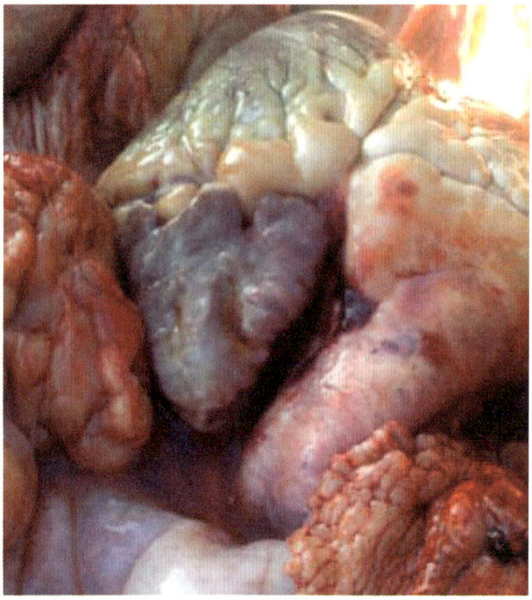

图 1-45　牛水肿，心包积液

图 1-46　气管有大量黏液渗出

②细胞渗出。在炎症过程中，不仅有液体渗出，而且还有各种细胞的渗出。各种白细胞由血管渗出到组织间隙中的现象，称为炎性细胞浸润。

正常时，血管内流动的血液可分为轴流和边流。红细胞和白细胞等有形成分组成轴流，而边流的主要成分是血浆。当血流变慢时，大量的白细胞就由轴流转入边流。逐渐向血管壁靠近，并黏附在血管壁上，形成白细胞壁立现象。白细胞壁立后，便向内皮细胞之间伸出伪足，穿过内皮细胞的接合处，然后整个细胞逐渐游出到内皮细胞和基底膜之间，最后穿过基底膜到血管外，并继续沿组织间隙以变形虫样运动，集中到炎性刺激物的周围。

常见的炎性细胞有中性粒细胞、嗜酸性粒细胞、单核细胞和组织细胞、上皮样细胞和多核巨细胞、淋巴细胞、浆细胞等。

a)中性粒细胞。

形态：中性粒细胞起源于骨髓干细胞，胞核一般都分成 2～5 叶，幼稚型中性粒细胞的胞核呈弯曲的带状、杆状或锯齿状而不分叶(图 1-47、图 1-48)。HE 染色胞浆内含淡红色中性颗粒。

作用：中性粒细胞具有很强的游走运动能力，主要吞噬细菌，也能吞噬组织碎片，抗原抗体复合物以及细小的异物颗粒。其胞浆中所含的颗粒相当于溶酶体，其内含有多种酶，这种颗粒在炎症时可见增多。中性粒细胞还能释放血管活性物质和趋化因子，促进炎症的发生、发展，是机体防御作用的主要成分之一。

诊断意义：中性粒细胞多在化脓性炎症和急性炎症初期渗出。在病原微生物引起的急性炎症时，外周血液中性粒细胞也增多；在一些病毒疾病时，中性粒细胞可能减少。中性粒细胞减少或幼稚型中性粒细胞增多，往往是病情严重的表现。

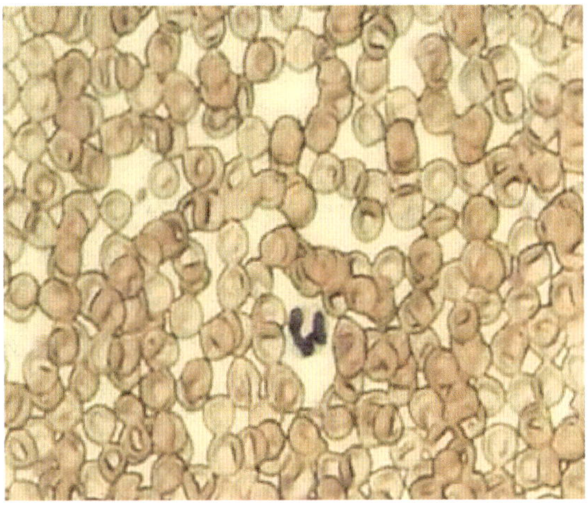

图 1-47　1 个细胞核呈分叶型中性粒淋巴细胞

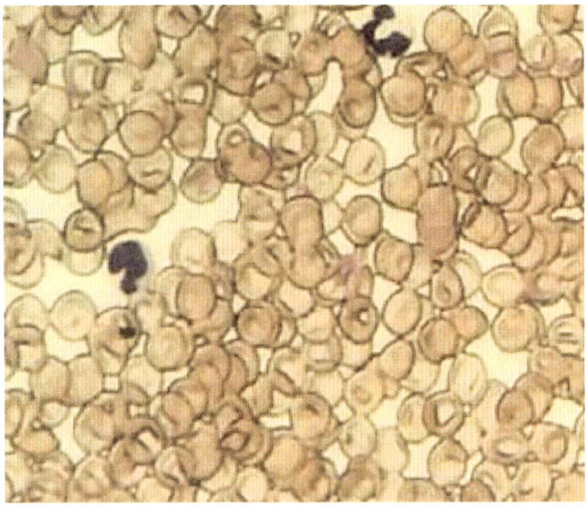

图 1-48　2 个细胞核呈分叶型中性粒淋巴细胞

b)嗜酸性粒细胞。

形态：嗜酸性粒细胞也起源于骨髓干细胞，细胞核一般分为二叶，各自成卵圆形。胞浆丰富，内含粗大的强嗜酸性的颗粒(图 1-49)。

作用：嗜酸性粒细胞具有游走运动能力，主要作用是吞噬抗原抗体复合物、抑制变态反应，同时对寄生虫有直接杀伤作用。嗜酸性粒细胞的颗粒主要含有碱性蛋白、阳离子蛋白、过氧化物酶、组胺酶、活性氧等，对寄生虫有直接杀灭作用，对组织胺等过敏反应中的化学介质有降解灭活作用。

诊断意义：嗜酸性粒细胞主要在寄生虫感染和过敏反应引起的炎症时渗出。如反复感染或重度感染时不仅局部组织内嗜酸性粒细胞增多，循环血液中也显著增加。在过敏反应时，嗜酸性粒细胞可占白细胞总数的20%～25%。

c)单核细胞和巨噬细胞。

形态：单核细胞和巨噬细胞均来源骨髓干细胞，单核细胞占血液中白细胞总数的 3%～6%，血液中的单核细胞受刺激后，离开血液到结缔组织或其他器官后转变为组织巨噬细胞。这类细胞体积较大，圆形或椭圆形，常有钝圆的伪足样突起，核呈卵圆形或马蹄形，染色质细粒状，胞浆丰富，内含许多溶酶体及少数空泡，空泡中常含一些消化中的吞噬物。

作用：巨噬细胞具有趋化能力，其游走速度慢于中性粒细胞，但有较强的吞噬能力，能够吞噬非化脓菌、原虫、衰老细胞、肿瘤细胞、组织碎片和体积较大的异物，特别是对于慢性细胞内感染的细菌如结核杆菌、布鲁氏菌和李氏杆菌的消除有重要意义。巨噬细胞还可以识别抗原信息并传递给免疫活性细胞，从而参与特异性免疫反应，巨噬细胞还能产生许多炎症介质，促进调整炎症反应。巨噬细胞可转变为上皮样细胞和多核巨细胞。

诊断意义：巨噬细胞主要出现于急性炎症后期、慢性炎症、非化脓性炎症(如结核、布鲁氏菌感染)、病毒性感染和原虫病的过程中。

d)上皮样细胞和多核巨细胞。

炎症反应过程中，炎症灶内存在某些病原体(如结核杆菌、鼻疽杆菌)或异物(如缝线、芒刺)时,巨噬细胞可转变为上皮样细胞或多个巨噬细胞融合成多核巨细胞。

上皮样细胞:外形与巨噬细胞相似,呈梭形或多角形,胞浆丰富,内含大量内质网和许多溶酶体。胞膜不清晰,胞核呈圆形、卵圆形或两端粗细不等的杆状,核内染色质较少,着色淡。此类细胞的形态与复层扁平细胞中的棘细胞相似,故称上皮样细胞。上皮样细胞具有强大的吞噬能力,它的胞浆内含有丰富的酯酶,对菌体外表覆有蜡质的结核菌也能消化,主要见于肉芽肿性炎症。

多核巨细胞:这种细胞是由多个巨噬细胞融合而成。细胞体积巨大,胞浆丰富,在一个细胞体内含有许多个大小相似的胞核。胞核的排列有三种不同形式:一是细胞核沿着细胞体的外周排列,呈马蹄状,这种细胞又称朗罕氏细胞;二是细胞核聚集在细胞体的一端或两极;三是细胞核散布在整个巨细胞的胞浆中。多核巨细胞可见于结核病、副结核病、鼻疽、放线菌病及曲霉菌病病灶中,常出现在坏死组织的边缘。多核巨细胞具有十分强大的吞噬能力,有时可见它包围着嵌入组织的异物,如芒刺、缝线等。

e)淋巴细胞。

形态:淋巴细胞产生于淋巴结及其他淋巴组织,经胸导管进入血液循环。血液中的淋巴细胞大小不一,有大、中、小型之分。在白细胞分类中的比例随动物而异。大多数是小型成熟的淋巴细胞,胞核为圆形或卵圆形(图 1-50),常见在核的一侧有小缺痕;核染色质较致密,染色深;胞浆很少,嗜碱性,但在组织切片中常看不见。大淋巴细胞数量较少,是未成熟的,胞浆较多。虽然,各型淋巴细胞的形态,在外表看来都很相似,但实际上,淋巴细胞是一群混杂的细胞,它们的功能、寿命及特异性都有差别。根据免疫学的研究,淋巴细胞可分为 T 细胞(胸腺依赖淋巴细胞)和 B 细胞(腔上囊依赖淋巴细胞或称骨髓依赖细胞)。

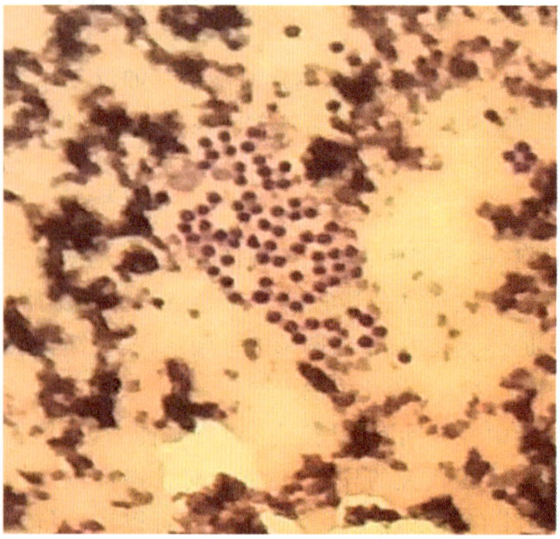

图 1-49 视野中间组织中的大量呈蓝紫色的淋巴细胞

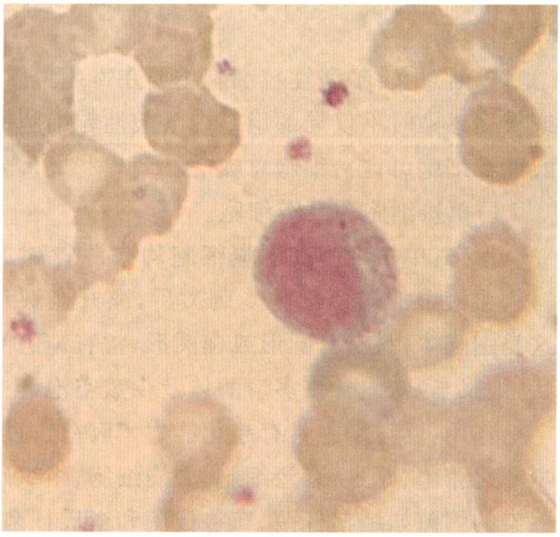

图 1-50 嗜酸性粒细胞

作用:淋巴细胞主要是产生特异性免疫反应,在炎症过程中,被抗原致敏的 T 淋巴细胞产生和释放 IL-6、淋巴因子等多种炎症介质,具有抗病毒、杀伤靶细胞、激活巨噬细胞等多种重要作用。而 B 淋巴细胞可产生抗体,参与体液免疫。

诊断意义:主要见于慢性炎症、炎症恢复期及病毒性炎症和迟发性变态反应过程中。

f)浆细胞。

形态:浆细胞是B淋巴细胞受抗原刺激后演变而成。细胞呈圆形,较淋巴细胞略大,胞浆丰富,轻度嗜碱性,细胞核圆形,位于一端,染色质致密呈粗块状,多位于核膜的周边呈辐射状排列,致使细胞核染色后呈车轮状,这种特征是识别浆细胞的标志之一。

作用:浆细胞主要具有合成免疫球蛋白(免疫球蛋白包括:IgG、IgA、IgM、IgD和IgE)的能力,参与体液免疫。

诊断意义:主要在慢性炎症和病毒感染时渗出。

3. 增生

增生是指在致炎因素和组织崩解产物的刺激下,炎区内网状内皮细胞、成纤维细胞、血管内皮细胞及上皮细胞等细胞成分的活化增殖过程。炎症的增生,几乎是与变质和渗出同时进行的。在急性炎症的早期,增生过程比较微弱,常常被渗出和变质过程所掩盖。在炎症的后期,增生过程则往往成为炎症的主要表现。细胞的增生,首先表现于炎区血管和淋巴管的内皮细胞及网状细胞,它们肿大变圆,进行分裂增生。增生的血管内皮细胞则形成新的毛细血管。增生的成纤维细胞和新生的毛细血管以及浸润的炎性细胞共同构成肉芽组织。肉芽组织逐渐老化,转变为瘢痕。

实际上,在炎症过程中,变质、渗出和增生密切联系,并且互相影响、互相促进,共同构成了炎症的基本病理过程。

(四)炎症的局部症状与全身反应

1. 炎症的局部症状

发生炎症时,炎症的局部常可以出现下述5个特征性的局部症状。这些症状,临床上通常作为判断炎症的依据。

(1)红　炎区发红,主要是炎灶内局部小血管扩张充血的结果。这种现象,往往是炎症早期特征。最初是动脉性充血,呈鲜红色;持续一段时间后,血流变慢,转化为静脉性充血,呈暗红色。

(2)肿　炎区局部肿胀,最初由于局部的组织充血,过多血液进入局部所致。但主要原因是炎区毛细血管通透性增高,引起炎性水肿结果。

(3)热　由于炎区动脉性充血以及物质代谢旺盛,局部产热增加的结果。

(4)痛　疼痛的发生是感觉神经末梢受致病因素和组织分解产物的刺激,并由于炎性渗出物在局部蓄积,造成牵引压迫所致。

(5)机能障碍　随着局部组织发生肿胀、疼痛和组织损伤,必然影响到组织器官的正常机能活动,导致机能障碍。

上述5种症状,不过是炎症的共同特点,并非每一种炎症都会全部出现这些症状。如慢性炎症和某些内脏器官的炎症,红和热的症状就不明显。另外,机体某些部位由于缺乏痛觉神经,发炎时就没有痛的感觉。

2. 炎症的全身反应

炎症时的形态和机能变化,虽然一般表现在局部,但它们能通过神经和体液影响到全身各个器官系统,从而引起一定的全身性变化。

(1)发热 炎症发生过程中常可伴有体温升高的症状,这也是临床上诊断急性炎症的重要依据之一。它主要是在某些病原微生物及其毒素和组织细胞分解产物的作用下,使中性粒细胞和单核细胞释放内生性致热源,并随血流作用于丘脑下部的体温调节中枢,使产热增多,散热减少,引起体温升高。炎症时一定程度的体温升高,能加强机体的物质代谢,促进白细胞的吞噬功能和抗体的形成。同时,发热能促进血液循环,提高肝、肾等器官的功能,加速对炎症有害产物的处理和排泄。所以,适度发热对机体有一定的抗损伤作用。但长期高热可因能量消耗过多而引起组织器官功能障碍。

(2)白细胞增多 炎症过程中,外周循环血液中白细胞的数量往往增多。多数急性,特别是化脓性炎症时,中性粒细胞增多;过敏性炎症或寄生虫性炎症时,嗜酸性粒细胞增多;慢性炎症和病毒性炎症则多见淋巴细胞增多。白细胞增多是机体的一种重要的防御反应。随着病程的发展,若外周血液中白细胞总数和分类比例趋于正常,是炎症转向痊愈的标志。反之,在炎症过程中,若外周血液中白细胞总数减少,则表示机体抵抗力降低,是预后不良的表现。因此,在临床上检查外周血液中白细胞的变化,对疾病的诊断和预后有很重要的意义。

(3)单核-巨噬细胞系统机能加强 在生物性因素引起的炎症时,常见单核-巨噬细胞系统机能加强,表现为细胞活化增生,吞噬机能加强。在急性炎症时,炎灶周围的淋巴结肿胀、充血,淋巴窦内巨噬细胞增生,吞噬加强。在全身性感染时,脾和全身淋巴结都肿大。这些都是机体防御反应加强的表现。

(4)实质器官的变化 在较严重的急性炎症时,发热和炎性产物的刺激,可导致心、肝、肾等实质器官发生变性、坏死,并导致相应的机能障碍。

(五)炎症的类型

炎症的分类方法很多,如按照炎症的发生部位可分为脑炎、肺炎、肝炎及胃肠炎等;按照炎症的发生速度和临床经过可分为急性、亚急性和慢性;而根据炎症的主要病变特点,又可分为变质性炎、渗出性炎和增生性炎。这几种分类方式之间有一定的联系,如急性炎症常以变质性变化和渗出性变化为主,而慢性炎症常以增生性变化为主。下面主要按照病理变化分类进行介绍。

1. 变质性炎

变质性炎是以炎灶内组织细胞变性、坏死的变质性变化为主要特征的一种炎症,这种炎症多发于实质器官,通常也称为实质性炎。

心肌发生变质性炎症时,心肌外观上色泽不均,质地稍软,心内膜散在有灰黄色的条纹与斑点,形似虎皮斑纹(图 1-51);镜检可见心肌纤维变性、坏死,间质充血、水肿,常见淋巴细胞和单核细胞浸润。鸡患禽流感,胰脏呈现透明的坏死点(图 1-52);镜检可见肌纤维之间无血管,有较多的淋巴细胞浸润。

肝发生变质性炎症时,眼观肝肿大,呈土黄色或黄褐色,质脆易碎;镜检可见肝细胞变性、坏死,窦状隙和中央静脉充血,肝细胞索间可见淋巴细胞浸润。肾发生变质性炎症时,肾肿大,呈灰黄色或黄褐色,质地脆弱;镜检可见肾小管上皮细胞变性或坏死,肾间质轻度充血、水肿和炎性细胞浸润。

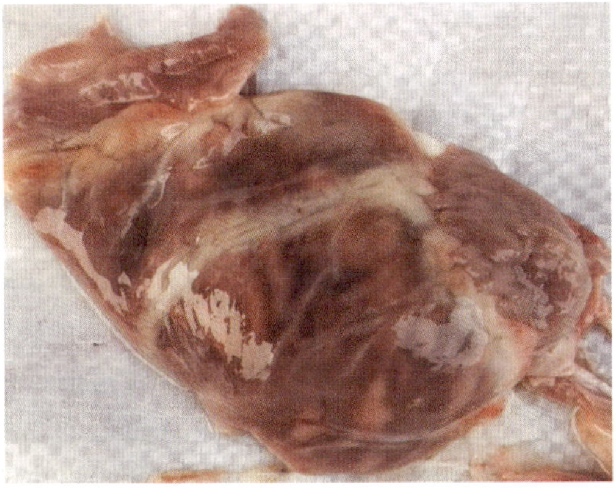

图 1-51　虎斑心

图 1-52　禽流感引起胰脏透明坏死点

2. 渗出性炎

渗出性炎是一种以发炎组织的渗出性变化为主的炎症。这是由于血管壁的损伤较重，有大量的液体和细胞成分从血管渗出所致。根据渗出成分的不同，可分为以下 6 种类型。

(1)浆液性炎　以渗出大量的浆液为特征。浆液色淡黄，含有 3%～5%的蛋白质，同时因混有白细胞和脱落的上皮细胞而轻度浑浊。

浆液性炎常发于浆膜、黏膜、疏松结缔组织和肺等处。①浆液积聚在体腔内则形成积液，浆膜面充血肿胀，失去固有光泽，浆膜腔内蓄积多量淡黄色稍呈浑浊的液体。②浆液浸润于疏松结缔组织中则形成炎性水肿，发炎部位肿胀，指压留痕。疏松组织本身则呈淡黄色半透明胶冻状。如果渗出液积聚在表皮和真皮之间，则形成水疱，见于口蹄疫、猪水疱病及烧伤等。③黏膜发生浆液性炎时称为浆液性卡他，常发生于胃肠道黏膜、呼吸道黏膜和子宫黏膜等处。可见黏膜流出大量稀薄透明的浆液性渗出物，黏膜充血、肿胀、增厚。如浆液性肠炎时排出大量含有浆液的水样便。④肺发生浆液性肺炎时，炎区肿胀呈暗红色，肺胸膜紧张、湿润、富有光泽。切面可流出多量液体。由支原体所引起的猪肺炎(猪喘气病)，其肺的早期病变也常表现为浆液性炎。

雏鸡流泪也为浆液性炎症(图 1-53)。猪心包积液，液体呈浆液性渗出(图 1-54)。

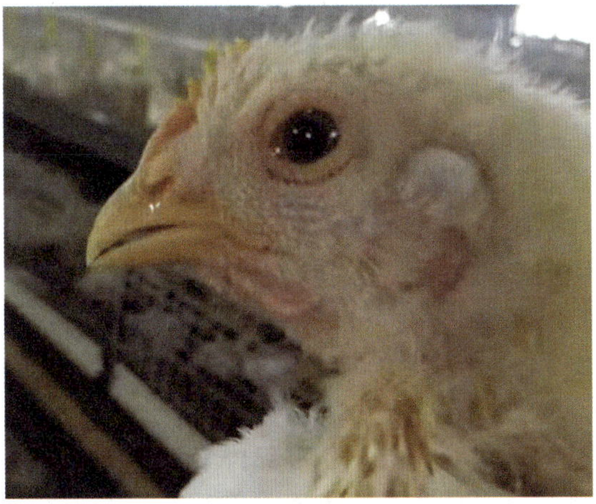

图 1-53　雏鸡流泪呈浆液性渗出

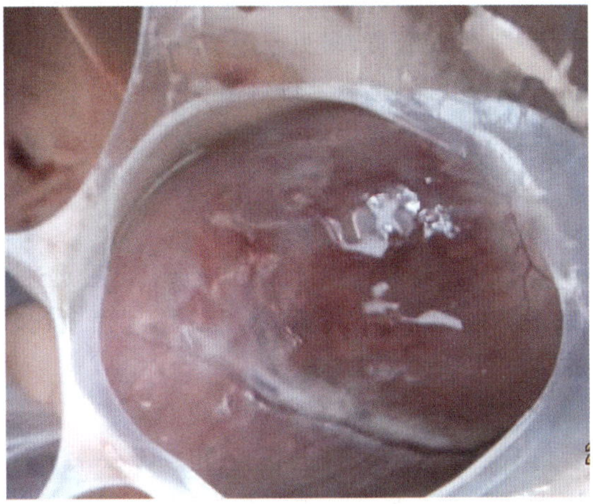

图 1-54　猪心包积液

(2)卡他性炎　卡他性炎是黏膜最常发生的一种炎症，一方面有浆液渗出物形成，另一方面由于黏膜的腺体受到刺激后，分泌出大量的黏液。这两种液体混合在一起，所以卡他性炎的渗出物是一种含有浆液和黏液的黏稠液体，其中混有一定量的炎性细胞和脱落的上皮细胞。卡他性炎常发生于胃肠道黏膜、呼吸道黏膜和子宫黏膜。病理变化一般可分为急性和慢性2种。

①急性卡他性炎。卡他性炎一般都呈急性经过。肉眼可见黏膜潮红、肿胀，有时有散在的斑点状或条纹状出血，表面附着有多量含有黏液的炎性渗出物。渗出物的形状随炎症的发展阶段不同而有所不同。炎症初期，渗出物稀薄透明，其中含有少量黏液、白细胞和脱落的上皮细胞，称为“浆液性卡他”。继而，黏液分泌增多，渗出物因混有多量黏液而变成灰白色的黏稠液体，称为“黏液性卡他”，如猪流感引起肺脏气管内有大量黏液性渗出(图 1-55)。随后，由于大量的白细胞渗出和黏膜上皮细胞脱落，渗出物变成黄白色，黏稠浑浊，呈脓状，所以称为“脓性卡他”(图 1-56)。炎症严重时，病变侵入黏膜下层，黏膜浅层坏死，形成糜烂。

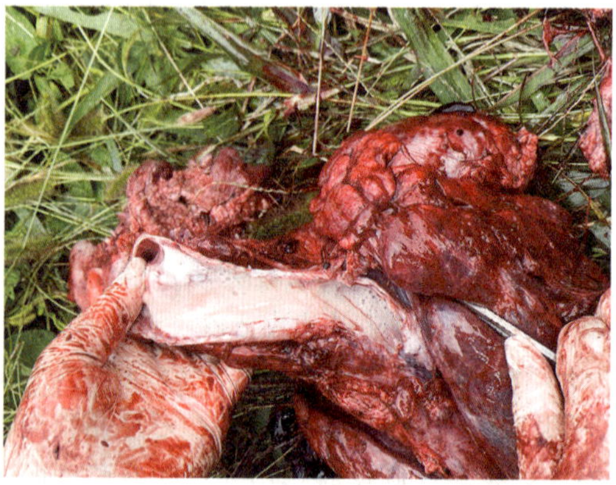

图 1-55　猪流感引起肺脏气管内有大量黏液性渗出

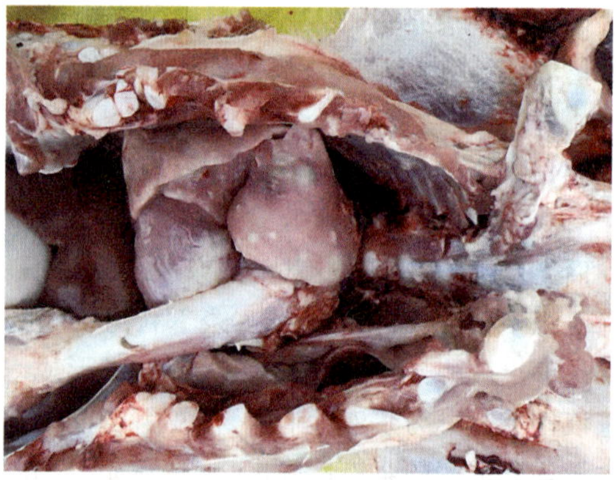

图 1-56　肺脏化脓性结节

②慢性卡他性炎。多数由急性卡他性炎转变而来。慢性卡他性炎的黏膜，一般呈现萎缩，黏膜变得菲薄，表面平坦(萎缩性卡他)。但也有由于腺体增殖，黏膜下结缔组织增生和多量炎性细胞浸润，患部黏膜变得肥厚(肥大性卡他)。有时肥厚和萎缩同时存在，从而使黏膜变得高低不平，形成皱襞，多见于牛、羊的副结核病和猪回肠炎(图 1-57)。

(3)纤维素性炎　纤维素性炎是以渗出物中含有大量纤维素为特征的炎症。纤维素即纤维蛋白，来自血浆中的纤维蛋白原，当血管壁损伤较重时渗出。

纤维素性炎常发生在浆膜、黏膜和肺等部位。根据发炎部位受损伤程度的不同，又可分为浮膜性炎和固膜性炎 2 种类型。

①浮膜性炎是指纤维蛋白原渗出后迅速发生凝固，并在组织器官表面形成一层容易剥离的纤维素性“假膜”，是引起组织坏死程度比较轻微的纤维素性炎。多发生在浆膜(图 1-58)、黏膜和肺。

浆膜发生浮膜性炎时，浆膜面附着一层灰白色或灰黄色的纤维素性薄膜，易于剥离，剥离后可见浆膜充血、出血、肿胀、粗糙及失去光泽。浆膜腔内蓄积大量含有纤维素絮片的浑浊的渗出液。心外膜发生浮膜性炎时，由于心脏的不断搏动可使心外膜表面附着的纤维素成为绒毛状，称为绒毛心(图 1-59)。

黏膜发生浮膜性炎时，渗出的纤维素形成一层灰白色的薄膜覆盖在黏膜的表面，称为伪膜。伪膜剥离后，可见黏膜充血、肿胀。纤维素性肠炎时可见管状伪膜随粪便排出体外。鸡胸、腹气囊发生纤维素性炎症时，气囊浑浊、增厚，有黄色干酪样渗出物(图 1-60)。

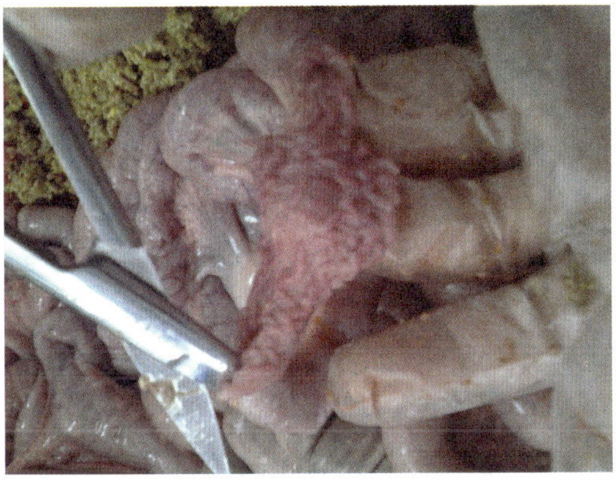

图 1-57　猪回肠炎引起回肠黏膜增生

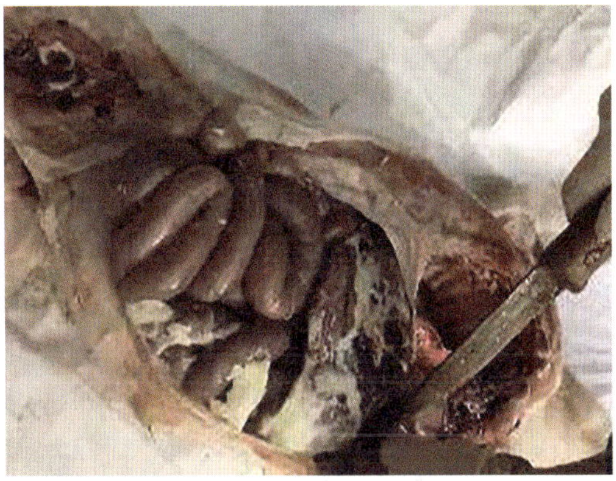

图 1-58　猪副嗜血杆菌引起腹腔纤维素性渗出

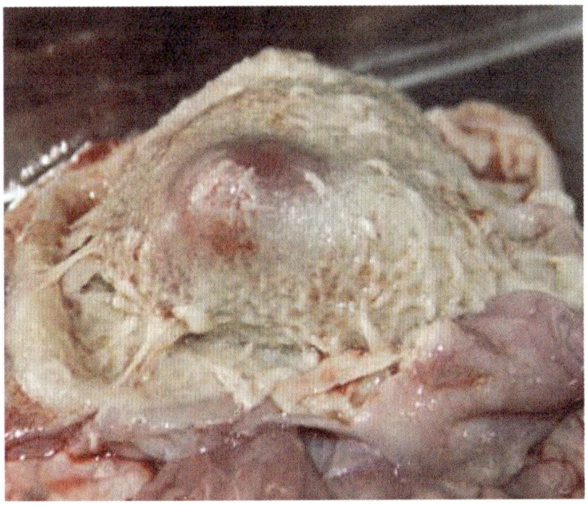

图 1-59　绒毛心

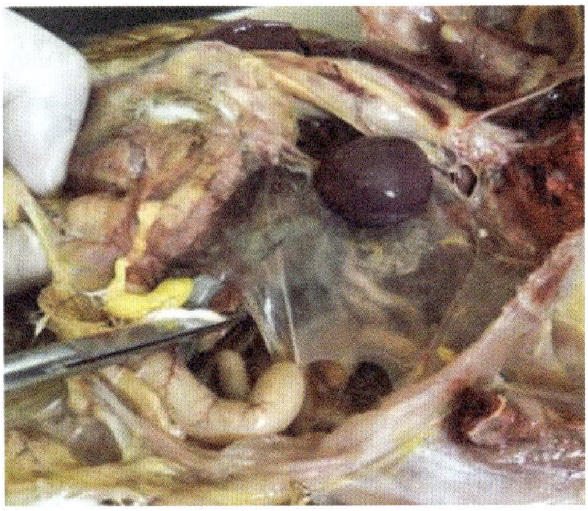

图 1-60　鸡气囊内有干酪样渗出物

肺脏发生纤维素性炎时称为纤维素性肺炎，病变可涉及单个的肺大叶甚至全肺，肺因病变的发展阶段不同可呈红色(充血明显)或灰白色(充血减退、渗出增多)，质地逐渐变硬如肝，称为肝变(图 1-61)。此时，在肺泡和小支气管内可积聚多量纤维素、红细胞、白细胞和脱落的上皮细胞。

②固膜性炎是指渗出的纤维蛋白和深层组织结合牢固，不易剥离，引起组织的损伤较为严重的一种炎症，又称纤维素性坏死性炎，仅发生在黏膜。

黏膜发生固膜性炎时，黏膜可见圆形隆起的痂，呈灰黄色或灰白色，表面粗糙不平，大小不一，质地坚实。炎症可侵及黏膜下层，甚至到达肌层或浆膜。这种坏死不易剥离，若强行剥离则黏膜局部形成溃疡，如慢性猪瘟结肠黏膜扣状肿(图 1-62)。

(4)化脓性炎　化脓性炎是以渗出物中含有大量的白细胞并形成脓汁为特征的一种炎症。脓汁是坏死组织受到白细胞释放的蛋白分解酶的作用而溶解液化形成的，形成脓汁的过程称为化脓。

化脓性炎可发生于机体的各种组织和器官。根据化脓性炎症发生的部位和性状不同，可分为以下几种类型。

①脓性卡他是指发生于黏膜的化脓性炎。如前所述，这种炎症往往是急性卡他性炎症进一步发展的结果。如布鲁氏菌引起的化脓性子宫内膜炎，支原体引起的关节化脓性炎等(图 1-63)。

②积脓是指浆膜发生化脓性炎时，脓性渗出物大量蓄积在体腔内的现象(图 1-64)。见于牛的创伤性心包炎、化脓性胸膜炎等。

③脓肿是指组织器官化脓时，由于中心区坏死液化，大量脓汁蓄积于局部而形成充满脓液的囊腔(图 1-65)。慢性经过时，脓肿周围由新生的结缔组织包围，形成一层包膜，称为脓肿膜，使脓肿局限化。如果脓肿内的脓液通过狭窄而有肉芽组织增生的管道不断向身体表面排脓，临床上称这种管道为“瘘管”(图 1-66)。

④蜂窝织炎是指皮下肌间疏松结缔组织所发生的一种弥漫性的化脓性炎。这种炎症的特点是范围比较广泛，发展迅速，大量脓性渗出物浸润于组织之间，与周围组织分界不清。主要病原体是溶血性链球菌，它产生透明质酸酶和链激酶，能分解结缔组织基质的透明质酸和溶解渗出物中的纤维素，从而有利于病原体在组织内迅速蔓延。

(5)出血性炎　出血性炎是以渗出物中含有大量的红细胞为特征的一种炎症。出血性炎不是一种独立的炎症，多与其他炎症合并发生。最常见的是出血性淋巴结炎和出血性胃肠炎。

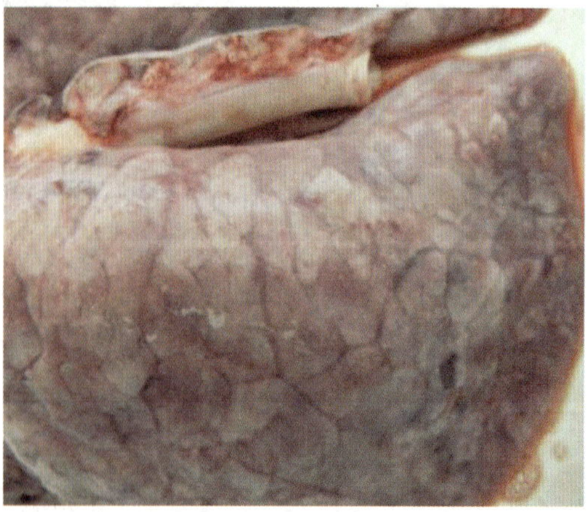

图 1-61　猪肺脏呈灰白色肝变

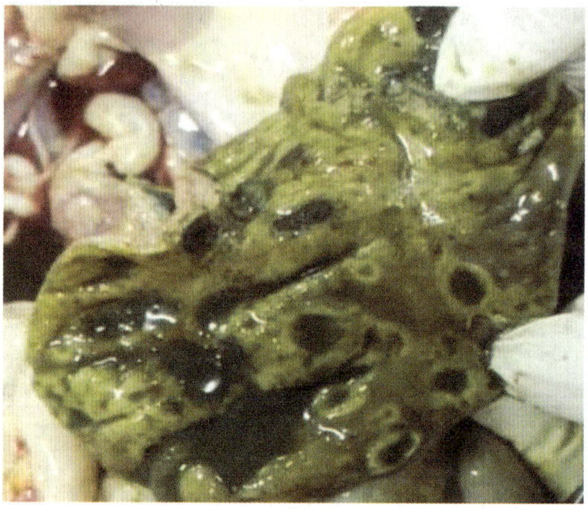

图 1-62　猪瘟结肠黏膜固膜性炎

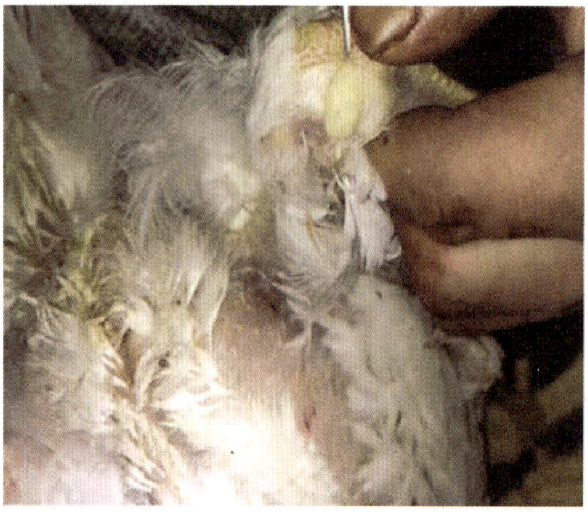

图 1-63　病鸡关节脓肿

图 1-64　脓肿内流出大量脓汁

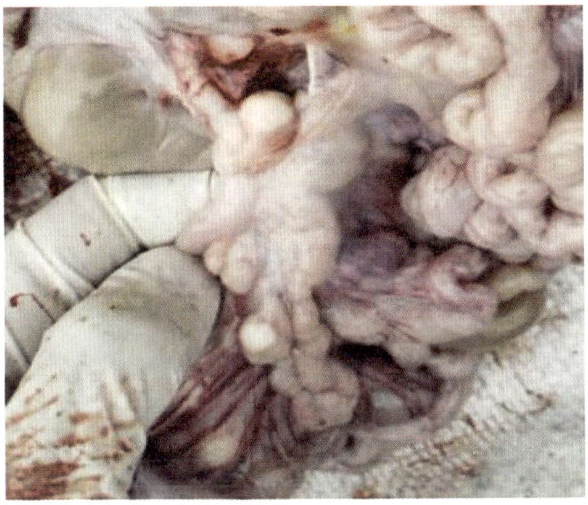
图 1-65　肠管上的脓肿

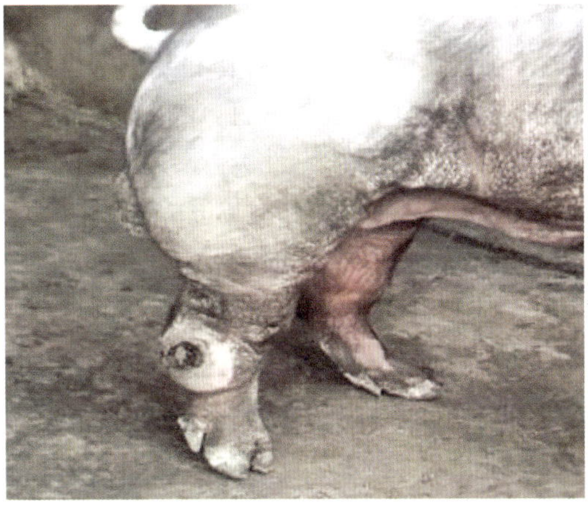
图 1-66　关节脓肿，形成“瘘”

胃肠道发生出血性炎时，黏膜肿胀、充血，并出现弥漫性暗红色或斑点状出血的变化(图 1-67、图 1-68)。黏膜表面附有多量红褐色黏液，胃肠内容物呈血样外观。多见于急性猪丹毒和猪肺疫。

淋巴结发生出血性炎时，淋巴结肿大，切面隆起，湿润。表面呈暗红色，但有些是弥漫性的暗红色(如急性猪丹毒和猪肺疫)(图 1-69)；有些是边缘和中间呈暗红色，切面上红白相间，与大理石花纹相似(图 1-70)。

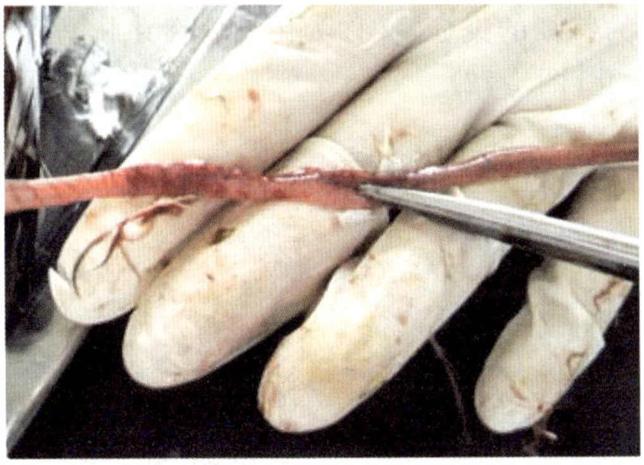
图 1-67　鸡肠管出血性炎

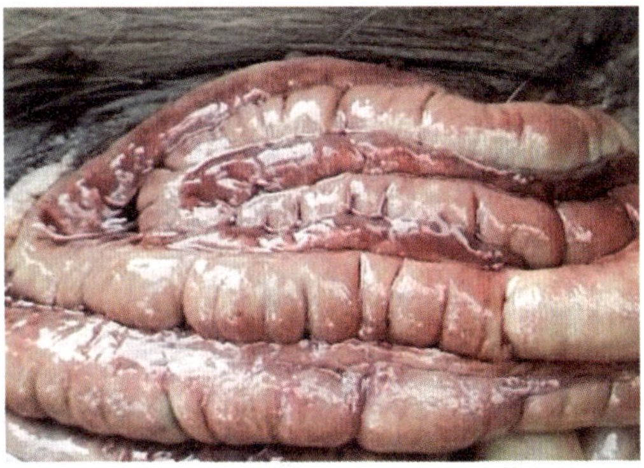
图 1-68　猪结肠袢出血性炎

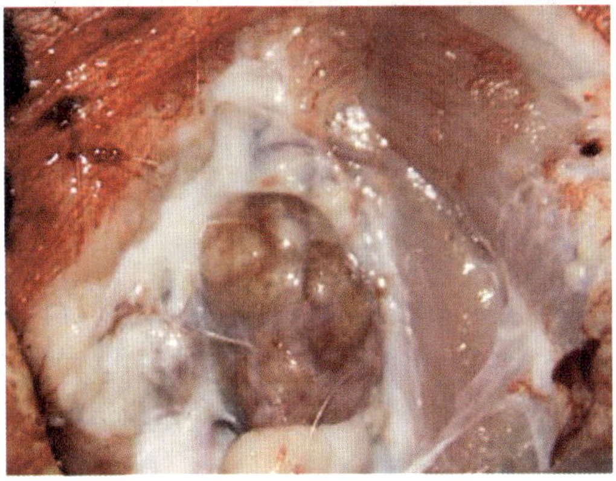
图 1-69　猪淋巴结出血性炎呈鲜红色

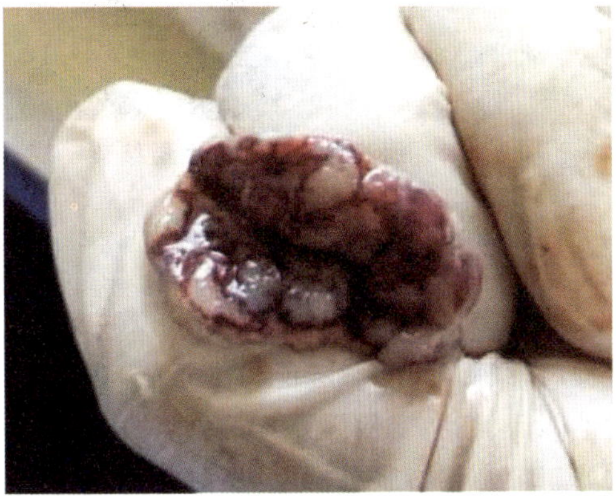
图 1-70　猪淋巴结横切面充血、淤血

(6)坏疽性炎　坏疽性炎是以发炎组织感染腐败菌，引起坏死组织和渗出物腐败分解为特征的炎症。多发于肺脏、肠管和子宫等。坏疽性炎常继发或并发于化脓性炎、纤维素性炎或黏液性炎。发炎组织呈灰绿色，泥状恶臭。

以上所述各种渗出性炎，是根据病变的特点来划分的，但从各型渗出性炎的发生、发展来看，它们之间既有区别又有联系，并且多半是存在于同一炎症过程的不同发展阶段。例如，某些疾病初期出现浆液性炎，其后转为浆液纤维素性或纤维素性炎。有些炎症可见中心部为坏死性炎，其外围脓性浸润，再外围为炎性水肿。由此可见，炎症的病变形态是十分复杂的。

3. 增生性炎

增生性炎是以细胞或结缔组织增生为主要特征的一种炎症。变质和渗出表现轻微。根据增生病变的性质，分为以下 2 种类型。

(1)非特异性增生性炎　非特异性增生性炎包括急性和慢性两种。急性增生性炎以细胞增生为主的急性炎症。例如，急性与亚急性肾小体肾炎时，可见肾小球毛细血管内皮与球囊上皮显著增生；猪患支原体肺炎时，肺的淋巴结的淋巴组织高度增生，眼观呈髓样肿胀；慢性增生性炎以结缔组织增生为主(图 1-71)，并伴有少量组织细胞、淋巴细胞和浆细胞等浸润的炎症。增生的结缔组织包括有成纤维细胞、血管和纤维(如网状纤维和胶质纤维)等成分。因慢性增生性炎主要表现为组织和器官的间质成分增生，故又称为慢性间质性炎，如慢性间质性肾炎。临床上较多见的慢性关节周围炎，也属于慢性增生性炎。

(2)特异性增生性炎　特异性增生性炎是指由某些病原菌(如结核杆菌、副结核杆菌、鼻疽杆菌、布鲁氏菌等)引起的以特异性肉芽组织增生为特征的炎症，又称为传染性肉芽肿。病理检查可见肉芽肿中心为干酪样坏死，坏死区常见钙化(图 1-72)。

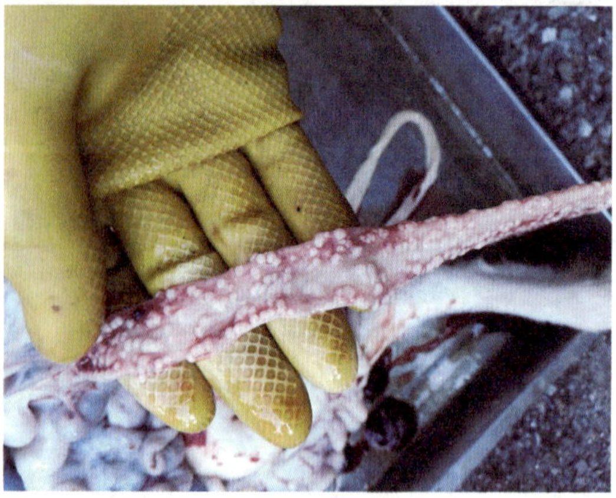

图 1-71　病鸡肠黏膜增生大量结节

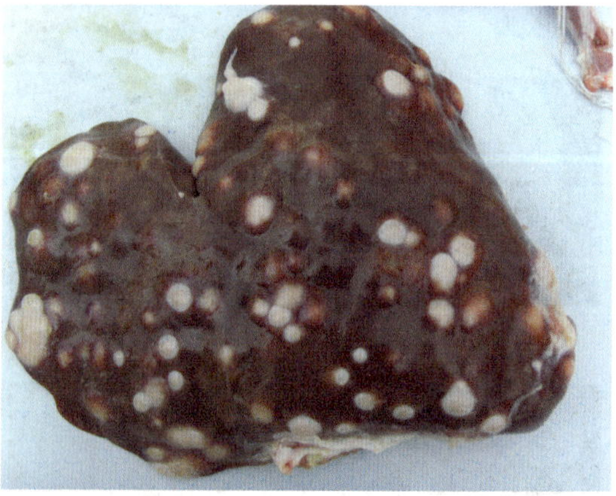

图 1-72　羊肝脏大量结核结节

(六)炎症的结局

在炎症过程中，损伤和抗损伤双方力量的对比决定着炎症的发展方向和结局。如抗损伤过程(白细胞渗出、吞噬能力加强等)占优势，则炎症向痊愈的方向发展；如损伤性变化(局部代谢性障碍、细胞变性坏死等)占优势，则炎症逐渐加剧并可向全身扩散；如损伤和抗损伤矛盾双方处于一种相持状态，则炎症可转为慢性而迁延不愈。

1. 痊愈

多数炎症特别是急性炎症能够痊愈。

(1)完全痊愈　炎症病因消除,病理产物和渗出物被吸收,组织的损伤通过炎灶周围健康细胞的再生而得以修复,局部组织的结构和机能完全恢复正常。常见于短时期内能吸收消散的急性炎症。

(2)不完全痊愈　通常发生于组织损伤严重时,虽然致炎因素已经消除,但病理产物和损伤的组织是通过肉芽组织取代修复,故引起局部瘢痕形成,正常结构和机能未完全恢复。

2. 迁延不愈

在某些情况下,急性炎症可逐渐转变成慢性过程并表现为不愈状态,主要原因是机体抵抗力降低,或治疗不彻底,病原因素未被彻底清除,致使炎症持续存在,表现时而缓解,时而加剧,成为慢性炎症长期迁延。

3. 蔓延扩散

由病原微生物引起的炎症,当机体抵抗力下降或病原微生物数量增多、毒力增强时,常发生蔓延扩散,主要方式有以下几种。

(1)局部蔓延　炎症局部的病原微生物可经组织间隙或器官的自然通道向周围组织蔓延,使炎区扩大。如心包炎可蔓延引起心肌炎,支气管炎可扩散引起肺炎,尿道炎可上行扩散引起膀胱炎、输尿管炎和肾盂肾炎。

(2)淋巴道蔓延　病原微生物在炎区局部侵入淋巴管,随淋巴液流动扩散至淋巴结引起淋巴结炎,并可再经淋巴液继续蔓延扩散。如急性肺炎可继发引起肺门淋巴结炎,淋巴结呈现肿大、充血、出血、渗出等炎症变化。

(3)血道蔓延　炎区的病原微生物或某些毒性产物,有时可突破局部屏障而侵入血流,引起菌血症、毒血症、败血症和脓毒败血症。

实训一　组织器官基本病理变化的识别

一、目标

通过对病理标本的示教观察,使学生能够进一步加深对充血、淤血、出血、梗死、萎缩、变性、坏死、炎症和肿瘤等病理形态学变化特点及其发生机理的认识。

二、材料设备

(1)根据条件,有重点地选择一些典型病理标本。如皮肤充血、肝淤血、皮肤及肾出血、脾脏梗死、肺水肿、脾和肾萎缩、肾脏颗粒变性、肝脂肪变性、肺干酪样坏死、浆液性炎、纤维性肺炎、固膜性肠炎、间质性肠炎等的病理标本和病理切片标本。

(2)基本病理过程教学挂图和多媒体幻灯片。

(3)光学显微镜。

三、方法与步骤

教师通过对标本、切片的讲解，配合教学挂图、多媒体幻灯片、病理切片等进行下列内容的实训教学。

(1)皮肤充血　标本为猪丹毒的皮肤充血或方形疹块。可见皮肤上呈明显斑块状或菱形充血块，常稍高于皮肤表面，新鲜充血指压后充血可消失。解除压力后充血状态又迅速恢复。

(2)肝淤血　标本为马传染性贫血病肝脏。肉眼观察肝脏体积增大、被膜紧张、边缘钝圆、切面有密布的暗色条纹。条纹之间肝组织呈灰白色或黄褐色相互交错，形似槟榔的切面，其中暗红色为淤血，灰白或黄褐色部分肝细胞变性。

镜检病理切片标本，可见肝小叶中央静脉淤血、周围肝细胞被压迫体积变小、萎缩。小叶外周肝细胞因缺氧而发生脂肪变性。故反映在肉眼上肝小叶中间暗红色，边缘呈灰黄褐色，呈槟榔肝样。

(3)皮肤及肾出血　标本为猪瘟皮肤和肾脏。皮肤散在大小不等、形状不一的鲜红或暗红色出血斑点。可与猪丹毒皮肤充血进行对照观察。猪瘟肾脏，肾包膜已剥去，肾脏呈苍白色。表面和切面的皮质和髓质部分均可见散在的、针尖大小的鲜红色或暗红色的出血点。呈所谓“麻雀卵肾”外观。

(4)脾脏梗死　标本为猪瘟脾脏的出血性梗死。脾脏边缘见有数处大小不等、表面稍隆起的暗褐色梗死灶，梗死灶多呈锥体状，一般其锥底向外，锥尖向内。

(5)肺水肿　肺体积增大，被膜紧张光滑，呈灰白色，并有透明感，间质增宽。新鲜标本切开时，支气管断端流出黄色泡沫样液体。

(6)脾萎缩　脾脏边缘薄锐，体积变小，表面凹凸不平。间质增宽，质地较硬，颜色变淡。

(7)肾脏颗粒变性　肾包膜紧张，体积显著增大，色泽灰白，切面外翻，皮质增宽，纹理模糊不清。似煮肉样外观。故颗粒变性又可称为浑浊肿胀(简称“浊肿”)。

镜检病理切片标本，可见肾细管上皮细胞肿大。肾小管内腔变狭窄。肾小管上皮细胞浆中有呈微尘状颗粒，有的甚至把细胞核遮盖，使核模糊不清。

(8)肝脂肪变性　肝体积增大，被膜紧张，呈黄色或弥漫性土黄色。切面油腻感，肝小叶结构模糊。

镜检病理切片标本，可见肝小叶界线不清，肝细胞索排列散乱，肝细胞浆内含有多数大小不等的脂肪空泡(由于脂肪滴在制片过程中被二甲苯脂溶剂溶解之故)。肝细胞核常被挤压一侧或发生浓缩、溶解、消失。

(9)肺干酪样坏死　标本为牛结核病肺脏，在肺的切面上有大小不一、含有灰黄、灰白奶酪样均质凝固物的病灶，有的病灶成为空洞，有的钙化坏死灶周围有白色的结缔质包囊。

(10)浆液性炎　标本为猪水疱病的病蹄。蹄底、冠等处可见有豆大苍白色的皱褶样皮肤疙瘩痕迹(新鲜标本时水泡内可充满渗出液)。

(11)纤维素性肺炎　标本为牛肺疫(或猪肺疫)肺脏纤维素性炎症、肝变等各期。可见肺泡膜粗糙，厚薄不均。切面间质水肿而增宽成条索状。间质内可见淋巴管高度扩张，形成淋巴堵塞(间质内有成串状排列的椭圆形腔洞，腔内存在着半透明灰白色淋巴凝块)。肺组织致密，呈暗红色(红色肝变)或灰褐色(灰色肝变)，形成大理石样外观。

(12)固膜性肠炎　标本为猪瘟病猪结肠。肠黏膜面上可见有大小不一，轮层状纽扣样的溃疡。主要是由于肠壁淋巴小结发生出血与坏死的渗出的纤维蛋白凝结在一起，反复扩展形成轮层状稍突出于黏膜表面，不易脱落和剥离的坏死灶。

(13)间质性肾炎　为一种增生性炎，标本可见肾包膜不易剥离，肾表面凹凸不平呈颗粒状、质地坚硬。切面结缔组织显著增生、实质萎缩。

镜检病理切片标本，可见肾细管结缔组织纤维显著增生，压迫周围肾小球和肾细管发生萎缩。肾细管上皮细胞萎缩、变性。没有受到压迫的肾小球和毛细血管上皮细胞增生、肿大，细胞核数增多，显示代偿机能增强。

镜检病理切片标本，可见肺组织内有大小不等鼻疽结节，呈淡蓝色团块处是鼻疽结节中心的坏死灶。中心坏死灶由白细胞及肺上皮细胞变性、坏死、崩解的碎片构成。坏死灶周围有由上皮样细胞和呈马蹄形的多核巨细胞所构成的特异性肉芽组织。结节最外层由成纤维细胞和淋巴细胞等所构成的普通肉芽组织所包围。其他部分的肺组织由呈不同程度的充血、出血、渗出的炎症性变化。

任务三　临床诊断的基本理论

一、诊断的概念

诊断就是对畜禽所患疾病本质的判断。将问诊、体格检查、实验室检验、特殊检查乃至病理剖检的结果，根据动物医学理论和临床经验，再通过症状、资料分析、综合、推理，对疾病的本质所做出的判断。

诊断疾病要以症状为基础，症状就是畜禽在疾病过程中表现出来的一系列病理性表现。由于疾病有一个发展过程，症状也是逐渐表现出来的，要做到正确诊断也需要一个不断认识的过程。科学的诊断，应要求判断疾病的性质，确定疾病侵害的主要器官或组织，查明致病原因及阐明发病机理，明确疾病的时期、程度及推断疾病的预后。预后就是对疾病的发展趋势及可能的结局做出合乎实际的估计，客观准确地推断预后，对于决定必要的防治措施，具有现实意义。

二、临床检查的基本方法

诊断疾病是以症状资料为基础，症状资料的获得必须以诊断方法为前提，为了发现作为诊断依据的症状、资料，需用各种特定的方法，对病畜进行客观的观察与检查。应用于临床诊断的检查方法可分为两类，一类为基本检查方法，另一类为特殊或辅助检查方法。

(一)基本检查方法

兽医临床检查的基本方法主要包括问诊、视诊、触诊、叩诊、听诊和嗅诊。这些方法简单、方便、易行，对任何畜禽，在任何场所均可使用，并能直接地、较为准确地判断病理变化，结合其他诊断方法，经过综合分析以建立正确的诊断，是兽医专业学生必学的基础内容。

1. 问诊

问诊是以询问的方式，向畜主(饲养员、使役人员)了解病畜禽的发病情况和经过。问诊也是流行病学调查的主要方式，通过问诊和查阅有关资料，调查有关引起某些疾病发生的一些原因。问诊应着重了解下列各项内容：现病历、既往史、饲养管理及使役情况。

(1)问诊的内容

①现病历。即本次发病的基本情况。包括发病时间、地点，如饲前或喂后、使役中或休息时、舍饲时或放牧中、清晨或夜间、产前或产后，不同的情况或条件，可提示不同的可能性疾病。如怀疑是传染病时，要了解动物来源、免疫接种效果等；发病后的临床表现、疾病的变化过程、可能的致病因素等。通过主诉往往只介绍许多疾病共有的一般症状，如家畜的腹痛不安、咳嗽、腹泻、呕吐、食欲减退或废绝等，家禽的打蔫、不吃、下痢等，而对疾病某些症状不一定介绍，必要时，可耐心提示主人的解答，特别是疾病症状的变化，原有的症状减轻或消失，是否经过治疗，用过什么药物和方法，效果如何，这不仅可推断病势的进展情况，以求全面了解病禽的真实表现，而且还可作为诊断和治疗的参考。

②既往史。即患病畜禽(群)过去的发病情况。过去是否患过病，如果患过，与本次的情况是否一致或相似，是否进行过有关传染病的检疫或监测。既往史的了解对传染性疾病、地方性疾病有重要意义。

③饲养管理和使役情况。了解畜禽饲养管理、生产性能，对营养代谢性疾病、中毒性疾病以及一些季节性疾病的诊断有重要价值。如对于集约化养殖来说，饲料是否全价，营养是否平衡，直接影响动物生产性能的发挥，也是营养代谢病发生的主要原因。饲料品质不良，贮藏条件不好，又可导致饲料霉变，引起中毒。卫生环境条件不好，夏天通风不良，室内温度过高，易引起中暑；冬季保温条件差，轻则耗费饲料，生产能力不能充分发挥，重则易引起关节疾病、运动障碍。

(2)注意事项

①问诊的语言要通俗，态度要和蔼，取得饲养员、管理人员的很好配合。②问诊的内容既要有重点，又要全面收集情况；一般可采用启发式询问。③对问诊所得的材料，不能简单地肯定或否定，应结合临床检查的结果，进行综合分析，更不要单纯依靠问诊而草率做出诊断。

2. 视诊

视诊是利用视觉直接或借助器械(如放大镜)观察患病动物的整体或局部表现的诊断方法。视诊的适应范围包括群体检查和个体检查，可分成全身状态视诊、局部视诊及特殊部位视诊 3 方面。

(1)方法

检查者站在距离病畜禽适当位置(2～3 m)以观察其全貌，然后由前向后，从左至右，边走边看，一般按头→颈→胸→腹→脊柱→四肢的顺序观察。观察正后方时，应注意尾、肛门及会阴部，两侧胸、腹部是否有异常。为了观察运动过程及步态，可进行牵遛或驱赶运动。

(2)应用范围

①观察患病畜禽的体格、发育、营养、精神状态、体位、姿势、运动及行为等。②观察体表、被毛、黏膜有无创伤、溃疡、疮疹、肿物，以及它们的部位、大小、特点等。③观察与外界直通的体腔，如口腔、鼻、阴道、肛门等，注意分泌物、排泄物的量与性质。④注意某些生理活动的改变，如采食、咀嚼、吞咽、反刍、排尿、排便等动作变化。

(3)注意事项

①应选择光线比较好的地方，且附近没有大的干扰。②对远道而来的病畜禽应让其先休息再进行。③切忌只根据视诊症状确定诊断，必须结合其他方法检查的结果，进行综合分析判断。

3. 触诊

触诊是检查者通过触觉及实体感觉进行检查的一种方法。检查者用手指、手掌或手背，甚至用拳头触摸按压动物体的相应部位，判定病变的位置、大小、形状、硬度、湿度、温度及按压敏感性等，以推断疾病的部位和性质。此外，也可借助诊疗器械进行间接触诊。

(1)方法

一般可分为 3 种：体表触诊、深部组织触诊和直肠内触诊。

①体表触诊。以一手轻放于被检查的部位，手指伸直，平贴于体表，利用掌指关节和腕关节的协调动作，适当加压或不加按压而轻柔地进行滑动触摸，或用手指捏皱提举，依次进行触感。检查体表温度时，最好用手背，并应与邻近部位相比较。主要是检查动物体表的温度和湿度，弹性软硬度，敏感性，病变性状，心脏搏动，肌肉的紧张性，骨骼和关节的肿胀、变形，体表浅在的病变，关节、软组织等。

②深部组织触诊。主要从外部检查内脏器官的位置、大小、形状、活动性、硬度及压痛等，检查者以一手或两手重叠，由浅入深，用不同的力量逐渐加压以达深部，以触感深部器官的部位、大小，判断有无疼痛及异常肿块等。一般用三种方法进行。

a)按压触诊法。以手掌平放于被检部位(检查中小动物时，可用另一手放于对侧面做衬托)，轻轻按压，以感知内容物的性状与敏感性，适用于检查胸腹壁的敏感性及中小动物腹腔器官与内容物性状。

b)冲击式触诊法。以拳、手掌或并拢的手指在被检部位，连续进行 2～3 次用力地冲击，以感知腹腔深部器官的性状与腹膜腔的状态。

c)切入触诊法。以一个或几个并拢的手指，沿一定部位深入的切入或压入，以感知内部器官的性状。适用于检查肝脾的边缘等。

③直肠内触诊。多用于检查大家畜的内脏器官，如泌尿生殖器官、肝、脾及腹腔后部的肠管等。

(2)注意事项

①注意安全，必要时对动物进行保定，确保人畜安全。②为了便于对照，应先由健区开始，然后移向病区，先远后近，先轻后重，进行对照。

4. 叩诊

叩诊是用手指或借助器械对动物体表的某一部位进行叩击，以引起其振动并发生音响，再借助其发出的音响特性来帮助判断体内器官、组织状况的检查方法。叩诊被广泛应用于肺、心、肝、脾、胃肠等几乎所有的胸、腹腔器官的检查。

(1)叩诊的方法

常用的有直接叩诊法与间接叩诊法。

①直接叩诊法。即用一个(中指或食指)或用并拢的食指、中指和无名指的掌面或指端直接轻轻叩打(或拍)被检查部位体表，或借助叩诊器械向动物体表的一定部位直接叩击。借助叩击后的反响音及手指的振动感来判断该部组织或器官的病变。

②间接叩诊法。间接叩诊法又分为指指叩诊法与槌板叩诊法。

指指叩诊法主要用于中、小动物的叩诊。通常用左手的中指紧密地贴在被检查的部位上，右手中指在第二指关节处呈 90°屈曲，用该指端向左手中指的第二指节上，垂直地轻轻叩击；

槌板叩诊法常用于大家畜的叩诊。左手将叩诊板紧密地置于被检查的部位，右手持叩诊槌，以腕关节为轴上下摆动，使之垂直地向叩诊板上连续叩打 2～3 次，听取声音。

(2)叩诊的应用范围

①直接叩诊主要用于检查副鼻旁窦、喉囊以及检查马属动物的盲肠和反刍动物的瘤胃，以判断其内容物性状与含气量的多少。②间接叩诊主要用于检查肺脏、心脏及胸腔的病变；也可以检查肝、脾的大小和位置以及靠近腹壁的较大肠管的内容物性状。③叩诊可作为一种刺激，判断被叩诊部位的敏感性。

(3)注意事项

①叩诊检查宜在室内进行，防止干扰。②叩诊板或做叩诊板用的手指，须紧贴动物体表，其间不得留有空隙，毛用动物要拨开被毛，瘦弱的家畜叩诊板要沿着肋间放置，然后进行叩诊。③叩诊板不应过于用力压迫，除做叩诊板用的手指外，其余手指不应接触动物的体壁，以免影响振动和音响。④叩诊槌或做槌用的手指，垂直地向叩诊板上叩击。⑤叩打应短促、断续、快速而富有弹性，叩打后应很快离开手指或叩诊板。⑥为了正确判定声音，应在每一叩诊部位连续进行 2～3 次时间间隔均等的同样叩打。⑦叩诊时应以腕关节做轴，轻松地上下摆动进行叩击，不要施加臂力。⑧在相应部位进行对比叩诊时，应尽量做到叩击力量、叩诊板的压力及动物的体位等都相同。

(4)叩诊音

叩诊的基本音调有清音、浊音、鼓音和半浊音四种。

①清音。清音是一种音调低、音响较强、音时较长的叩诊音，在叩击富弹性含气的器官时产生。见于正常肺脏区域。

②浊音。浊音是一种高音调、音响较弱、音时较短的叩诊音，在叩击覆盖有少量含气组织的实质器官时产生。见于正常肝及心区，病理状况下见于肺有浸润、炎症、肺不张等。

③鼓音。鼓音是一种比清音音响强、音时长而和谐的低音，在叩击含有大量气体的空腔器官时出现。叩击健康马体盲肠基部所产生的声音或叩诊健康牛瘤胃上部 1/3 处所产生的声音，音调比较高昂，振动比较规则，类似击鼓。病理状况下见于瘤胃胀气、气胸、气腹、肺部空洞等。

④半浊音。半浊音是清音、浊音之间的过渡音响，如叩击肺区边缘所听到的声音。

5. 听诊

听诊是借助听诊器或直接用耳朵听取机体内脏器官活动过程中发出的自然或病理性声音，再根据声音的性质特点，判断其有无病理改变的一种方法。

(1)方法

听诊的方法有直接听诊法与间接听诊法。

①直接听诊法：是不用器械，用耳直接贴于被检查者体表某部位，听取脏器运动时发出的音响的听诊方法。直接听诊需在动物保定确实的情况下进行，在欲听诊动物体表部位垫一听诊布，用耳朵直接贴于动物体表的相应部位进行听诊。

②间接听诊法：即听诊器听诊法，用听诊器听取内脏机能活动的音响，以推断其病理变化的一种方法。

(2)应用范围

①听取心音。②听取喉、气管及肺泡呼吸音及胸膜的病理性音响。③听取胃肠蠕动音。主要用于检查心血管系统、呼吸系统、消化系统、胎心音和胎动音等。

(3)注意事项

①听诊应在安静环境中进行。②直接听诊时,耳朵应与畜体紧密相贴,且注意安全。③间接听诊时,听诊器听头要放稳,与外耳道相接要松紧适当,胶管不能交叉,也不能接触手臂、衣服、动物被毛等其他物体。④听诊时注意力要集中。

6. 嗅诊

嗅诊是借助嗅觉检查病畜禽的分泌物、排泄物、呼出气体及其他病理产物的一种方法。如呼出气体及鼻液有特殊腐败臭味,见于呼吸道及肺的坏疽性疾病。呼出气体及尿液带有酮味,见于酮血病。有机磷农药中毒时,皮肤和呼出气体常有大蒜味。

综上所述,问诊、视诊、触诊、听诊、叩诊、嗅诊等基本方法,都是通过检查者的眼、手、鼻、耳等感觉器官去感知外界现象的。检查者的判断能力、临床经验、感觉器官的灵敏程度,直接关系到检查的质量。因此,对上述方法不能单纯依靠某一种,而应经过综合分析,最后做出诊断。

(二)特殊检查方法

1. 导管探诊

食道梗塞或胃内大量积气、积液时,可用胃管进行探诊,当尿道结石或膀胱麻痹时,可用导尿管进行探诊。上述两种探诊既有诊断价值,同时又有一定的治疗价值。

2. 穿刺法

当怀疑胸腔、腹腔等体腔有积液时,可用穿刺进行验证性诊断,怀疑真胃左方变位时,也可用此方法鉴别。此外,对肝脏穿刺可做组织切片检查。

3. 实验室诊断

实验室诊断广泛应用于临床诊断的补充,如血液生化检验、肝功检验、尿液检验等。目前,从集约化养殖预防传染性疾病出发,实验室检验又增加细菌学、血清学、免疫学以及抗体监测等项目。从营养代谢病的防治角度出发,实验室可进行有关营养指标的群体亚临床诊断。

4. 特殊仪器检查

如 X 线检查、心电图检查、超声波检查等。一般是针对具体患病动物而言的,且多是针对价值比较昂贵或生命周期长的伴侣动物等进行的。

实训二 应用临床基本检查方法对动物进行检查

一、目标

(1)练习问诊、视诊、触诊、叩诊、听诊、嗅诊的方法。
(2)要求初步掌握其方法、应用范围及注意事项。

二、材料设备

(1)材料:叩诊板、叩诊锤、听诊器。

(2)动物:牛、羊、犬、猪等。

三、方法与步骤

采用临床基本检查方法对临床病例进行检查,并完成检查报告。

病例 1:一奶牛于采食后不久出现拱背呆立,反刍停止,站立不安,惊恐,出汗,脉搏、呼吸加快,体温正常,频频嗳气,随后嗳气完全停止,表现出回视腹部、摇尾踢腹、起卧不安等腹痛症状。继之,腹围逐渐地或迅速地增大,以左肷窝部最明显。病牛频频努责,可排出少量稀软的粪便,后则排便停止。

病例 2:一宠物犬这几天总是无精打采,给它喂最喜欢吃的犬粮,它也提不起兴趣来。据宠物犬的主人说,宠物犬是春节前刚刚买来的,家里人都很喜爱它。春节前,专门给它采购了一些美味的犬粮,甚至还给安排了丰盛的"年夜饭"。过节这些天,无论是家人还是客人,都会用火腿肠、花生、糖果等食物来喂食。没想到,昨天突然拒绝进食,紧接着就出现了呕吐、发热等症状。家人赶紧送到了宠物医院接受治疗,请医生诊断。

根据病例,完成以下诊断内容。

动物种类	问诊	触诊	视诊	叩诊	嗅诊

案例分析

某养殖专业户饲养的5岁奶牛,产第二胎月余,患乳腺炎。

症见 患牛精神沉郁,病乳区红、肿、热、痛,乳房上淋巴结肿大,乳静脉怒张,后肢运步障碍。泌乳量减少,乳汁稀薄,有絮状物,体温41.5 ℃,心跳102次/min。诊断为浆液性乳腺炎。

治疗 消毒药乳池注入法(0.2%醋酸氯己定溶液,每乳池注入50 mL,按摩3~5 min后挤净),1次/d,连用3 d。局部封闭法(0.25%盐酸普鲁卡因每点注射40 mL;会阴部与乳房基底部各2点),2 d 1次,连用2次。内服消疮饮(金银花100 g,皂角刺40 g,白芷60 g,天花粉40 g,当归40 g,赤芍60 g,乳香40 g,没药40 g,防风40 g,浙贝母30 g,陈皮80 g,甘草20 g),1剂/d,连用4剂。外涂四三一合剂(大黄4份,雄黄3份,冰片1份),研细末,蛋清调和外涂。2 d 1次,连用3次。经上中西兽医结合,内外综合治疗,8 d而愈。

按临床症状乳腺炎分为浆液性乳腺炎、卡他性乳腺炎、化脓性乳腺炎、出血性乳腺炎、症候性乳腺炎。本案诊断为浆液性乳腺炎,具备炎症五个(红、肿、热、痛、机能障碍)特征性局部症状。同时,由于大量浆液渗出呈现乳汁稀薄,乳汁中混有白细胞和脱落的上皮细胞而混有絮状物。本案例经用西药消炎止痛,防止炎症扩散,配合中药清热解毒,散淤消肿而治愈。在治疗乳腺炎的过程中,最好不用抗生素,避免有抗奶的产生。

复习思考题

一、名词解释

疾病　　动脉性充血　　出血　　萎缩　　炎症　　脓肿　　淤血　　坏死

二、简答题

1.疾病的外因有哪些?

2.简述动脉性充血的病理变化特点。

3.简述脂肪变性的眼观病变特点。

4.简述诊断的基本过程。

5.临床检查的基本方法有哪些?

三、论述题

1.试述静脉性充血的病理变化特点及对机体的影响。

2.试述炎症的局部症状和形成原因。

项目二

临床一般检查及药物应用

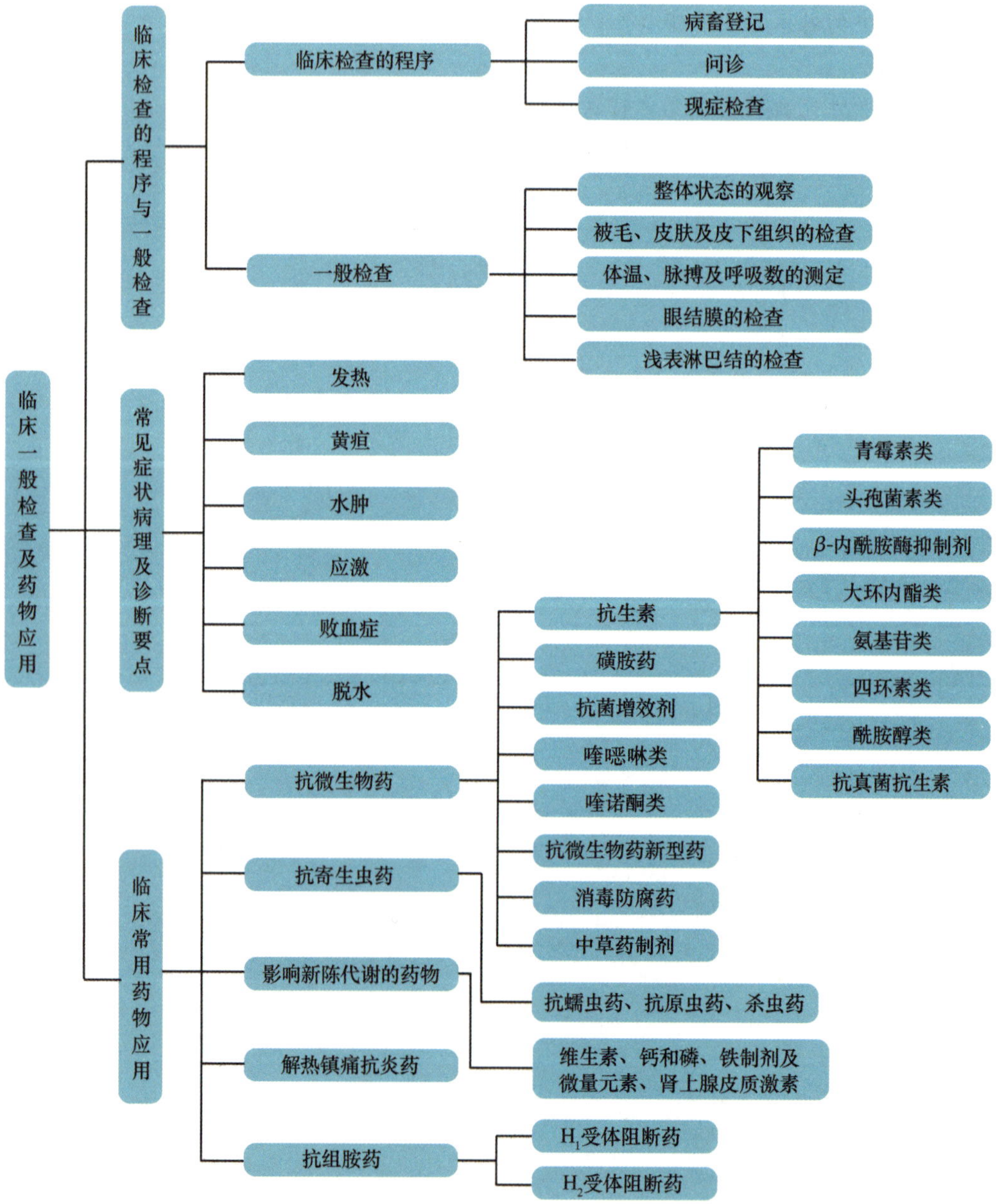

知识目标：

掌握常见症状病理与常用药物的应用。

技能目标：

熟悉临床检查的程序，熟练掌握临床一般检查方法。

任务一　临床检查的程序与一般检查

一、临床检查的程序

为了获得真实而又全面的症状资料，就必须按照一定的临床检查程序与方案进行。对于门诊动物，检查程序应做如下安排：病畜登记、问诊和现症检查。

（一）病畜登记

病畜登记主要适合于牛、马、犬、猫等门诊的个体动物，主要登记动物的种属、性别、年龄及毛色等。

（二）问诊

问诊可在病畜登记之后进行，也可在登记之前进行，具体参见临床检查的基本方法。

（三）现症检查

现症检查包括整体及一般检查、系统检查及必要时的特殊检查。

1. 整体及一般检查

整体及一般检查主要有体格、发育、营养、精神状态、体位、姿势、运动及行为、被毛、皮肤及皮下组织、眼结膜、浅在淋巴结的检查，体温、呼吸及脉搏的测定。

2. 系统检查

系统检查包括心血管、呼吸、消化、泌尿及神经五大系统的检查。

3. 特殊检查

在上述检查基础上，如果必要可选择某些特殊检查，如 X 线、心电图或实验室检验。

二、一般检查

一般检查是诊查病畜的初步阶段。通过一般检查，可以了解病畜的整体和一般概况，并可发现某些重要症状，对下一步的系统检查和诊断，具有启发意义。

（一）整体状态的观察

动物整体状态主要包括体格与发育、营养状况、精神状况、姿势与体态、运动与行为、性别、年龄。

1. 体格与发育

体格与发育可根据骨骼与肌肉的发育程度判定。为了准确，可对其体高、体长、体重等指标进行测定。临床上体格可一般分为大、中、小三种。体格、体重是决定用药量的重要依据，特别是一些安全范围小的药物。对于像犬、猫等小动物，最好对其进行称重，以保证药量有效安全。

体格与发育一般是紧密联系的，即发育良好的动物体格也大，而发育不良的动物体格则矮小，发育不良多见于营养不良（如能量饲料不足，矿物质、维生素代谢障碍）以及一些慢性消耗性疾病（如传染病、寄生虫病）。

2. 营养状况

营养的好坏根据肌肉的丰满程度以及皮下脂肪的蓄积量而定。一定季节时，被毛的状态也可以作为参考。营养水平在临床上可划分为营养良好、营养中等及营养不良三类。

营养良好的标志是肌肉丰满，皮下脂肪充盈，被毛有光泽，骨棱角不突出。营养不良则表现为消瘦，被毛蓬乱、无光，皮肤缺乏弹性，肋骨等骨棱外露，严重者呈恶病质。消瘦是各种动物临床上的常见症状。急性消瘦多是各种原因引起的脱水所致。

3. 精神状况

精神状态是神经机能的标志，正常情况下中枢神经系统的兴奋与抑制两个过程保持动态平衡。动物在静止时安定，运动时灵活，经常注意外界，对刺激反应敏捷。当中枢神经系统机能障碍时，兴奋与抑制的平衡状态打破，临床上出现过度兴奋或抑制。

兴奋是中枢神经机能亢进的结果，临床上表现惊恐、不安、对外界刺激反应强烈，如竖耳、刨地、瞪眼、嚎叫、乱跑等。其原因主要是颅内压升高（脑充血）或某些中毒、代谢病影响到神经系统时，常见于日射病、热射病、狂犬病及一些中毒性疾病。

抑制是中枢神经机能降低的结果，临床上从轻到重可分为沉郁、嗜睡、昏迷三种。沉郁主要表现离群呆立，低头耷耳，对周围环境冷漠，对刺激反应迟钝。各种动物中，鸡的表现比较典型，如缩颈、闭目、两翅下垂、独立一隅（图 2-1）。主要见于热性病或消耗性疾病。嗜睡时则重度萎靡、站立不动或卧地不起，闭目似睡，强烈刺激才有轻度反应（图 2-2、图 2-3）。可见于重度脑病、中毒，如马脑水肿时可出现两前肢交叉站立，口衔草而忘记咀嚼。昏迷是重度意识障碍，动物卧地不起，对刺激基本无反应，这大多数是危重疾病晚期，预后不良。另外在临床上可因外伤感染、过敏、大失血、心功能不全等引起一时性昏迷状态，称为休克，只要措施得力，一般预后良好。

在临床上，有的病例往往是兴奋抑制同时存在，即有时表现兴奋，过后又呈抑制状态，这种情况反复出现。在临床诊断时，要注意症状的动态变化。

4. 姿势与体态

姿势与体态是指动物在相对静止时或运动中的空间位置及其姿势表现。正常情况下，每种动物都有各自的姿势与体态，病理情况下，由于神经系统、骨骼、关节、肌腱的疾病均可使姿势与体态出现异常。

(1)站立时异常　鸡两腿前后叉开站立是马立克病的特征，动物头颈平伸、肢体僵硬、四肢关节不能屈曲、鼻孔开张、瞬膜外露、牙关紧闭是典型的破伤风特征。动物发生四肢病时，有病的肢蹄不愿担负体重而使躯体向健侧倾斜，严重者不能站立行走(图 2-4)，动物因脑部疾病使平衡失调时，可表现头颈倾斜。

图 2-1　病鸡闭眼

图 2-2　病鸡站立不动，闭目似睡

图 2-3　病鸡精神萎靡、嗜睡

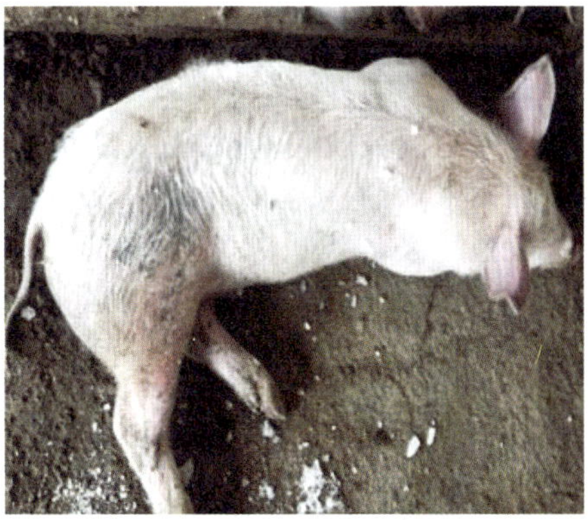

图 2-4　猪关节炎不能站立

(2)强迫卧位　奶牛呈现曲颈侧卧，同时伴嗜睡状态或半昏迷时，多为生产瘫痪的特征。若动物呈犬坐姿势，即两前肢站立，两后肢拖地，多见于腰椎损伤造成截瘫，此时往往排尿排粪失禁。马剧烈运动后出现犬坐姿势，多为麻痹性肌红蛋白尿，此时尿液是棕红色。猪呈犬坐姿势，见于白肌病、风湿症(冬季保温不好)、各种原因的关节炎，也可见于脊髓横断性损伤。

5. 运动与行为

动物出现运动与行为异常，除外科疾病外，常是由于脑病、骨软病、风湿病及一些传染病的并发症。猪群发生跛行要注意口蹄疫、水疱病。若动物盲目运动或前冲后退，多是脑部疾病，如脑充血、脑炎、霉玉米中毒、食盐中毒、伪狂犬病等。若放牧羊只做圆圈运动则为脑棘球蚴病。马属动物前蹄刨地，后肢踢腹或回头望腹，或起卧不安是典型的疝痛症状。牛如拒绝急转弯，喜上坡，不愿下坡时，考虑创伤性网胃心包炎。鸡出现扭头曲颈，站立不稳时，可见维生素 B_1 缺乏症或新城疫后遗症。

6. 性别

检查性别时需注意动物是否被阉割、是否绝育。注意有无生殖器官畸形、发育不完全以及两性畸形等。某些疾病的发生与性别有关，如公畜尿结石、母畜子宫内膜炎和乳腺炎等。

7. 年龄

动物的年龄一般可以通过询问畜主或查阅动物档案获知。某些疾病的发生往往与年龄有一定关系，如新生仔畜溶血病、犬细小病毒病，老年动物慢性心脏病、肿瘤等。

(二)被毛、皮肤及皮下组织的检查

1. 被毛及羽毛

被毛状态与季节、气候、品种、皮肤护理以及饲养管理有关。被毛可发生被毛蓬乱、局限性脱毛、被毛污染、毛色异常等病理变化。

健康畜禽在非换毛羽季节，被毛应是平整有光泽，美观好看，在病理情况下可出现被毛粗乱，蓬松无光，或成片脱毛。一般情况下，凡营养不良，慢性消耗性疾病均可导致被毛失去光泽等一系列变化。局部脱毛主要见于皮肤寄生虫病、湿疹、缺锌、痒病等。

鸡羽毛无光，蓬乱乃至逆立，主要是营养不良或消耗性疾病。肛门周围脱羽并伴有出血，主要是啄肛所致。如肛门周围羽毛被粪便污染，则提示下痢。

猪被毛粗乱或脱毛，应注意皮肤疥螨等。放牧绵羊成片脱毛，往往与缺锌、痒病有关。马属动物尾根毛逆立，为马尖尾线虫病的特征。

2. 皮肤的检查

(1)皮肤的颜色　皮肤色彩检查对猪、鸡都有重要诊断意义。白猪的皮肤发红是充血或出血引起的(图 2-5)，如皮肤呈点状红斑(特别是腹下、股内侧)，指压不褪色，常是猪瘟的特征之一。猪丹毒初期皮肤红斑，但指压可褪色(是充血造成的)，后期可出现紫色疹块。猪圆环病毒引起皮肤病变，出现大小不一的斑点、斑块或丘疹(图 2-6、图 2-7)。猪瘟、水疱病、口蹄疫均可在一定部位出现丘疹、水泡乃至脓疱。猪患慢性副伤寒时，耳尖发绀；全身发绀见于亚硝酸盐中毒等。

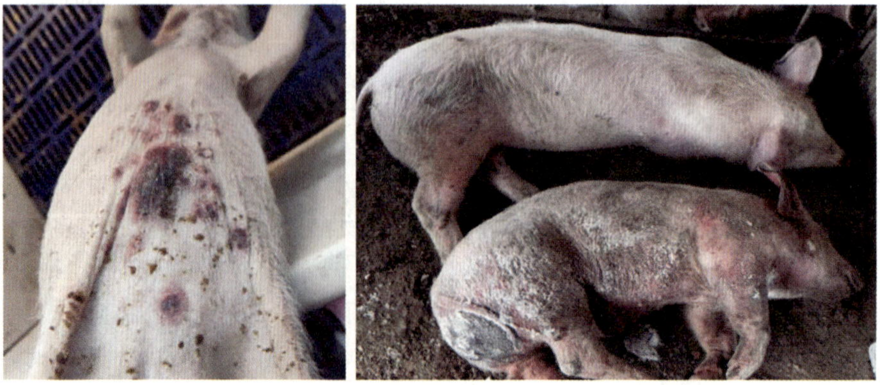

图 2-5　仔猪腹部皮肤出血

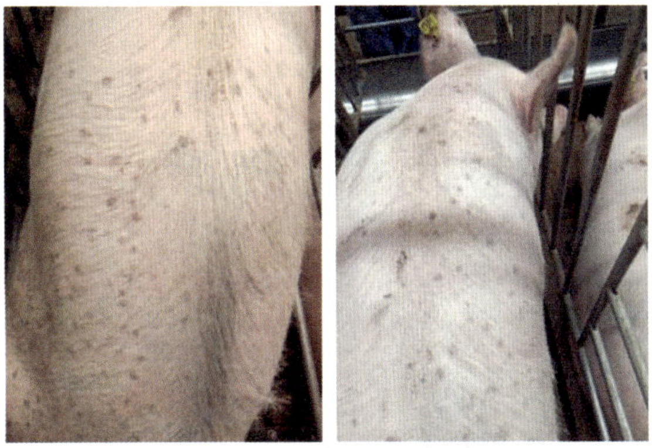

图 2-6　圆环病毒引起皮肤斑点或丘疹

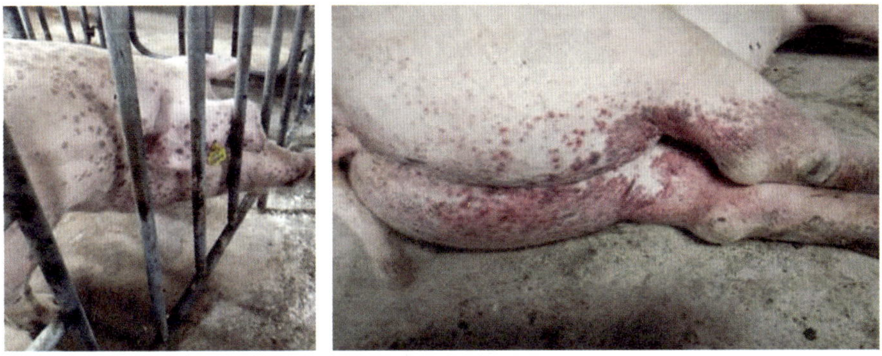

图 2-7　圆环病毒引起皮肤红色斑点、斑块或丘疹

鸡冠、肉髯等苍白见于多种原因引起的贫血，如呈蓝色可见于缺氧、中毒、新城疫、禽霍乱等。

(2)温度　正常情况下，皮肤的温度在全身各部位也不是一样的，即躯体部分高，四肢末端边缘部分低。检查皮温一般用手背(比手掌敏感)触之。检查时要注意躯干与末端的温度比较，末梢应注意鼻端、角根、耳根及四肢末端。一般触诊检查的部位是：牛、羊的鼻镜、角根、胸侧、四肢下部；猪的鼻盘、耳、四肢；禽的冠、肉髯及脚爪等。

皮温普遍升高是全身发热的结果，局部增温是炎症反应。皮温不均匀表现末梢发凉，多是重度循环障碍，如心衰、休克等，原因是末梢循环不畅所致。如皮温普遍下降，多是衰竭症、营养不良、大失血、重度贫血或严重脑病所致。

(3)湿度　皮肤湿度主要受汗腺分泌影响。此外，外界温度与干湿度也对汗腺分泌、皮肤湿度有一定影响。在北方夏季皮肤湿度大，而冬春季节皮肤多干燥。

动物多汗主要见于高热性疾病、中暑、中毒，马属动物剧烈疼痛(如肠变位)可大汗淋漓，如疝痛停止，出冷汗，多是内脏破裂之兆。

牛鼻镜、猪的鼻盘及犬、猫的鼻端正常情况下应保持湿润，有水珠，一旦鼻镜干燥，甚至龟裂，则表示健康受到影响，如热性病、重度消化不良及全身性疾病。

(4)弹性　健康动物皮肤弹性良好，皮肤弹性临床上根据皱褶恢复的速度进行判定。但随年龄增加，皮肤有生理弹性减退。病理情况下的弹性减退主要见于慢性皮肤病、螨病、湿疹、营养不良、脱水及慢性消耗性疾病。临床诊断时，常把皮肤弹性减退作为判定动物脱水的指标之一。检查部位应在颈部或肩前。

(5)颜色及完整性　皮肤颜色可呈现苍白、黄染、发绀和潮红等变化，不同颜色的变化具有不同的临床意义。皮肤完整性的破坏除发生疹疱、脓疱、脱鳞屑、斑疹、丘疹、荨麻疹等外，还应注意检查有无皮肤的创伤、溃疡等（图 2-8、图 2-9）。

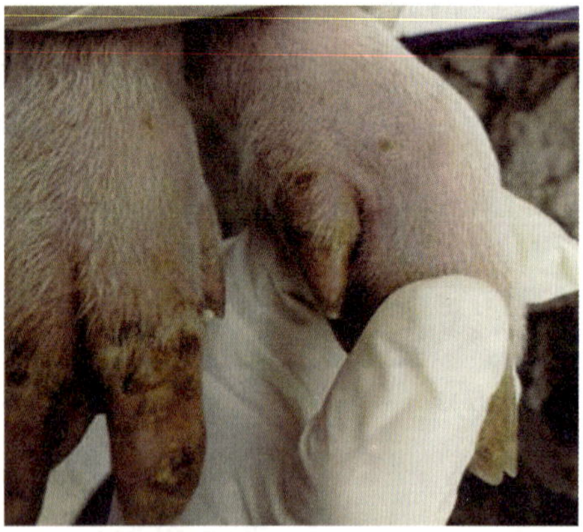

图 2-8　仔猪蹄部皮肤破溃

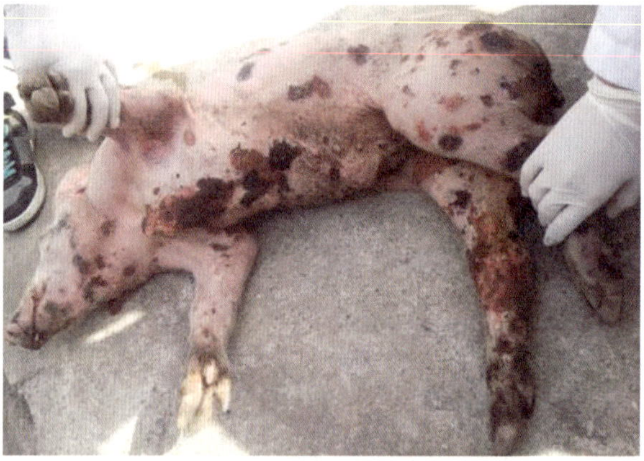

图 2-9　猪皮肤坏死、溃疡

3. 皮肤及皮下组织的肿胀

主要检查皮肤及皮下组织肿胀，应注意肿胀的部位、大小、形态、性状、硬度、温度、移动性及敏感性等。除用视诊和触诊检查外，还可通过穿刺检查进行鉴别。临床上常见的体表肿胀有水肿、炎性肿胀、气肿、血肿、脓肿、淋巴外渗及肿瘤等。

（1）水肿（浮肿）　即非炎性肿胀，多发生于胸腹下、阴囊、四肢末端、牛的垂肉等部位，也可见于头颈的其他部位。轻压呈面团样硬度并留压痕，无痛无热，其原因主要有营养不良（低蛋白血症）性水肿、心性水肿、肾性水肿等。

营养不良性水肿主要见于重度贫血、衰竭或肝性疾病，本质是低蛋白血症。心性水肿主要见于心衰。牛的严重胸腹及颈部垂肉水肿，提示创伤性心包炎。肾性水肿除表现水肿外，还有蛋白尿等特征。此外应注意，雏鸡皮下，特别是胸腹部、腿内侧皮肤呈蓝绿色肿胀，触诊稍硬，提示渗出性素质，其原因为缺乏硒和（或）维生素 E 所致。猪的面部水肿是水肿病的特征。

（2）炎性肿胀　体表炎性肿胀可以局部或大面积出现，多为局部性，局部炎性肿胀表现为红、肿、热、痛及机能障碍，触之有热痛反应，敏感，易鉴别。严重或大面积炎性肿胀有明显的全身反应，如原发性蜂窝织炎。

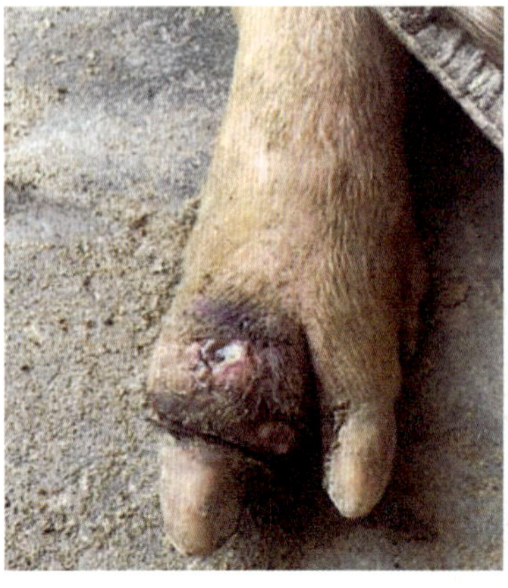

图 2-10　蹄部脓肿

（3）气肿　常见于肘后、颈侧处，按压有捻发感，无热痛反应，肿胀界线不明显、触压时柔软而容易变形，并可感觉到由于气泡破裂和移动所产生的捻发音（沙沙声）。如深部组织感染厌氧菌时，也出现气肿，此时多为严重的全身反应，切开脓肿处有恶臭液体（含气泡）流出，如恶性水肿病、气肿疽等。

（4）脓肿、血肿与淋巴外渗　血肿和淋巴外渗为皮下组织的非开放性损伤，脓肿是由细菌感染引起的局限性炎症过程。血肿穿刺可放出血液。脓肿穿刺有脓液排出。淋巴外渗穿刺有淡黄色淋巴液排出。共同特点是呈局限性肿胀，触诊有明显的波动感；好发于躯干（颈侧、胸腹侧）或四肢的上部（图 2-10）。可穿刺抽取内容物而区别之。

(5)肿瘤与疝 肿瘤是在动物机体上发生异常生长的新生细胞群,形状多种多样,有结节状、乳头状等。肿瘤坚硬,可发生在体表各部位;疝指肠管等脏器从腹腔脱垂到皮下或其他生理乃至病理性腔穴内而形成凸出的肿胀。疝则有波动感,可触及疝环而与其他肿胀相鉴别。主要见于腹壁疝、脐疝、阴囊疝等。

(6)皮肤疹块 主要有湿疹、饲料疹(白猪吃了含感光物质的饲料,如荞麦等)、丘疹(猪丹毒为大块状充血性丘疹、遗传或其他因素引起的玫瑰糠疹,图 2-11)、水疱(猪、牛的水疱病、口蹄疫)、痘(鸡冠疹疱)等。

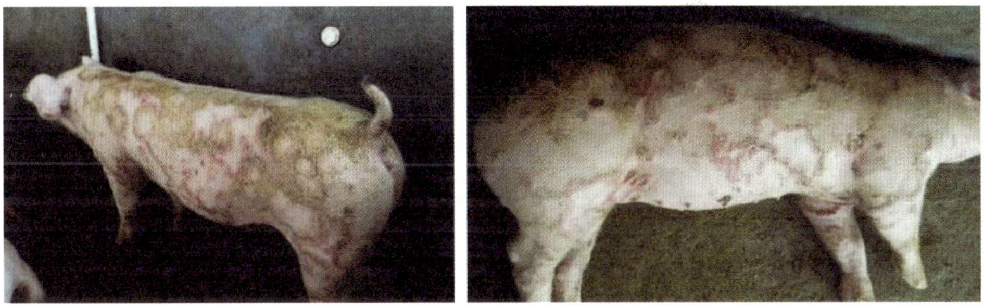

图 2-11 猪皮肤丘疹样环状病变

4. 皮肤创伤与溃疡

一般情况下,皮肤创伤与溃疡多是由外科病所致。特殊情况下见于一些传染病,如猪皮肤有大面积溃烂,提示坏死杆菌病;马应注意鼻疽与淋巴管炎,前者边缘不整,呈喷火口状,后者则是沿淋巴管形成连串结节。

(三)体温、脉搏及呼吸数的测定

体温、脉搏、呼吸数是评价动物生命活动的重要生理指标,临床上测定这些指标对诊断疾病和分析病程有重要意义。

1. 体温的测定

健康畜禽在体温调节中枢的作用下保持恒定的体温,其正常值变动在较为稳定的范围之内(表 2-1)。

表 2-1 健康动物的正常体温变动范围 ℃

动物	正常体温变动范围	动物	正常体温变动范围
牛	38.0～39.0	水牛	36.5～38.5
猪	38.0～39.5	羊	38.0～40.0
骆驼	36.0～38.5	鹿	38.0～39.0
兔	38.0～39.5	马	37.5～38.5
成年犬	37.5～38.7	幼龄犬	38.2～39.2
猫	38.1～39.2	禽类	40.0～42.0
驴	37.5～38.5	狐狸	38.7～40.1

健康动物的体温常受生理因素及外界条件的影响,略有波动。通常是幼龄动物比成年动物高;妊娠母畜在分娩前可稍高;运动、使役、采食活动之后,也暂时性、轻度地升高;外界气候条件的变化,也会使体温有一定的变动。一般健康动物的体温昼夜的变动规律,上午较低,午

后稍高，其昼夜温差变动在 1.0 ℃左右。

(1)体温测定的方法　测定体温通常用体温计在家畜直肠内测量，而禽类通常测其翼下的温度。测温时，先将温度计水银柱甩至 35.0 ℃以下；用消毒棉清拭之并涂以润滑剂；测温人员用一只手将动物尾根部提起并推向对侧，另一只手持体温表经肛门徐徐插入直肠中，并将固定于尾侧；停留 3～5 min，取出擦拭后记录读数；然后甩至 35.0 ℃以下，消毒备用。

(2)体温的病理变化

①体温升高。

a)根据体温升高的程度可分为微热、中等热、高热及最高热。

微热：体温升高 0.5～1.0 ℃，仅见于局限性的炎症及轻微的病症时，如感冒、口腔炎等。

中等热：体温升高 1.0～2.0 ℃，见于消化管、呼吸道的一般性炎症及某些亚急性、慢性传染病，如胃肠炎、支气管炎、牛结核等。

高热：体温升高 2.0～3.0 ℃，见于急性感染性疾病与广泛性的炎症，如猪瘟、流感、大叶性肺炎等。

最高热：体温升高 3.0 ℃以上，见于某些严重的急性传染病及内科病，如炭疽、日射病与热射病等。

b)根据体温曲线的变化可将发热分为以下 5 种热型。

稽留热：高热持续数天或更长时间，且每昼夜温差在 1.0 ℃以内。临床常见于大叶性肺炎、猪瘟、猪丹毒、流感、急性猪痢疾等急性热性传染病。

弛张热：体温升高后维持时间较长，昼夜温差在 1.0 ℃以上，而不降至常温。临床上常见于小叶性肺炎、许多化脓性疾病及败血症等。

间歇热：发热期和无热期较有规律地相互交替，间歇时间较短并重复出现的一种热型。临床上常见于马传染性贫血、血孢子虫病等。

回归热：与间歇热相似，只是发热期和无热期间隔的时间较长，并且发热期和无热期的出现时间大致相等。见于亚急性和慢性马传染性贫血等。

不定型热：体温变动极不规则，无一定规律。见于许多非典型经过的疾病。

②体温过低。体温低于常温的下限，见于老年、重度营养不良、严重贫血的病畜，也可见于中毒、内脏破裂以及多种疾病的濒死期等。

2. 脉搏及心跳次数的检查

(1)脉搏检查的方法　检查脉搏，必须在安静状态下进行。如病畜由远道而来，要稍做休息后再进行检查。一般计算 1 min 的脉搏数。

牛的脉搏检查在尾动脉，检查者站于牛的正后方，左手将牛尾稍举起，右手拇指放于尾根部背面，食指、中指在距尾根 10 cm 左右处的腹面检查。

马属动物的脉搏检查在颌外动脉，检查者站在马的左侧，左手抓笼头，用右手的拇指置于下颌骨外侧，食指、中指和无名指在下颌支的下缘血管切迹处前后滑动，发现动脉后，用三指轻压动脉，感知脉搏的跳动。

羊、兔、犬、猫的脉搏检查在股动脉，检查者位于动物的侧后方，一手握后肢，另一手伸入股内侧感知股动脉的跳动。猪和家禽以听取心音代替脉搏数的检查。

(2)脉搏次数的正常数值　健康动物每分钟的脉搏次数见表 2-2。

表 2-2　健康动物的正常脉搏数值变动范围　　次/min

动物	正常脉搏数值变动范围	动物	正常脉搏数值变动范围
牛	40～80	水牛	40～60
猪	60～80	羊	70～80
骆驼	30～60	鹿	36～78
兔	120～140	马	30～45
犬	70～180	猫	120～200
家禽	120～200		

各种动物的脉搏次数，在正常情况下，易受外界条件和生理性因素（如惊恐、兴奋、使役、过饱、妊娠及外界气温过高等）的影响而变快；而动物的个体特点中，年龄、品种、性别及生产性能也有一定影响，影响较大的是年龄因素，一般幼龄动物比成年动物明显快得多，公黄牛比母黄牛少，低产乳牛比高产乳牛少等。

（3）脉搏次数的病理性变化　可表现为脉搏次数增多或减少，而常见的变化是脉搏次数增多。

①脉搏次数增多。所有的热性病，均可不同程度地兴奋交感神经，使心跳加快。一般体温每升高 1.0 ℃，每分钟脉搏次数可相应地增加 4～8 次；心脏病如心肌炎、心包炎、心内膜炎等，因机能代偿，心动加快而引起脉搏次数增多；呼吸器官疾病时，由于呼吸面积减小而引起气体交换障碍，心搏动加快而脉搏次数增多；各种贫血或失血性的疾病，伴有剧烈疼痛性的疾病，可反射性地引起脉搏加快；某些中毒或药物影响等引起脉搏次数增多。

②脉搏次数减少。一般见于引起颅内压增高的脑病、胆血症、某些中毒性疾病等。某些病例的脉搏次数减少，可能是心脏传导机能障碍所致。此外，老年动物或高度衰竭时，也可见脉搏次数减少。脉搏次数显著减少，则提示预后不良。

3. 呼吸次数的测定

动物呼吸是由吸气和呼气两个过程组成的。检查须在动物安静状态下进行。检查者站在动物的前侧面，观察动物胸、腹壁的起伏动作或鼻翼的开张动作，一起一伏或开张一次为 1 次呼吸，也可将手背放在鼻孔前方来感觉呼出的气流，在寒冷的冬季，可直接观看鼻孔呼出的热气来测定呼吸次数。一般计数 1 min 的呼吸次数，也称呼吸频率。

（1）呼吸次数的正常数值　健康动物的正常呼吸次数变动范围见表 2-3。

表 2-3　健康动物的正常呼吸次数变动范围　　次/min

动物	正常呼吸次数变动范围	动物	正常呼吸次数变动范围
牛	10～25	水牛	10～40
猪	10～20	羊	12～30
骆驼	6～15	鹿	15～25
兔	50～60	马	8～16
犬	15～30	猫	20～30
家禽	15～30	狐狸	15～45

健康动物的呼吸次数，受某些生理因素和外界条件的影响，有一定的变动。如幼畜比成年动物多，妊娠的母畜可增多，运动、使役、兴奋时可增多，品种、营养情况也有影响，当外界温度过高时某些动物（如水牛、绵羊）可引起显著的增多。

（2）呼吸次数的病理性改变

①呼吸次数增多。可见于呼吸器官特别是支气管、肺、胸膜的疾病，多数的热性病，心脏衰

弱及贫血、失血性疾病，膈的运动受阻、腹内压显著升高或胸壁疼痛的病理过程，脑及脑膜充血，炎症的初期及某些中毒性疾病(如亚硝酸盐中毒)等。

②呼吸次数减少。主要见于脑室积水等引起的颅内压显著升高，某些中毒与代谢紊乱，上呼吸道高度狭窄等。呼吸次数的显著减少并伴有呼吸式与呼吸节律的改变，常提示预后不良。

在实际工作中，常将体温、脉搏、呼吸次数的记录，绘成一份综合性曲线表，来分析病情的变化。一般来说体温、脉搏、呼吸次数的相关变化，常是并行、一致的，如体温升高，随之脉搏及呼吸次数也相应地增加；体温下降，则脉搏、呼吸次数多随之减少。在疾病过程中，见有体温及脉搏、呼吸次数曲线逐渐上升，一般可反映病情的加剧，而三者的曲线平行地下降以至达到或接近正常，则说明病势的逐渐好转与恢复。

在特殊情况下，体温曲线与脉搏的变化可能不一致，尤其是在曲线表上见到体温曲线与脉搏曲线相互交叉，多为预后不良的征兆。

(四)眼结膜的检查

可视黏膜是指肉眼能看到或借助简单器械可观察到的黏膜，如眼结膜、鼻腔、口腔、直肠、阴道等部位的黏膜。临床上一般以检查眼结膜为主，牛则主要检查巩膜。

1. 眼结膜检查的内容

(1)眼睑及分泌物　眼睑肿胀并伴畏光流泪，是眼炎或结膜炎的特征(图 2-12、图 2-13)。猪的大量流泪，可见于流行性感冒，于眼窝下方见有流泪的痕迹，提示传染性萎缩性鼻炎的可疑。脓性眼眦是化脓性结膜炎的特征，可见于某些热性传染病，尤其应注意猪瘟。仔猪的眼睑水肿，应注意水肿病。

图 2-12　病鸡眼睑肿胀，畏光流泪

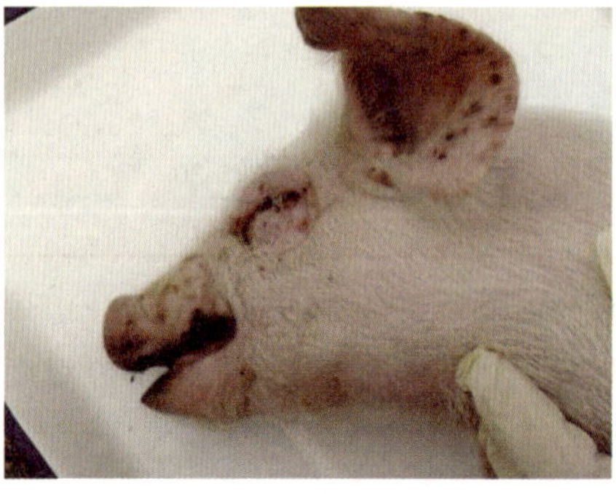

图 2-13　病死猪眼睑肿胀，结膜炎

(2)颜色　眼结膜的颜色及其临床意义见皮肤颜色的改变。

(3)出血点、出血斑　检查眼结膜颜色变化时，应特别注意黏膜上出血点或出血斑的有无。眼结膜上有点状或斑点状出血，常见于败血性传染病、出血性素质疾病，如猪瘟、马出血性紫癜、马急性或亚急性传染性贫血等。

2. 眼结膜的检查方法

眼结膜检查一般在自然光线下用视诊的方法进行，应注意眼的分泌物、眼睑状态、结膜颜色以及角膜、巩膜、瞳孔、眼球的状况。应进行两眼的对照比较，必要时还应与其他可视黏膜进行对照(图2-14、图2-15)。

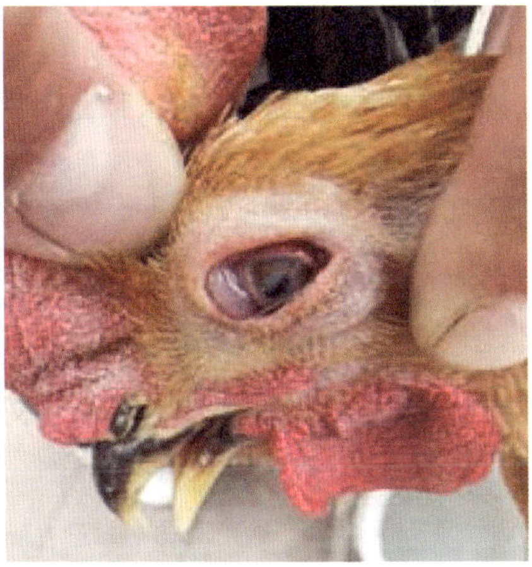

图 2-14　病鸡眼睑潮红

图 2-15　病鸡角膜浑浊

检查马左眼时，左手抓住笼头，右手的拇指放于下眼睑中央的边缘处，右手的示指则放于上眼睑中央的边缘处，分别将眼睑向上、向下拨开，并向内眼角处稍加压，如此则结膜和瞬膜将充分暴露。检查右眼时，换手，按同样方法进行。

检查牛眼结膜，主要观察其巩膜的颜色及其血管情况。可用双手握住牛角并向一侧扭转，使牛头偏向侧方，巩膜自然露出。或一只手握角，另一只手捏鼻中隔，扭转头部，也可达到检查的目的。

检查羊、猪等小动物时，可用两手拇指或一手拇指、食指分别打开其上、下眼睑。

3. 健康家畜眼结膜的颜色

正常情况下，马眼结膜呈淡红色，牛的颜色较马稍淡(但水牛较深)，猪眼结膜呈粉红色。

4. 眼结膜颜色的病理变化及临床意义

(1)潮红　潮红是血液循环障碍的表现。弥漫性潮红时结膜普遍呈红色，见于热性病、肠炎等(图 2-16)；树枝状充血，多见于血液循环障碍的一些疾病，如脑炎及心脏病；单眼潮红，可能是局部的炎症所致；双侧均潮红，除见于眼病外，多标志全身的血液循环状态不佳。

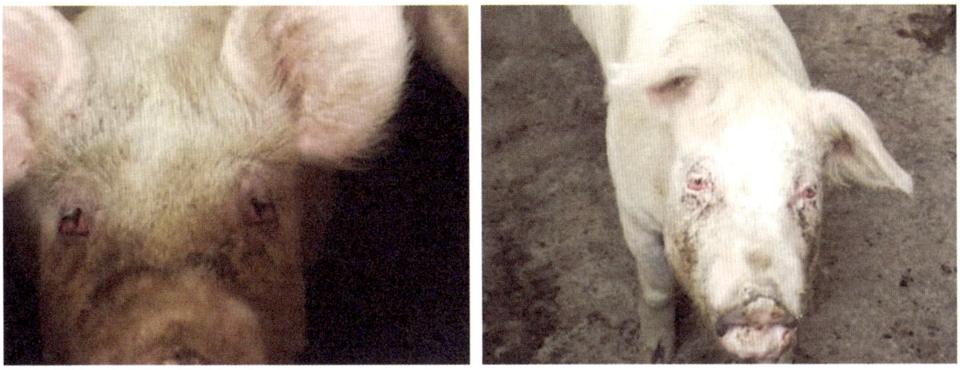

图 2-16　猪红眼

(2)苍白　苍白是贫血的表现。急速苍白并伴有全身及其他器官、系统的相应变化,见于大失血,肝、脾破裂;逐渐苍白,见于慢性营养不良或消耗性疾病,如马慢性传染性贫血、白血病。

(3)发绀　发绀即可视黏膜呈蓝紫色,是血液中还原血红蛋白增多或形成大量变性血红蛋白的结果,是机体缺氧的表现,见于肺水肿、上呼吸道狭窄、心力衰竭、亚硝酸盐中毒等。

(4)黄染　结膜呈轻重不同的黄色,是血液内胆红素增多的结果,见于肝炎、胆管阻塞及溶血性疾病等。

(5)出血　结膜呈点状或斑点状出血,是血管壁通透性增大的结果,见于某些传染病和出血性疾病,如马传染性贫血、血斑病、焦虫病等。

(五)浅表淋巴结的检查

浅表淋巴结的检查在确定附近组织器官的感染或诊断某些传染病上有很重要的意义。检查浅表淋巴结时,应注意其大小、结构、形状、表面状态、硬度、温度、敏感度及活动性等。

1. 临床检查中应予关注的淋巴结

临床上对大动物主要检查下颌淋巴结、颈浅淋巴结、髂下淋巴结,腹股沟浅淋巴结仅在某些特殊情况下检查。猪主要检查髂下淋巴结和腹股沟浅淋巴结(图 2-17);犬通常检查下颌淋巴结、腹股沟浅淋巴结等。

2. 淋巴结的检查方法

淋巴结的检查,主要用视诊、触诊,但常用触诊。必要时配合应用穿刺检查法。

(1)下颌淋巴结　位于下颌间隙中,检查时一手握住笼头,另一手将手指伸入下颌间隙沿下颌支内侧前后滑动,即可触及卵圆形、蚕豆或桃核大的淋巴结。

(2)颈浅淋巴结　又称肩前淋巴结,位于肩关节前上方,检查时将家畜头颈略向检查侧弯曲,使肩前皮肤松弛,用手指在肩前凹陷处上下触捏,发现淋巴结后,即将手指深深插入其两侧,握住后仔细触诊。

(3)髂下淋巴结　又称膝上淋巴结、股前淋巴结或膝襞淋巴结,位于髋结节和膝关节之间,股阔筋膜张肌前方,检查时用手放于该位置,以手指前后滑动,即可触及上下方向、呈条柱状的淋巴结。犬无该淋巴结。

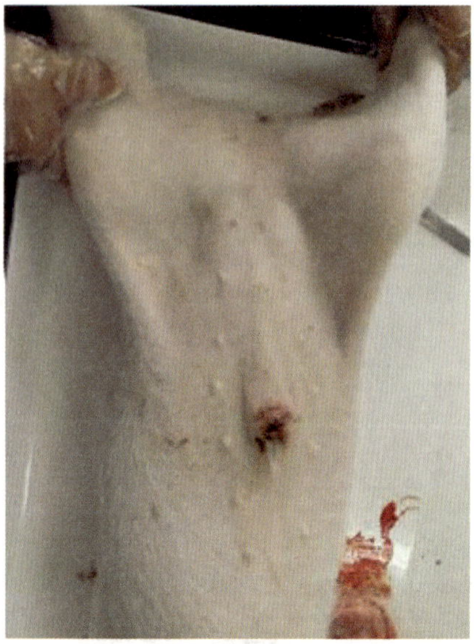

图 2-17　猪腹股沟淋巴结肿大

(4)腹股沟浅淋巴结　公畜也称阴囊淋巴结、母畜称为乳房上淋巴结,又称鼠蹊淋巴结,位于骨盆壁腹面、大腿内方,检查时在腹壁下精索前后(公畜)或乳房背侧(母畜)用手指左右触压。

3. 淋巴结的主要病理变化

淋巴结的病理变化主要表现为急性或慢性肿胀,全身肿胀和局部肿胀,或化脓。

(1)淋巴结急性肿胀　淋巴结急性肿胀表现为淋巴结体积增大、变硬,活动性变小,表面光滑平坦,并有热、痛反应,见于周围组织、器官的急性感染,如马腺疫时下颌淋巴结肿胀,牛泰勒虫病时全身淋巴结可呈急性肿胀;猪传染性病毒病时腹股沟淋巴结肿大(图 2-17)。

(2)淋巴结慢性肿胀　淋巴结慢性肿胀多无热、痛反应，淋巴结较坚硬，表面不平，多与周围组织粘连。下颌淋巴结慢性肿胀，见于马慢性鼻疽、牛慢性结核及放线菌病等；全身淋巴结慢性肿胀，见于白血病等。

(3)淋巴结化脓　淋巴结化脓表现为淋巴结显著肿胀，皮肤紧张，有热有痛，脓肿成熟后，表面被毛脱落，触诊有波动感，最后破溃流出脓液。下颌淋巴结化脓是马腺疫的特征；颈浅淋巴结化脓见于猪结核病。

(4)全身淋巴结肿胀　可见于急性淋巴结炎、慢性淋巴结炎、全身感染和某些传染病。

(5)局部淋巴结肿胀　淋巴结引流区域发生局限性炎症、感染而引起肿大。如咽喉炎、化脓性扁桃体炎时，咽和下颌淋巴结肿大；后肢化脓感染时，可引起腹股沟淋巴结肿大。

实训三　对动物进行临床一般检查

一、目标

(1)练习动物体温、脉搏、呼吸数的测定程序，要求初步掌握其方法及注意事项。

(2)练习整体状态、被毛、皮肤、浅表淋巴结、眼结膜的检查方法，要求初步掌握正常与异常状态的判定标准。

二、材料设备

(1)材料：听诊器、体温计、酒精棉球、碘酊棉球等。

(2)动物：羊、犬、猪等动物。

三、方法与步骤

1. 体温的测定

为防止测定过程中动物挣扎，以至于挫伤肠壁或折断体温计，在测定前应先保定好动物。检查者先将体温计水银柱甩到 35 ℃以下，酒精棉球消毒，涂润滑剂，然后将体温计缓缓插入肛门，插入直肠的深度取决于动物的大小，犬、猫、兔 3.5～5 cm，豚鼠 3.5 cm，大鼠、小鼠 1.5～2.0 cm，牛、羊、马等大动物可插入 2/3，3～5 min 后取出，用酒精棉球擦去黏附的粪污物后，观察水银柱上升的刻度数，即实测体温。测温完毕，应将水银柱甩下，保存备用。测定时尽可能使动物处于自然状态，勿使其过于紧张、恐惧，同时防止有大便阻塞和动物挣扎造成直肠损伤及出血。

2. 脉搏的检查方法

检查犬、猫、兔等较小动物的脉搏时，先将动物略加保定，待其安静后，用右手伸入动物股部内侧按股动脉；马可检查颌外动脉，检查者站于马头一侧，一手握笼头，另一手拇指置于下颌骨外侧，将食指、中指伸进下颌支内侧，在血管切迹处，前后滑动，发现动脉管后，用指轻压即可触知；牛和骆驼可检查尾动脉，检查者站在牛(或骆驼)正后方，左手抬起尾部，右手拇指放于尾根背面，用食指、中指在距尾根 10 cm 左右处检查，计算每分钟脉搏次数，也可用听诊器或专用测量仪器进行测量。在测量时要排除动物的兴奋状态、健康状况、特殊的生理状况等对脉搏的影响。

3. 呼吸次数的测定方法

测定呼吸次数前，必须使动物处于相对安静状态，然后以肉眼观察并记录呼吸的次数，可以观察胸部的起伏动作或鼻翼的起伏次数，一起一伏为一次呼吸，一般要求记录 1 min 的呼吸次数。动物的呼吸数，受某些生理因素和外界条件的影响，可引起一定的变动。幼畜比成年动物稍多；妊娠母畜可增多；运动、使役、兴奋时可增多；当外界温度过高时，某些动物(如水牛、绵羊等)可明显增多；奶牛吃饱后取卧位时，呼吸次数明显增多。

四、报告

动物	体温/℃	脉搏/(次/min)	呼吸数/(次/min)	眼结膜颜色	营养状况
羊					
犬					
猪					
牛					
鸡					
马					

任务二　常见症状病理及诊断要点

常见的症状病理，一般都不是一种独立的疾病，往往是许多疾病的伴发的共同病理过程和常见的临床症状。如发热、黄疸、水肿、休克、应激、败血症、脱水等都是许多疾病过程的综合征及病理过程。

一、发热

发热是指恒温动物在致热原作用下，引起体温调节机能改变，使体温调节中枢的调定点上移而引起的调节性体温升高，当体温上升超过正常值的 0.5 ℃时，称为发热。

发热是动物机体长期进化过程中的一种防御适应性反应。其特点是：产热和散热过程的相对平衡状态被打破，产热增强，散热能力降低，从而使体温升高，各组织器官的功能与物质代谢发生改变。发热是许多疾病伴发的一种临床症状，由于不同疾病能引起不同的发热类型，所以临床上，通过检查体温和观察体温曲线的动态变化规律及其特点，可以发现疾病的存在，而且还可作为确诊某些疾病的重要依据。

在临床上有体温过高和生理性体温增高，但他们不属于发热，是由于运动、重度劳役、日光直射、外界环境温度过高或湿度过大等因素造成的。例如，热射病时的体温升高，机体的产热过程并未增加，而是由于外界温度过高或湿度过大，机体散热困难，热量在体内蓄积的结果。通常把这种体温升高现象称为体温过高。

(一)发热的原因

凡能引起机体发热的物质称之为热原刺激物,或称致热原。能激活产内生性致热原细胞,产生和释放内生性致热原的物质称为发热激活物(包括外生性致热原和体内产物)。致热原包括外生性致热原和内生致热原。

1. 发热激活物

(1)外生性致热原　来自体外的致热物质称为外生性致热原。

细菌及其毒素:大多由致病微生物引起,又称为传染性致热原。如革兰氏阳性菌与外毒素(主要有葡萄球菌、溶血性链球菌、肺炎球菌等是常见的发热原因)、革兰氏阴性菌与内毒素(典型菌群有大肠杆菌、伤寒杆菌等)、分枝杆菌(典型菌群为结核杆菌)。

病毒和其他微生物:流感病毒等病毒可激活产致热原细胞产生,释放内生性致热原引起发热。白色念珠菌感染所致的鹅口疮、肺炎、脑膜炎等,其致热因素是菌体及菌体内所含的荚膜多糖和蛋白质。钩端螺旋体内含有溶血素和细胞毒因子以及内毒素样物。

(2)体内产物　某些体内产物也以诱导产生内生性致热原的方式引起发热,又称为非传染性致热原。如无菌性炎症引起组织蛋白分解产物;变态反应产生的抗原抗体复合物和致敏淋巴细胞释放非致热原性因子;肿瘤性发热;化学药物性发热;激素性发热;神经性发热;类固醇等因素都可引起发热。

2. 内生致热原

内生性致热原都是产内生性致热原细胞(能够产生和释放内生性致热原的细胞)在发热激活物的作用下所产生和释放的能引起体温升高的产物,统称为内生性致热原,主要有白细胞介素等。白细胞产生和释放的致热原,称为白细胞致热原。

(二)发热的机理

目前认为,发热的机理大致包括三个基本环节:第一个环节是内生性致热原的产生和释放,第二个环节是体温调节中枢的体温“调定点”上移,第三个环节是调温效应器的作用。各种致热原进入机体或在体内形成后,先激活产致热原细胞(吞噬细胞),产生和释放内生致热原,内生致热原作为信息分子把信息传递给丘脑下部,使丘脑下部体温调定点上移。体温调节中枢的体温调定点上移后,对体温进行重新调节。其发出的调节冲动,一方面经交感神经系统使体表血管收缩,汗腺分泌抑制,散热减少;另一方面信息达到寒战中枢,引起肌肉寒战,代谢加强,产热增多;同时肝、肾等实质器官分解代谢加强,肾上腺、甲状腺等内分泌器官代谢加强,产热大于散热而体温升高。

(三)发热的经过

多数发热尤其急性传染病和急性炎症的发热,其临床经过大致可分三个阶段,即体温上升期、高热持续期和退热期,每个时期有各自的临床症状和热代谢特点。

1. 体温上升期

(1)代谢特点　体温上升期产热量大于散热量(产热增多和散热减少)。这是发热的第一阶段,此时体温调节中枢的体温调定点上移,体温从正常逐渐升高。动物体温升高的速度并不一致，如猪瘟、猪丹毒、牛恶性卡他热等，体温升高很快；而非典型马腺疫的体温则是缓慢地上升的。肌肉收缩加强，肌糖原分解加强，体温曲线，通过交感神经发出散热减少的信号，使皮肤血管收缩，汗腺分泌减少，减少皮肤的热散发，因而体温逐渐上升。

图 2-18　病猪发热，扎堆

(2)临床表现　此时患病动物表现精神沉郁，食欲减退或废绝，呼吸和心跳加快，皮肤血流量减少呈苍白色，交感神经兴奋竖毛肌收缩，临床上出现寒战，皮肤干燥，被毛蓬乱、喜扎堆等症状(图 2-18)，反复寒战超过 1 d 可能是菌血症，在传染病诊断上有参考意义。

2. 高热持续期(热稽留期)

(1)代谢特点　产热量接近散热量，体温在较高水平上维持平衡。血温升高同时又使皮肤温度升高，皮肤血管又继而扩张，散热增加。在不同的疾病和动物上，体温升高的水平和持续时间也有不同，如牛传染性胸膜肺炎的高热期 2～3 周之久，慢性猪瘟的高热期可维持 1 周以上，而牛流行性感冒的高热期仅为数小时或几天。

(2)临床表现　患病动物皮温增高，眼结膜充血潮红，呼吸和心跳加快，胃肠蠕动减弱，粪便干燥，尿量减少、口干舌燥等症状。

3. 体温下降期(退热期)

(1)代谢特点　产热量小于散热量。发热激活物、内生致热原、发热介质得到控制和清除，或应用药物使上升的调定点恢复到正常水平，此时血温仍偏高，热神经元发放冲动，促进散热；冷神经元受抑制，减少产热。

(2)临床表现　汗腺分泌增加，引起大量出汗散发热量(又称为出汗期)，使体温下降。严重者可致脱水。大量出汗是一种快速的散热反应，但出汗可造成脱水，甚至循环衰竭，应注意监护，补充水和电解质，尤其是在心肌炎患畜，更应密切注意。热的消退可快可慢，快者几小时或 24 h 内降至正常，称为体温骤退。慢者需几天到十几天才降至正常，称为体温渐退。在兽医临床上要谨防动物体温骤退，引起急性循环衰竭而造成的死亡。

(四)发热时机体的变化

1. 物质代谢的变化

发热机体的代谢改变包含两个方面，一方面是在致热原作用后，体温调节中枢对产热进行调节，提高骨骼肌的物质代谢，使调节性产热增多；另一方面是体温升高本身的作用，一般认为，体温升高 1 ℃，基础代谢率提高 13%。因此持久发热使物质消耗明显增多。如果营养物质摄入不足，就会消耗自身物质，并易出现维生素 C 和 B 族维生素缺乏，故必须保证有足够能量，足量维生素等营养物质供应。

(1)糖代谢　发热时糖分解代谢加强，血糖增多，葡萄糖的无氧酵解加强，组织内乳酸含量增加。

(2)脂肪代谢　发热时脂肪分解也明显加强，由于糖代谢加强使糖原储备不足，摄入相对减少，乃至大量消耗储备脂肪而消瘦。脂肪分解加强和氧化不全，出现酮血症和酮尿。

(3)蛋白质代谢与急性期反应　高热时蛋白质分解加强，尿氮比正常增加 2～3 倍，可出现负氮平衡，即摄入不能补足消耗。急性期反应(机体在细菌感染和组织损伤时所出现的一系列急性反应)是机体一系列应激变化中的一种防御反应，多数发热有急性期反应，此时必须保证给机体大量蛋白质等营养(尤其要保证给肝脏提供大量氨基酸)。否则长期高热可造成肌肉和实质器官发生萎缩、变性，进而引起机体的衰竭。

(4)水、电解质及维生素代谢　发热时出汗、排尿增多及机体内代谢的加强，使水、电解质及维生素均大量消耗。高热可引起脱水，脱水又可加重发热，因此必须补足水分，尤其是高热期、退热期。此外，氧化不全的酸性中间产物(乳酸、酮体)在体内增多，导致代谢性酸中毒。

2. 机能的变化

(1)中枢神经系统功能改变　高热时对中枢神经系统的影响较大，特别是高热时，神经系统兴奋性增高，易引起烦躁不安、惊厥。体温过高时可导致昏迷、死亡。

(2)循环系统功能改变　发热时心率加快，体温上升 1 ℃，心率每分钟平均增加 10～15 次/min。尤其传染病引起的长期发热，由于氧化不全产物和毒素对心脏作用，容易引起心肌变性；又因心动过速，心脏负担加重，对心肌有潜在病灶的动物，则诱发心力衰竭。此外，体温骤退，可因大汗而致虚脱、休克甚至循环衰竭，应及时预防。

(3)呼吸系统功能改变　发热时血温升高刺激呼吸中枢并提高呼吸中枢对二氧化碳的敏感性，再加上代谢加强、二氧化碳生成增多，共同促使呼吸加深加快。也是一种加强散热的反应。

(4)消化系统功能改变　发热时交感神经兴奋，水分蒸发过多，导致消化液减少，各种消化酶活性降低，食欲减退、胃肠道蠕动减弱、口干腹胀、便秘等现象。有时可因肠内容物发酵、腐败而引起自体中毒。

(5)泌尿系统的变化　发热初期，由于血压升高，肾脏血流量增加，尿量稍增多，尿比重较低。高热时，一方面由于呼吸加快，水分被蒸发；另一方面因肾组织发生轻度变性，加之体表血管舒张，肾脏血流量相应地减少，以及由于分解代谢增强，酸性代谢产物的增多，水和钠盐潴留在组织中，而尿液减少，尿比重增加，并且尿中常出现含氮产物。到了退热期，肾脏血液循环的改善，大量盐类又从肾脏排出，因此又表现为尿量增加。

(6)防御功能改变　发热时，机体内单核-巨噬细胞系统的功能活动增强。表现在抗感染能力增强、抗体形成增多、补体活性增高，肝脏解毒功能增强，对肿瘤细胞的影响和急性期反应加强。

(五)发热的生物学意义

发热对机体的意义应从两方面来看。一方面，发热在一定限度内是机体抵抗外界侵害的保护性反应。如发热时白细胞增多、吞噬细胞的吞噬机能加强、抗体生成增多、肝脏解毒能力加强等。另一方面，体温过高或持续发热则对机体是不利的。因为机体的生命活动需要有合适的温度，高热或持续发热时，可使机体各个系统器官的机能及代谢发生严重障碍，甚至实质器官变性或坏死。

由此可见，在兽医临床实践中，对发热的处理必须根据具体情况，采取适当的措施。一般应注意以下几点：

①发热初期和中等程度发热，不要急于用退热药，这样会降低机体的防御能力，掩盖疾病的真相，影响对疾病的正确诊断。

②高热或持续发热，在治疗原发疾病的同时要及时采取退热措施，但高热不能骤退。

③要注意补充营养物质，及时补充葡萄糖、B族维生素和维生素C；及时补充水分、盐分等，纠正水、电解质和酸碱平衡紊乱；饲喂时，应给予易消化吸收和糖类较为丰富的饲料。

④防止虚脱，特别是传染病病畜的退热期，由于神经调节不敏锐，心血管机能不全，容易发生虚脱，故必须注意保护心脏功能。

⑤加强护理，防止发热动物因机体抵抗力的降低而受到其他病因的侵袭。

二、黄疸

黄疸又称高胆红素血症，是指由于血浆胆红素含量增高，而引起的皮肤、浆膜、黏膜及实质器官等组织黄染（图2-19至图2-22）。多种疾病能引起黄疸，尤其是在肝胆疾病和溶血性疾病中多见。

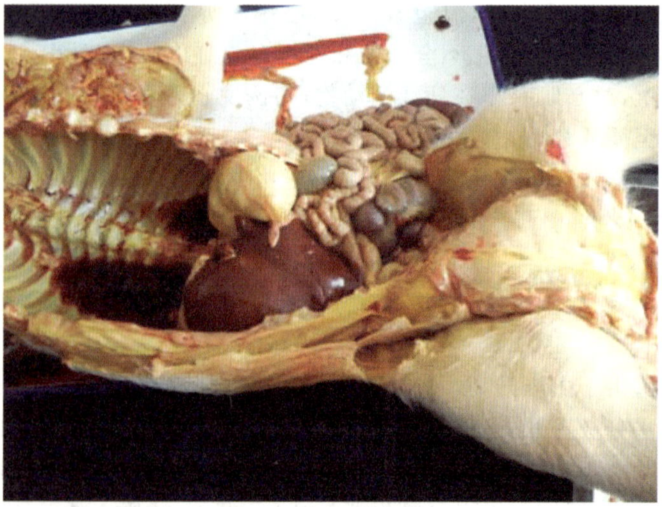

图 2-19　严重组织黄疸

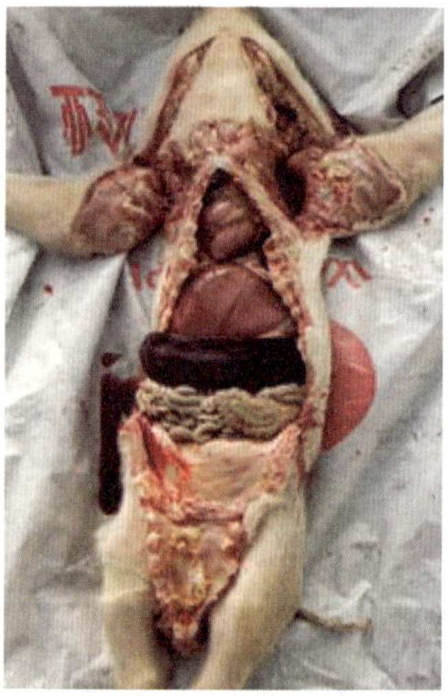

图 2-20　脾脏肿大黄疸

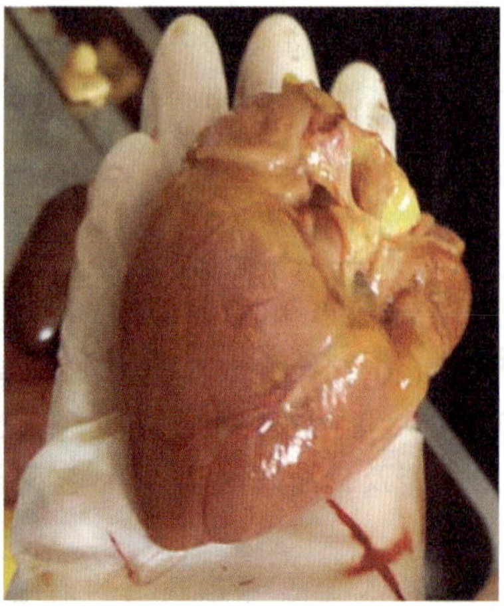

图 2-21　心脏黄疸

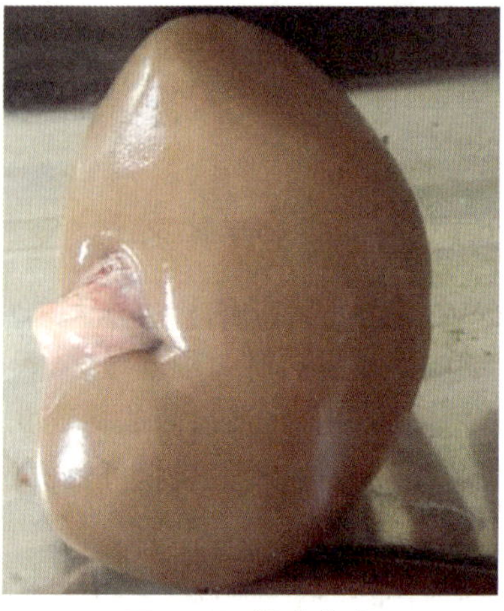

图 2-22　肾脏黄疸

(一)胆色素的正常代谢

目前认为,胆色素大约85%是由血红蛋白所衍生。血流中衰老的红细胞被骨髓、脾和肝的单核-巨噬细胞吞噬,释放出血红蛋白。在吞噬细胞内血红蛋白进一步分解而成为胆绿素。胆绿素再受胆绿素还原酶的作用而形成胆红素。这种胆红素由单核-巨噬细胞释放入血液,被血浆中的清蛋白吸附,二者结合相当稳定,成为清蛋白-胆红素复合物,以前称为游离胆红素,现在称为非酯型胆红素,它不能通过半透膜,所以不能透过肾小球滤出,不溶于水,但易溶于酒精。临床上做胆红素定性试验,这种胆红素不能和偶氮试剂直接起作用,必须先加酒精处理后,才能发生紫红色阳性反应(间接反应阳性),所以又称间接胆红素。

间接胆红素随血流进入肝脏,被肝细胞摄取、结合和分泌入胆管,这个过程非常复杂。在肝细胞质膜上,胆红素和清蛋白分离。胆红素进入肝细胞内,并被带到内质网中,经过葡萄糖醛酰转移酶的作用,大部分与葡萄糖醛酸结合,形成胆红素葡萄糖醛酸酯,称为酯型胆红素。这种结合胆红素易溶于水,能直接与偶氮试剂产生反应,所以又称直接胆红素,直接胆红素能通过肾小球滤出而从尿液排出。

直接胆红素在肝细胞内与胆酸、胆固醇、卵磷脂以及微量的钙和其他电解质一起合成胆汁,排入毛细胆管,经过胆道系统最后排入十二指肠。在肠道内,结合胆红素受到细菌的β-葡萄糖醛酰转移酶的作用,与葡萄糖醛酸分开,释放出胆红素。胆红素受到细菌的作用,还原成无色的胆素原。大部分胆素原从粪便排出体外(称为粪胆素原),氧化后即成为粪胆素,使粪便带有黄褐色。只有一小部分胆素原由肠黏膜再吸收,经门静脉进入肝脏,其中大部分又重新转变成胆红素,再参加胆汁合成和排入肠道,这个过程称为胆色素的肝肠循环。少部分胆素原则不经肝脏处理,直接进入体循环血流,经肾脏随尿排出体外(称为尿胆素原),并氧化成尿胆素,使尿液带有微黄色。

在正常情况下,体内胆红素的生成、代谢和排泄,维持着动态平衡,所以血液中胆红素的含量水平是相对恒定的。但在某些疾病时,由于各种原因造成胆红素生成过多、在肝脏内转化和结合障碍以及胆汁的排出受阻,破坏了这种平衡,最后都能导致血液中胆红素的含量增多,当达到一定浓度后,临床上就出现黄疸症状。

(二)黄疸的类型

根据黄疸发生的原因和发病机理,将黄疸分为溶血性黄疸、实质性黄疸和阻塞性黄疸。

1. 溶血性黄疸(肝前性黄疸)

凡能引起循环血液中红细胞大量破坏的各种致病因素,都能导致溶血性黄疸。常见于毒物中毒(如磷、砷、硫酸铜等)、血液寄生虫病(如焦虫病、锥虫病等)、大面积烧伤、溶血性传染病以及新生幼畜溶血病等。

溶血性黄疸时,血液中蓄积的是间接胆红素,所以做偶氮检测出现间接反应。间接胆红素不能从肾脏排出,因此尿中不含胆红素。同时由于肝脏转化功能增强,形成的直接胆红素比正常增多,排入肠道的胆红素和在肠内形成的胆素原也相应增多,所以粪便色泽变深。经肠道重吸收进入体循环中的胆素原也增多,经肾脏排出,因而尿中尿胆素原含量增加,尿的色泽加深。

此型黄疸由于血液中未进入胆汁,对机体的危害性较小。不过,急剧和严重的溶血,使机体同时发生溶血性贫血,从而引起一系列的全身性变化。

2. 实质性黄疸

实质性黄疸又称肝性黄疸，是指由于肝细胞和毛细胆管的损伤而引起的黄疸。此型黄疸的发生机理是因为肝细胞对胆红素的摄取、结合和排泄发生障碍，也就是肝细胞对胆红素的处理障碍。临床上很多病因可以引起肝性黄疸，常见于某些败血症、传染病（如钩端螺旋体病、马传染性脑脊髓炎等）、中毒（如四氧化碳、锑、砷、磺胺类等）、霉菌毒素（如黄曲霉毒素）、缺乏维生素 E 和硒以及肝淤血等时。

在肝性黄疸时，一方面，肝细胞摄取和结合胆红素的能力减低，致使血液中间接胆红素的含量增多；另一方面，肝细胞和胆道排泄胆汁障碍，因而血液中也有直接胆红素的存在。临床上做偶氮检测时，出现双相反应。尿液中含有直接胆红素，尿胆素原的含量正常或有所增加。

肝性黄疸时，因为也有部分胆汁进入血液，所以也可以出现与阻塞性黄疸类似的一些全身性变化，不过程度较轻。此外，由于肝细胞广泛变性和坏死，同时常伴有其他肝功能障碍的表现。

3. 阻塞性黄疸

阻塞性黄疸又称肝后性黄疸，是指由于各种原因引起肝外胆管的机械性阻塞，造成胆汁排入肠道受阻所致的黄疸。此型黄疸常见于胆道被寄生虫（如猪蛔虫、牛羊肝片吸虫等）或结石阻塞、肿瘤或肿大淋巴结压迫、胆管和十二指肠炎症等。胆道阻塞造成胆汁不能排入肠道而淤积在胆管及毛细胆管内，胆管扩张，压力升高，甚至引起小胆管和毛细胆管破裂，胆汁逆流入肝细胞索周围淋巴间隙和血窦，最后都进入血液，因而发生黄疸。此时血液中除含有多量直接胆红素外，还含有胆固醇、胆酸盐等成分。

阻塞性黄疸时，血液中含有多量直接胆红素，并且能通过肾脏排出，因而尿液中胆红素增加。但由于胆红素进入肠道受阻，肠道中形成胆素原减少或缺乏，粪便色泽变淡；同时，重吸收的胆素原减少或缺乏，因而尿液中的尿胆素原含量也减少或完全缺乏。此型黄疸做偶氮检测时出现直接反应。

阻塞性黄疸时，进入血循环的是整个胆汁成分，所以黄疸症状特别明显。由于胆酸盐在体内大量蓄积，可引起全身一系列的变化。

（1）胆酸盐刺激感觉神经末梢，引起皮肤瘙痒。对中枢神经系统的刺激和毒性作用，病畜先是兴奋，后转变为抑制，精神沉郁，萎靡无力。

（2）胆酸盐对心血管系统的毒性作用，主要引起心动徐缓和血压降低。心动徐缓是由于胆酸盐直接作用于心脏传导系统和引起迷走神经中枢兴奋所致，血压下降则是胆酸盐促使血管扩张的结果。

（3）由于胆汁进入肠道减少或缺乏，影响肠的消化和吸收功能，特别是脂肪的消化和吸收。脂溶性维生素的吸收也受到影响。此外，肠道蠕动减慢，食糜停滞，有利于细菌繁殖，肠内容物的腐败和发酵过程增强，容易引起便秘和肠臌气。排出颜色较淡和有恶臭的粪便，并含较多未消化的脂肪物质。

（4）由于大量直接胆红素从肾脏排出和胆酸盐的刺激，肾小管上皮发生变性和坏死（胆汁性肾病）。尿液色泽变深，并出现蛋白质和管型。

（5）胆汁进入血液，除了血液中直接胆红素和胆固醇含量增高外，由于胆酸盐使红细胞曲脆性增加，容易发生溶血。同时由于维生素 K 吸收减少，肝脏合成凝血酶原不足，血液的凝固性降低，发生出血倾向。

(6)肝脏本身由于胆汁淤滞和营养不良，发生变性和局灶性坏死，时间长后，所以导致胆汁性肝硬化。

三、水肿

(一)水肿概述

过多的液体在组织间隙或体腔中积聚称为水肿。但水肿通常是指组织间液过量而言。水肿不是一种单独的疾病，而是多种疾病中都可能出现的一种共同的病理过程，水肿发生部位不同，表现的病理变化也不一样，因此有不同的名称。细胞内液增多称为“细胞水肿”；大量液体积聚于体腔内，一般称为积水，如心包积水、胸腔积水(胸水)和腹腔积水(腹水)等；皮下水肿称为浮肿。

水肿有多种分类方法。按发生于何种疾病(原因)，可分为心性水肿、肾性水肿、肝性水肿、炎性水肿、过敏性水肿、中毒性水肿、内分泌性水肿等；按发生的部位可分为皮下水肿、肺水肿、脑水肿、喉头水肿等；按水肿发生的范围，可分为局部性水肿(水肿局限于某个组织或某个器官)和全身性水肿(机体多处同时或先后发生水肿)等；按水肿发病的主要环节，可分为血管源性水肿、脑源性水肿、血管神经源性水肿、静脉阻塞性水肿、通透性增高性水肿和淋巴阻塞性水肿等。

(二)水肿的发生机理

由于疾病的种类繁多，故引起水肿的原因和机理也不尽相同，但多数水肿具有共同的发生环节，归纳起来主要是组织液生成量大于回流量及水钠潴留两个方面的因素。

1. 组织液生成量大于回流量

生理状态下，在毛细血管动脉端，血液中的液体成分通过血管壁进入组织间隙，而在静脉端又从组织间隙通过血管壁和淋巴管回流进入血液，通过这种循环，组织液和血液中的液体成分不断地进行着交换，但组织液的生成和回流始终处于动态平衡，维持这种平衡的力主要有血管壁内外的流体静压(血压和组织液压)、胶体渗透压(血浆胶体渗透压和组织胶体渗透压)，其中毛细血管血压和组织渗透压是促使组织液生成的力，而血浆胶体渗透压和组织液压可使组织液回流到血管内。另外还有一定量的组织液必须经组织间的淋巴管来回收，从而维持了组织液生成和回流之间的动态平衡。在病理条件下，组织液生成和回流之间的动态平衡遭到破坏，使组织液生成的量大于回流的量，组织液在组织间隙过多积聚，则发生水肿。引起组织液生成量大于回流量的因素有以下几点。

(1)毛细血管流体静压升高　多发生于淤血的过程，静脉血液回流受阻，毛细血管内压升高，使血液液体成分从动脉端毛细血管滤出增多，而组织间液从静脉端毛细血管回流入血液减少，如果这时还伴发淋巴回流障碍，可使多量液体在组织间隙内蓄积而发生水肿。动脉充血(如炎症时)和静脉压增高(如血栓肿瘤、心力衰竭或肝硬化时)都可引起毛细血管流体静压增高。

(2)组织间液渗透压升高　组织间液渗透压具有阻止组织间液进入淋巴管和回流入血液的作用，故当其升高时，大量组织液在组织间隙潴留而发生水肿。组织间液渗透压升高主要见于炎症病灶。

(3)血浆胶体渗透压降低　血浆胶体渗透压是组织液回流入血管的主要动力，当其下降时，组织液回流入血管的动力不足，组织液回流量减少，则出现水肿，水肿液中蛋白质含量较低。血浆胶体渗透压主要靠血浆中的蛋白质来维持，所以凡能引起血浆蛋白减少的因素，都可引起水肿。

(4)微血管壁通透性增高　正常时毛细血管只允许水分、电解质及葡萄糖等小分子物质自由通过，而大分子蛋白只有微量滤出。但当毛细血管壁受损伤时，其通透性增高，就有较多的蛋白质渗出到组织间隙，使血浆胶体渗透压降低而组织液胶体渗透压升高，引起组织液生成大于回流而发生水肿。

(5)淋巴回流受阻　正常形成的组织液有一小部分(约 1/10)经淋巴管回流，从毛细血管动脉端滤出的少量蛋白质也经淋巴回流入血液。当淋巴回流受阻时，一方面使组织液不能经淋巴回流入血液而使组织间液过多，另一方面从毛细血管中漏出的蛋白质也不能由淋巴管运走，使组织液的胶体渗透压升高而促使血浆中的液体成分滤出到组织间隙，从而引起水肿。引起淋巴回流受阻的因素有淋巴管阻塞、淋巴管痉挛、淋巴管炎等。

2. 水钠潴留

动物不断从饲料和饮水中摄取水和钠盐，并通过呼吸、汗液及大小便将其排出。正常成年动物钠、水的摄入量和排出量始终保持着动态平衡，维持着体液总量和组织间液量的相对平衡，这种动态平衡的维持是通过神经体液的调节得以实现的，其中肾脏对钠、水排泄的调节最为重要。肾脏通过肾小球的滤过和肾小管的重吸收作用而维持动物体钠、水的平衡(称为肾小球-肾小管平衡或球管平衡)。当肾脏发生疾病时，肾小球滤过减少或肾小管对钠、水的重吸收增强，则可导致钠、水在体内的潴留。水钠潴留是水肿发生的物质基础。

(1)肾小球滤过率降低　肾小球滤过作用受有效滤过压、肾血流量及肾小球滤过膜通透性等因素的影响。一般认为，引起肾小球滤过率降低的主要原因有：①广泛的肾小球病变可严重影响肾小球的滤过。②有效循环血量下降(如出血、休克、充血性心力衰竭)，可引起肾血流量减少而导致肾小球滤过降低。

(2)肾小管重吸收增多　肾小管重吸收增多是决定体内水钠潴留的主要方面。引起肾小管重吸收钠、水增多的因素有：①激素。醛固酮可促进肾小管重吸收钠；抗利尿激素有促进远曲小管和集合管重吸收水的作用。任何能使抗利尿激素或醛固酮分泌增多的因素，都可引起肾小管重吸收水、钠增多。②肾血流重新分布。动物的肾单位有皮质肾单位和髓旁肾单位两种。皮质肾单位重吸收钠、水的作用较弱。髓旁肾单位重吸收钠、水的作用也比皮质肾单位强得多。正常时，肾血流大部分通过皮质肾单位，只有小部分通过髓旁肾单位，但在某些病理情况下(如心力衰竭、休克)，可出现肾血流的重新分配，这时肾血流大部分分配到髓旁肾单位，使较多的钠、水被重吸收，导致水钠潴留。

水肿在发生和发展过程中，往往是多种因素先后或同时发挥作用，常常是组织间液循环障碍发生后，造成有效循环血量减少，进一步导致肾脏排钠、水减少，引起水钠潴留，加重了水肿。

(三)常见水肿及其发生机理

上面分析了水肿发生的一般机理，但不同类型的水肿，由于原因不同，其发生的机理也有所差异，现将常见水肿的发生机理分述如下。

1. 心性水肿

心性水肿是由心功能不全(即心力衰竭)引起的,左心功能不全引起肺水肿,而右心功能不全(充血性心力衰竭)可引起全身水肿。右心衰竭早期,轻者水肿出现在身体下垂部或皮下组织比较疏松处,后期则可出现胸水和腹水等。心性水肿发生与下列因素有关。

(1)水钠潴留　心功能不全时,心输出量降低导致肾血流量减少,可引起肾小球滤过率降低;有效循环血量减少,引起抗利尿激素和醛酮分泌增多,肾小管对水、钠的重吸收增多,导致水钠潴留。

(2)毛细血管流体静压升高　心衰时,心输出量降低导致静脉回流障碍,进而引起毛细血管流体静压升高,尤其是机体的低垂部位,由于重力作用,毛细血管流体静压更高,水肿也越发明显。

(3)其他　右心功能不全可引起胃肠道、肝、脾等腹腔脏器发生淤血和水肿,造成营养物质吸收障碍,对蛋白的消化、吸收及合成减少,导致血浆内清蛋白减少,血浆胶体渗透压降低而引发水肿;静脉回流障碍引起静脉压升高,妨碍淋巴回流,促使水肿形成。

2. 肝性水肿

许多严重的肝病特别是肝硬化可引起水肿(主要表现为腹水),其发生机理如下。

(1)肝静脉回流受阻　肝硬化时,结缔组织增生,压迫肝内血管,使肝静脉回流不畅,而引起肝窦压力增高,经肝窦滤出的液体(含蛋白质成分多)增多,当超过淋巴回流的能力时,则由肝表面漏出形成腹水。

(2)门静脉高压　门静脉高压可由肝硬化、门静脉分支阻塞(如寄生虫卵、血栓等)等原因引起。门静脉高压可导致肠系膜毛细血管流体静压升高、肠壁水肿,液体漏入腹腔形成腹水。

(3)水钠潴留　肝功能不全时,对醛固酮和抗利尿激素的灭活功能降低,使肾小管对钠、水重吸收增多。腹水一旦形成,则血容量降低,又可引起醛固酮和抗利尿激素分泌增多,进一步导致水钠潴留,加剧肝性水肿。

(4)血浆胶体渗透压下降　严重肝病时,首先机体对蛋白质的消化、吸收及合成减少,血浆胶体渗透压下降;其次肝淋巴含较多的蛋白质,腹水的形成使大量清蛋白潴留于腹腔内,血浆胶体渗透压降低;最后水钠潴留对血浆蛋白有稀释作用,使血浆胶体渗透压下降,在一定程度上可促使水肿的发生。

3. 肾性水肿

见于急、慢性肾炎和肾病。在炎症过程中,肾小球毛细血管壁通透性增高和肾小管上皮细胞发生变性、坏死及脱落,因而对蛋白质的重吸收减少,致使血浆蛋白含量下降,血浆胶体渗透压降低;肾机能不全,使体液排泄障碍,盐类和代谢物潴留在体内,引起组织渗透压升高,结果发生水肿。

4. 营养不良性水肿

多见于慢性传染病、寄生虫病、恶性肿瘤等疾病,机体蛋白质被大量消耗;营养不良或慢性消化道疾病,对蛋白质的摄取或消化吸收障碍,引起血液中的血浆蛋白减少,血浆胶体渗透压降低,结果发生水肿。

5. 淤血性水肿

主要由于静脉血液回流受阻,淤血部位组织的静脉和毛细血管内压升高,血液液体成分滤出增多,而组织液从毛细血管静脉端回流减少。淤血组织因缺氧导致代谢障碍,使氧化不全的代谢产物蓄积，组织酸中毒加重，造成毛细血管壁通透性增高，组织内渗透压升高，均可引起淤血性水肿。其表现形式可为局限性，也可为全身性。

6. 炎性水肿

炎症时，由于炎性充血、淤血、炎症介质作用、炎灶组织代谢障碍等，炎灶毛细血管流体静压升高、毛细血管壁的通透性升高和组织渗透压升高，引起炎区周围发生水肿或体腔积液。

（四）常见水肿的病理变化

一般来说，发生水肿的组织器官体积增大，颜色变淡，被膜紧张，切面有不同的液体流出。但不同组织发生水肿时其形态学变化又有所不同。

(1)皮下水肿　皮下水肿的初期或水肿程度轻微时，水肿液与皮下疏松结缔组织中的凝胶网状物结合而呈隐性水肿。随病情的发展，可产生自由液体，扩散于组织细胞间，指压遗留压痕，称为凹陷性水肿。外观皮肤肿胀，颜色苍白或灰白，弹性降低，触之质如生面团，指压留痕（图 2-23、图 2-24）。切开皮肤有大量浅黄色液体流出，皮下组织呈淡黄色胶冻状。

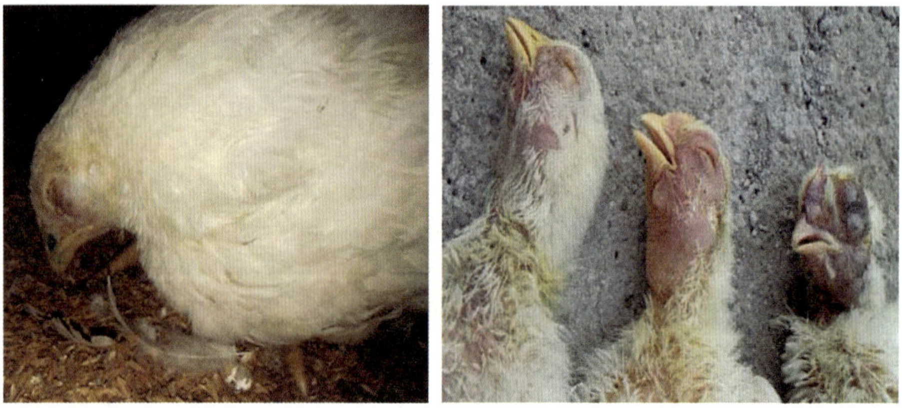

图 2-23　病鸡面部肿胀

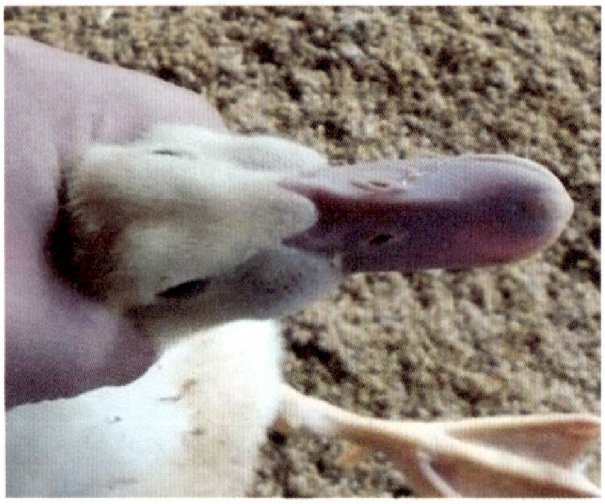

图 2-24　病鸭面部肿胀

镜检可见皮下组织间隙增宽，其中有多量液体，间质中胶原纤维肿胀，甚至崩解。结缔组织细胞、肌纤维、腺上皮细胞肿大，胞浆内出现水泡，甚至发生坏死。腺上皮细胞往往与基底膜分离。淋巴管扩张。

(2)肺水肿　眼观肺脏体积增大，重量增加，质地变实，肺胸膜紧张而有光泽，肺表面因高度淤血而呈暗红色。肺间质增宽。肺切面呈紫红色，从支气管和细支气管内流出大量白色泡沫状液体。

镜检观察可见肺泡壁毛细血管高度扩张，肺泡腔内出现多量红染的浆液，其中混有少量脱落的肺泡上皮。肺间质因水肿液蓄积而增宽，结缔组织疏松呈网状，淋巴管扩张。炎性水肿时，还可见肺泡壁结缔组织增生，有时病变肺组织发生纤维化。

(3)脑水肿　眼观可见软脑膜充血,脑回变宽而扁平,脑沟变浅。脉络丛血管经常淤血,脑室扩张,脑脊液增多。

镜检可见软脑膜和脑实质内毛细血管充血,血管周围淋巴间隙扩张,充满水肿液。神经细胞肿胀,体积变大,胞浆内出现大小不等的水泡,核偏位,严重时可见核浓缩甚至消失。细胞周围因水肿液积聚而出现空隙。

(4)实质器官水肿　肝脏、心脏、肾脏等实质性器官发生水肿时,器官的肿胀比较轻微,眼观变化不明显,只有镜检才能发现明显的病理变化。肝脏水肿时,水肿液主要蓄积于狄氏间隙内,使肝细胞索与窦状隙发生分离。心脏水肿时,心肌纤维之间出现水肿液,心肌纤维彼此分离,心肌纤维因受挤压发生变性。肾脏水肿时,水肿液蓄积在肾小管之间,使间质增宽,也可导致肾小管上皮细胞变性并与其底膜分离。

(5)浆膜腔积水　浆膜腔积水时,水肿液一般为淡黄色透明的液体。浆膜小血管和毛细血管扩张充血,浆膜面湿润有光泽。如伴有炎症,则水肿液内含较多蛋白质,并混有渗出的炎性细胞、纤维蛋白和脱落的间皮细胞,水肿液浑浊黏稠,呈黄白色或黄红色。浆膜肿胀、充血或出血,表面常被覆灰白色的网状纤维蛋白。

(五)水肿对机体的影响

水肿对机体的影响程度取决于水肿的原因、发生部位、严重程度和持续时间。轻度水肿和持续时间短的水肿,当病因去除后,随着心血管功能的改善,水肿液可被吸收,水肿组织的形态结构和机能也可恢复正常,对机体影响不大;如果水肿长期不消失,组织细胞与毛细血管间距离增大,毛细血管受压,实质细胞可因缺氧、缺营养物质而发生变性,结缔组织增生而硬化,这时即使病因去除,组织器官的结构和功能也难以恢复。机体重要器官发生水肿时,可造成严重的后果,甚至危及生命。如脑水肿,脑室内积聚大量的液体,颅内压升高,压迫脑组织,病畜出现神经机能障碍,严重时引起死亡。水肿对机体的影响主要表现在以下几方面。

(1)管腔不通或通路阻塞　如支气管黏膜水肿可妨碍肺通气。

(2)器官功能障碍　如肺水肿会影响气体交换,胃肠黏膜水肿可影响消化吸收功能(图 2-25),心包积水妨碍心脏的泵血功能(图 2-26),脑水肿影响中枢神经系统的正常活动等。

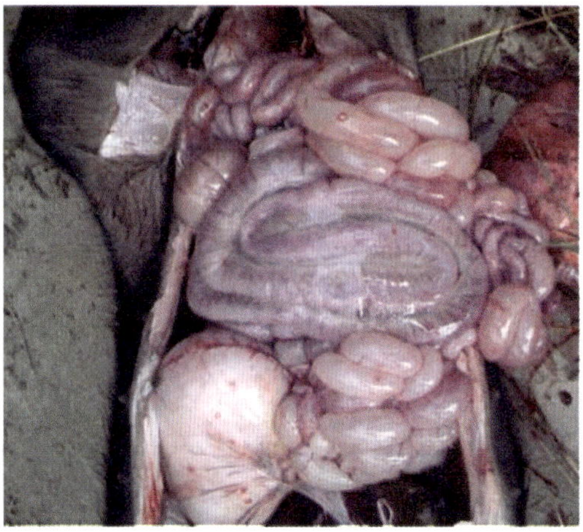

图 2-25　结肠袢水肿

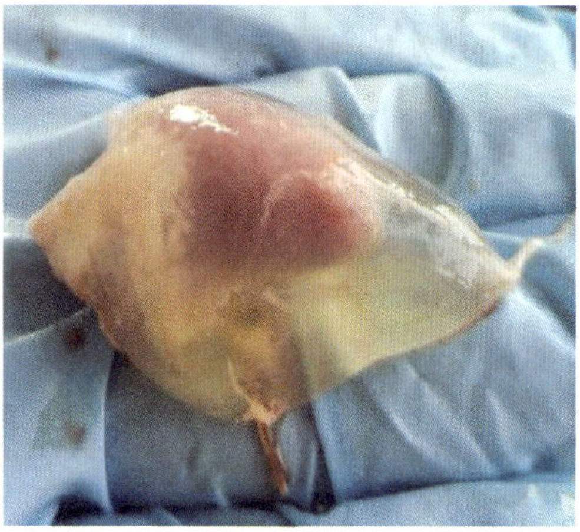

图 2-26　心包积水

(3)组织营养供应障碍　水肿可引起组织内压增高，特别是有限制性的器官如脑(颅腔)和肾(包膜)等，使血液供应减少。此外，因水肿液的存在，增加了毛细血管和细胞间的距离、增加了物质交换的困难，组织营养不良，使抗感染力和再生能力减弱，伤口易发生感染不易愈合。

水肿除对机体产生不利影响外，有时水肿也有一定的作用，如炎性水肿时，水肿液对毒素或其他有害物质有一定的稀释作用，可输送抗体到炎症部位、渗出的蛋白质能吸附有害物质阻止其被吸收入血、纤维蛋白凝固可限制微生物在局部的扩散等；心力衰竭时，水肿液的形成起着降低静脉压、减轻血液循环负担、改善心肌收缩功能的作用。

四、应激

(一)应激反应的概念

应激是指机体在受到各种内外环境因素刺激时所出现的非特异性全身反应。任何刺激，只要达到一定的强度，除了引起与刺激因素直接相关的特异性变化外，还可以引起一组与刺激因素性质无直接关系的全身性非特异性反应。如环境温度过低或过高、中毒、噪声等，除了引起原发因素的直接效应外(如寒冷引起寒战、冻伤等)，还出现以交感-肾上腺髓质和下丘脑-垂体-肾上腺皮质轴兴奋为主的神经内分泌反应及一系列机能代谢的改变，如心跳加快、血压升高、肌肉紧张、分解代谢加快、血浆中某些蛋白的浓度升高等。不管刺激因素的性质如何，这一组反应都大致相似。这种对各种刺激的非特异性反应称为应激或应激反应，而刺激因素被称为应激原。

在兽医实践中往往有一些疾病找不到特异性病因，这不能排除由于各种各样不良的饲养管理方式造成的应激成为病因。其中有的病就以此命名，如猪的应激综合征。还有一些疾病，虽然也能找到某些致病因素，但特异性不强，必须要有应激原才能激发，无应激原就无法复制，诸如饥渴、寒冷或过热、运输时振动或拥挤、噪声、去角、去势、断奶和免疫注射等都有可能成为应激原。许多不同的致病因素如感染、中毒、创伤、高温、低温、电离辐射、饥饿、缺氧、精神紧张、肌肉疲劳等也都可引起类似的非特异性反应。

(二)应激时机体的病理生理变化

1. 神经和内分泌的反应

应激时动物的神经系统和内分泌系统相互作用，发生一系列的反应。

(1)交感神经和肾上腺髓质变化　应激原的神经冲动从大脑皮层到下丘脑，并刺激植物神经系统，使交感神经兴奋，其结果如下：①在交感神经末梢释放去甲肾上腺素，其中一部分进入血液循环。②神经冲动到达肾上腺髓质，加强肾上腺素和去甲肾上腺素(总称儿茶酚胺)释放到循环血液中。

应激时，就会引起惊恐反应，动物心跳加快、呼吸加深加快、血糖和血压升高、瞳孔扩大。通过这些变化可以动员机体的潜在力量，应对环境的急剧变化，以保持内环境的相对恒定。

(2)下丘脑-垂体-肾上腺皮质变化　如果应激原继续对机体作用，则动物下丘脑分泌促肾上腺皮质激素释放激素(CRH)，通过垂体门静脉系统转运到垂体前叶，使垂体前叶分泌促肾上腺皮质激素(ACTH)增多，进一步可刺激肾上腺皮质束状带细胞分泌产生皮质激素，以更快的速度释放到血液循环中，皮质醇可提高机体对应激原刺激的抵抗力。同时，早期分泌的肾上腺素也可刺激垂体前叶释放 ACTH。整个过程受负反馈系统所控制，当应激原不再起作用时，上述过程即中断。

肾上腺皮质分泌的皮质类固醇如果长时期增多，对身体能起破坏作用。如某些皮质类固醇除了能升高血压和血糖外，还能逐渐减慢抗体的产生；同时，激素还会损伤胸腺及淋巴结，使机体的免疫功能下降。因而，机体防御病毒等致病因素的能力大大降低，容易发生流感、癌症等疾病。

（3）其他激素分泌变化　①调节水盐代谢的激素 ACTH 分泌增多，刺激肾上腺皮质束状带使皮质醇分泌增多，同时也可以刺激皮质球状带使醛固酮分泌增加；应激时血液中抗利尿激素明显地升高，使尿量减少和比重增高，还可使小血管收缩、血压升高，但微循环灌流量减少；生长激素是垂体前叶的一种激素，应激反应时在血浆中很快升高，几小时后即达到高峰，并维持在高水平达数天，它能促进脂肪分解，抑制细胞对葡萄糖的利用，使血糖升高和游离脂肪酸增多，为能量消耗提供有效的能源，使机体的非特异性抵抗力增强。②应激时血液中胰高血糖素逐渐增加，可以使血液中血糖和游离脂肪酸浓度增高，以供组织氧化利用的需要。它和胰岛素相互促进，以维持体内能量的平衡，如应激初期，胰岛素在血液中浓度较低，有利于血糖升高和糖原异生等代谢反应。

2. 代谢的变化

（1）蛋白质、脂肪和糖的代谢　应激加强时血糖升高，有时还有糖尿和高乳酸血症；血浆内游离脂肪酸和酮体增多；蛋白质分解代谢加强，尿氮排出增多，出现负氮平衡和体重减轻。

（2）电解质和酸碱平衡障碍　应激时醛固酮和抗利尿激素分泌增多，促进钠和水的重吸收，使体内水钠潴留，尿少。由于肾上腺皮质激素分泌增多，蛋白质分解加强，细胞内 K^+ 释出，肾脏排 K^+（或 H^+）保 Na^+ 的作用加强，血液中 $NaHCO_3$ 增多，引起代谢性碱中毒。蛋白质分解加强，还可使尿氮排出增多。

在应激时，血管收缩、血容量降低，使组织的灌流量减少，导致细胞缺氧，无氧酵解过程加强，使乳酸等酸性代谢产物蓄积；同时由于尿少不能充分排出，又可产生代谢性酸中毒。

3. 血液的变化

（1）外周血象变化　应激时皮质醇分泌增多使胸腺和淋巴结释放淋巴细胞数量减少。应激初期就可发现外周血液中嗜酸性粒细胞减少，淋巴细胞减少和中性粒细胞增多。临床上常用外周血液的嗜酸性粒细胞计数作为应激的直接指标，但不能将此种指标作为唯一的标准，应结合其他指标进行综合分析。

（2）血小板变化　应激时儿茶酚胺释放增多直接引起血小板相互聚集。

（3）纤溶活性变化　有时应激可以出现血液中纤溶活性增高的现象，如大手术后、外伤、过激的肌肉运动、暴露于过热的环境等。

4. 循环系统的变化

应激时交感神经兴奋和儿茶酚胺释放增多，可以使心跳加快；心脏收缩力增强；外周小血管收缩而脑和冠状血管扩张，使脑和冠状动脉血液量增加，以保障机体重要器官的血液供应。同时，由于醛固酮和抗利尿激素分泌增多，水和钠排出减少，以保持正常血压和循环血量。但应激时微循环缺血如果持续过久，则会导致循环衰竭而使重要器官损害，甚至死亡。

5. 肾上腺和消化道的病变

应激时可以出现病理形态变化的器官主要是肾上腺和消化道。

急性应激时，眼观肾上腺变小、浅黄色，有散在的小出血点。在应激原很快地消除时，肾上腺能迅速地再现脂肪颗粒和表现正常脂质水平。当应激原作用弱而持续呈慢性过程时，可见肾上腺皮质增生，腺体宽度增加，主要由活性分泌细胞组成。当动物长期暴露在严寒低温环境中，尤其营养水平很低时，可以出现肾肿大。肾上腺的病变也可以作为应激的指征。

应激时胃肠黏膜急性出血、糜烂或溃疡是主要特征之一。同时减少黏液分泌，使黏膜表面上皮细胞脱落加速，并因抑制蛋白质合成而降低上皮细胞的更新率，胃肠黏膜的上皮细胞再生能力下降，屏障功能减弱，使胃肠黏膜变薄、容易受损伤。

严重应激时，微循环缺血，可以使胃肠黏膜上皮细胞变性，甚至坏死，并易受胃酸和蛋白酶的消化而引起出血、糜烂以致溃疡。

（三）应激与疾病

应激反应时，由于应激原的作用，机体出现一系列神经内分泌的变化，引起各种功能和代谢的改变，从而提高机体对内外界环境的适应能力，故应激反应是机体的一种重要防御机制，没有应激反应，机体将无法适应随时变化的内外环境，但应激过强或持续时间过久，超出机体的适应能力或机体应激发生异常，则可能造成内环境紊乱，诱发疾病的发生或使疾病发展、恶化。

在现代化的畜牧业规模经营和生产管理中，存在着很多应激原，这些应激原可引起病理反应和疾病，使动物的生产性能下降，甚至死亡。因此在生产实践中，必须重视应激，掌握在什么条件下产生应激，也就是找出生产中的应激原，尽量避免应激原引起的病理反应，防止应激性疾病的发生。

在兽医临床上常见的应激性疾病有：猪应激综合征、猪应激性溃疡、消化道菌群失调、牛运输热、鸡应激性疾病等。通过加强饲养管理避免引起相应疾病的应激原，就可降低这些疾病发生的概率。

五、败血症

某些病原微生物侵入机体后，突破机体的防御结构进入血液，并在体内大量生长繁殖和产生毒素，造成广泛的组织损伤和全身性中毒等一系列病理变化，称为败血症。在败血症发生发展过程中，常伴有菌血症和毒血症。而某些病毒和某些原虫感染，有时可呈现病毒血症和虫血症。因此，对上述诸概念应当加以区别。

菌血症：细菌在原发病灶持续不断进入血液，由于机体防御机能降低，不能将其迅速清除，但尚未出现全身性病理变化，称为菌血症。

毒血症：病原微生物侵入机体后在局部增生繁殖并产生毒素及组织崩解产物，被机体吸收入血而导致机体全身中毒现象，称为毒血症。

病毒血症：病毒存在于血液中的现象，称为病毒血症。

虫血症：寄生原虫侵入血液的现象，称为虫血症。

脓毒败血症:局部感染病灶,有化脓性静脉炎或化脓性淋巴管炎,化脓性细菌不断进入血液,在机体的其他组织器官内形成转移性化脓灶,称为脓毒败血症。

(一)败血症的发生原因和机理

(1)非传染性病原体感染引起的败血症　局部感染发炎,有时可以形成败血症。当局部发生外伤时,感染葡萄球菌、链球菌、绿脓杆菌、坏死杆菌和腐败梭菌等,使局部引起发炎。当机体抵抗力强时,病原体不断被消灭,一般不形成败血症。当机体的防御机能降低时,或对局部炎症治疗不及时,病原菌大量繁殖,最先侵入附近的淋巴结、淋巴管及血管,通过血管和淋巴管向全身各组织器官扩散,形成全身性病理变化,并出现明显的临床症状,即形成败血症。

(2)某些传染性病原体感染引起的败血症　传染性病原体引起的败血症变化,多见于某些细菌性传染病、病毒的传染病和原虫性疾病。病原体侵入机体后,不呈现明显的局部炎症过程,经血液迅速向全身扩散,在适合其生存的部位繁殖,然后再大量进入血液,使机体抵抗力迅速瓦解造成广泛性组织损伤,其表现形式除具有一般败血症的共同特点外,还具有该病本身的特征性病理变化。

另外,还见于某些慢性细菌性传染病,如鼻疽、结核等感染后,一般是以局部炎症为主,不发生败血症变化。但是,在机体抵抗力降低时,能引起急性全身性发作,病原菌由局部病灶大量进入血液,引起全身性病理变化,这种病理过程的实质也属于败血症。

(二)败血症的病理变化

死于败血症的动物,无论是非传染性病原体引起的还是传染性病原体引起的,都具有一般败血症的共同特点,在尸体剖检时,可见程度不同的各种病理变化。

1. 全身性病理变化

死于败血症的动物,因机体物质代谢高度障碍以及严重的毒血症,使机体各组织器官呈现明显的变性、坏死和严重的中毒症状。主要病理变化如下:

(1)尸僵不全和极易腐败　败血症死亡的动物尸体内,有大量的病原微生物和毒素存在,使机体发生腐败,并破坏凝血酶,而引起尸僵不全和血液凝固不良,血液呈黑紫色、黏稠状态(图 2-27)。常常由于溶血,心内膜和血管内膜被血红色蛋白染成污红色。

(2)渗出和出血　大量细菌毒素致使血管壁发生损伤,引起渗出和出血性素质。因此,在心包膜、心外膜、胸膜、肠系膜、实质器官被膜以及胃肠黏膜等散在数量不等的出血点或出血斑(图 2-28、图 2-29);皮下和黏膜下结缔组织可见浆液出血性浸润,浆膜腔有不同程度的积液,并混有纤维素块。严重时,可发生浆液性纤维素性心包炎、胸膜炎和腹膜炎。

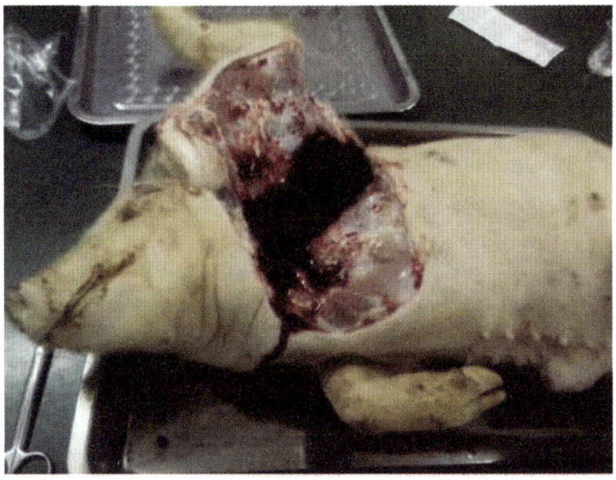

图 2-27　血液凝固不良

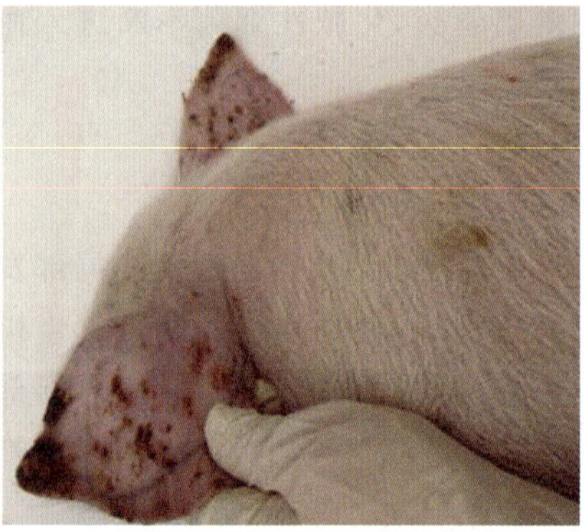

图 2-28 猪耳朵皮炎的出血斑

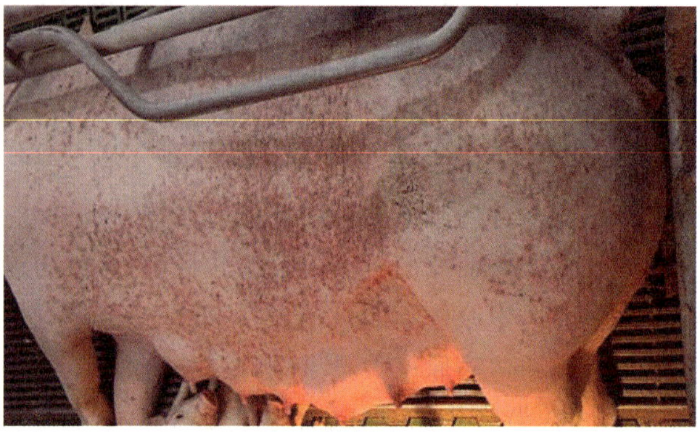

图 2-29 母猪皮炎的出血点

(3)黄疸 由于溶血和肝脏机能不全,胆红素在血液内蓄积,引起浆膜、黏膜和皮下组织黄染。

(4)脾脏急性肿大(呈急性脾炎) 有些败血症病例脾脏肿大达正常脾的2～3倍(如牛炭疽)。脾脏表面呈青紫褐色,被膜紧张、质地柔软;切面隆突,呈紫红色或黑紫色,结构不清,用刀背轻刮切面,附有多量呈黑紫色血粥样物,有时因脾髓高度软化呈半流动状态。

脾脏肿大是败血症的特征性变化之一。但是,也有一些急性传染病,如猪瘟和巴氏杆菌病等,虽然具有一般败血症的特点,但是由于疾病本身的特异性,脾脏肿大不明显。

(5)全身性淋巴结肿大 淋巴结呈急性浆液性和出血性淋巴炎变化。

(6)实质器官变性 心、肝、肾发生颗粒变性、脂肪变性、甚至发生坏死。心脏因心肌变性而发生扩张,可能是导致动物死亡的直接原因。

(7)肺脏的变化 肺一般呈现淤血、水肿,有时伴有出血性支气管肺炎。

(8)中枢神经系统变化 有时见脑膜充血、出血和水肿。

2.原发病灶病理变化

非传染性病原菌引起的败血症,除有全身性病理变化以外,还有局部原发病灶的病理变化。现将最常见几种原发病灶病理变化特点分述如下。

(1)创伤败血症 由创伤(如刺伤、切伤、烧伤等)感染非传染性病原菌,成为败血症的原发病灶。主要病理变化是局部呈现浆液性化脓性炎或呈现蜂窝织炎。由于病原菌由淋巴管扩散,则病灶周围的淋巴管和淋巴结发炎,淋巴管肿胀,变粗呈索状,管壁增厚,管腔变窄,管腔内有脓汁或纤维素凝块。淋巴结肿大、呈浆液性或化脓性淋巴结炎。如果病原体侵入病灶周围静脉,能引起血栓性化脓性静脉炎。可见静脉肿胀,管腔内有血凝块或脓汁。

(2)脐败血症 幼畜断脐由于消毒不彻底,感染病原菌而形成败血症的原发病灶,主要病理变化是脐带根部发生出血性化脓性炎。有时蔓延到腹膜,引起纤维素化脓性腹膜炎;如果病原体经血液蔓延到肺和关节,可导致化脓性肺炎和化脓性关节炎。

(3)产后败血症 主要病理变化是化脓性子宫炎。子宫肿大,按压有波动感,浆膜浑浊无光泽,子宫内膜蓄积多量污秽不洁的带臭味的脓汁。子宫内膜肿胀、充血、出血及坏死脱落,形成糜烂和溃疡。

六、脱水

(一)脱水

机体在某些情况下,由于水的摄入不足或丢失过多,以致体液总量明显减少的现象,称为脱水。机体在丢失水分的同时,电解质特别是钠离子也发生不同程度的丧失,所以脱水实际上包括水分和电解质的共同丢失。通常按照细胞外液渗透压的不同将脱水分为 3 种类型:高渗性脱水、低渗性脱水和等渗性脱水。

1. 高渗性脱水

高渗性脱水又称缺水性脱水或单纯性脱水,是指以水分丧失为主而盐类丧失较少的一种脱水,该型脱水的主要特征是血钠浓度和血浆渗透压均超过正常值,患畜表现口渴、尿少和尿的比重增加等。

(1)发生原因

①饮水不足。多见于在山地或沙漠行军与放牧的动物,因水源缺乏而饮水不足。也可见于咽部发炎、食道阻塞以及破伤风等疾病时,由于饮水障碍而引起饮水不足。

②失水过多。失水的途径很多,常见的有:a)经胃肠道丢失。如肠炎时,由于在短时间内排出大量的低钠性水样便,故易造成机体丢水多于丢钠。b)经皮肤、肺脏丢失。如过度使役,常使动物大汗淋漓;换气过度,导致大量水分随呼吸运动而丢失。c)经肾丢失。这可见于丘脑因受肿瘤等压迫而使抗利尿激素合成、分泌障碍,或由于肾小管上皮细胞代谢障碍而对抗利尿激素反应性降低,故经肾排出大量低渗尿;也可见于因服用过量的利尿剂,使大量水分随尿排出而造成高渗性脱水。

(2)病理过程 高渗性脱水初期,由于血浆渗透压升高,机体常出现一系列代偿适应性反应,以保水排钠,恢复细胞内外的等渗环境,其表现如下。

①由于血浆渗透压升高,组织间液中大量水分被吸收入血,以降低血浆渗透压,但却使组织间液的渗透压升高。

②血浆渗透压增高,可直接刺激丘脑下部视上核的渗透压感受器。一方面反射性地引起患病动物产生渴感,促使其从外界环境中摄入水分;另一方面又使脑垂体后叶释放抗利尿激素,加强肾小管对水分的重吸收,减少水分的排出,故此时患病动物的尿量减少。

③血浆钠离子浓度升高,通过渗透压感受器可抑制肾上腺皮质分泌和释放醛固酮,减弱肾小管对钠离子的重吸收,使大量钠盐随尿排出,故尿液比重增大;另外,脱水时有效循环血量降低,通过容量感受器促进抗利尿激素的分泌,加强远曲小管重吸收水分,故尿量减少。

经上述调节,可使血浆渗透压有所降低,循环血量有所恢复,但如果病因未除,脱水过程持续发展,则进入失代偿期,对机体造成较大的影响。

④如果脱水持续下去,则因组织间液的渗透压继续升高,细胞内水分不断地被吸出,造成细胞内脱水,引起细胞皱缩,细胞内氧化酶的活性降低,分解代谢增强,酸性代谢产物堆积,非蛋白氮含量增多,再加之尿液生成减少,故易导致酸中毒和氮质血症。

⑤脱水持续进行,从皮肤和呼吸器官蒸发的水分相应减少,散热发生障碍,因而使体温升高。此种因脱水所致的发热,通常称为脱水热。严重脱水时,细胞外液的渗透压极度增高,导致细胞脱水。此时,脑组织体积缩小,内压降低,引起大脑皮层和皮层下各级中枢的功能相继

紊乱，所以患病动物呈现出运动障碍和昏迷等神经症状，甚至可导致死亡。

2. 低渗性脱水

低渗性脱水又称缺盐性脱水，是指盐的丢失大于水分的丧失。该型脱水的特点是：血钠及血浆渗透压均降低，血浆容量及组织间液减少，血液浓稠，细胞水肿。临床上患畜无口渴感，尿量较多，尿比重降低。

(1)发生原因

①补液不当。最常见的原因是腹泻、剧痛、中暑和过劳等引起体液大量丧失后只补充水分，忽略了电解质的补充，使血浆和组织间液的钠含量减少，其渗透压降低。

②丢钠过多。慢性肾功能不全时，醛固酮分泌减少，抑制肾小管对钠的重吸收。此外，治疗水肿时，使用排钠利尿的药物也可引起低渗性脱水。

(2)病理过程　本型脱水主要表现为盐类的丢失多于水的丧失，血浆中钠离子浓度减小，使血浆渗透压降低。血浆渗透压降低是导致本型脱水所出现一系病理变化的关键环节。由于血浆渗透压降低，机体常出现一系列代偿适应性反应，以保存钠离子，恢复和维持血浆渗透压。

①血浆渗透压降低可直接抑制丘脑下部视上核中的渗透压感受器，反射性地抑制垂体后叶释放抗利尿素，使肾小管对水的重吸收减少，尿量增多，血容量减少。

②血浆中钠离子浓度降低，可使 Na^+/K^+ 值减少和容量减少，通过渗透压感受器，使肾上腺皮质分泌醛固酮增多，促进肾小管上皮细胞对钠离子的重吸收，因此，尿的比重降低。血浆渗透压降低，抑制抗利尿激素的分泌，远曲小管和集合管对水的重吸收减少，故尿量增多。

③血浆渗透压降低，组织间液中的钠离子向血管内透入，以此使血浆渗透压得以调节。机体通过上述保钠、排水的调节，常可使血浆渗透压有所恢复，轻度的脱水得到缓解而不致对机体造成严重的危害。如病因未除，丢钠持续进行，则可引起一些严重的后果。

④细胞水肿。盐类继续丢失，则可使组织间液中钠盐也随之丢失，组织间液渗透压降低，组织液中的水分可通过细胞膜进入渗透压相对较高的细胞内，引起细胞水肿，神经细胞水肿可引起颅内压升高，而出现神经症状。组织间液因此而显著减少。

⑤低血容量性休克。组织间液减少，水分又不断地由肾脏排出，从而使血浆的容量越来越少，进一步导致循环血量明显不足，血液浓稠，黏度增大，流速减慢，血压下降，甚至出现低血容量性休克。

⑥氮质血症。随着血液循环障碍的发生，肾脏的血流量也显著的减少，肾小球滤过率降低，因此尿量也急剧减少，排尿减少可导致血中非蛋白氮浓度不断升高，从而引起氮质血症。此时，患病动物呈现四肢无力、皮肤弹性减退、眼球内陷、静脉瘪缩等症状。

⑦自体中毒。严重的低渗性脱水，常由于神经细胞内严重低渗(脑细胞水肿)，影响细胞内酶系统的活性，引起中枢神经系统机能紊乱。最后，患病动物常因血液循环衰竭，有毒代谢物在体内蓄积引起自体中毒而死亡。

3. 等渗性脱水

等渗性脱水又称混合性脱水，是指体内水分和盐类都大量丧失的一类脱水。其病理特点是：血浆渗透压保持不变，水的丧失比钠盐稍多一些。

(1)发生原因　等渗性脱水是一些疾病过程中水分和钠盐同时丧失而引起的，多见于急性肠炎、剧烈而持续性腹痛及大面积烧伤等疾病(图 2-30、图 2-31)。如急性肠炎时，由于肠液分泌增多，吸收障碍和严重的腹泻；剧烈而持续性腹痛（如肠变位、肠扭转等）时，因大量出汗，肠液分泌增多和大量血浆漏入腹腔；大面积烧伤时，体表失去皮肤遮盖，大量浆液从创面流出等。上述这些病变，均可使机体内的水和盐大量丧失而引起等渗性脱水。由于消化液和汗液偏于低渗，所以此型脱水时，水的丢失略多些。此外，中暑、过劳等情况，动物大量出汗，也导致等渗性脱水。

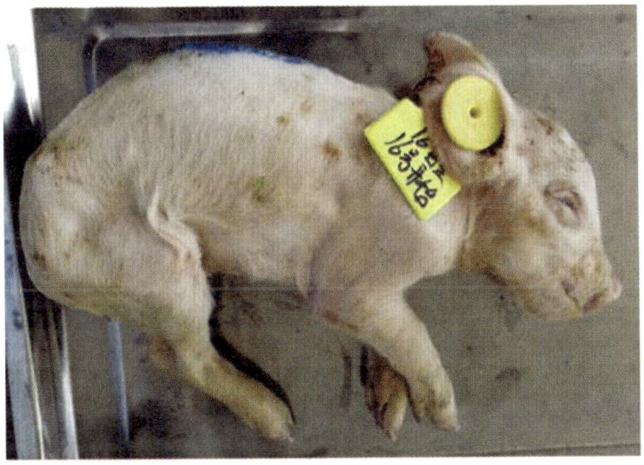

图 2-30 病猪腹泻导致脱水消瘦、死亡

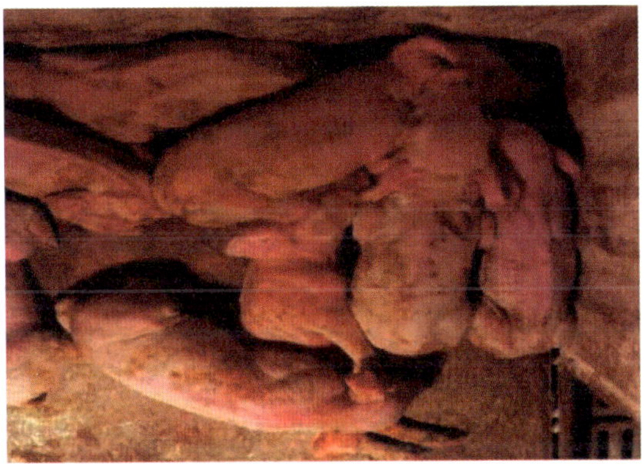

图 2-31 病猪腹泻

（2）病理过程 病初，由于体内的水分和钠盐同时等比例丧失，所以血浆渗透压一般保持不变。但是，随着病情的发展，水分不断地通过呼吸道和皮肤蒸发而丢失，因此丧失的水分略多于盐，血浆渗透压则相对升高。一是使丘脑下部视上核的渗透压感受器兴奋，引起患病动物饮欲增加；二是可抑制肾上腺皮质分泌醛固酮，使钠排出增多；三是使细胞内、外液渗入血液而引起血容量有所增多。上述这些变化，对于维持血浆渗透压的正常，起着重要的调节作用。但此时又常因血液中的盐类也从肾脏丢失，所以从组织间液和细胞内吸收而来的水分以及外界摄入的水分仍不能保持而被排出体外，故最终导致血液浓缩，血流变慢乃至发生低血容量性休克。

由此可见，等渗性脱水与高渗性脱水的不同之处，在于前者缺盐程度较重，若单纯补水，则缺盐症状就会急速表现出来。它与低渗性脱水的不同之处是，其水分的损失较低渗性脱水多，故细胞外液处高渗状态，细胞内液也因此丧失。等渗性脱水具有高渗性脱水与低渗性脱水的综合特征。

4. 脱水的补液原则

脱水是一种常见的病理过程，在控制原发性疾病的基础上，可通过补液来纠正、治疗。补液的基本原则是缺什么补什么，缺多少补多少。

高渗性脱水时，血钠浓度虽高，但仍有钠的丢失，故除须补充足量的水分（等渗葡萄糖溶液及适量碳酸氢钠）外，还要补充一定量的钠溶液，以防因补充大量水分而使机体的细胞外液处于低渗状态。临床上常用 2 份 5％葡萄糖溶液加 1 份生理盐水治疗。

低渗性脱水时，一般给予足量的等渗性电解质溶液就可治愈。仅补充葡萄糖溶液，而不补钠，则会加重病情，使之恶化，甚至导致严重的水中毒。对缺钠明显者应首先补充高渗盐水，以迅速提高细胞外液的渗透压，之后再补充一定量的等渗电解质溶液，使机体完全恢复水、钠平衡。

等渗性脱水时，因其缺水较缺钠更甚，所以补液时应输入低渗的溶液，临床上常用 1 份 5％葡萄糖溶液加 1 份生理盐水治疗。

任务三　临床常用药物应用

一、抗微生物药

（一）抗生素

1. 概述

（1）概念　抗生素是能抑制或杀灭其他病原微生物的微生物代谢产物。抗生素主要从微生物的培养液中提取，有些品种已能人工合成或半合成，有些抗生素具有抗病毒、抗肿瘤和抗寄生虫的作用。

（2）抗菌谱　抗生素或其他抗微生物药抑制或杀灭病原微生物的范围，称为抗菌谱。临床上可根据抗微生物药的抗菌谱，准确地选择抗感染药物。

（3）分类　①主要作用于革兰氏阳性菌的抗生素，包括青霉素类、头孢菌类、大环内酯类等。②主要作用于革兰氏阴性菌的抗生素，包括氨基苷类、多黏菌素等。③广谱抗生素，包括四环素类等。④抗真菌抗生素，包括制霉菌素类、两性霉素 B 等。

（4）抗菌作用机理　随着近代生物化学、分子生物学、电子显微镜、同位素示踪技术和精确的化学定量方法等飞跃发展，抗生素作用机理的研究已进入分子水平，目前阐明有 4 种类型。

①影响细菌细胞壁的合成　细胞壁是包围在细菌外面的一层坚韧组织，具有保护和维持菌体正常形态的作用。青霉素类和头孢菌素类抗生素能抑制敏感菌细胞壁的合成，导致细菌失去细胞壁的保护而崩解死亡。

②影响细菌胞浆膜的通透性　胞浆膜即细胞膜，具有维持菌体渗透作用，运输营养物质和排泄菌体内的废物，并参与细胞壁的合成等功能。如多肽类的多黏菌素和多烯类的制霉菌素就具有损伤细菌胞浆膜的作用，使菌体的重要物质渗漏外出导致细菌死亡。

③抑制菌体蛋白质的合成　如氨基苷类、四环素类、大环丙内酯类等能阻碍蛋白质的合成，从而产生抑菌或杀菌作用。

④抑制细菌核酸的合成　如新生霉素、制霉菌素和抗肿瘤的抗生素等能抑制或阻碍脱氧核糖核酸（DNA）或核糖核酸（RNA）的合成，从而产生抗菌作用。

（5）耐药性　由于选药不准，给药方法不当或用量不当或用量不足等原因而引起细菌对抗生素敏感性降低或消失，称为细菌对抗生素的耐药性。如果某种病原菌对一种药物产生耐药后，往往对同一类药物也具有耐药性，称为交叉耐药性。交叉耐药性又分完全交叉耐药性（或双向交叉耐药性）和部分交叉耐药性（或单向交叉耐药性）。细菌对 A 药耐药后对 B 药仍敏感，如果先对 B 药产生耐药后则对 A 药同样耐药，称为部分交叉耐药性，如链霉素与庆大霉素、卡那霉素之间即为部分交叉耐药性。细菌对某种药物耐药后对另一种药物同样耐药，反之亦然，称为完全耐药性，如四环素与土霉素、金霉素之间即为完全交叉耐药性。

（6）计量单位　天然的抗生素一般以特定的生物效价单位（IU）作为计量单位。合成及半合成抗生素则以重量单位作为计量单位。两种计量单位可以互相换算。纯结晶青霉素 G 钠（或钾）0.6 μg（或 0.625 μg）相当于 1 个效价单位，即 1 mg 相当于 1 667 IU（或 1 595 IU）。其他抗生素多数是 1 mg 相当于 1 000 IU，如 100 万 IU 的链霉素粉针相当于 1 g 的纯链霉素碱。

(7)有效期 抗生素受光、热、空气等外界因素的影响，效价一般不稳定，因此多规定有效期。如青霉素 G 钠盐粉针(安瓿装)，有效期为 3 年。

2. 主要作用于革兰氏阳性菌的抗生素

(1)青霉素类

青霉素 G(苄青霉素)

【来源与性状】青霉素 G 是从青霉菌培养液中提取的一种有机酸，难溶于水。如与钠、钾结合成盐后则易溶于水，其干燥盐类性质较稳定，可在室温中保存数年而不失效，也能耐热，但其水溶液不稳定，不耐热，室温中 12～24 h 大部分分解失效，加水稀释后要及时用完，最多不超过 12 h。青霉素遇乙醇、酸、碱、氧化剂及重金属等迅速失效。本品的溶液变为深黄色即为变质。

【体内过程】青霉素内服后易被胃酸破坏，吸收很少，一般采用肌内注射给药，注射后吸收较快而完全，15～30 min 血中可达高峰，并广泛分布到全身组织，主要以原形经肾排泄，尿中浓度高，因此对泌尿道感染有效。也可以经乳中排泄，故给药乳牛的乳汁应禁止给人食用。

【抗菌谱】对大多数革兰氏阳性菌、部分革兰氏阴性球菌、放线菌、螺旋体有抑制和杀灭作用。对结核杆菌、病毒、立克次氏体等无效。

【应用】主要用于对青霉素敏感的病原菌所引起的各种感染，如马腺疫、炭疽、猪丹毒、坏死杆菌病、放线菌病、钩端螺旋体病、破伤风、各种呼吸道感染、乳腺炎、子宫炎、蜂窝织炎、脓肿、败血症等。青霉素对破伤风发病初期可以制止病菌繁殖，减少毒素产生，但必须同时采取中和毒素(注射破伤风抗毒素)、镇静、解痉(注射硫酸镁、氯丙嗪)以及局部清创等综合措施。

【不良反应】青霉素的毒性很小。个别畜禽产生过敏反应，如荨麻疹、发热、关节肿痛、蜂窝组织炎、嗜酸性粒细胞增多、血管神经性水肿，甚至过敏性休克。家畜中马、骡、驴、猪较多见，马、骡会出现流汗、兴奋、不安、肌肉震颤、呼吸困难、站立不稳。猪轻度的表现挣扎、奔跑、呼吸困难、口吐白沫、全身发抖或转圈等症状，严重的发生休克而死亡。过敏后应立即停用青霉素，并进行抗过敏和抗休克治疗，如给予肾上腺素、地塞米松等。

【制剂与用法】

注射用青霉素钾(或钠)：粉针为 20 万 IU/瓶、40 万 IU/瓶、80 万 IU/瓶、100 万 IU/瓶。用注射用水溶解。肌内注射量，马、牛、驹、犊、猪、羊、犬每千克体重 0.5 万～1.5 万 IU，兔、家禽每千克体重 2.5 万～3 万 IU，鸽 1 万～2 万 IU/羽，每 6～8 h 一次；牛乳房内注入量，每乳室 10 万 IU，1～2 次/d；混饮浓度，雏鸡、幼鹌鹑、鹦鹉 1 000～2 000 IU/只。停药期：0 d，弃奶期 72 h。

注射用普鲁卡因青霉素 G 粉针：粉针为 40 万 IU/瓶和 80 万 IU/瓶。肌内注射量，每千克体重，马、牛 0.5 万～1 万 IU，驹、犊、猪、羊、犬 1 万～1.5 万 IU，1 次/d。停药期：弃奶期 72 h。普鲁卡因青霉素注射液停药期：牛 10 d、羊 9 d，猪 7 d，弃奶期 48 h。

苄星青霉素 G(长效青霉素)：粉针有 30 万 IU/瓶、60 万 IU/瓶、120 万 IU/瓶 3 种。白色结晶性粉末，难溶于水，临用前加注射用水振摇成均匀的混悬液。肌内注射量，每千克体重，家畜 0.5 万～2 万 IU，每 2～3 d 注射 1 次。停药期：牛、羊 4 d，猪 5 d，弃奶期 72 h。

常用半合成青霉素的作用特点与应用、制剂与用法，见表 2-4。

表 2-4　半合成青霉素

药名	作用特点与应用	制剂与用法
苯唑青霉素（新青霉素Ⅱ）	耐酸、耐酶；主要用于对青霉素 G 有耐药性的金黄色葡萄球菌感染，如败血症、肺炎、肠炎及乳牛的乳腺炎等。	片剂与胶囊：0.25 g/片（粒）；内服量，马、牛、猪、羊、犬每千克体重 10～15 mg，2～4 次/d。 粉针：0.5 g/瓶；肌内注射量同内服量，2～4 次/d；牛乳房灌注，每乳室 0.2 g，每日或隔日 1 次。停药期：牛、羊 14 d，猪 5 d，弃奶期 72 h。
氨苄青霉素（安比西林）	广谱、耐酸；对革兰氏阳性菌的作用与青霉素 G 相当或稍弱，对革兰氏阴性菌作用较强；临床可用于敏感菌引起的肺部感染和革兰氏阴性菌引起的败血症等，如驹、犊、牛肺炎，牛巴氏杆菌病、乳腺炎，鸡白痢等；与卡那霉素、庆大霉素、氯霉素合用有协同作用。	片剂：0.25 g/片；内服量，马、犊、猪、羊每千克体重 10～15 mg；犬、猫每千克体重 11～22 mg，2～4 次/d；禽类每千克体重 5～20 mg，1～2 次/d。 粉针：0.5 g/瓶；肌内注射量，马、牛、猪、羊、犬每千克体重 4～15 mg，2～4 次/d；禽类每千克体重 25 mg，3 次/d。停药期：牛 6 d，猪 15 d，弃奶期 48 h，鸡 7 d。
羟氨苄青霉素（阿莫西林）	抗菌谱与安比西林相似，但杀菌作用快而强，内服后吸收较好，分布广泛；尿中浓度也较高；临床上对呼吸道、泌尿道、皮肤、软组织及肝胆系统等感染疗效较好。	内服量，犊牛每千克体重 2～10 mg，犬、猫每千克体重 11 mg，3 次/d。肌内注射量，犊牛每千克体重 15～30 mg，1 次/d；猪每千克体重 5～15 mg，1～2 次/d。停药期：鸡 7 d，产蛋鸡禁用。

（2）头孢菌素类

头孢菌素类又称为先锋霉素类，具有抗菌谱广、杀菌力强、过敏反应较少，对酸和 β-内酰胺酶比青霉素类稳定等特点。可分为四代头孢菌素。由于价格昂贵，国内临床主要应用第一代头孢菌如头孢菌素Ⅰ（头孢噻吩）、头孢菌素Ⅱ（头孢噻啶）、头孢菌素Ⅳ（头孢氨苄）、头孢菌素Ⅴ（头孢唑啉）。

头孢噻呋钠

头孢噻呋钠为兽医临床专用的第三代头孢类抗生素，是临床治疗细菌性疾病的最佳新药。本品为白色、灰黄色粉末或疏松块状物。

【作用与应用】

药效学　头孢噻呋属 β-内酰胺类抗菌药，具有广谱杀菌作用，对革兰氏阳性菌、革兰氏阴性菌(包括产 β-内酰胺酶菌)均有效。其抗菌机理为抑制细菌细胞壁的合成而导致细菌死亡。敏感菌主要有多杀性巴氏杆菌、溶血性巴氏杆菌、胸膜肺炎放线杆菌、沙门菌、大肠埃希菌、链球菌、葡萄球菌等，某些铜绿假单胞菌、肠球菌耐药。本品抗菌活性比氨苄西林强，对链球菌的活性比氟喹诺酮类强。

药动学　头孢噻呋肌内和皮下注射吸收迅速且分布广泛，但不能透过血脑屏障。血中和组织中药物浓度高，有效血药浓度维持时间较长。在体内能生成具有活性的代谢物脱氧呋喃甲酰头孢噻呋，并进一步代谢为无活性的产物从尿和粪中排泄。

主要用于治疗畜禽细菌性疾病。如牛、猪细菌性呼吸道感染和鸡的大肠埃希菌、沙门菌感染等，副嗜血杆菌、传染性胸膜炎、放线杆菌、多杀性巴氏杆菌、易变形链球菌、仔猪黄白痢、沙门菌、萎缩性鼻炎、衣原体等，家畜产前产后高热、子宫内膜炎、乳腺炎、无乳少乳综合征、蹄叶炎、腐蹄炎、牛羊巴氏杆菌、运输热、肺炎、鼻萎缩等。

【用法与用量】肌内注射：一次量，每千克体重，猪 3～5 mg，1 次/d，连用 2～3 d；禽 1～3 日龄，0.1～0.2 mg/(只·次)，1 次/d，连用 2～3 d。

头孢喹肟

头孢喹肟是目前唯一在多个国家被批准可用于食用动物的第四代头孢菌素。

【药代动力学】在牛体内，头孢喹肟的半衰期为 2.5 h，与蛋白质结合率小于 5%。头孢喹肟口服用药无法被吸收。在猪或仔猪中，半衰期约为 9 h。由于蛋白质结合率低，头孢喹肟可渗透到猪的脑脊液和滑膜液中。头孢喹肟在成年马中的半衰期为 2 h，在小马中为 1.4 h。肌内注射后的吸收率在成年马中几乎是 100%，马驹是 87%。在犬身上，头孢喹肟的静脉注射和肌内注射的半衰期为 1～2 h(肌内注射半衰期更长)，皮下注射的半衰期为 0.85 h。皮下和肌内注射几乎可以完全吸收。表观分布容积为 0.3 L/kg，蛋白质结合率小于 10%。

【作用与应用】与其他头孢类药物一样，头孢喹肟抑制细菌细胞壁的合成，导致细胞死亡。头孢喹肟的具有如下特点：①可快速穿透革兰氏阴性细菌的外膜；②对 β-内酰胺酶稳定且亲合力低(细菌产生作用于青霉素类和头孢菌素类的 β-内酰胺环而使其药效降低)；③与青霉素结合蛋白亲合力高；④其内在抗菌活性强于第三代头孢菌素。与第三代头孢相比，第四代头孢的血浆半衰期长，无肾毒性。

【用法与用量】牛呼吸道疾病：每千克体重 2.5 mg，肌内注射，间隔 48 h。呼吸道疾病、腐蹄病、有全身性症状的乳腺炎，每千克体重 1 mg，肌内注射，1 次/d，持续 3～5 d。猪呼吸道感染、仔猪脑膜炎、关节炎或皮炎，每千克体重 2 mg，颈部肌内注射，1 次/d，持续 2 d。

(3)β-内酰胺酶抑制剂

克拉维酸

克拉维酸又名棒酸，是由棒状链霉素产生的抗生素。本品的钾盐为无色针状结晶，易溶于水，水溶液极不稳定。

【作用与应用】克拉维酸仅有微弱的抗菌活性，是一种革兰氏阳性和阴性细菌所产生的 β-内酰胺酶的“自杀”抑制剂(不可逆结合者)，故称为 β-内酰胺酶抑制剂。本品内服吸收好，也可注射。本品不单独用于抗菌，通常与其他 β-内酰胺抗生素合用以克服细菌的耐药性。如将克拉维酸与氨苄西林合用，使后者对产生 β-内酰胺酶的金黄色葡萄球菌的最小抑菌浓度，由大于 1 000 μg/mL 减小至 0.1 μg/mL。现已有氨苄西林或阿莫西林与克拉维酸钾组成的复方制剂用于兽医临床，如阿莫西林比克拉维酸钾为(2～4)∶1。

【用法与用量】内服：一次量，家畜每千克体重 10～15 mg(以阿莫西林计)，2 次/d。

【制剂】阿莫西林-克拉维酸钾片。

舒巴坦

舒巴坦又名青霉烷砜。

【理化性质】本品的钠盐为白色或类白色结晶性粉末，溶于水，在水溶液中有一定的稳定性。

【作用与应用】为不可逆性竞争型β-内酰胺酶抑制剂。可抑制β-内酰胺酶对青霉素、头孢菌素类的破坏。与氨苄西林联合应用可使葡萄球菌、嗜血杆菌、巴氏杆菌、大肠杆菌、克雷白杆菌等对氨苄西林的最低抑菌浓度下降而增效，并可使产酶菌株对氨苄西林恢复敏感。本品与氨苄西林联合，在兽医临床用于上述菌株所致的呼吸道、消化道及泌尿道感染。氨苄西林钠-舒巴坦钠(舒他西林)混合物的水溶液不稳定，仅供注射，不能内服；而氨苄西林-舒巴坦甲苯磺酸盐是双酯结构化合物，供内服吸收后经体内酯酶水解为氨苄西林和舒巴坦而起作用。

【用法与用量】内服：一次量，每千克体重，家畜 20～40 mg(以氨苄西林计)，2 次/d。肌内注射：一次量，每千克体重，家畜 10～20 mg(以氨苄西林计)，2 次/d。

【制剂】氨苄西林钠-舒巴坦钠(效价比 2∶1，仅供注射用)、氨苄西林-舒坦甲苯磺酸盐(分子比 1∶1，仅供内服用)。

(4)大环内酯类

本类药物的化学结构都具有大环内酯，主要对革兰氏阳性菌有抗菌作用。其常用的药物有红霉素、泰乐菌类、螺旋霉素、北里霉素、交沙霉素、竹桃霉素等。

红霉素

【来源与性状】红霉素是从红链丝菌的培养液中提取的，系白色或类白色碱性结晶或粉末，难溶于水，易溶于有机溶媒。与酸结合成盐则易溶于水，水溶液较易失效，但较青霉素稳定。

【作用与应用】红霉素的抗菌谱与青霉素相似，对革兰氏阳性菌有较强的抑制作用，对革兰氏阴性菌及立克次氏体、钩端螺旋体、霉形体也有效。对青霉素产生耐药性的细菌，多数对红霉素仍敏感。临床主要用于对青霉素产生耐药性和过敏性的病例。尤其适用于耐青霉素的金黄色葡萄球菌的感染，如肺炎、败血症、急性乳腺炎等。红霉素对鸡慢性呼吸道病、传染性鼻炎和猪霉形体性肺炎也有较好疗效。与氯霉素、链霉素联合应用可产生协同作用。

【制剂与用法】

红霉素片(以红霉素计)：内服，一次量，每千克体重，犬、猫 10～20 mg，2 次/d，连用 3～5 d。

硫氰酸红霉素可溶性粉剂(以红霉素计)：混饮，每升水，鸡 125 mg(12.5 万 U)，连用 3～5 d。

泰乐菌素(泰农)

【来源与性状】泰乐菌素是从链丝菌的培养液中提取的，本品微溶于水，与酸制成盐后易溶于水。若水中含铁、铜、铝等金属离子时，可与之形成络合物而失效。

【作用与应用】本药为畜禽专用抗生素，对革兰氏阳性菌和一些革兰氏阴性菌、霉形体、螺旋体等均有抑制作用，但对革兰氏阳性菌的作用较红霉素弱，而对霉形体的作用较强，与其他大环内酯类有交叉耐药现象。临床上用于畜禽霉形体病及敏感菌引起的肠炎、肺炎、子宫炎和螺旋体病的防治。

【制剂与用法】注射用酒石酸泰乐菌素(以泰乐菌素计)：皮下注射或肌内注射，一次量，每千克体重，猪、禽 5～13 mg。

替米考星

替米考星是由泰乐菌素的一种水解产物半合成畜禽专用的抗生素，药用其磷酸盐。

【药理作用】本品具有广谱抗菌作用，对革兰氏阳性菌、某些革兰氏阴性菌、支原体、螺旋体等均有抑制作用；对胸膜肺炎放线杆菌、巴氏杆菌及畜禽支原体具有比泰乐菌素更强的抗菌活性。

本品禁止静脉注射，牛每千克体重一次静脉注射 5 mg 即可致死，对猪、灵长类动物和马也易致死，其毒作用的靶器官是心脏，可引起负性心力效应。

【应用】主要用于防治家畜肺炎(由胸膜肺炎放线杆菌、巴氏杆菌、支原体等感染引起)、禽支原体病及泌乳动物的乳腺炎。

【用法与用量】混饮，每升水，鸡 100～200 mg，连用 5 d。用于鸡支原体病的治疗(蛋鸡除外)。

混饲，每吨饲料，猪 200～400 g。用于防治胸膜肺炎放线杆菌及巴氏杆菌引起的肺炎。

皮下注射，一次量，每千克体重，牛、猪 10～20 mg，1～2 次/d。

乳管内注入，一次量，每一乳室，奶牛 300 mg。用于治疗急性乳腺炎。

【制剂】替米考星可溶性粉剂、替米考星预混剂、替米考星注射液。

3. 主要作用于革兰氏阴性菌的抗生素

本类药物化学结构中含有氨基糖分子和非糖部分的苷元结合而成的苷，故称为氨基苷类抗生素。常用的有链霉素、卡那霉素、庆大霉素、新霉素、壮观霉素、丁胺卡那霉素等。

卡那霉素

【来源与性状】从链丝菌的培养液中提取，有 A、B、C 三种。卡那霉素 A 含量最高，临床应用以其为主，常用其硫酸盐，为白色或类白色粉末，易溶于水。

【作用与应用】其抗菌谱与链霉素相似，但抗菌活性稍强。除绿脓杆菌外，对多数革兰氏阴性菌等均有强大的抗菌作用。对结核杆菌也有效，但不如链霉素。对耐药金黄色葡萄球菌和霉形体也有作用。细菌对卡那霉素易产生耐药性，与链霉素之间有部分交叉耐药性，与新霉素之间有交叉耐药性。

临床主要用于治疗革兰氏阴性杆菌和部分耐青霉素金黄色葡萄球菌所引起的严重感染，如肠道、呼吸道和泌尿道感染及败血症、禽霍乱、鸡白痢等。对猪喘气病、猪萎缩性鼻炎和鸡慢性呼吸道病也有一定疗效。

【制剂与用法】注射用硫酸卡那霉素(以卡那霉素计):肌内注射,一次量,每千克体重,家畜 10～15 mg,2 次/d,连用 2～3 d。

庆大霉素

本品抗菌谱广。对革兰氏阳性菌、革兰氏阴性菌均有效,尤其对革兰氏阴性杆菌如绿脓杆菌、大肠杆菌、变形杆菌及耐青霉素的金黄色葡萄球菌等作用最强,临床主要用于敏感菌引起的各种感染(如呼吸道、肠道、泌尿道的感染)、败血症、烧伤感染等。与青霉素、四环素、抗菌增效剂等联合应用可获得协同作用,并能延缓细菌耐药性的产生。细菌对本品易产生耐药性,但停药后又可恢复其敏感性。

庆大霉素的体内过程、不良反应均与链霉素相似,但对肾功能的损害较链霉素严重,故肾功能不全的患畜慎用。

【制剂与用法】以庆大霉素计。肌内注射,一次量,每千克体重,家畜 2～4 mg,犬、猪 3～5 mg,2 次/d,连用 2～3 d。

多黏菌素类

【来源与性状】多黏菌素类是从多黏杆菌培养液中提取的,有 A、B、C、D、E 五种成分。临床主要应用多黏菌素 B 和多黏菌素 E(又称抗敌素)。

【体内过程】内服不吸收,创面也不易吸收,肌内注射后 2～3 h 达到药峰浓度,有效浓度维持 8～12 h。吸收后分布全身组织,肝、肾中含量最高,主要经肾缓慢排泄。易引起肾脏和神经系统的毒性反应。

【作用与应用】多黏菌素类为窄谱杀菌剂,对革兰氏阴性杆菌如大肠杆菌、沙门菌、巴氏杆菌等,有强大的抗菌作用,对绿脓杆菌的作用尤其显著,对革兰氏阴性球菌、革兰氏阳性菌、真菌及变形杆菌等都不敏感。细菌对本品不易产生耐药性。

临床主要用于革兰氏阴性杆菌的感染,如治疗绿脓杆菌所致的严重感染。局部应用可治疗创面、眼、耳、鼻部等感染。

【制剂与用法】硫酸多黏菌素 B:内服量,每千克体重,犊牛、仔猪 2～10 mg,2～3 次/d。粉针为 50 IU/瓶,肌内注射量,每千克体重,马、牛、猪、羊 1 万～1.5 万 IU,分 2 次注射。

硫酸多黏菌素 E:内服量,每千克体重,犊牛、仔猪 1.5～5 mg,家禽 3～8 mg,1～2 次/d。肌内注射量同硫酸多黏菌素 B。

4. 广谱抗生素

(1)四环素类

四环素类分为天然四环素类和半合成四环素类。天然品有金霉素、四环素、土霉素,是从不同链丝菌培养液中提取的。强力霉素、甲烯土霉素、二甲胺四环素,均为半合成的四环素。临床常用的有四环素、土霉素、金霉素和强力霉素。

天然四环素类

【性状】均为酸、碱两性化合物，能与酸或碱形成盐。略溶于水，易溶于稀酸、稀碱。在酸性水溶液中较稳定，碱性中易破坏。一般用其盐酸盐，较稳定，宜现用现配。

【体内过程】内服易吸收，但不完全。钙、镁、铁、铋、铝等离子能与其产生络合，而妨碍其吸收。一般内服后 2～4 h 血药浓度达到高峰，维持 6～8 h；肌内注射后 2 h 血药浓度达高峰，维持 8～12 h。

吸收后可分布于各组织。能渗入体腔、乳汁及胎儿循环，但不易透过血脑屏障，能沉积于骨与齿组织。主要以原形经肾排泄。

【作用与应用】抗菌谱广。对革兰氏阳性菌和阴性菌、衣原体、霉形体、立克次氏体、螺旋体、放线菌和某些原虫有效。对革兰氏阳性菌的作用不如氨基苷类和氯霉素。临床主要用于治疗敏感菌(包括对青霉素、链霉素耐药菌株)所致的各种感染。如猪肺疫、禽霍乱、犊牛和仔猪及禽的白痢、布鲁氏菌病等。此外，对防治畜禽霉形体病、放线菌病、球虫病、钩端螺旋体病等也有一定疗效。

【耐药性】细菌对四环素类能产生耐药性，但较慢。金霉素、土霉素和四环素三者之间有交叉耐药现象，但与半合成四环素(强力霉素)交叉耐药不明显。

【不良反应】局部刺激性大，引起发炎、硬块和坏死。较长时间应用，引起肠道菌群失调，导致消化机能紊乱，维生素 K 和维生素 B_1 缺乏，二重感染，可使肝脂肪变性。以金霉素为甚，土霉素次之。

【注意事项】①四环素只做静脉注射，速度宜缓慢，以防发生血栓性静脉炎或加速酸中毒。忌与碱性药物配伍。②成年反刍动物及马属动物一般不宜内服。内服给药要注意配伍禁忌，且适当补充维生素。③发生肝脂肪变性时，可用镁盐加以纠正。

【制剂与用法】土霉素片：内服量，驹、犊、猪、羔羊 30～50 mg/(kg·d)，分 2～3 次服。混饮浓度，禽类 0.006%～0.026%。混饲量，猪 0.02%～0.06%，禽类 0.01%～0.06%。盐酸土霉素：肌内注射或静脉注射量，马、牛、猪、羊、犬 5～10 mg/(kg·d)，分 1～2 次注射(静脉用 5%葡萄糖注射液或灭菌生理盐水溶解)。盐酸四环素：静脉注射量，马、牛、猪、羊、犬 5～15 mg/(kg·d)，分 1～2 次注射。

盐酸金霉素

【性状】本品为金黄色或黄色结晶；无臭，味苦；遇光色渐变暗。本品在水或乙醇中微溶，在丙酮、乙醚或三氯甲烷中几乎不溶。

【作用与应用】本品抗菌谱与土霉素相似，但抗菌作用较四环素、土霉素强。低剂量常用作饲料添加剂，用于促进畜禽生长、改善饲料利用率等。中、高剂量可预防或治疗鸡慢性呼吸道病、蓝冠病、大肠杆菌病、火鸡传染性鼻窦炎、滑膜炎、鸭巴氏杆菌病、猪细菌性肠炎、犊牛细菌性痢疾、肉牛和干乳期奶牛肺炎等。药动学与土霉素相似，但在消化道中的吸收较土霉素少，内服后吸收率鸡为 1%～3%，火鸡为 6%；半衰期较短，肉鸡为 5.8 h。

【用法与用量】所有食品动物：肌肉 100 g/kg，肝 300 pg/kg，肾 600 pg/kg。牛、羊：奶

100 μg/kg。禽:蛋 200 μg/kg。鱼、虾肉:100 μg/kg。

【注意事项】①成年反刍动物、马属动物和兔不宜内服,长期服用可诱发二重感染。②肝、肾功能严重不良的患畜禁用本品。③避免与乳制品和含钙量较高的饲料同服。

强力霉素(脱氧土霉素)

本品为长效、高效的半合成四环素类抗生素,其抗菌作用和用途与天然品相似,但效力强 2~10 倍。对土霉素、四环素耐药的金黄色葡萄球菌仍有效,尚有镇咳、平喘作用。对马属动物毒性较大。主要用于禽慢性呼吸道疾病、大肠杆菌、沙门菌病等。

【制剂与用法】强力霉素片:内服量,每千克体重,牛、马 1~3 mg,猪、羊 2~5 mg,犬、猫、兔、貂 3~10 mg,1 次/d。注射用盐酸脱氧土霉素:静脉注射量,每千克体重,牛 1~2mg,猪、羊 1~3 mg,犬、猫 2~4 mg,1 次/d;肌内注射量,家禽 40 mg/(kg·d),分 2 次给药。

(2)酰胺醇类

本类药物包括氯霉素、甲砜霉素及其衍生物,兽医临床常用甲砜霉素。

氟苯尼考

【理化性质】氟苯尼考又名氟甲砜霉素,是甲砜霉素的单氟衍生物,为白色或类白色结晶性粉末。无臭。在二甲基甲酰胺中极易溶解,在甲醇中溶解,在冰醋酸中略溶,在水或氯仿中极微溶解。

【作用与应用】属动物专用的广谱抗生素。抗菌谱与氯霉素相似,但抗菌活性优于氯霉素和甲砜霉素。对猪胸膜肺炎放线杆菌的最小抑菌浓度为 0.2~1.56 μg/mL。对耐氯霉素和甲砜霉素的大肠杆菌、沙门菌、克雷白菌也有效。

主要用于牛、猪、鸡和鱼类的细菌疾病,如牛的呼吸道感染、乳腺炎,猪传染性胸膜肺炎、黄痢、白痢,鸡大肠杆菌病、霍乱等。

【不良反应】不引起骨髓抑制或再生障碍性贫血,但有胚胎毒性,故妊娠动物禁用。

【用法与用量】内服:一次量,每千克体重,猪、鸡 20~30 mg,2 次/d,连用 3~5 d。肌内注射:一次量,每千克体重,猪、鸡 20 mg,隔天 1 次,连用 2 次。

【制剂】氟苯尼考注射液。

5. 抗真菌抗生素

两性霉素 B

【来源与性状】从链霉菌培养液中获得的黄色结晶性粉末,不溶于水,但其脱氧胆碱酸钠易溶于水。

【作用与应用】为广谱抗真菌药。对白色念珠菌、球孢子菌、芽生菌、组织胞浆菌等真菌均有抑制作用,是治疗深部真菌感染的首选药。也可预防各种真菌的局部炎症。内服及肌内注射均不易吸收,肌内注射刺激性大,一般缓慢静脉注射治疗全身性真菌感染。

【不良反应】毒性较大。可引起肝、肾损害，贫血和白细胞下降等。配用阿司匹林、抗组胺药、氟美松等可减少不良反应。

【制剂与用法】静脉注射量，家畜 0.125～0.5 mg/kg，隔天 1 次或每周 2 次，总量不超过 11 mg/kg。对马开始 0.38 mg/kg，1 次/d，连用 3～4 d；以后 1 mg/kg，再用 4～8 d。用注射用水溶解，再用 5％葡萄糖稀释成 0.1％的浓度，缓慢静脉注射。外用 0.5％溶液或 3％软膏。

制霉菌素

本品为淡黄色粉末，有吸湿性，不溶于水，性质不稳定，易被热、光、氧气等迅速破坏。抗真菌作用与两性霉素 B 基本相同，但毒性更大，内服难吸收，不宜用于全身感染。临床主要内服治疗胃肠道真菌感染，如犊牛真菌性胃炎、禽曲霉菌病及皮肤、黏膜的真菌等感染。

【制剂与用法】内服量，马、牛 250 万～500 万 IU/次，羊、猪 50 万～100 万 IU/次，3～4 次/d。雏鸡曲霉菌病每 100 羽每次服 50 万 IU，3 次/d，连用 2～4 d。牛乳房内灌注 10 万 IU/乳室。马、牛子宫灌注 150 万～200 万 IU/次。局部外用配成 1.5 万 IU/mL 混悬液、10 万 IU/g 软膏剂。

克霉唑(抗真菌 1 号)

为半合成的广谱抗真菌药。内服易吸收，临床用于浅表真菌病如毛癣、体癣、鸡冠等各种癣病，深部真菌病如肺、子宫和胃的真菌感染。内服量，牛、马 5～10 g/d，犊、羊、猪、驹 0.75～1.5 g/d，分 2 次用。雏鸡 1 g/100 羽，混饲料中喂服。外用其 3％或多 5％软膏。

(二)磺胺类药与抗菌增效剂

(1)概述

磺胺类药是最早人工合成的一类抗菌药。它具有抗菌谱广、性质稳定、使用方便、价格便宜等优点，特别是抗菌增效剂研制成功后，二者联合应用，疗效显著增加。因此，磺胺类药在抗微生物药中仍占有重要地位。

【性状】磺胺类药物均为白色或微黄色的结晶性粉末，无臭无味，难溶于水，易溶于稀碱。其钠盐易溶于水，水溶液呈碱性。

【抗菌谱】为广谱抑菌剂，能抑制多数革兰氏阳性菌及一些革兰氏阴性菌。有些磺胺类药物还对原虫有效，但对核杆菌、螺旋体、病毒无效，对立克次氏体则能促其生长。

高度敏感菌：如链球菌、肺炎球菌、沙门菌、化脓棒状杆菌等。

中度敏感菌：如葡萄球菌、马鼻疽杆菌、大肠杆菌、炭疽杆菌、巴氏杆菌、痢疾杆菌等。

【耐药性】细菌对磺胺类药易产生耐药性，且呈交叉耐药，但与其他抗菌药无交叉耐药现象。

【不良反应】急性中毒：静脉注射太快或剂量过大，表现为神经症状，如共济失调，肌无力，痉挛性麻痹等，严重者迅速死亡。牛、羊可见莽撞现象。雏鸡可大批死亡。慢性中毒：用药量较大或连用超过 1 周以上。主要表现为泌尿系统出现结晶尿、血尿和蛋白尿等；消化系统机能障碍，如食欲不振、便秘、呕吐、疝痛等。血液循环系统，出现溶血性贫血、粒细胞和红细胞数下降、出血性病变等。家禽产蛋下降，产薄壳蛋和软壳蛋等。

【注意事项】①严格掌握剂量与疗程，首次量加倍。②用药期间，应加强对病畜的饲养管理。给足够的饮水并根据需要配用碳酸氢钠。③全身酸中毒、肝或肾功能不全、脱水、少尿的病畜及产蛋禽慎用或禁用。④磺胺类药物钠盐注射呈强碱性，忌与酸性药物混合应用，以免发生沉淀。肌内注射时，应分点深部肌内注射。静脉注射时，不可漏出血管外。⑤必要时补充维生素 K 和维生素 B_1。⑥外用时，应彻底清除创面的脓汁、坏死组织等，且不与含 PABA 基团的药物(如普鲁卡因)合用。

(2)全身感染用磺胺类药

①磺胺嘧啶(SD)。本药与血浆蛋白结合率低，易渗入组织和脑脊液，为脑部感染的首选药。对球菌类和大肠杆菌效力强，也用于防治混合感染。

②磺胺二甲嘧啶(SM_2)。抗菌作用比 SD 弱，但乙酰化物溶于水，不良反应少，还可防治球虫病。

③磺胺间甲氧嘧啶(SMM)。抗菌力最强，不良反应少。可治疗各种全身和局部感染，尤其对猪弓形虫病、猪水肿病和家禽球虫病疗效较好，对猪萎缩性鼻炎也有一定防治效果。

④磺胺甲基异噁唑(SMZ、新诺明)。抗菌力与 SMM 相似。内服后吸收和排泄慢，乙酰化率高，常配用等量碳酸氢钠。主要用于严重的呼吸道和泌尿道感染，与 TMP 配用，抗菌效力可增强数倍至数十倍。

⑤磺胺异噁唑(菌得净、净尿磺、SIZ)。抗菌力比 SD 强，乙酰化率低，尿中浓度高，适用于治疗泌尿道感染。

⑥磺胺二甲氧嘧啶(SDM)。抗菌力与 SD 相似，乙酰化率低，血浆蛋白结合率高。主要用于呼吸道、泌尿道、消化道及局部感染。对犊牛和禽球虫病、禽霍乱、禽传染性鼻炎有较好的疗效，对鸡球虫病优于呋喃类和其他磺胺类药。

(3)肠道用磺胺药

磺胺脒(SG)。内服难以吸收，肠内浓度高，适用于肠道细菌性感染，如肠炎、白痢、球虫病等。

(三)喹噁啉类药物

本类药物为合成广谱抗菌药。兽医临床主要用卡巴氧、乙酰甲喹、喹乙醇。

乙酰甲喹(痢菌净)

【性状】淡黄色粉末或鲜黄色晶体，不溶于水。

【作用与应用】对革兰氏阴性菌作用强于革兰氏阳性菌，对密螺旋体有特效，对真菌作用较弱。内服或注射易吸收，消除快。猪肌内注射后约 10 min 即可分布于全身各组织，消除半衰期约 2 h，给药后 8 h 血中已测不到药物。主要用于猪血痢、腹泻、仔猪黄痢或白痢、禽霍乱和白痢、犊副伤寒等。

(四)喹诺酮类药物

喹诺酮类又称为吡啶酮酸类或吡酮酸类，是一类较新的合成抗菌药。按其发明先后和抗菌作用与机能不同，分为一、二、三代。第一代以萘啶酸为代表，本品只对部分革兰氏阴性菌有效，不良反应较大，现已少用。第二代以吡哌酸为代表，本品抗菌活性较萘啶酸强，副作用小，临床用于革兰氏阴性菌所致的肠道感染和泌尿道感染。第三代为氟喹诺酮类，近十多年来取得了飞跃进展，这类药物具有抗菌谱广，杀菌力强，吸收快和体内分布广泛，抗菌作用独特，与其他抗菌药无交叉耐药性，使用方便，不良反应小等特点，常用药物有诺氟沙星、环丙沙星、恩诺沙星、洛美沙星、单诺沙星、氟罗沙星等。

【使用时注意】①碱性药物、抗胆碱药、H_2受体阻滞剂均可降低胃液酸度而使本类药物的吸收减少，应避免同服。②利福平、氯霉素可使本类药物的作用降低。③依诺沙星、培氟沙星、环丙沙星、恩诺沙星等可抑制茶碱代谢。与茶碱联用，可出现茶碱的毒性反应。

【不良反应】本类药物对软骨组织的生长有不良反应，禁用于幼龄动物（尤其是犬、马）和孕畜。大剂量或长期应用可引起胃肠道反应、中枢神经系统异常及损害肝脏，此外在尿中可能形成结晶。

恩诺沙星（乙基环丙沙星）

【作用与应用】是动物专用药物。内服、肌内注射和皮下注射吸收较迅速和完全，除中枢神经系统外，几乎所有组织的药物浓度都高于血浆，分布广泛，有利于全身感染和深部感染的治疗。体内代谢主要是脱乙基为环丙沙星，15%～50%的药物以原形从尿排泄。

本品为广谱抗菌药。对霉形体有高效，其效力比泰乐菌素和硫黏菌素强，对耐泰乐菌素的霉形体也有效，主要用于敏感菌引起的呼吸系统、消化系统、泌尿系统及皮肤感染。对猪、禽的各种霉形体病等也有效。

【制剂与用法】乙基环丙沙星：内服量，每千克体重，犬、猪、兔 5～10 mg，家畜 2.5 mg，2 次/d；家禽饮水 0.005%，混饲 0.01%，连用 3～5 d。注射量，每千克体重，犬、猫、兔 5 mg，家畜 2.5 mg/kg，2 次/d。停药期：禽 8 d，产蛋鸡禁用。

（五）抗微生物药新型药

抗菌肽

抗菌肽是从生物中提取的一种具有生物抗菌活性的小分子多肽，其中来源于微生物的抗菌肽又称细菌素，具有杀灭或抑制细菌、病毒、真菌、肿瘤细胞等多种生物学活性，在一定程度上能够替代抗生素。

【作用与应用】绝大部分抗菌肽具有广谱抗菌性，对革兰氏阳性菌和革兰氏阴性菌均有抑制或杀灭作用。此外，抗菌肽还具有抗真菌、抗寄生虫和原虫、抗病毒、抗肿瘤和免疫调节的功能。

目前，抗菌肽主要作为饲料添加剂。对于家禽可以提高生产性能、蛋品质和肉质风味，提高免疫力，缓解热应激和改善肠道菌群结构；对于猪可以提高断奶仔猪生长性能、降低腹泻率，提高免疫力和抗氧化，提高繁殖性能和改善仔猪肠道健康；对于反刍动物可以提高奶牛产奶量、乳品质以及预防和治疗羊疾病等。

单宁酸

单宁酸是一种可溶于水的多酚类化合物，味极涩，黄色或淡棕色，轻质无结晶性粉末或鳞片，溶于水及乙醇。

【作用与应用】单宁酸具有抗菌抑菌作用，已有研究证明单宁酸对藤黄微球菌、金黄色葡萄球菌、沙门菌、出血败血性巴斯德菌、空肠弯曲杆菌、大肠杆菌和产气荚膜梭菌均有抑制作用。此外，单宁酸还被证明有收敛消炎和抗氧化作用。

目前，单宁酸主要作为饲料添加剂，在畜禽养殖上的功效主要有改善肠道组织结构、促进消化和营养吸收、调节肠道内环境，改善肠道菌群、改善生产性能、降低腹泻率等。

噬菌体

噬菌体是一类病毒，因其感染原核生物，又称为细菌病毒。目前噬菌体被作为替代抗生素的一种新型杀菌微生态制剂，其能够感染并裂解宿主病原菌，具有特异性强、能自我复制、筛选周期短、绿色环保等抗生素无法比拟的优点。

【作用与应用】目前临床上应用的噬菌体制剂主要针对家禽致病性大肠杆菌、沙门菌、葡萄球菌、绿脓杆菌等感染，以及作为饲料添加剂提高肉鸡的生长性能、种鸡繁殖性能和抗氧化功能、调节肠道菌结构。

【制剂与用法】目前主要有全菌噬菌体制剂和噬菌体裂解酶制剂，主要采用口服和注射两种给药途径，此外还可制成干粉采用雾化吸入方式的给药途径。目前不同噬菌体制剂，不同给药途径最佳给药量尚未有统一定论，仍需进一步研究。

酶制剂

饲用酶制剂是一种具有催化活性的蛋白类物质，主要由细菌、真菌等微生物发酵产生或生物体内活细胞原生质合成，具有高效、专一、无毒、无残留等优点，是目前认为较为安全的一类饲料添加剂。

【作用与应用】饲用酶制剂主要作用包括提高配合饲料质量稳定性、补充畜禽内源性消化酶不足、提高家畜体内的代谢水平、提高饲料养分的消化率、降低抗营养因子和非淀粉多糖对内源性消化酶的抑制作用、降低消化道中食糜黏度、减少肠道有害微生物的数量、增强动物的免疫力、减少氮磷排放等。

饲用酶制剂可分为单一酶制剂和复合酶制剂。成分单一的酶制剂产品称为单一酶制剂；由 2 种及以上的酶制剂产品混合而成的称为复合酶制剂。复合酶制剂作用效果优于单一酶制剂。

壳寡糖

壳寡糖为唯一一种来自动物源的寡糖，其带正电荷阳离子，可强行吸附和代谢体内的自由基，促进机体新陈代谢。分子中含有羟基和氨基，其环状结构具有非常强大的吸附性，可吸附毒素类物质，将有毒物质排出体外。同时壳寡糖可在小肠被吸收利用，从而增加小肠绒毛长度，调节肠道菌群，提高免疫功能。壳寡糖被美欧等国的科学家誉为“第六生命要素”。

酸化剂

酸化剂按成分分为无机酸和有机酸，生产应用中又分为单一酸化剂和复合酸化剂两类。常用无机酸有 H_2CO_3、HCl、H_2SO_4 等，有机酸有 RCOSH、RSOOH、苹果酸、山梨酸等；复合酸化剂作用效果胜于单一酸化剂，常用复合酸化剂有全酸复合型酸化剂和酸盐复合型酸化剂。目前应用较多的是柠檬酸型、乳酸型和磷酸型复合酸化剂。酸化剂能够保护肠道化学屏障，调节消化道 pH，促进肠道黏膜修复，调节胃肠道微生物区系，提高消化酶活性，提高营养物质的消化和吸收，减慢胃排空速度，增加胃内食糜停留时间，从而提高生长性能和免疫防御能力。酸化剂杀菌抑菌作用机制是通过降低有害菌细胞间质的 pH，破坏细胞内外渗透压平衡阻止病原菌的繁殖和生长。

（六）消毒防腐药

消毒防腐药是防腐药与消毒药的合称。防腐药是指能抑制病原微生物的药物，可用于畜体表面；消毒药是指能在较短时间内迅速杀死病原微生物的药物，可用于周围环境。两者之间没有明显的界线，同一种药物是起消毒作用，还是防腐作用，在很大程度上与药物的浓度、湿度及作用时间有关。比如一种药物，在低浓度时呈现抑菌作用，在高浓度时有杀菌作用。

这类药物不同于抗生素和磺胺类药物，对微生物或动物体的组织细胞均有毒性，因此，它不能作全身治疗用，主要用于体表（如皮肤、黏膜）、器械、周围环境和排泄物的消毒。

1. 消毒防腐药的作用机制

能够侵入菌体，使菌体蛋白质变性、凝固，从而起到抑菌或杀菌作用，如酒精、酚类、醛类、重金属盐类及酸碱类药物等。能够降低细菌表面张力，增加菌体浆膜的通透性，导致菌体溶解和破裂。如表面活性剂和脂溶剂等。通过与酶结合或结构与底物相似等途径抑制菌体酶系统从而影响其代谢过程。

2. 影响消毒防腐药作用的因素

消毒防腐药的作用效果受到诸多因素的影响而增加或减弱，这些因素有以下几方面。

(1)药物的浓度　任何一种消毒药的抗菌活性都取决于其与微生物接触的浓度。消毒药的应用必须用其有效浓度，有些消毒药如酚类在用其低于有效浓度时不但无效，有时还有利于微生物生长。消毒药的浓度对杀菌作用的影响通常是一种指数函数，因此浓度只要稍微变动，比如稀释，就会引起抗菌效能大大下降。一般说来，消毒药浓度越高抗菌作用越强，但由于剂量效应曲线常呈抛物线的形式，达到一定程度后效应不再增加。为了取得良好灭菌效果，应选择合适的浓度。

(2)作用时间　消毒药与微生物接触时间越长，灭菌效果越好，接触时间太短往往达不到杀菌效果。被消毒物品上微生物数量越多，完全灭菌所需时间越长。各种消毒药灭菌所需时间并不相同，如氧化剂作用很快，所需灭菌时间很短，环氧乙烷灭菌时间则需很长。因此，为充分发挥灭菌效果，应用消毒剂时必须按各种消毒剂的特性，达到规定的作用时间。

（3）温度　消毒防腐药的抗菌效果与温度高低成正比关系，即温度越高杀菌力越强。一般而言，温度增加 10 ℃，消毒效果增加 1～2 倍。但以氯和碘为主要成分的消毒药，在高温条件下，有效成分消失。

（4）有机物　基本上所有的消毒药与任何蛋白质都有同等程度的亲和力。在消毒环境中有有机物存在时，后者必然与消毒剂结合成不溶性的化合物，中和或吸附掉一部分消毒剂而减弱作用，而且有机物本身还能对细菌起机械性保护作用，使药物难以与细菌接触，阻碍抗菌作用的发挥。酚类和表面活性剂在消毒剂中是受有机物影响最小的药物。为了使消毒剂与微生物直接接触，充分发挥药效，在消毒感染创或物品时应先将血污、脓液消除；对车辆、场地消毒时，应将垃圾、脏物清扫干净。此外，还必须根据消毒的对象选用适当的消毒剂。

（5）酸碱度　环境中的酸碱度与某些消毒防腐药的杀菌效果密切相关。如碱性环境时季铵类化合物的杀菌作用增强而苯甲酸的杀菌作用则降低。

（6）湿度　环境的相对湿度在 60%～80%时，甲醛溶液熏蒸消毒效果最好。

（7）微生物自身的敏感性　不同种的微生物对消毒剂的易感性有很大差异，不同消毒剂对同一类的微生物也表现出很大的选择性。比如，芽孢和繁殖型微生物之间；革兰氏阳性菌和革兰氏阴性菌之间；病毒和细菌之间所呈现的易感性均不相同。病毒对酚类有抗药性，但对碱却很敏感；结核杆菌对酸的抵抗力较大。繁殖期的细菌、繁殖型霉菌对消毒防腐药的敏感性高，而细菌芽孢则低。因此，在消毒时，应考虑到致病菌的易感性和耐药性。

（8）药物间的相互拮抗　生产中常遇到两种消毒剂合用时会降低消毒效果的现象，这是由于物理性或化学性的配伍禁忌而产生的相互拮抗现象。如阳离子清洁剂与阴离子清洁剂肥皂共用时会发生化学反应，使消毒效果减弱，甚至完全丧失。因此，在重复消毒时，如使用两种化学性质不同的消毒剂，一定要在第一次使用的消毒剂完全干燥后，经水洗干燥后再使用另一种消毒剂，严禁把两种化学性质不同的消毒剂混合使用。

3. 常用消毒防腐药

理想的消毒防腐药应对病原微生物的杀灭作用强大，而对人、畜禽的毒性很小或无，不损伤被消毒的物品，易溶于水。消毒能力不因有机物存在而减弱，价廉易得。化学消毒防腐药包括多种酸类、碱类、重金属、氧化剂、酚类、醇类、卤素类及挥发性烷化剂等。它们各有特点，在畜禽生产中应根据具体情况加以选用，下面介绍几种畜禽生产中常用的消毒防腐药。

（1）酚类　酚类是以羟基取代苯环上的氢而生成的一类化合物，包括苯酚、煤酚、六氯酚等。酚类化合物的抗菌作用是通过它在细胞膜油水界面定位的表在性作用而损害细菌细胞膜，使胞浆物质损失和菌体溶解。酚类也是蛋白质变性剂，可使菌体蛋白质凝固而呈现杀菌作用。此外，酚类还能抑制细菌脱氢酶和氧化酶的活性，而呈现杀菌作用。酚类化合物的特点为：在适当浓度下，几乎对所有不产生芽孢的繁殖型细菌均有杀灭作用，但对病毒、芽孢作用不强；对蛋白质的亲和力较小，它的抗菌活性不易受环境中有机物和细菌数目的影响，因此在生产中常用来消毒粪便及畜禽舍消毒池消毒之用；化学性质稳定，不会因贮藏时间过久或遇热改变药效。它的缺点是：对芽孢无效，对病毒作用较差，不易杀灭排泄物深层的病原体。酚类化合物常用肥皂作乳化剂配成皂溶液使用,可增强消毒活性。其原因是肥皂可增加酚类的溶解度,促进穿透力,而且由于酚类分子聚集在乳化剂表面可增加与细菌接触的机会。但是所加肥皂的比例不能太高,过高反而会降低活性,因为所产生的高浓度会减少药物在菌体上的吸附量。新配的乳剂消毒性最好,贮藏一定时间后,消毒活性逐渐下降。

①苯酚。苯酚为无色或淡红色针状结晶,有芳香臭,易潮解,溶于水及有机溶剂,见光色渐变深。苯酚的羟基带有极性,氢离子易离解,呈微弱的酸性,故又称石炭酸。本品能使菌体蛋白质变性、凝固而呈现杀菌作用。0.2%的浓度可抑制一般细菌的生长,杀菌需要1%以上的浓度。芽孢和病毒对它有耐受性。生产中多用3%～5%的浓度消毒畜禽舍及笼具。因苯酚对组织的穿透力强,有刺激性,所以不作为皮肤、创伤局部抗感染药用。

②煤酚。煤酚又称为甲酚,煤酚为无色液体,接触光和空气后变为粉红色,逐渐加深,最后呈深褐色,在水中约溶解2%。煤酚为对位、邻位、间位三种甲酚的混合物,抗菌作用比苯酚大3倍,毒性大致相等,消毒时用的浓度较低,相对来说比苯酚安全,而且煤酚的价格低廉,因此,消毒用药远比苯酚广泛。煤酚的水溶性较差,通常用肥皂来乳化,50%的肥皂液称煤酚皂溶液,即来苏尔,它是酚类中最常用的消毒药。煤酚皂溶液是一般繁殖型病原菌良好的消毒液,对芽孢和病毒的消毒并不可靠。空舍时常用3%～5%的溶液消毒禽舍、笼具、地面等,也用于环境及粪便消毒。由于酚类消毒剂对组织、黏膜都有刺激性,所以煤酚也不能用来带禽消毒。

③复合酚。复合酚又称为农乐、菌毒敌。含酚41%～49%、醋酸22%～26%,为深红褐色黏稠液,有特臭,是国内生产的新型、广谱、高效消毒剂。可杀灭细菌、霉菌和病毒,对多种寄生虫虫卵也有杀灭作用。0.35%～1%的溶液可用于畜禽舍、笼具、饲养场地及粪便的消毒。喷药一次,药效维持7 d。对严重污染的环境,可适当增加浓度与喷洒次数。

(2)碱类 用于消毒的碱类制剂有苛性钠、苛性钾、石灰、草木灰及苏打等。碱类消毒剂的作用强度决定于碱溶液中OH^-浓度,浓度越高,杀菌力越强。碱类消毒剂的作用机制是:高浓度的OH^-能水解蛋白质和核酸,使细菌酶系统和细胞结构受损害。碱还能抑制细菌的正常代谢机能,分解菌体中的糖类,使菌体死亡。碱对病毒有强大的杀灭作用,可用于许多病毒性传染病的消毒,也有较强的杀菌作用,对革兰氏阴性菌比革兰氏阳性菌有效,高浓度碱液也可杀灭芽孢。由于碱能腐蚀有机组织,操作时要注意不要用手接触,佩带防护眼镜、手套和工作服,如不慎溅到皮肤上或眼里,应迅速用大量清水冲洗。

①氢氧化钠。氢氧化钠也称苛性钠或火碱,是很有效的消毒剂,2%～4%的溶液可杀死病毒和繁殖体,常用于畜禽舍及用具的消毒。本品对金属物品有腐蚀作用,消毒完毕必须及时用水冲洗干净,对皮肤和黏膜有刺激性,应避免直接接触人、畜禽。用氢氧化钠消毒时常将溶液加热,热并不增加氢氧化钠的消毒力,但可增强去污能力,而且热本身就是消毒因素。

②石灰。消毒用石灰(生石灰)主要成分是氧化钙,石灰是价廉易得的良好消毒药,使用时应加水使其生成具有杀菌作用的氢氧化钙。石灰的消毒作用不强,1%的石灰水在数小时内可杀死普通繁殖型细菌,3%的石灰水经1 h可杀死沙门菌。实际工作中,一般用20份石灰加水100份配成20%的石灰乳,涂刷墙壁、地面,或直接加石灰于被消毒的液体中,撒在阴湿地面、粪池周围及污水沟等处进行消毒,消毒粪便可加等量2%的石灰乳,使接触至少2 h。石灰必须在有水分的情况下才会游离出OH^-,发挥消毒作用。在畜禽场、畜禽舍门口放石灰干粉并

不能起消毒鞋底的作用。相反由于人的走动，石灰粉尘飞扬，当石灰粉吸入呼吸道或溅入眼内后，石灰遇水生成氢氧化钙而腐蚀组织黏膜，结果引起畜禽呼吸道疾病。较为合理的应用是在门口放浸透20%的石灰乳的湿草包，饲养管理人员进入畜禽舍时，从草包上通过。石灰可以从空气中吸收CO_2，生成碳酸钙，所以不宜久存，石灰乳液应现用现配。

③氨水。氨水不但价廉易得，而且对球虫卵囊及多种微生物有杀灭作用。常用5%的溶液喷洒地面、房舍、用具等进行消毒。氨水有强烈的刺激性，喷洒时应戴上用2%的硼酸湿润的口罩及风镜。

(3)酸类　酸类包括无机酸和有机酸，有机酸类为原浆毒，具有强烈的刺激和腐蚀作用，故应用受限制。盐酸和硫酸具有强大的杀菌和杀芽孢作用。2 mol/L 硫酸可用于消毒排泄物。2%盐酸中加食盐15%，并加温至30 ℃，常用于消毒污染炭疽芽孢杆菌的浸泡消毒(6 h)。食盐可增强杀菌作用，并可减少皮革因受酸的作用膨胀而降低质量。

①硼酸。硼酸为弱无机酸，白色片状或粉末状，抗菌作用微弱，刺激性较小，2%～4%的溶液可用于冲洗敏感的组织，如眼、口腔。硼酸软膏(含5%的硼酸)可用于溃疡、褥疮等。

②醋酸。醋酸为弱有机酸，与乙醇可任意比互溶，有抗绿脓杆菌作用。其0.1%～0.5%的溶液可用于冲洗阴道，0.5%～2%的溶液洗涤感染，2%～3%的溶液洗涤口腔。食用醋(含醋酸约5%)可作为其代用品。

③水杨酸。水杨酸为白色细微针状结晶，易溶于醇，难溶于水。3%以上浓度杀菌作用较弱，但有抗霉菌和角质融化作用。5%～10%的酒精溶液，可用于治疗霉菌性皮肤病，5%的酒精溶液治疗蹄叉腐烂。

④乳酸。乳酸为无色或微黄色液体，通常用于空气消毒，按每100 m^3空间6～12 mL，加水稀释成20%的溶液，加热蒸发，消毒30～60 min。空气湿度在60%时消毒效果最好。

⑤十一烯酸。十一烯酸为黄色油状液体，溶于醇，难溶于水。具有抗霉菌作用，常以5%～10%的醇溶液或20%的软膏治疗皮肤霉菌病。

⑥苯甲酸。苯甲酸为白色或微带黄色的轻质鳞片或针状结晶，易溶于乙醇，难溶于水。多与水杨酸等配合治疗皮肤霉菌病。此外还用作食品防腐剂，每千克食物中加苯甲酸1 g。

(4)重金属盐类

①升汞。白色晶粉，可溶于水。对局部组织有较强的刺激性和毒性，对金属有腐蚀性，且杀菌作用可因蛋白质存在而大大减弱。通常用其0.05%～0.1%的溶液作玻璃或其他非金属器皿和用具以及术前手臂的消毒；0.1%～0.2%的溶液可用来消毒厩舍用具。

②硫柳汞。白色晶粉，为含49%的有机汞，易溶于水(1∶1)和醇。对皮肤、黏膜刺激性低，抑菌作用较强。0.1%的溶液可用于消毒皮肤和创伤，0.02%的溶液可用于消毒黏膜，0.1%酊剂(乙醇∶丙酮∶水为5∶1∶96)可用来消毒手术部位皮肤。

③硝酸银。无色片状结晶，易溶于水。在水中离解后，银离子对菌体蛋白和组织蛋白均有变性沉淀作用。低浓度溶液可作为结膜炎和口腔炎的防腐收敛药，浓溶液可用于腐蚀过度增生的肉芽组织。硝酸银滴眼剂(硝酸银∶硝酸钠∶水为1∶0.8∶100)可用于急性结膜炎的治疗。硝酸银棒(95份硝酸银与5份硝酸钠熔制而成)可用于腐蚀伤口或过度增生的肉芽组织，用后必须用生理盐水冲洗，以减少对组织的刺激性。

(5)氧化剂　氧化剂是使其他物质失去电子而自身得到电子,或供氧而使其他物质氧化的物质。氧化剂可通过氧化反应达到杀菌目的。其原理是:氧化剂直接与菌体或酶蛋白中的氨基、羧基等发生反应而损伤细胞结构,或使病原体酪蛋白中—SH 氧化变为—S—S—而抑制代谢机能,病原体因而死亡;或通过氧化作用破坏细菌代谢所必需成分,使代谢失去平衡而使细菌死亡;也可通过氧化反应,加速代谢过程、损害细菌的生长过程,而使细菌死亡。常用的氧化剂类消毒剂有高锰酸钾、过氧乙酸等。

①高锰酸钾。高锰酸钾遇有机物、加热、加酸或碱均能放出原子氧,具有杀菌、除臭、解毒作用。其抗菌作用较强,但有有机物存在时作用显著减弱。在发生氧化反应时,本身还原成棕色的 MnO_2,并可与蛋白质结合成蛋白盐类复合物,因此在低浓度时有收敛作用,高浓度时有刺激和腐蚀作用。各种微生物对高锰酸钾的敏感性差异较大,一般来说 0.1%的浓度能杀死多数细菌的繁殖体,2%～5%的溶液在 24 h 内能杀灭芽孢,在酸性溶液中,它的杀菌作用更强。如含 1%高锰酸钾和 1.1%盐酸的水溶液能在 30 s 内杀灭芽孢。它的主要缺点是易被有机物所分解,还原成无杀菌能力的 MnO_2。

②过氧乙酸。过氧乙酸又名过醋酸,是强氧化剂,纯品为无色澄明的液体,易溶于水,性质不稳定。其高浓度溶液遇热(60 ℃以上)即强烈分解,能引起爆炸,20%以下的低浓度溶液无此危险。市售成品一般为 20%,盛装在塑料瓶中,须密闭避光贮藏在低温处(3～4 ℃),有效期为半年,过期浓度降低。它的稀释液只能保持药效数天,应现用现配,配制溶液时应以实际含量计算,如配 0.1%的消毒液,可在 995 mL 水中加 20%的过氧乙酸 5 mL 即成。过氧乙酸是广谱高效杀菌剂,作用快而强,它能杀死细菌、霉菌、芽孢及病毒,0.05%的溶液 2～5 min 可杀死金黄色葡萄球菌、沙门菌、大肠杆菌等一般细菌,1%的溶液 10 min 可杀死芽孢,在低温下它仍有杀菌和杀芽孢的能力。过氧乙酸的原液对家禽的皮肤和金属有腐蚀性,稀溶液对呼吸道、眼结膜有刺激性,对有色纺织品有漂白作用。在生产中,可用 0.1%～0.2%的溶液浸泡耐腐蚀的玻璃、塑料、白色工作服,浸泡时间 2～120 min。或用 0.1%～0.5%的溶液以喷雾器喷雾,覆盖消毒物品表面,喷雾时消毒人员应戴防护眼镜、手套和口罩;喷后密闭门窗 1～2 h。也可用 3%～5%的溶液加热熏蒸,用量为 1～3 g/m^3 过氧乙酸,熏蒸后密闭门窗 1～2 h。熏蒸和喷雾的效果与空气的相对湿度有关,相对湿度以 60%～80%为宜,若湿度不够可喷水增加湿度。

(6)卤素类　卤素和易放出卤素的化合物均具有强大的杀菌能力。卤素的化学性质很活泼,对菌体细胞原生质及其他某些物质有高度亲和力,易渗入细胞与原浆蛋白的氨基或其他基团相结合,或氧化其活性基因,而使有机体分解或丧失功能,呈现杀菌能力。在卤素中氟、氯的杀菌力最强,依次为溴、碘。

①氯与含氯化合物。氯是气体,有强大的杀菌作用,这种作用是由于氯化作用引起菌体破坏或膜的通透性改变,或由于氧化作用抑制各种含巯基的酶类或其他对氧化作用敏感的酶类,引起细菌死亡。它还能抑制醇醛缩合酶而阻止菌体葡萄糖的氧化。由于氯是气体,其溶液不稳定,杀菌作用不持久,应用很不方便,在实际应用中均使用能释出游离氯的含氯化合物,在含氯化合物中最重要的是含氯石灰及二氯异氰尿酸盐。

②含氯石灰。含氯石灰又称漂白粉,为消毒工作中应用最广的含氯化合物,化学成分较复

杂,主要是次氯酸钙[CaCl(ClO)]。新鲜漂白粉含有效氯25%～36%,但漂白粉有亲水性,易从空气中吸湿而成盐,使有效氯散失,所以保存时应装于密闭、干燥的容器中,即使在妥善保存的情况下,有效氯每月要散失1%～2%。由于杀菌作用与有效氯含量密切相关,当有效氯低于16%时不宜用于消毒,在使用漂白粉之前,应测定其有效氯含量。漂白粉杀菌作用快而强,0.5%～1%的溶液在5 min内可杀死多数细菌、病毒、真菌,主要用于禽舍、水槽、料槽及粪便的消毒。0.5%的澄清溶液可浸泡无色衣物。漂白粉对金属有腐蚀作用,不能用作金属笼具的消毒。漂白粉的制剂除漂白粉外,还有漂白精及次氯酸钠溶液。

③漂白精。漂白精以氯通入石灰浆而制得,含有效氯60%～70%,一般以$Ca(ClO)_2$来表示其成分,性质较稳定,使用时应按有效氯比例减量,0.2%的溶液喷雾,可用作空气消毒。对新城疫病毒很有效,消毒作用能维持0.5 h,甚至2 h后仍有作用。

④次氯酸钠溶液。次氯酸钠溶液用漂白粉、碳酸钠加水配制而成,为澄清微黄的水溶液,含5%的NaClO,性质不稳定,见光易分解,有强大的杀菌作用,常用于水、畜禽舍、水槽及料槽的消毒,也可用于冷藏加工厂家禽胴体的消毒。

⑤二氯异氰尿酸钠。二氯异氰尿酸钠又称为优氯净,为白色晶粉,有氯臭,含有效氯60%～64%,性质稳定,室内保存半年后仅降低有效氯含量0.16%。易溶于水,水溶液显酸性,稳定性较差。二氯异氰尿酸钠的杀菌力强,对细菌繁殖体、芽孢、病毒及真菌孢子均有较强的杀灭作用。可用于水槽、料槽、笼具及畜禽舍的消毒,也可用于带鸡消毒。0.5%～1%的溶液可用作杀灭细菌和病毒,5%～10%的溶液可用作杀灭芽孢,可采用喷洒、浸泡、擦拭等方法消毒。干粉可用作消毒畜禽粪便,用量为粪便的20%;消毒场地,每平方米用10～20 mg;消毒饮水,每毫升水用4 mg,作用30 min。

⑥氯胺。氯胺为含氯的有机化合物,为白色或微黄色结晶,含有效氯12%,易溶于水。氯胺的杀菌作用主要是由于产生次氯酸,放出活性氯和初生态氧,同时氯胺也有直接杀菌作用。氯胺放出次氯酸较缓慢,因此杀菌力较小,但作用时间较长,受有机物影响较小,刺激性也较弱。0.5%的氯胺1 min可杀死大肠杆菌,30 min可杀死金黄色葡萄球菌。主要用于饮水、禽舍、用具及笼具的消毒,也可用带禽喷雾消毒。各种铵盐,如氯化铵、硫酸铵,因能增强氯胺的化学反应,减少用量,所以可作为氯胺消毒剂的促进剂。铵盐与氯胺通常按1∶1比例使用。

⑦稳定二氧化氯。稳定二氧化氯无色、无溴,性质稳定。目前,它的杀菌消毒机制尚无定论,一般认为强氧化性是其杀菌消毒的主要因素。由于二氧化氯强氧化作用通过微生物的外膜,氧化其蛋白活性基团,蛋白质中氨基酸氧化分解而达到杀灭病菌、病毒的作用。稳定二氧化氯杀菌效率高、杀菌谱广、作用速度快、持续时间长、剂量小、反应产物无残留、无致癌性,对高等动物无毒,被世界卫生组织列为A级安全消毒剂。可广泛用于畜禽舍消毒、水质净化、除臭及防霉等方面。

(7)碘与碘化物　碘有强大的杀菌作用,抗菌谱广,不仅能杀灭各种细菌,而且也能杀灭霉菌、病毒和原虫。含游离碘0.005%的碘溶液在1 min内能杀死大部分致病菌,杀死芽孢约需15 min,杀死金黄色葡萄球菌的作用比氯强。碘难溶于水,在水中不易于水解形成次碘酸,而主要以分子碘(I_2)的形式发挥作用。碘在水中的溶解度很小且有挥发性,但在有碘化物存在时,溶解度增高数百倍,又能降低其挥发性。其原因是形成可溶性的三碘化合物。因此,在配制碘溶液时常加适量的碘化钾。在碘水溶液中含碘(I_2)、三碘化合物离子(I_3^-)、次碘酸(HIO)、次碘酸离子(IO^-)、碘酸离子(IO_3^-)。它们的相对浓度因 pH、溶液配制时间及其他因素而不同。HIO 杀菌作用最强，I_2 次之，离解的 I_3^- 仅有极微弱的杀菌能力。

碘可作饮水消毒，它的优点是杀菌作用不取决于 pH、温度和接触时间，也不受有机物的影响。在碘制剂中，目前消毒效果较好的为一氯化碘，一氯化碘有穿透细菌细胞膜并在细胞膜和原生质中积聚的能力。进入细胞后导致细菌酶系统功能失调和蛋白质凝固。此种消毒剂为一种淡黄色液体，气味轻微，无刺激性，低腐蚀性，具有消毒效果好、保存稳定、受温度及有机物影响小、毒性低、使用安全及复配效果稳定等特点，是一种理想的消毒剂。

①聚维酮碘。聚维酮碘是一种高效低毒的消毒剂，对细菌、芽孢、病毒和真菌均有良好的杀灭作用。本品杀菌力比碘强，兼有清洁剂作用。酸性条件下杀菌作用较强，碱性时杀菌作用减弱。有机物过多可使聚维酮碘的杀菌作用减弱甚至消失。毒性低，对组织刺激性小，贮存稳定。常用于手术部位、皮肤和黏膜消毒。皮肤消毒配成 5%溶液，奶牛乳头浸泡用 0.5%～1%溶液，黏膜及创面冲洗用 0.1%溶液。1%溶液可用于治疗马角膜真菌感染。

②碘伏。碘伏又称为碘附。本品为碘、碘化钾、表面活性剂与磷酸等配成的水溶液。含有效碘 2.7%～3.3%。临用前本品配成 0.5%～1%溶液，用于手术部位、奶牛乳房和乳头、手术器械等消毒。

③碘酊。碘酊也叫碘酒，是碘和碘化钾的酒精溶液，碘化钾有助于碘在酒精中的溶解。碘酒有强大的杀灭病原体作用，它可以使病原体的蛋白质发生变性。碘酒可以杀灭细菌、真菌、病毒、阿米巴原虫等，可用来治疗许多细菌性、真菌性、病毒性等皮肤病。能渗入皮肤杀死细菌，2%～3%碘酒用作皮肤消毒。1%碘酒用作口腔黏膜消毒。但不能与红药水同用，同用会产生有毒的碘化汞。

(8)表面活性剂

①苯扎溴铵。苯扎溴铵又称新洁尔灭，为阳离子表面活性剂，对细菌如化脓杆菌、肠道菌等有较好的杀灭能力。苯扎溴铵对革兰氏阳性菌的杀灭能力，要比革兰氏阴性菌为强。对病毒的作用较弱，对亲脂性病毒如流感、牛痘、疱疹等病毒有一定杀灭作用；对亲水性病毒无效。对结核杆菌与真菌的杀灭效果甚微；对细菌芽孢只能起到抑制作用。应用于创面消毒为 0.01% 溶液；皮肤、手术器械消毒为 0.1%溶液。应用时禁与肥皂及其他阴离子活性剂、盐类消毒剂、碘化物和过氧化物等配伍使用，术者用肥皂洗手后，务必用水冲净后再用本品。

②癸甲溴铵。癸甲溴铵是双链季铵盐消毒剂，对多数细菌、真菌和藻类有杀灭作用，对亲脂性病毒也有一定作用。厩舍、器具消毒，配成 0.015%～0.05%溶液；饮水消毒，配成 0.002 5%～0.005%溶液。

(9)染料类

①乳酸依沙吖啶。乳酸依沙吖啶又称为雷佛奴尔，为黄色结晶性粉末，无臭，味苦。在水中略溶，热水中易溶，水溶液不稳定。遇光渐变色。在乙醇中微溶，在沸腾无水乙醇中溶解。置褐色玻璃瓶，密闭，在凉暗处保存。此类为染料中最有效的防腐药。对各种化脓菌均有较强的作用，最敏感的细菌为产气荚膜梭菌和酿脓链球菌。抗菌活性与溶液的 pH 和药物解离常数有关。常以 0.1%～0.3%水溶液冲洗或以浸泡纱布湿敷，治疗皮肤和黏膜的创面感染，在治疗

浓度时对组织无损害。抗菌作用产生较慢，但药物可牢固地吸附在黏膜和创面上，作用可维持1 d之久。当有机物存在时，活性增强。使用时应注意：①溶液在保存过程，尤其曝光下，本品可分解生成毒性产物。②与碱类和碘渍混合易析出沉淀。③长期使用可能延缓伤口愈合。④当有高于0.5%浓度的NaCl存在时，本品可从溶液中沉淀出来，故不能用NaCl溶液配制。

②甲紫。甲紫、龙胆紫和结晶紫是一类性质相同的碱性染料，对革兰氏阳性菌有强大的选择作用，也有抗真菌作用。对组织无刺激性。临床上常用其1%～2%水溶液或醇溶液治疗皮肤、黏膜的创面感染和溃疡。0.1%～1%水溶液用于烧伤，因有收敛作用，能使创面干燥，也用于皮肤表面真菌感染。

(七)中草药制剂

板蓝根注射液

板蓝根注射液有效成分为靛苷及板蓝根素。

【作用与应用】具有抗菌、抗病毒作用。对枯草杆菌、金黄色葡萄球菌、大肠杆菌、肠炎杆菌、溶血性链球菌、流感病毒等有抑制作用。常用于病毒性感染，如流行性脑脊髓炎、流感，也用于上呼吸道感染、肺炎、肠炎、流行性淋巴炎、马腺疫、猪肺等的治疗。

【制剂与用法】肌内注射量，牛、马40～60 mL，猪羊10～20 mL，2～3次/d。

穿心莲注射液

穿心莲注射液有效成分为穿心莲内酯和新穿心莲内酯。

【作用与应用】对肺炎球菌、金黄色葡萄球菌、变形杆菌、绿脓杆菌、大肠杆菌和钩端螺旋体有抑制或杀灭作用。此外，尚有解热、止泻和增强机体免疫功能的作用，主要用于治疗畜禽菌痢、仔猪副伤寒、肺炎、泌尿道炎及脑炎等。

【制剂与用法】肌内注射量，牛40～60 mL，猪、羊10～20 mL。

麻黄汤(《伤寒论》)

【组成】麻黄(去节)45 g　桂枝45 g　杏仁60 g　炙甘草20 g

【用法】水煎，候温灌服；或为细末，稍煎，候温灌服。

【功效】发汗解表，宣肺平喘。

【主治】外感风寒表实证。

【方解】方中麻黄辛温，能发汗解表以散风寒，又能宣利肺气以平喘咳，为主药；桂枝发汗解肌，温通经脉，与麻黄合用则发表之力大增，并能解除肢体疼痛，为辅药；杏仁宣降肺气，助麻黄止咳平喘，为佐药；甘草协调诸药，为使药。四药同用，共收发汗解表，宣肺平喘之效。

【主证】证见发热恶寒，且恶寒重，发热轻，无汗，皮紧毛乍，鼻流清涕，口色青白，舌苔薄白，脉浮紧，有时咳嗽，咳声洪亮。

【应用】临床上主治畜禽瘟热性疾病、感冒、流感、急性气管炎、大肠杆菌病、沙门菌病、禽霍乱等病。

【备注】本方为发汗之峻剂，凡表虚自汗、外感风热、体虚外感、产后血虚等不宜应用。本方不宜久服，一经出汗，即应停药。本方具有解热、促进腺体分泌、镇咳祛痰和扩张支气管等作用。三拗汤有较强的平喘作用，效果优于单味麻黄或麻黄碱。

荆防败毒散(《摄生众妙方》)

【组成】荆芥 30 g 防风 30 g 羌活 25 g 独活 25 g 柴胡 25 g 前胡 25 g 桔梗 30 g 枳壳 25 g 茯苓 45 g 川芎 20 g 甘草 15 g

【用法】研末水冲服，或煎汤灌服。

【功效】发汗解表，散寒除湿。

【主治】外感挟湿的表寒证。

【方解】方中荆芥、防风发散肌表风寒，羌活、独活祛除风湿，四药共用解表祛邪为主药；川芎散风止痛，柴胡协助荆防疏解表邪，茯苓渗湿健脾，均为辅药；枳壳理气宽胸，前胡、桔梗宣肺止咳为佐药；甘草益气和中，调和诸药为使药。诸药相合，共奏发汗解表、散寒祛湿之效。

【主证】证见发热恶寒，无汗，被毛逆立，甚至颤抖，鼻流清涕，咳声洪亮，喷嚏，口色青白，舌苔薄白，脉象浮紧。牛鼻镜水不成珠，反刍减少；猪、犬等，畏寒喜暖，鼻塞不通。

【应用】临床主要用于治疗急性上呼吸道感染、病毒性角膜炎、流行性腮腺炎、口腔感染、痘病等病症。

【加减】如不兼有湿症，可去独活、羌活。本方去荆芥、防风，加银花、连翘、薄荷、生姜，名银翘败毒散，治疮疡热毒红肿。

【备注】本方对外感风寒主兼各症均能兼顾，属辛温解表之平剂。一般风寒外感诸证皆可应用。

清瘟败毒饮(《疫疹一得》)

【组成】石膏(先煎)120 g 知母 30 g 犀角 6 g(锉细末冲服，可用 10 倍量水牛角代) 生地 30 g 丹皮 20 g 玄参 25 g 赤芍 25 g 黄连 20 g 栀子 30 g 黄芩 25 g 连翘 30 g 桔梗 25 g 竹叶 25 g 甘草 15 g

【用法】为末，开水冲调，候温灌服，或煎汤服。

【功效】清气凉血，泻下解毒。

【主治】热毒炽盛，气血两燔。

【方解】方中重用石膏、知母大清气分热，为主药；犀角、生地、丹皮、玄参、赤芍清营凉血解毒，黄连、栀子、黄芩、连翘通泻三焦火热为辅药；竹叶清心利尿，导热下行，桔梗载药上行，共为佐药；使以甘草清热解毒，调和诸药。各药配合，气血两清作用颇强，可使热毒迅速清除。

【主证】证见身大热，口渴喜饮，口燥苔焦，舌质红绛，发斑，衄血，便血，脉数。

【应用】主治热毒发斑，高热神昏。主要用于温热病，疫毒邪火炽盛而见高热烦渴，口干咽痛，或吐衄斑疹，舌绛唇焦，脉洪数等气血两燔等症，兽医临床多用于牛流感、猪无名高热、猪链球菌病、猪附红细胞体、鸡温和型流感，非典型鸡新城疫，鸡大肠杆菌、鸭传染性结膜炎、犬瘟热等症。

【备注】本方可明显降低伤寒杆菌引起的家兔发热。若经直肠给药，则解热效果更加明显。本方为大寒解毒、气血两清之剂，能损人阳气，故素体阳虚，或脾胃虚弱者忌用。现代药理主要有解热、抗血小板凝集、降低血液黏度、抗炎、镇痛、镇静、抗菌、抗病毒、保肝、解毒、强心、利尿等作用。

玉屏风散(《世医得效方》)

【组成】黄芪 90 g　白术 60 g　防风 30 g

【用法】共为末，开水冲调，候温灌服，或水煎服。

【功效】益气固表止汗。

【主治】表虚自汗及体虚易感风邪者。

【方解】方中重用黄芪以益气固表，为主药；白术健脾益气，助黄芪益气固表止汗，为辅药；二药合用使气旺表实，汗不外泄，邪不内侵。防风走表散风祛寒，为佐使药。黄芪得防风，固表而不留邪；防风得黄芪，祛邪而不伤正。三药合用，使邪去则外无所扰而汗止，卫和则腠理固密而邪不复侵，脾健则正气复而内有所据，达到益气固表，扶正祛邪之功。方名是取其有益气固表止汗、抵御风邪之功，有如御风的屏障之意。

【主证】证见休闲时出汗，或轻度使役即出大汗，耳根、肘后、股内及阴囊附近被毛湿润或汗液淋漓。耳鼻四肢发凉，呼吸气短，虚弱无力。口色淡，脉虚浮。

【应用】本方为治表虚自汗以及体虚患畜易感风邪的常用方剂。

【备注】本方虽与牡蛎散均能固表止汗，牡蛎散敛汗之力强，适用于卫气不固之自汗，本方旨在益气健脾，适用于表虚自汗及体虚易感受风邪者。现代药理研究证明，本方具有提高机体免疫功能和一定的抗菌、抗病毒的作用。

二、抗寄生虫药

(一)抗蠕虫药

1. 驱线虫药

敌百虫

【性状】精制品为白色结晶性粉末，有氯醛气味。易溶于水，水溶液呈酸性反应，性状不稳定，在碱性溶液中可水解成毒性更高的敌敌畏，应密封、于阴凉干燥处贮存。

【作用与应用】敌百虫为有机磷类广谱杀虫药，具有胃毒和接触毒。能与虫体内胆碱酯酶结合，抑制该酶的活性而使乙酰胆碱蓄积，引起虫体先兴奋痉挛而后麻痹乃至死亡。主要用于驱除家畜的胃肠道线虫，如蛔虫、钩虫、食道口线虫、姜片吸虫等，也可用于马胃蝇蛆、羊鼻蝇蛆、螨病等。并可作为蜱、蚤、虱、蚊、虻等吸血昆虫的杀虫剂。

【中毒与解救】敌百虫属低毒的有机磷化合物，其安全范围窄，剂量过大可出现胆碱能神经过度兴奋的中毒症状。家禽最敏感，牛次之，猪和羊较能耐受。中毒时可用阿托品和胆碱酯酶复活剂等进行抢救。

【制剂与用法】精制敌百虫片剂：内服，每千克体重，马 30～50 mg，(极量 20 g)，牛 20～40 mg，(极量 15 g)，绵羊 80～100 mg，山羊 50～70 mg，猪 80～100 mg，外用 1%～2%溶液，局部涂擦。

盐酸左旋咪唑

【性状】白色或黄白色结晶或结晶性粉末，无臭，苦味，极易溶于水，遇碱易分解，应密封保存。

【作用与应用】本品为广谱、高效、低毒的咪唑类驱虫药。可抑制虫体延胡索酸还原酶的活性，阻断延胡索酸还原为琥珀酸，影响虫体内无氧代谢过程，使肌肉 APT 减少，导致虫体麻痹而死亡。左旋咪唑可驱除消化道 70 余种线虫的成虫和幼虫，为最常用的驱蛔虫、蛲虫和钩虫药。对猪、牛、羊的肺线虫有特效。

此外，本品有免疫增强作用，使受抑制的巨噬细胞和 T 细胞功能恢复正常，增强机体的抗病力，临床用于牛乳腺炎和类风湿症的治疗。

【不良反应】左旋咪对牛、羊、猪、禽安全范围较大。马和骆驼较敏感。剂量过大时，可出现类似胆碱能神经过度兴奋的症状，可用阿托品等治疗。

【制剂与用法】盐酸左旋咪唑片剂：内服量，每千克体重，牛、马、猪和羊 8 mg，犬、猫 10 mg，禽类 25 mg。盐酸左旋咪唑注射液：肌内或皮下注射量，每千克体重，牛、马、猪和羊 7.5 mg，犬、猫 4.4 mg，连用 2 d，隔 2 周后按每千克体重 0.8 mg 再用 1 次。马慎用，骆驼禁用。

丙硫苯咪唑(阿苯哒唑)

【性状】白色粉末，无臭，不溶于水，溶于冰醋酸。宜密封保存。

【作用与应用】丙硫苯咪唑类为广谱、高效、低毒的苯并咪唑抗蠕虫药。能影响虫体能量代谢，引起 APT 缺乏而使虫体无法生存和发育。对多种胃肠道线虫、肺线虫、肝片吸虫及猪囊虫、旋毛虫等均有效。是防止常见的线虫病、绦虫病、吸虫病的良药。并且对乳牛急性贝诺孢子虫也有高效。

【制剂与用法】内服量，每千克体重，马、牛、猪、羊和鸡 5～20 mg。

伊维菌素

【性状】白色结晶性粉末，在水中几乎不溶，在甲醇、乙醇、丙醇、丙酮、乙酸乙酯中易溶。

【作用与应用】为广谱、高效抗寄生虫的半合成抗生素。能直接激活抑制性神经元或促进突角前膜释放 γ-氨基丁酸、干扰突触传递，使虫体麻痹致死。对畜禽的线虫(如蛔虫、血矛线虫、食道口线虫、肺线虫、肾线虫等)有良好的驱除作用，对体外寄生虫(如蜱、螨、虱、蝇类等)也有杀灭作用。

本品毒性小，安全范围大。猪、羊用 10 倍治疗量均未发现不良反应。

【制剂与用法】内服或肌内注射量，每千克体重，马 0.2～0.5 mg，牛 0.1～0.2 mg，猪(内服)0.3～0.5 mg，犬 0.2 mg。皮下注射量，每千克体重，羊 0.2 mg，猪 0.3 mg。

【注意】用药后，猪 28 d、羊 21 d 内不得屠宰食用。用药后 28 d 内，羊奶不能供饮用。

2. 驱绦虫药

氯硝柳胺(灭绦灵)

【性状】淡黄色结晶粉末，无味，难溶于水，微溶于有机溶剂。应遮光、密封保存。

【作用与应用】本品内服后难吸收，故在肠道内浓度较高。作用机理是抑制虫体细胞内线粒体氧化磷酸化作用，杀灭绦虫的头节及其近端，使绦虫脱离肠壁随粪便排出体外。常用于驱除马裸头绦虫，牛、羊莫尼茨氏绦虫、曲子宫绦虫、无卵黄腺绦虫，犬绦虫，鸡绦虫。此外对一些吸虫及其幼虫也有驱除作用，且可杀灭钉螺。

【制剂与用法】内服量，每千克体重，马 80～90 mg，牛、羊 50～70 mg，犬、猫 100 mg，鸡 50～60 mg。

丁萘脒

本品有盐酸盐和羟萘酸盐两种，前者多用于犬、猫，后者用于羊。作用机理可能与抑制绦虫对葡萄糖的摄取和使虫体外皮破裂有关。给药前停饲，能提高驱虫效果。对绵羊和山羊的莫尼茨绦虫、鸡赖利绦虫、犬和猫的大多数绦虫都有良好的驱除效果。犬、猫可能出现吐泻。

【制剂与用法】内服量，每千克体重，羊 25～50 mg/次(羟萘酸丁萘脒)，犬、猫 20～50 mg/次(盐酸丁萘脒)，鸡 400 mg/次(羟萘酸丁萘脒)。

3. 驱吸虫药

硫双二氯酚(别丁)

【性状】白色或黄白粉末，不溶于水，易溶于乙醇及稀碱中，应密封保存。

【作用与应用】本品具有广谱驱吸虫和绦虫作用。作用机理是降低虫体内葡萄糖的分解和氧化代谢。尤其是抑制琥珀酸的氧化，阻断虫体获得能量。主要对牛和羊的肝片吸虫、前后盘吸虫、莫尼茨绦虫、无卵黄腺绦虫、猪姜片吸虫、马裸头绦虫和禽绦虫等有效。对童虫效果较差，必须增大剂量。

【不良反应】治疗量一般无毒性。剂量增大时，可出现减食，精神沉郁、腹泻，乳牛的产奶量和鸡的产蛋率下降，停药后可自行恢复。

【制剂与用法】硫双二氯酚片：内服量，每千克体重，马 10～20 mg，牛 40～60 mg，羊、猪 75～100 mg，鹿 50～100 mg，鸡 100～200 mg。硫双二氯酚注射液：深部肌内注射量，每千克体重，牛、羊 20～25 mg。

硝氯酚

【性状】黄白色结晶性粉末,不溶于水,其钠盐易溶于水,应遮光、密封保存。

【作用与应用】能抑制虫体琥珀酸脱氢酶的活性,影响虫体糖代谢,使其能量耗尽,麻痹而死。对牛、羊肝片吸虫的成虫作用较好,对童虫效果较差,须用较高剂量。

【不良反应】治疗量时无显著毒性,剂量过大可呈现体温升高、心率和呼吸均加快、精神沉郁、停食等。可用强心药、葡萄糖等解救。黄牛对本品较能耐受,而羊则较敏感。

【制剂与用法】硝氯酚片:内服量,每千克体重,黄牛 3~7 mg,水牛 1~3 mg,羊 3~4 mg,猪 3~6 mg。硝氯酚注射液:皮下或肌内注射量,每千克体重,牛 0.8~1 mg,羊 1~2 mg。

4. 抗血吸虫药

吡喹酮

【性状】白色或类白色结晶性粉末,味苦,不溶于水,溶于氯仿、乙醇,应避光、密封保存。

【作用与应用】本品是广谱、高效、低毒的驱虫药。能促进虫体对钙离子、钠离子的吸收而抑制钾离子的摄取,使虫体肌细胞内钙离子浓度增加,引起肌肉收缩致痉挛。同时,还可显著降低虫体对葡萄糖的摄取,使虫体内糖原减少,能量供应不足。本品内服后吸收快,作用迅速。服药 1 h 即可使虫体痉挛收缩,逐渐麻痹死亡或被排出体外,出现抗血吸虫、吸虫及绦虫等作用。

【不良反应】毒性较小,肌内和皮下注射对局部刺激性较强。治疗囊尾蚴病时可能出现囊液毒素吸收反应如体温升高、沉郁、乏力、重者卧地不起、肌肉震颤、减食或停食、呕吐、尿多而频、口流白沫、眼结膜和肛门黏膜肿胀等。可静脉注射高渗葡萄糖、5%碳酸氢钠以减轻反应。

【制剂与用法】内服量,牛(血吸虫病)30 mg/kg,羊(胰阔盘吸虫病)65~80 mg/kg,犬(华支睾吸虫病)75 mg/kg,犬(肺吸虫病)50 mg/kg。静脉或肌内注射量,牛(血吸虫病)10 mg/kg。内服治疗绦虫病(包括各种囊尾蚴),犊牛 100 mg/(kg·d),猪 50 mg/(kg·d),连用 5 d(或 200 mg/kg,1 次内服);羔羊 30~50 mg/(kg·d),连用 5 d,或 75 mg/(kg·d),连用 3 d;犬 5~10 mg/(kg·d),连用 5 d;鸡、鸭、鹅 10~20 mg/(kg·次)。

硝硫氰胺

【性状】黄色结晶性粉末,无臭,难溶于水,可溶于聚乙醇、二甲亚砜等。应遮光、密闭保存。

【作用及应用】本品对各型血吸虫均有强烈的驱除作用,通过抑制虫体琥珀酸脱氢酶,影响三羧循环,能量供应不足,使虫体吸盘无力,被血流带至肝脏而消灭。一般给药后 2 周虫体开始死亡,1 个月几乎全部死亡。本品对童虫的作用较差。此外对丝虫、钩虫、蛔虫等也有一定作用。

【不良反应】内服治疗量时,毒性反应较轻。静脉注射后约有 80%的牛出现四肢无力、共济失调等,一般 6~20 h 后可自行恢复。剂量过大或多次用药,可引起动物出现神经系统和心、肾、肝的损害,个别牛可突然倒地。目前无特效解救办法。

【制剂与用法】内服量，每千克体重，牛 0.15～0.2 g(极量，黄牛 60 g，水牛 80 g)，均分 5 d 用完。耳静脉注射，每千克体重，牛 2 mg(极量 0.6 g)，水牛 1.5 mg(限量 0.6 g)，制成 1%～2%生理盐水混悬液。

硝硫苯酯

硝硫苯酯是以硫代氨基甲酸苯酯取代硝硫氰胺结构上的异硫氰基因而合成的一种新型抗血吸虫药，其作用比硝硫氰胺略强而毒性较小。按每千克体重 2 mg 制成 1%混悬液一次静脉注射，对血吸虫病有可靠的疗效。

呋喃丙胺(F-30066)

【性状】黄色结晶性粉末，无味，无臭，微溶于水，水溶液不稳定，应遮光，密封保存。

【作用与应用】内服主要由小肠吸收，进入门静脉，直接与虫体接触，发生驱杀作用。对血吸虫的成虫和童虫均有杀灭作用。若与敌百虫合用，能促进血吸虫“肝移”，提高疗效。

【制剂与用法】呋喃丙胺肠溶片：内服量(与敌百虫合用)，黄牛 80 mg/(kg·次)，每日下午内服。每日上午内服敌百虫 15 mg/(kg·次)，连用 7 d。注意：消化道有炎症和肝功能不良的患畜，不宜应用。

(二)抗原虫药

1. 抗球虫药

抗球虫药种类很多，由于其作用峰期不同，所选药物也有差异。作用于第一代裂殖体的药物，预防性强，但不利于动物对球虫免疫力的形成；作用于第二代裂殖体，即有治疗作用的药物，对动物抗球虫免疫力的形成影响不大。各种抗球虫药，长期反复使用，均可产生明显的耐药性，耐药的速度随药物品种而异，其由慢到快顺序：尼卡巴嗪和聚醚类、氨丙啉和二硝托胺、氯苯胍、氯羟吡啶和喹啉类。为了减少耐药性的产生，通常要经一定时期交换使用不同的抗球虫药或联合用药。常用的抗球虫药有抗生素、磺胺类药、抗菌增效剂、呋喃类及氯苯胍、氨丙啉、硝苯酰胺、氯羟吡啶、尼卡巴嗪、常山酮和离子载体抗生素类等。

氯苯胍

【性状】其盐酸盐为白色粉末，不溶于水。

【作用与应用】主要抑制球虫第一代裂殖体的发育，对第二代裂殖体也有灭杀作用，还可抑制卵囊发育。其作用峰期在感染后的第 3 天，对畜禽单独或混合感染的球虫药均有效。此外，也可防治畜禽弓形虫病。

【不良反应】本品毒性小，安全范围大，长期应用，可引起鸡肉、蛋发生异味，一般产蛋鸡不用，肉鸡在宰前 7 d 停药。

【制剂与用法】混饲浓度，禽 0.003%～0.006%或每吨饲料加入本品 33 g 混匀，兔 0.01%～0.015%。

氨丙啉(安保乐)

【性状】其盐酸盐为白色或类白色粉末，无臭，易溶于水。

【作用与应用】氨丙啉的化学结构与硫胺相似，故在虫体的代谢过程中可取代硫胺，使球虫发生硫胺缺乏症，而干扰虫体代谢。因此，用药时，要注意控制饲料中硫胺的含量。

本品对脆弱艾美耳球虫、堆型艾美耳球虫有效，它能抑制第一代裂殖体的生长繁殖，对配子体也有抑制作用。以鸡艾美耳球虫为例，作用峰期在感染后的第 3 天。常与其他抗球虫药合用，扩大抗球虫范围。本品毒性较小，是蛋鸡的主要抗球虫药，但剂量增大时，可引起多发性神经炎。

【制剂与用法】混饲浓度，鸡 0.001 25％～0.024％；混饮浓度，鸡 0.006％～0.024％，连喂 7 d，以后半量喂 14 d。羔羊每千克体重 50 mg/d，连用 4 d。犊牛每千克体重 20～50 mg/d，连用 5～6 d。

二硝苯甲酰胺(球痢灵)

【性状】淡黄褐色粉末，性质稳定，难溶于水。

【作用与应用】主要抑制第一代裂殖体芽孢的增殖，作用峰期为感染后第 3 天。对鸡、火鸡多种艾美耳球虫有效，尤其对毒害艾美耳球虫有高效，可产生耐药性，与呋喃类药有交叉耐药性。治疗量对鸡生长、增重及产蛋等均无影响。

【制剂与用法】鸡，混饲浓度 0.025％，连用 3 d，预防量减半。兔，内服，每千克体重 5 mg，2 次/d，连用 6 d，或混饲浓度 0.025％～0.03％。

氯羟吡啶(氯吡醇、克球粉、可爱丹)

【性状】白色或淡棕色粉末，不溶于水，易溶于氢氧化钠溶液中。

【作用与应用】对鸡的八种艾美耳球虫及鸭球虫均有效，能杀灭已从成熟卵囊中裂解出来的子孢子及第一代裂殖体。以脆弱艾美耳球虫为例，作用峰期在感染后第 1 天。因此，适合作预防用药。本品对球虫的作用较氨丙啉、球痢灵好，并能增加体重，提高饲料报酬。

本品毒性较低，但增大剂量长期饲喂会影响鸡的生长及产蛋。肉鸡及火鸡宰前 5 d 停药。

【制剂与用法】混饲浓度，鸡 0.012 5％～0.025％。

常山酮(速丹)

【性状】从中药常山中提取的生物碱，人工合成的常山酮为白色或灰白粉末。

【作用与应用】对禽球虫各期裂殖体和子孢子都有效，并可抑制卵囊形成，与其他抗球药无交叉耐药性。主要用于鸡球虫病的防治，对牛泰勒梨形虫病也有一定疗效。禁用于产蛋禽和水禽，对鱼类及水生动物有毒。

【制剂与用法】二氢溴酸常山酮：混饲浓度，鸡、鸽及鸟类 0.000 3％，或每吨饲料加本品 3 g。

地克珠利(杀球灵、伏球)

【性状】主要成分为二氯三嗪苯乙氰,淡米黄色或灰棕色粉末,不溶于水及多种有机溶剂中。性质稳定。

【作用与应用】地克珠利是新型抗球虫药,具有广谱、高效、低毒、用量少等特点。本品效果优于莫能菌素、氨丙啉、拉沙里菌素、尼卡巴嗪和氯羟吡啶等。与现有的抗球虫药无交叉耐药性,治疗浓度未见不良反应。

【制剂与用法】混饲浓度,鸡每吨饲料加本品 1 g(以地克珠利计)。

莫能菌素(牧宁菌素、欲可胖)

本品是从链霉菌中分离出的一种酸性抗生素,有显著的抗球虫作用,主要影响第一代裂殖体繁殖,并能阻止子孢子侵入宿主细胞。其作用峰期在感染后第 2 天。此外,还能抗革兰氏阳性菌、猪密螺旋体,促进动物生长、提高饲料利用率。临床多用于防治雏鸡、雏火鸡、犊牛、羔羊和兔的球虫病及猪血痢。

【注意】不与二甲硝咪唑、泰乐菌素、泰妙灵、竹桃霉素等合用,产蛋鸡禁用,屠宰前 3 d 停药。

【制剂与用法】混饲浓度,肉牛 0.02%,犊牛 0.001 7%～0.003 3%;羔羊 0.001%～0.003%,雏鸡 0.007 7%～0.012%,火鸡雏 0.006%～0.01%,肉鸡 0.012 5%。

盐霉素

本品是从白色链霉素菌培养液中分离获得的广谱抗球虫药。抑制第一代裂殖体子孢子,作用峰期在感染后第 1 天,对革兰氏阳性菌也有较强的抑制作用。还可提高饲料转化率和促进动物生长,临床上主要用于防治畜禽的球虫病。产蛋鸡禁用,肉鸡宰前 5 d 停药。

【制剂与用法】混饲浓度,雏鸡 0.006%～0.007%,犊牛 0.002%～0.005%,羔羊 0.001%～0.002 5%。

马杜拉霉素

铵盐为白色结晶性粉末,不溶于水。其 1%预混剂为黄色或浅褐色粉末。

【作用与应用】对大多数革兰氏阳性菌和部分真菌有效,并能干扰球虫生活史的早期阶段,不仅能抑制球虫生长,且能杀灭球虫,可用于防治球虫病。

【制剂与用法】马杜霉素预混剂即 1%马杜霉素铵盐。一般规定肉鸡的混饲浓度为 5 ppm,即 1 000 kg 饲料添加 500 g 1%马杜霉素预混剂。产蛋鸡禁用,肉鸡宰前 5 d 停药。

2. 抗焦虫药

三氮脒(贝尼尔、血虫净)

【性状】黄色结晶性粉末,无味,易溶于水。

【作用与应用】对家畜的焦虫、锥虫和边缘边虫均有效。作用机理是选择性地抑制虫体DNA的合成,而影响其生长繁殖。对牛环形泰勒焦虫、双芽焦虫、巴贝斯焦虫有明显的杀灭作用,但剂量不足时,焦虫和锥虫可产生耐药性。

【不良反应】安全范围小。肌内注射局部有刺激性,可引起肿胀,一般1～3周消失。马静脉注射治疗量,有时可出现出汗、流涎、腹痛等症状。水牛比黄牛稍敏感,少数水牛注射后可出现肌肉震颤、尿频、呼吸加快、流涎等症状,经几小时后可自行恢复。若反应严重,可肌内注射阿托品解救。骆驼对本品很敏感,不宜应用。

【制剂与用法】三氮脒粉针:肌内注射量,每千克体重,马3～4 mg,牛、羊3～7 mg(乳牛2～5 mg),犬、猫3.5 mg,一般用1～2次,连用不超过3次,间隔时间为24 h。

3. 抗锥虫药

萘磺苯酰脲(那加诺、拜耳205)

【性状】白色或淡红色粉末,易溶于水。

【作用与应用】对伊氏锥虫、马媾疫锥虫、布氏锥虫有杀灭作用。能抑制虫体分裂受阻溶解死亡,本品能与血浆蛋白结合,药物可在体内停留1.5～2个月,因此,既有治疗作用,又可用于预防。

【不良反应】马属动物和黄牛对本品较敏感,水牛反应较小,骆驼不敏感。马静脉注射治疗量可出现体温升高、眼睑及躯体下部浮肿、黏膜发绀、跛行等不良反应,数日后可自然恢复,为减轻不良反应提高疗效,可并用氯化钙、安钠咖等。

【制剂与用法】萘磺苯酰脲粉针:静脉注射量,每千克体重,马10～15 mg,牛15～20 mg,骆驼20～30 mg,必要时,7 d后重复用药1次。

4. 抗其他原虫药

乙胺嘧啶(息疟定、达拉匹林)

【性状】白色结晶粉末,无臭、无味、难溶于水。

【作用与应用】能抑制二氢叶酸还原酶,使之不能还原成四氢叶酸,核酸合成受阻,最终胞核分裂受到抑制,从而产生抗原虫作用。用于治疗家畜和禽的弓形虫病,禽球虫病,鸡住白细胞虫病,鸡、火鸡、鹅的滴虫病、疟原虫病。

【注意事项】为防止产生骨髓抑制,内服时可与酵母或亚叶酸5～10 mg配合,但不可与叶酸配伍,以免产生拮抗作用而失效。

【制剂与用法】乙胺嘧啶片:内服量,犬、猫等动物的弓形虫病每千克体重0.5～2.2 mg,1次/d,连用2 d。混饲浓度,禽类每100 kg饲料加入1 g。

二甲硝咪唑

【性状】类白色或微黄色粉末，无臭或有微臭，微溶入水，遇光色渐变黑，须遮光、密封保存。

【作用与应用】本品有广谱抗菌和抗原虫作用。不仅对大肠杆菌、链球菌、葡萄球菌、密螺旋体等有抑制作用，且能杀组织滴虫、纤虫、阿米巴和滴虫，用于禽的组织滴虫病效果很好。也可防止其他鞭毛虫病、牛毛滴虫病、猪密螺旋体病、伪膜性肠炎、溃疡性肠炎等。

【注意事项】产蛋鸡、孕畜、哺乳畜禁用，用药疗程不可太长，禽类很敏感。

【制剂与用法】二甲硝咪唑片：内服量，每千克体重，猪 30 mg，禽 40～50 mg，连用 3～5 d，以后半量用至第 15 天。预防量，每千克体重 15 mg，宰前 5 d 停药（水禽以 10 mg 为宜）。二甲硝咪唑预混剂：混饲浓度，猪每 100 kg 饲料加本品 1 000～2 500 g，禽每 100 kg 饲料加本品 400～2 500 g。3%二甲硝咪唑注射液：肌内注射，猪每千克体重 20 mg。

（三）杀虫药

1. 有机磷杀虫药

蝇毒磷与皮蝇磷

【性状】二者均为白色结晶，不溶于水，遇碱分解。其制剂通常是 20%或 24%乳剂。

【作用与应用】用于杀灭皮蝇蛆、虱、蝇、螨、蜱及其他害虫。蝇毒磷还可驱除胃肠道的多种线虫，如捻转血矛线虫、毛圆属线虫、古柏属线虫和奥斯特他属线虫等。皮蝇磷主要用于防治牛皮蝇蚴、牛皮蝇、蚊皮蝇等。

【制剂与用法】

蝇毒磷：内服量，反刍动物 2 mg/(kg·d)，连用 6 d。混饲浓度，鸡 0.003%～0.004%，连用 10～14 d。本品是有机磷中唯一可用于泌乳奶牛的杀虫剂。外用，以 0.05%乳液药浴或喷洒（鸡较敏感）。

皮蝇磷：内服量，牛每千克体重 100 mg 一次服完，或 15～25 mg/(kg·d)，连用 6～7 d；羊 100 mg/(kg·d)。外用，0.25%～0.5%乳液喷洒。

2. 拟除虫菊酯类杀虫药

拟除虫菊酯类杀虫药是高效、速效、无残留毒、不污染环境、对人畜安全无毒、残效期较长的新型杀虫药。常用的有二氯苯醚酯、溴氰菊酯、氯氰菊酯和戊酸氰菊酯等。

溴氰菊酯（敌杀死）

溴氰菊酯属于接触性杀虫剂。对动物体外寄生虫的作用强而迅速，且残效期短。对家蝇和蚊的杀灭作用分别为天然除虫菊酯的 200 倍和 1 000 倍。据试验，体外应用 0.01%的浓度 3 d 内可杀死蜱。常用 0.012 5%～0.002 5%溶液喷雾驱杀鸡虱，0.01%溶液喷洒牛舍及牛体表，平均 25～35 mg/(头·次)，隔半个月使用 1 次，连用 10 次，对牛避免感染血孢子虫的保护率可达 98%。

3. 脒类杀虫药

双甲脒

【性状】白色或淡黄色晶体。水中几乎不溶。

【作用与应用】本品为广谱、高效、低毒杀虫药。对蜱、螨、虱、蝇有杀灭作用，对人畜及蜜蜂无害。杀虫作用与干扰虫体神经系统功能有关，且能影响虫卵活力。双甲脒乳油(12.5%)喷洒家畜体表，牛 0.018%～0.025%，羊、猪 0.05%。蜂螨以 0.005%喷雾。

三、影响新陈代谢的药物

(一)维生素

维生素是维持动物体正常代谢所必需的一种有机物质，需要量很小，许多维生素又是辅酶的组分，在物质代谢中起到重要的催化作用，另外有抗应激促生长作用。按其溶解性质可分为脂溶性维生素和水溶性维生素两大类。

1. 脂溶性维生素

(1)维生素 A　维生素 A 是维持上皮组织的正常机能和参与视紫质的合成。临床主要用来预防和治疗皮肤和角膜角质化、眼干燥、视力障碍、幼畜生长不良、受精力下降、抗病力减弱等。维生素 A 通常与维生素 D 联合应用。本品还可加速上皮再生及创口愈合，外用以治疗创伤和溃疡。维生素 AD 油(每毫升含维生素 A 1 500 IU、维生素 D 150 IU)内服一次量：牛、马 20～60 mL，猪、羊 10～15 mL，禽 1～2 mL，犬 5～10 mL。外用 10%软膏。维生素 AD 针(每毫升含维生素 A 5 万 IU、维生素 D 0.5 万 IU)，肌内注射量，牛、马 5～10 mL，驹、犊、猪、羊 2～4 mL，仔猪、羔羊 0.5～1 mL。

(2)维生素 D　主要有维生素 D_2(骨化醇)和维生素 D_3(胆钙化醇)。能促进肠内钙、磷吸收，并贮存于骨骼中，促使骨钙化和维持血钙平衡，促进幼畜生长，骨、齿发育，使禽蛋壳变厚等。主治维生素 D 缺乏症，如幼畜的佝偻病、成年畜的骨软病、妊娠或泌乳母畜、骨折病畜等。维生素 D_2 胶囊剂，1 万 IU/丸，口服量，家畜每千克体重 400～600 IU；禽每千克体重 100～200 IU。胶性钙针剂，含钙 0.5 mg、维生素 D_2 0.5 万 IU，肌内注射量，牛、马 2.5 万～10 万 IU，猪、羊 0.5 万～2 万 IU。维生素 D3 针剂(30 万 IU/mL，60 万 IU/mL)，肌内注射量，每 100 kg 体重 15 万～30 万 IU。预防生产瘫痪时可在产犊前 2～8 d，肌内注射 1 000 万 IU/d。补充本品时，应同时补充钙剂。

(3)维生素 E　又名生育酚，主要是维持生殖器官、神经系统和横纹肌的正常机能以及抗氧化作用。临床用于维生素 E 缺乏症，如犊牛、羔羊的肌萎缩、白肌病和心肌变性，猪的死胎、黄膘病，动物的习惯性流产、不孕症、禽类的脑软化等。针剂(1 mL∶0.05 g)。肌内注射量，每千克体重，牛、羊 5～20 mL，仔猪、羔羊 0.1～0.5 g，犊、驹 0.5～1.5 g，犬 0.03～0.1 g。雏鸡可以每千克饲料混入 5 mg，作为预防用。

2. 水溶性维生素

(1)维生素 B_1　又名硫胺，临床用于维生素 B_1 缺乏症，如多发性神经炎(运动失调、肌痉挛等)、胃肠迟缓、酮血症、心肌炎等。此外，大量注射葡萄糖时可以补充维生素 B_1 以增加糖代谢率。针剂(1 mL∶10 mg，1 mL∶25 mg，10 mL∶250 mg)。皮下注射量，牛、马 100～200 mg，犊、驹 10 mg，猪、羊 25～50 mg。片剂(10 mg，50 mg)，内服量同注射量。

(2)维生素 B_2　又名核黄素，本品主要参与机体细胞氧化还原过程，与糖、蛋白质和脂肪代谢有关。用于维生素 B_2 缺乏症，如结膜炎、角膜炎、口角炎、消化不良、皮肤粗糙、雏鸡蜷肢、母鸡产蛋率下降等。针剂(2 mL∶5 mg，2 mL∶10 mg)，皮下或肌内注射一次量，牛、马 100～150 mg，猪、羊 20～30 mg，犬 10～20 mg，猫 5～10 mg。禽每千克饲料 2～5 mg(预防)。片剂(5 mg)，内服量同注射量。

(3)维生素 B_{12}　本品参与体内核酸、胆碱、蛋氨酸的合成及脂肪与糖的代谢。能维持骨髓正常的造血机能，并保持中枢及周围有髓神经的正常代谢和生理功能。常用于维生素 B_{12} 的缺乏症，如贫血、营养不良、生长迟缓、神经炎等。针剂(1 mL∶0.05 mg，1 mL∶0.1 mg，1 mL∶0.25 mg，1 mL∶0.5 mg，1 mL∶1 mg)，皮下或肌内注射一次量，牛、马 1～2 mg，猪、羊 0.3～0.4 mg，每日 1 次或隔日 1 次。禽内服一次量每千克饲料 0.01 mg。

(4)维生素 C　又名抗坏血酸，能增加毛细血管壁的致密性，刺激造血机能，增强机体对感染的抵抗力，促进创伤愈合。用于维生素 C 缺乏症——坏血病，如血管壁脆性增加、发热、机体抵抗力下降、保肝、解毒等。针剂(2 mL∶0.1 g，2 mL∶0.25 g，5 mL∶0.5 g，20 mL∶2.5 g)，静脉或肌内注射一次量，牛 2～4 g，马 1～3 g，猪、羊 0.2～0.5 g，犬 0.02～0.1 g，骆驼 1～2 g。

(二)钙和磷

钙磷的吸收可受下列因素影响：①酸性环境下钙易溶解利于吸收，碱性环境中钙沉淀阻碍吸收；②饲料中钙磷比例为 1∶1.5 时，钙易变成可溶性磷酸钙易于吸收；③维生素 D 能致活骨中磷酸酯酶，使有机磷酸化合物变成无机化合物与钙结合成磷酸钙，促进钙的吸收、贮存和利用；④肠内有大量脂肪酸和草酸可使钙沉淀，阻碍吸收。

1. 作用与应用

钙大部分以磷酸钙的形式贮存于骨骼中，缺钙时成年家畜发生骨软病，幼畜发生佝偻病。血钙过低神经肌肉兴奋性升高，引起骨骼肌与平滑肌强直性痉挛，表现在母畜为产前、产后瘫痪。钙离子能使毛细血管壁内皮间隙变得致密，产生消肿消炎、抗过敏等作用。钙离子具有加强心肌收缩力的作用。此外，钙离子还能加强大脑皮层抑制过程。加速血液凝固。单纯缺磷也能引起佝偻病和骨软病。磷还形成细胞膜的结构磷脂和蛋白质的合成。临床主要用于：①幼畜佝偻病、成年畜骨软病和低血钙瘫痪；②过敏性疾病如荨麻疹、血管神经性水肿、血清病等；③四氯化碳、硫酸镁中毒以及血钾过高等解毒。

2. 制剂、用量

(1)氯化钙　对局部刺激性强，静脉注射，不可漏出血管外。安瓿剂(10 mL∶0.3 g，10 mL∶0.5 g，20 mL∶0.6 g，20 mL∶1 g)，静脉注射量，牛、马 5～20 g；猪、羊 1～5 g，犬 0.1～0.5 g。

(2)葡萄糖酸钙　可内服。针剂(10 mL∶1 g，100 mL∶10 mg)，安瓿或瓶装，静脉注射、肌内注射一次量，牛、马、骆驼 20～60 g，猪、羊 5～15 g，犬 0.5～2 g。

(3)碳酸钙　常混入饲料以预防骨软病、佝偻病等。内服一次量,牛、马 30～120 g,猪、羊 3～10 g,犬 0.5～2 g,禽 0.1～0.3 g。

(4)磷酸二氢钠　静脉注射,10%～20%注射液静脉注射一次量:牛 30～60 g,或内服 90 g,3 次/d,治疗牛低血磷症。

(三)铁制剂及微量元素

参与机体代谢的元素很多,以下几种较为常用。

1. 铁制剂

铁是机体内不可缺少的元素之一,它是构成血红蛋白、肌红蛋白、细胞染色质、组织酶的原料,尚可兴奋骨髓的造血机能,促进红细胞的生成及氧和二氧化碳的运输。临床主要用于治疗仔猪缺铁性贫血。

制剂、用量:硫酸亚铁,淡蓝绿色结晶,易溶于水,内服一次量,牛、马 2～10 g,猪、羊 0.5～2.0 g(配成 0.2%～1%溶液)。含糖氧化铁,深红绿色的灭菌水溶液,安瓿剂(1 mL:20 mg,2 mL:20 mg,10 mL:20 mg)。肌内注射一次量,马 10～15 mL,仔猪 2 mL。

2. 铜制剂

铜是机体不可缺少的微量元素之一,肝脏中含量最多。它参与机体血红蛋白的合成,和铁有协同作用,因铜的缺乏可抑制铁的吸收和作用。铜也是细胞色素氧化酶的组成原料。促进神经组织中磷脂的形成。此外,对皮毛的生长、色素的形成和机体抵抗力也有影响。常用制剂为硫酸铜,内服量,每千克体重 20 mg。

3. 钴制剂

钴为机体内微量元素之一,是合成维生素 B_1 的成分。缺钴可发生贫血、食欲减退、消瘦、肝脂肪变性等。临床上主要用于再生障碍性贫血。常用的为氯化钴,内服治疗量,牛 0.5 g,犊牛 0.2 g,羊 0.1 g,羔羊 0.05 g;预防量,牛 25 mg,犊牛 10 mg,羊 5 mg,羔羊 2.5 mg。

4. 锌制剂

锌在机体所有器官中含量少,在肝、肌肉、胰以及骨内含量较高,钙可以影响其吸收。动物缺锌时表现为皮肤粗糙、角化不全、生长受阻等。临床上主要用于锌缺乏症。常用硫酸锌,内服量,猪 0.2～0.5 g/d,羊 0.3～0.5 g/d。

5. 硒制剂

硒是机体内具有特殊作用的微量元素。硒具有抗氧化性,对维持细胞膜的正常机能有重要意义。羔羊、犊牛、仔猪的白肌病与缺乏硒和维生素 E 有关。

亚硒酸钠,针剂(1 mL:1 mg,1 mL:2 mg,5 mL:5 mg,5 mL:10 mg),牛、马 30～50 mg,犊、驹 5～8 mg,仔猪、羔羊 1～2 mg。禽以 1 mg 混于 100 mL 水中,任其自饮。每隔 20 d 重复注射 1 次,直至痊愈。与维生素 E 合用,有协同作用。

6. 锰制剂

锰参与机体氧化作用。对造血和骨骼形成有密切关系。锰缺乏时,表现为骨端增大和腿骨变短、跛行等。禽类也发生骨短粗症。临床治疗时以 100 kg 饲料中加 12～24 g 硫酸锰或者以 1:3 000 的高锰酸钾溶液作饮水。

(四)肾上腺皮质激素

肾上腺皮质激素是由肾上腺皮质分泌的一种激素。按其生理功能可分为两类:一类是盐皮质激素,主要影响水、盐代谢,兽医临床实用价值不大。另一类是糖皮质激素,主要影响糖、蛋白质的代谢,并能对抗炎症反应,而对水、盐代谢影响很小,在兽医临床上有广泛用途,通常所说的皮质激素即指这一类激素。常见几种肾上腺皮质激素类药见表 2-5。

【作用与应用】

(1)抗炎作用　有强大的抗炎作用,对各种因素引起的(如机械性、细菌性、化学性)急、慢性炎症都有抑制作用。对急性炎症,能提高血管张力,减轻充血,从而使细胞间质的水肿消退,缓解红、肿、热、痛症状。对慢性炎症和炎症后期,能抑制或预防粘连和瘢痕形成。但同时降低机体防御机能,导致感染扩散,延迟创口愈合。用于治疗风湿症、类风湿性关节炎、腱鞘炎及结膜炎、角膜炎等。

(2)抗毒素作用　糖皮质激素能保护细胞的完整性,对抗细菌内毒素的刺激,对机体起保护作用。用于各种败血症、中毒性休克、中毒性菌痢、腹膜炎、产后子宫炎等,需与足量有效的抗菌药并用。

(3)抗过敏作用　糖皮质激素能解除许多过敏性疾病的症状,如过敏性充血、水肿、渗出、皮炎、平滑肌痉挛及细胞损害等。临床上可用于过敏性皮炎、荨麻疹、血清病、过敏性哮喘和过敏性休克。

(4)抗休克作用　用于治疗中毒性休克、心源性休克、过敏性休克、低血容量性休克。

【注意事项】①长期应用能引起代谢紊乱,降低机体抵抗力等反应,故一般感染不宜用皮质激素。在治疗严重感染性疾病时,必须与足量有效的抗菌药合用,直到感染完全控制为止。②反复使用时,应采用最小的效量,病情一经控制即应减量或停药。并在用药期间适当补充钾。③糖皮质激素禁用于下列情况:缺乏有效抗菌药物治疗的严重感染,骨软病、骨质松软、骨折、妊娠期、结核菌素或鼻疽菌素诊断期、疫苗接种期。

表 2-5　常用几种肾上腺皮质激素类药

药品名称	制剂规格	主治	用药途径	用量
醋酸可的松注射液	0.125 g/5 mL, 0.25 g/10 mL	肌肉、关节风湿、关节炎、各种眼炎、蹄叶炎、各种败血症、产后子宫炎、羊的妊娠毒血症	肌内注射	马、牛 0.5～1.5 g,猪 0.1～0.2 g,羊 0.025～0.05 g,家禽 2～4 mg
氢化可的松注射液	10 mg/2 mL, 25 mg/5 mL	同上,作用略强	静脉滴注	马、牛 0.2～0.5 g, 猪、羊 0.002～0.08 g
醋酸泼尼松	5 mg/片	皮肤炎、眼科炎症、风湿症、类风湿症等	口服	牛 0.2～0.4 g, 猪、羊首次量 0.02～0.04 g,维持量 0.005～0.01 g
氢化泼尼松注射液	10 mg/20 mL	抗炎、抗过敏比氢化可的松强 3～4 倍	肌内注射、静脉滴注	马、牛 50～150 mg, 猪、羊 10～20 mg
地塞米松	注射剂 2 mg/mL、5 mg/mL, 片剂 0.75 mg/片	作用同上,比泼尼松强 25 倍	肌内注射、静脉注射、内服	马 2.5～5 mg,牛 5～20 mg,猪 4～12 mg。关节内注射,牛 10～20 mg,马 5～10 mg,奶牛 5～20 mg

四、解热镇痛抗炎药

解热镇痛抗炎药又名非甾体类抗炎药，具有退热、减轻局部钝痛、抗炎和抑制血小板聚集功能。在兽医临床上使用的解热镇痛抗炎药有近20种，它们有以下共同作用。

1. 解热作用

根据体温调定点学说，动物下丘脑后部体温调节中枢，可受细菌毒素等外源性致热原和白细胞释放的内源性致热原影响。致热原作用于下丘脑的前部，促使前列腺素最大合成和释放。前列腺素使体温调节中枢的调定点上移，致使机体产热增加，散热减少，体温升高。解热镇痛抗炎药能减少前列腺素的合成，使调定点下移，通过扩张血管、外周血流加速、出汗等增加散热，恢复机体的正常产热和散热的平衡。本类药物只能使过高的体温下降到正常，而不使正常体温下降，这与氯丙嗪等不同。

发热是机体的一种防御反应，热型是诊断疾病的重要依据。故对一般发热，特别是感染性疾病所引起的发热，不必急于使用解热药，而应对因治疗，除去引起发热的病原。在过度或持久高热，病情加重的情况下，使用解热药可降低体温，缓解高热引起的并发症。应注意解热药只是对症治疗，要根治疾病，应着重对因用药。

2. 镇痛作用

解热镇痛抗炎药的镇痛作用主要在外周。组织损伤或发炎时，局部产生和释放某些致痛化学物质(或称致痛物质)，如缓激肽、组胺、5-羟色胺、前列腺素等。缓激肽和胺类直接作用于痛觉感受器而引起疼痛；前列腺素能提高痛觉感受器对缓激肽等致痛物质的敏感性，在炎症过程中对疼痛起放大作用，产生痛觉增敏作用，有些前列腺素本身也有直接的致痛作用。解热镇痛抗炎药抑制前列腺素的合成，故能起镇痛作用。本类药物对由炎症引起的持续性钝痛，如神经痛、关节痛、肌肉痛等有良好的镇痛效果，而对直接刺激感觉神经末梢引起的尖锐刺痛和内脏平滑肌绞痛无效。

大多数解热镇痛抗炎药为弱酸性化合物，通常在胃肠道的前部就迅速吸收，但受动物的种属、胃肠蠕动、胃内pH和食糜等因素影响吸收。解热镇痛抗炎药主要分布于细胞外液，能渗入损伤或发炎组织的酸性环境。血浆蛋白结合率很高(有的甚至大于99%)，消除延缓。与蛋白结合率高的同类或他类药物合用，可产生在结合位点上的置换作用而引起中毒。故本类药物的种属差异很大。代谢产物的消除主要是肾脏的滤过和主动分泌。部分药物是以葡萄糖醛酸结合物形式由胆汁排泄，有明显的肠肝循环，如萘洛芬在犬体内循环。这类药物的消除和组织蓄积存在很大的种属差异，因此在种属间套用剂量具有极大的危险性，有时甚至是致死性的，如阿司匹林在马、犬、猫的半衰期分别是1 h、8 h、38 h，这样，按每千克体重计算的同一剂量在马可能无效，而在猫(因缺乏葡萄糖醛酸酶活性)则产生严重后果。

目前，兽医临床常用的解热镇痛抗炎类药物，主要有阿司匹林、对乙酰氨基酚、氨基比林、安乃近、保泰松、萘洛芬、布洛芬、氟尼辛葡甲胺、替泊沙林等。

阿司匹林(乙酰水杨酸)

【理化性质】白色结晶或结晶性粉末，无臭或微带醋酸臭，味微酸。遇湿气即缓慢水解。

在乙醇中易溶，在氯仿或乙醚中溶解，在水或无水乙醚中微溶。在氢氧化钠溶液或碳酸钠溶液中溶解，但同时分解。

【体内过程】内服后在胃肠道前部吸收，犬、猫、马吸收快，牛、羊慢。反刍动物的生物利用度为70%，血药达峰时间为2～4 h。本品呈全身性分布，能进入关节腔、脑脊液和乳汁，能透过胎盘屏障，主要在肝内代谢，也可在血浆、红细胞及组织中被水解为水杨酸和醋酸。经肾排泄，碱化尿液能加速其排泄。也可在乳中排泄。阿司匹林本身半衰期很短，仅几分钟，但生成的水杨酸半衰期长。

【作用与应用】本品解热、镇痛效果较好，消炎和抗风湿作用强。可抑制抗体产生和抗原-抗体的结合反应，抑制炎性渗出，对急性风湿症有特效。较大剂量可抑制肾小管对尿酸重吸收而促进其排泄。常用于发热，风湿症，神经、肌肉、关节疼痛，软组织炎症和痛风症的治疗。

【不良反应】本品能抑制凝血酶原合成，连用有出血倾向，可用维生素K治疗。对消化道有刺激性，剂量较大可导致食欲不振、恶心、呕吐乃至消化道出血，故不宜空腹投药。长期使用可引发胃肠溃疡。胃炎、胃溃疡、出血、肾功能不全患畜慎用。与碳酸钙同服可减少对胃的刺激性。治疗痛风时，可同服等量碳酸氢钠，以防尿酸在肾小管沉积。本品对猫毒性大。

【用法与用量】内服，一次量，马、牛15～30 g，羊、猪1～3 g，犬0.2～1 g。

【制剂】阿司匹林片。

对乙酰氨基酚

对乙酰氨基酚又称为扑热息痛或醋氨酚。为非那西汀在体内的代谢物，药用为化学合成品。对前列腺素的合成和释放有较强抑制作用，并能阻断痛觉冲动传导。解热作用与阿司匹林相当，镇痛和消炎作用较弱，作用持久，副作用较小。主要用作中小动物的解热镇痛药。

【用法与用量】内服：一次量，马、牛10～20 g，羊1～4 g，猪1～2 g，犬0.1～1 g。肌内注射：一次量，马、牛5～10 g，羊0.5～2 g，猪0.5～1 g，犬0.1～0.5 g。

【制剂】对乙酰氨基酚片、对乙酰氨基酚注射液。

氨基比林

氨基比林又称为匹拉米洞，为白色结晶或晶状粉末，无臭，味微苦，溶于水，水溶液呈碱性。见光易变质，遇氧化剂易被氧化。本品与巴比妥混合制成的注射剂称为复方氨基比林注射液。

【作用与应用】本品内服吸收迅速，很快产生镇痛作用，半衰期为1～4 h。解热镇痛作用强而持久，比苯胺类强。与巴比妥类合用能增强镇痛作用。对急性风湿性关节炎的疗效与水杨酸类相似。广泛用于神经痛、肌肉痛、关节痛，急性风湿性关节炎，马、骡的疝痛。本品长期连续使用，可引起粒细胞减少症。

【用法与用量】内服：一次量，马、牛8～20 g，羊、猪2～5 g，犬0.13～0.4 g。肌内或皮下注射：一次量，马、牛0.6～1.2 g，猪、羊50～200 mg。

【制剂】氨基比林片、复方氨基比林注射液。

安乃近

安乃近又称为诺瓦经，为氨基比林与亚硫酸钠的复合物。易溶于水，水溶液放置后渐变黄色。略溶于乙醇，几乎不溶于乙醚。

【作用与应用】肌内注射吸收迅速，药效持续 3～4 h。解热镇痛作用比氨基比林快而强，有消炎和抗风湿作用。对胃肠道的刺激较小。应用同氨基比林。

本品长期应用可引起粒细胞减少，还有抑制凝血酶原形成，加重出血的倾向。有局部刺激作用，可使肌内注射部位出现红肿。

【用法与用量】肌内注射：一次量，马、牛 3～10 g，羊 1～2 g，猪 1～3 g，犬 0.3～0.6 g。内服：一次量，马、牛 4～12 g，羊、猪 2～5 g，犬 0.5～1 g。

【制剂】安乃近片、安乃近注射液。

萘洛芬

萘洛芬又称为萘普生、消痛灵，为白色或类白色结晶性粉末，无臭或几乎无臭，溶于甲醇、乙醇或氯仿，略溶于乙醚，几乎不溶于水。

【体内过程】马内服的生物利用度为 50%，给药剂量为每千克体重 10 mg 时，血药峰时为 2～3 h，半衰期为 46 h。本药在肝内代谢，6 h 在尿中可检出主要代谢物。马可耐受 3 倍治疗量。犬内服吸收迅速，血药在 0.3～3 h 达峰，生物利用度为 68%～80%，在血中 99% 与蛋白结合，半衰期达 45～92 h 之久，因明显的肠肝循环所致。

【作用与应用】本品具有镇痛、消炎或解热作用，药效比保泰松强。用于解除肌炎和软组织炎症的疼痛及跛行和关节炎。犬对本品敏感，可见出血或胃肠道毒性。

【用法与用量】内服：一次量，每千克体重，马 1 mg，犬 2 mg。首次使用负荷剂量。

【制剂】萘洛芬片。

氟尼辛葡甲胺

【理化性质】本品为白色或类白色结晶性粉末，无臭，有引湿性。在水、甲醇、乙醇中溶解，在乙酸乙酯中几乎不溶。

【药动学】马内服后吸收迅速，30 min 达到血药峰浓度，平均生物利用度为 80%。给药后 2 h 起效，12～16 h 达到最佳效果，作用可持续 36 h。牛、猪、犬等动物血管外给药也能迅速吸收。马、奶牛和犬的血浆蛋白结合率分别为 86.9%、99% 和 92.2%，半衰期分别为 3.4～4.2 h、3.1～8.1 h 和 3.7 h。

【作用与应用】本品具有镇痛、解热、抗炎和抗风湿作用。氟尼辛葡甲胺不影响马的胃肠道蠕动，并能改善败血性休克动物的血液动力。用于家畜及小动物的发热性、炎性疾患、肌肉痛和软组织痛等。注射给药常用于控制牛呼吸道疾病和内毒素血症所致的高热，马和犬的发热，马、牛、犬的内毒素血症所致的炎症，马属动物的骨骼肌炎症及疼痛。

【不良反应】①马大剂量或长期使用可发生胃肠溃疡。按推荐剂量连用 2 周以上，也可能发生口腔和胃的溃疡。②牛连用超过 3 d，可能出现血便和血尿。③犬的主要不良反应为呕吐和腹泻，在极高剂量或长期应用时可引起胃肠溃疡。

【应用注意】①本品不得用于泌乳期和干乳期奶牛、肉用小牛和供人食用的马。②不得用于种马和种公牛，因其对繁殖性能的影响尚未确定。怀孕家畜慎用。③犬对其相当敏感，因此建议氟尼辛葡甲胺在犬仅用一次，或连用不超过 3 d。④勿与其他非甾体类抗炎药同时使用。

【制剂】氟尼辛葡甲胺颗粒、氟尼辛葡甲胺注射液。

替泊沙林

【药理作用】本品为环氧酶和脂氧酶抑制剂，双重阻断花生四烯酸代谢，阻止前列腺素和白三烯生成。抗炎作用明显，也有镇痛作用。

【应用】用于控制犬肌肉、骨骼病所致的疼痛和炎症。

【不良反应】老年犬或敏感犬偶见呕吐，稀便或腹泻、血便，食欲不振或嗜睡。

【注意事项】①餐后服用，食物可以帮助吸收。②在治疗期间，少数病例偶尔可能产生呕吐或腹泻，极少数会发生掉毛或红斑，只要停药上述症状就会自然消失。③以下情况慎用：血小板异常的出血性体质，肝肾功能不全，肝肾耐受性较差的小型犬，胃肠道疾病及手术。④本品仅用于犬，连续使用不得超过 4 周。

【制剂】替泊沙林冻干片，商品名卓比林(Zubrin)。

五、抗组胺药

组胺是由组氨酸经特异性的组胺酸脱羧酶脱羧产生，广泛分布在哺乳动物的组织中，但在不同种属动物其浓度有很大差异。组胺在山羊和兔的体内含量较高，在马、犬、猫、和人体内含量较低，是具有多种生理活性的非常重要的自体活性物质之一。天然组胺以无活性形式(结合型)存在，在组织损伤、炎症、神经刺激、某些药物或一些抗原-抗体反应条件下，以活性形式(游离)释放。其本身无治疗用途，但其拮抗剂却广泛用于临床。

组胺的释放往往与肥大细胞内钙离子浓度的增加相伴。贮存在颗粒中的其他物质往往随组胺一起释放出来，这些物质也能引起明显的生物反应。此外，损害肥大细胞的细胞膜，还能促进其他具有相似有害作用的自体活性物质(如前列腺素)生成。因此，组胺的释放，仅是肥大细胞脱粒化所致生理反应的一部分。正如有些药物能直接诱导肥大细胞脱粒一样，用于治疗或预防Ⅰ型过敏反应的药物，一般而言就是那些减少肥大细胞脱粒的药物。糖皮质激素的抗过敏作用，就是基于其对 B 受体的作用以及针对其他炎性介质的抗炎作用。

除参与炎症、过敏(变态)反应外，组胺与多种药物存在相互作用关系。它还能调节胃液的分泌。在中枢神经系统，它还是一种神经递质。一些与组胺结构相似的外源性化合物，也具有扩张小血管、收缩血管以外平滑肌、刺激胃腺分泌等拟组胺作用。

预防或治疗组胺的不良生物学后果可用多种方法，如防止或减少组胺从细胞释放，阻断组胺与受体结合，拮抗组胺的生物效应。抗组胺药仅指作用于组胺受体，阻断组胺与受体结合的药物。与组胺受体相对应，这类药物分为 H_1受体阻断药(传统抗组胺药)和 H_2受体阻断药(新型抗组胺药)。

(一)H_1受体阻断药

本类药物能选择性地对抗组胺兴奋 H_1受体所致的血管扩张及平滑肌痉挛等作用,用于皮肤、黏膜变态反应性疾病,如荨麻疹、接触性皮炎。临床上也用于怀疑与组胺有关的非变态性疾病,如湿疹、营养性或妊娠蹄叶炎、肺气肿。还可用于麻醉合并用药等。本类药物吸收良好,在给药后 3 min 显效,分布广泛,能进入中枢神经系统,有抑制中枢的副作用。几乎在肝内完全代谢,代谢物由尿排泄,作用持续 3~12 h。

常用药物有苯海拉明、异丙嗪、扑尔敏、氯苯吡胺、吡苄明、去敏灵、阿斯咪唑等。抗过敏作用的强度和持续时间,扑尔敏>异丙嗪>苯海拉明;对中枢的抑制作用,异丙嗪>苯海拉明>扑尔敏。

苯海拉明

【理化性质】苯海拉明为人工合成品,其盐酸盐为结晶性粉末。在水中极易溶解。

【作用与应用】本品能对抗或减弱组胺扩张血管、收缩胃肠及支气管平滑肌的作用,还有镇静、抗胆碱、止吐和轻度局部麻醉作用。显效快,持续时间短。适用于皮肤黏膜的过敏性疾病,如荨麻疹、血清病、湿疹、接触性皮炎所致的皮肤瘙痒、水肿、神经性皮炎;小动物运输晕动、止吐;组织损伤伴有组胺释放的疾病,如烧伤、冻伤、湿疹、脓毒性子宫炎。还可用于过敏性休克,因饲料过敏引起的腹泻和蹄叶炎,有机磷中毒的辅助治疗药。对过敏性胃肠痉挛和腹泻也有一定疗效,但对过敏性支气管痉挛的效果差。

【用法与用量】肌内注射:一次量,马、牛 100~500 mg,羊、猪 40~60 mg,犬每千克体重 0.5~1 mg。内服:一次量,牛 600~1 200 mg,马 200~1 000 mg,羊、猪 80~120 mg,犬 30~60 mg,猫 4 mg。

【制剂】盐酸苯海拉明注射液、盐酸苯海拉明片。

(二)H_2受体阻断药

目前,在兽医临床上应用较广的药物有西咪替丁、雷尼替丁、法莫替丁和尼扎替丁。胃中的胃泌素促进组胺生成和释放。本类药物在兽医临床上主要用于胃炎,胃、皱胃及十二指肠溃疡,应激或药物引起的糜烂性胃炎等。

本类药物内服吸收迅速、完全(马除外),不受食物影响。由于本类药物的脂溶性比 H_1阻断药低,不能透过血脑屏障,无中枢抑制的副作用。

西咪替丁

西咪替丁又称为甲氰咪胍、甲氰咪胺,为人工合成品。

【作用与应用】本品为较强的 H_2受体阻断药,在犬内服的生物利用度约 95%,半衰期 1.3 h。能降低胃液的分泌量和胃液中 H^+浓度。还能抑制胃蛋白酶和膜酶的分泌,无抗胆碱作用。主要用于治疗胃肠的溃疡、胃炎、胰腺炎和急性胃肠(消化道前段)出血。

本品能与肝微粒体酶结合而抑制酶的活性,降低肝血流量,并能干扰其他药物的吸收。

【用法与用量】内服：一次量，猪 300 mg，牛每千克体重 8～16 mg，犬、猫每千克体重 5～10 mg，2 次/d。

【制剂】西咪替丁片。

雷尼替丁

雷尼替丁又称为甲硝呋胍、呋喃硝胺，为人工合成品。本品抑制胃酸分泌的作用比西咪替丁强约 5 倍，且毒副作用较轻，作用维持时间较长。在犬内服的生物利用度约 81%，半衰期 2.2 h。本品在肾脏可与其他药物竞争肾小管分泌。应用同西咪替丁。

实训四　消　毒

一、目标

掌握器械与敷料、畜禽舍、地面及土壤、粪便与污水的消毒方法。

二、材料设备

(1)器材：高压消毒锅、电热煮沸器、手动喷雾器、机动喷雾器、火焰喷灯、汽油等。

(2)药剂：10%石灰乳、0.1%新洁尔灭溶液、10%漂白粉液、2%烧碱液、福尔马林、5%氨水、5%克辽林液、0.3%～0.5%过醋酸(过氧乙酸)、高锰酸钾、酒精等。

三、方法与步骤

消毒是用消毒药物借助某些消毒器械或直接消灭被传染源散播在目的物(如器械、用具等)及环境(如舍内、运动场、粪便及污水等)的病原体或由传染媒介带来的病原体，以切断传染途径，防止疫病发生蔓延。消毒是保证畜禽生产安全、健康和正常的必不可少的重大技术措施，对防制任何疾病都有利。要严格执行，效果确实。

(一)消毒器械

(1)高压消毒锅又称高压蒸汽灭菌器　是利用水的沸点随着压力而提高的原理，将水装在密闭器内加热，不断产生的水蒸气，使密闭器内压力增加，温度随之上升，当压力增高至 0.105 kPa 时，温度升高到 121.3 ℃，经 10～30 min 可把所有的微生物杀死。高压消毒锅的种类很多，但在构造的原理和使用的性质上是大致相同的。所不同的，只是在形式的大小、外观的形状、附件的多少和使用的繁简程度。它大致分为手提式、直立式和横卧式三类，而以手提式为最常用。

(2)电热煮沸器　煮锅的热源用电能。煮沸消毒 15 min，可把目的物中的细菌繁殖体都杀死，大部分芽孢和真菌孢子也能杀死。其消毒方法简单、方便，消毒的效果可靠，故应用广泛。

(3)手动喷雾器　它分手压式和背携式两种，主要用于小面积的消毒。

(4)机动喷雾器　利用马达为动力喷雾，它分担架式和背携式两种。在大的畜禽场里用于大面积消毒。

(5)火焰喷灯　利用汽油或煤油或酒精作燃料的一种喷灯。其喷出的火焰温度很高，可达500 ℃以上，适于消毒不能燃烧的污染物品。特别对寄生虫病和肠道传染病的消毒效果更佳。

(二)畜禽舍的消毒

畜禽舍的消毒按其时间进行，可分为经常性、定期性和突击性的消毒。经常性为每日或每周的清洁消毒，定期性为每月或畜禽舍空出后的大清洁消毒，突击性是当发生疫病时的临时应急的大消毒。一般先做机械性清扫、铲刮、洗刷、冲洗、通风等，以清除沾染于墙壁、地面、用具、设备等上的污物及尘埃，可减少舍内的病原60%～80%，这是一种最经济且很有效的方法。再用化学消毒液向舍内空间喷雾或熏蒸，可达到除尘、灭菌的双重目的，能使舍内的病原体减少95%左右。

舍内消毒常用的化学消毒药有10%～20%石灰乳、10%漂白粉、2%烧碱、5%臭药水、3%来苏尔、0.3%～0.5%过氧乙酸、5%氨水等。消毒方法有浸泡法、喷洒法及蒸熏法三种。近年来用气体与蒸发进行畜禽舍消毒越来越受重视，其中最常用的是福尔马林和高锰酸钾蒸熏法。其方法是每立方米的空间用福尔马林25 mL，高锰酸钾25 g，加水12.5 mL，消毒时，先把福尔马林和水倒入容器内，再把高锰酸钾倒入，立即有大量气体蒸发出来，此时应使人畜迅速离开畜禽舍。关闭门窗，使消毒的气体无孔不入。经12～24h可达到较彻底的消毒。若急需使用，可用氨水来中和福尔马林，每100 m^2用20%氨水1 000 mL，放在盆里，在盆下加热蒸发中和30 min，然后打开门窗通风30 min，再转进畜禽。

(三)地面及土壤消毒

被病畜禽的粪尿、分泌物(如鼻涕、唾液、皮屑、羽毛、奶汁、阴道分泌物等)和病死畜禽尸体及血水等污染的地面及土壤，常常含有大量病原体。成为传染疫源或传染媒介。因此应对其及时消毒，以切断传染途径，防止疫病的继续发生和扩散。消毒方法，如面积不大，最好先把地面打扫干净或把土壤的表土薄薄地铲掉一层，集中发酵消毒或深埋，再在地面与土壤上用10%石灰乳或4%烧碱或4%福尔马林或0.5%过氧乙酸等消毒。

若在放牧地区发生某种烈性传染病(如炭疽、口蹄疫、牛瘟等)的流行，污染了大面积的地方，应划清被污染的地段范围，先清理畜粪及病畜倒毙的地方，用化学药剂严加消毒处理，其余地方利用自然力(如阳光、雨水)使地面和土壤发生自净作用来消除病原体，一般须净化1个月以上(炭疽除外)。在此期间，畜禽不应在这个地区放牧，或是动物做紧急接种免疫，以防感染。

(四)粪便的消毒

病畜禽的粪便常含有病原微生物或寄生虫卵，可散播疫病，因此要及时清除和无害化处理。常用方法有：生物热消毒法、石灰消毒法、焚烧消毒法。

1.生物热消毒法

此法可杀死病原体，也可保持肥效，为最常用。

(1)堆沤法　本法适于干固的畜禽粪的处理。在距畜禽舍50 m以外下风位下水位的地方设粪场。将粪堆成1～2 m高，然后在其表面覆盖10 cm厚的泥土，若粪堆较干，需在其上浇些水，促其发酵。从第2天起，粪堆内的温度可高达60～80 ℃，如此经过1～2个月的堆沤，既可杀死病原体又可作肥料用。

(2)发酵池法　本法适用于稀烂的畜禽粪便的发酵消毒。选在畜禽场的下水位离水源50 m以上的地方建发酵池，池的数量与大小决定于每天倒入粪便的数量。一般建成长方形或圆形的砖石水泥结构，不能漏水。当粪便倒满池后，在其表面加盖或铺一层干杂草。上面再封一层泥土，以利发酵和卫生。这样经过1～2个月的发酵沤熟，可把病原体杀死，掘出作为肥料。

2. 石灰消毒法

一层20 cm厚的粪便，在其上撒一层石灰粉或用10%～20%石灰乳浇灌一次。再放一层粪便，撒一层石灰粉或浇灌石灰乳一次，如此堆放到一定高度时，在其表面覆盖一层泥土，以后处理与上法相同。

3. 焚烧消毒法

本法消毒效果最好，但实践中很少用，因消耗燃料和人工多，也损失肥料。

(1)晒干燃烧法　先将粪便围起晒干，再焚烧。

(2)架沟焚烧法　将粪便架放在沟里，在沟里烧柴。如粪便淋湿，可混一些干草，促进燃烧。

(五)污水消毒

保护环境，搞好污水处理，是我国及世界各国的大事和基本国策。污水处理以沉淀、过滤、发酵为原则。利用物理法、化学法和生物法综合处理。最常用的方法是以二级或三级发酵池处理，先将污水引入第一级污水池。经沉淀，满池后再流入第二级池，再到第三级池，此间需在池内停留几天。经腐败发酵把病原杀死，使污水净化后再流出池外的地下水道内。至于大型肉联厂的污水消毒，是个重要的复杂的大课题，这里不再赘述。

四、注意事项

本实训内容多，实用性强，教师安排在畜禽场内实习，选择其中几项进行。

五、讨论分析

写一份实习记录和体会。

案例分析

某养殖户饲养26日龄肉仔鸡3 000只，逢雨季，垫麦秸。突然发病，排鲜红色或暗红色血便。病鸡精神不振，呆立不动，采食量减少，鸡冠和腿部皮肤淡白，羽毛蓬松，聚堆。

1. 剖检变化

盲肠肿大，内有大量黏稠或稀薄血液，肠壁变薄，黏膜呈炎性出血。

2. 镜检

取肠黏膜涂片，加1～2滴生理盐水，于高倍镜下弱光观察，可见到圆形球虫卵囊。

3. 治疗

每吨饲料加 1 g 地克珠利(杀球灵)原粉与 1 g 常山酮(速丹)原粉混合喂服,5 d 痊愈。

4. 分析

球虫是一种单细胞原虫,该虫进入肠道后引起发病。在使用抗球虫药的过程中,应根据球虫的发育阶段不同而用药。感染第 2～3 天,可用感染后 2～3 d 的抗球虫药如氯苯胍、氨丙啉、球痢灵等。要防止球虫产生耐药性,所以要注意轮换用药与联合用药。如用地克珠利、常山酮交叉可联合使用,效果更好。另外,使用抗球虫药要严格控制剂量,严格专用球虫药的使用(如马杜拉霉素专用于鸡球虫病,不可用于其他动物)和防止药物残留。

复习思考题

一、名词解释

发热　黄疸　水肿　败血症　脱水　酸中毒　抗生素　防腐药　消毒药

二、简答题

1. 简述防腐、消毒药作用的机理。
2. 简述影响防腐、消毒药作用的因素。
3. 常用的喹诺酮类药物有哪些?
4. 简述抗生素的作用机理。
5. 简述临床检查的程序。

三、论述题

1. 试述眼结膜颜色的病理变化及临床意义。
2. 试述水肿发生发展的原因和机理。
3. 怎样才能做到合理使用抗感染药?
4. 试述磺胺类药物与抗菌增效剂合用可使药效增强的作用机理。

项目三 心血管系统检查及药物应用

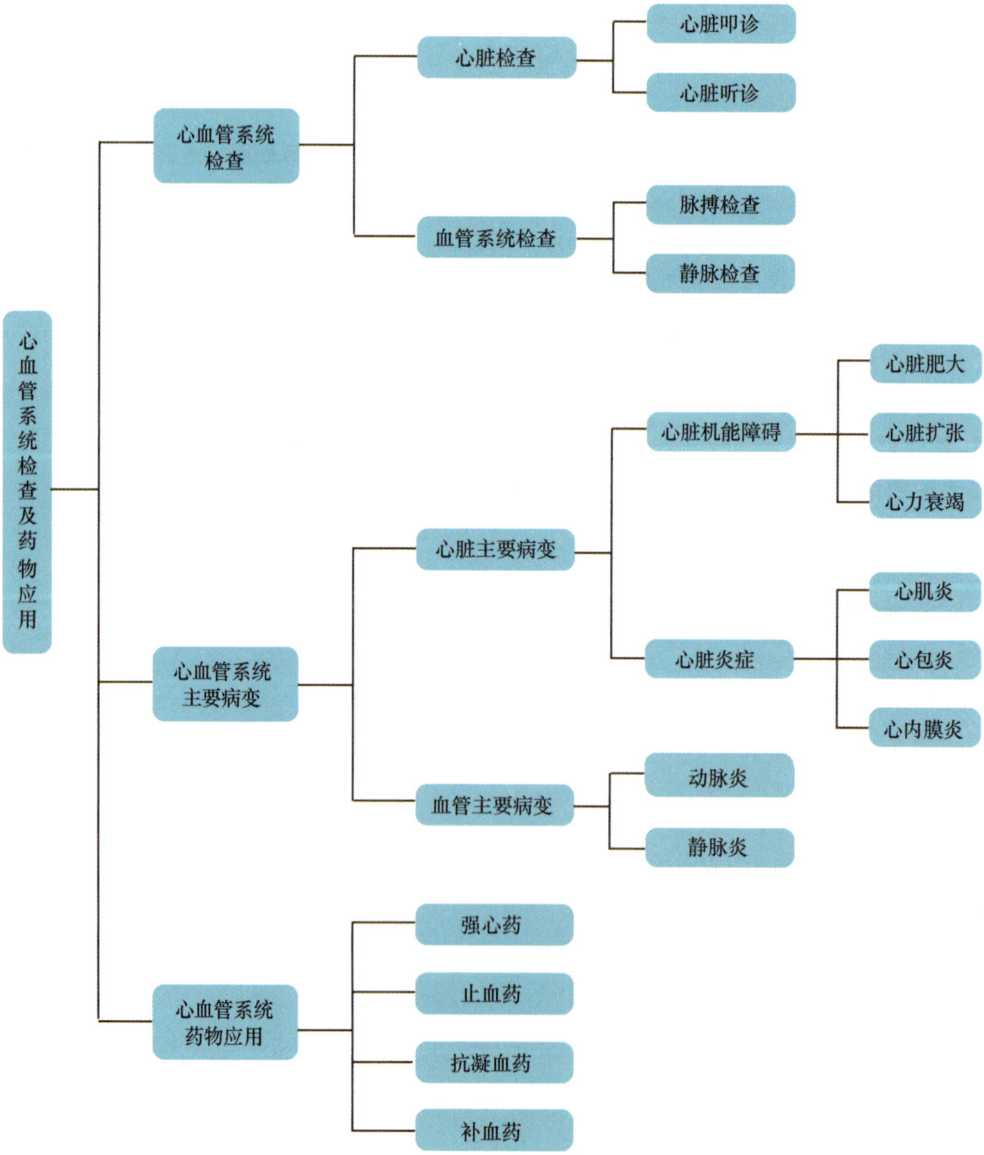

知识目标：

掌握心血管系统的症状、病理变化，药物作用的简单机理及应用。

技能目标：

1. 掌握心脏叩诊和听诊的方法。
2. 掌握心音的最强听取点，辨认正常心音和病理变化。

家畜心脏血管系统的原发病虽然不多，但是其他组织器官发生疾病(特别是许多传染病、各种中毒以及血液寄生虫病)的过程中，常引起心脏、血管系统机能紊乱和形态学的变化。因此，进行心脏、血管、血流的检查，对疾病的诊断，了解全身机能状态，判定疾病的预后都有重要意义。

任务一　心血管系统检查

一、心脏检查

心脏的临床检查，可用叩诊的方法判定心脏的浊音区，并应着重用听诊的方法，听取心音，判断心音的频率、强度、性质和节律的改变，以及是否有心杂音。

(一)心脏叩诊

心脏为一密闭的实体，一小部分与胸壁接触，叩诊呈浊音，此为绝对浊音区。大部分被菲薄的肺叶边缘所掩盖，叩诊呈半浊音，此为心脏的相对浊音区。叩诊的目的在于了解心脏的大小、位置及疼痛反应。

1. 心脏叩诊区的确定

对马、牛等大动物进行叩诊时，取站立保定，将其左前肢向前牵引半步，以显露心区。小动物可在桌子上进行。检查大动物，可用槌板叩诊，小动物宜用指指叩诊。

(1)垂直线叩诊法　沿第三肋间由上向下叩诊，在由清音转为半浊音处，以及由半浊音转变为浊音处分别做出记号，然后再沿第 4、5、6 肋间同样由上而下的叩诊，也在声音转变的地方做出记号。最后把转变为半浊音的记号连成一条曲线，即为相对浊音的后上界，把转变为浊音的记号连成一条曲线，即为绝对浊音区的上界。

(2)斜线叩诊法　在髋结节与肘头的连线上，由肺叩诊区内向肘头的方向叩诊，在叩诊音由清音变为半浊音和由半浊音变为浊音的地方分别做记号，这两点就分别代表相对浊音区和绝对浊音区的后界。

2. 正常状态

马的心脏绝对浊音区，左侧大致为一不等边三角形，其顶点在第 3 肋间、肩关节水平线下 7～8 cm，由顶点斜向第 6 肋骨下端成弧线行走即为其后界。相对浊音区位于绝对浊音区的后上方，呈宽 3～4 cm 弧形带状。右侧绝对浊音区极小，位于第 3～4 肋间的最下方，只有将右前肢前置才便于叩诊。

牛的心脏绝大部分被肺脏覆盖，仅在左侧第3～4肋间叩诊出现相对浊音。所以，在牛心脏叩诊时若出现绝对浊音区，即为病理状态。

羊的心脏浊音比牛稍明显，但也无绝对浊音区。猪心脏叩诊，只在左侧胸下的第2～3肋间，呈现不明显的半浊音。犬的心脏绝对浊音区，左侧位于第4～6肋间，上界与肋骨和肋软骨结合部相一致，后界无明显界线而移行为肝浊音区；右侧位于第4～5肋间。

3. 心浊音区变化

（1）心浊音区的扩大　可见于心肥大及心扩张，也可见于心包炎，特别是当牛创伤性心包炎时，可见心浊音区显著扩大。当渗出性胸膜炎时，心浊音区将混同于胸下部的叩诊水平浊音区之内。而当胸壁浮肿时，心浊音区则难以判定。

（2）心浊音区的缩小　常是掩盖心脏的肺边缘部分的肺气肿所引起。为进一步判断心脏的容积与肺脏边缘的关系，可仔细地在心区部位用较强的叩诊与较弱的叩诊方法反复进行检查，并根据产生绝对的浊音区域及呈现相对的半浊音的区域，而确定心脏的绝对浊音区及相对浊音区。

一般心脏的绝对浊音区的大小，受肺脏边缘状态的影响较大，而相对浊音区的外围轮廓，则可较为确切地反映心脏的容积大小。当心区叩诊时，动物如呈现回视、躲闪、反抗等行为，提示心区胸壁的敏感，疼痛，可见于胸膜炎或心包炎。

（二）心脏听诊

心音是随心室收缩与舒张时产生的两个有节律类似“咚—嗒”的声音。第一心音称心缩音，是心室收缩时产生的音响；第二心音称心舒音，是心室舒张时产生的音响。两音的区别点主要在于第一心音产生于心室收缩过程，因此与心搏动、动脉脉搏同时出现；第二心音产生于心室舒张过程，所以出现时间与心搏动、动脉搏不一致。

1. 听诊方法

一般用听诊器进行检查。被检查动物的姿势与叩诊的姿势相同。通常于左侧肘头后上方心区听取，必要时再于右侧心区听取。

在胸壁的相应部位，距房室瓣口和动脉瓣口较近的部位，听取心音最清楚，称为心音最佳听取点。各种动物的心音最佳听取点见表3-1。

表3-1　各种动物的心音最佳听取点

畜别	第一心音		第二心音	
	二尖瓣口	三尖瓣口	主动脉口	肺动脉口
马	左侧第5肋间、胸廓下1/3的中央水平线上	右侧第4肋骨、胸廓下1/3的中央水平线上	左侧第4肋间肩关节线下1～2指处	左侧第3肋间，肘头的稍上方
牛	左侧第4肋间、主动脉口音听取点的上方	右侧第4肋间的上方	左侧第4肋间肩关节线下1～2指处	左侧第3肋间，肘头的稍上方
猪	左侧第4肋间、主动脉音听取点的下方	右侧第4肋间肋骨和肋软骨结合部稍下方	左侧第4肋间臂骨结节线的直下方	左侧第3肋间接近胸骨处
犬	左侧第4肋间	右侧第3肋间	左侧第3肋间	左侧第3肋间

2. 各种动物正常时的心音特性

牛：黄牛及乳牛的心音较为清晰，尤其第一心音明显，但其第一心音持续时间较短；水牛的心音甚为微弱。

马：第一心音的音调较低突然停止，持续时间较长且尾音拖长；心音短促、清脆，且音尾突然停止。

猪：心音较钝浊，且两个心音的间隔大致相等。

犬：心音清亮，且第一心音与第二心音的音调、强度、间隔以及持续时间均大致相等。

3. 病理变化

(1)每分钟的心率高于正常时，称心率过速；低于正常时，称心率徐缓。

(2)心音性质的改变，常表现为心音浑浊，音调低沉且含混不清，主要见于热性病及其他导致心肌损害的多种病理过程。

(3)心音的强度变化，可表现为以下几种情况。

第一、二心音均增强，可见于动物兴奋、恐惧、使役和奔跑后，心脏肥大及心脏病的初期而其代偿机能亢进时，疼痛性病、热性病的初期，轻度的贫血和失血，以及应用强心剂时心音可增强。由于心冲动过强而引起患畜体壁震动，称为心悸。

单纯第一心音增强，第二心音减弱，甚至难以听到，是动脉根部血压过低所致，如大失血、大失水、休克与虚脱、贫血及热性病。

单纯第二心音增强，见于小循环的充血、淤血，如肺气肿、肺炎初期、肾炎等。

两心音同时减弱，见于渗出性心包炎、渗出性胸膜炎、胸腔积水，或胸壁肥厚及高度心力衰弱时。第一心音减弱很少，而第二心音减弱甚至消失，是临床常见而较为重要的症状。心音显著减弱并伴有心率过速或明显的心律不齐，则为垂亡之兆。

(4)心音分裂表现为某个心音分成两个相连的音响，以致每一心动周期中出现近似三个心音。

第一心音分裂可见于心肌损害及其传导机能的障碍。第二心音分裂主要由于主动脉瓣的不同时关闭所致。

(5)心杂音分心内性杂音和心外性杂音两类。

心外性杂音主要是心包杂音，其特点是：听之距耳较近，用听诊器的听头压迫心区则杂音可增强。杂音的性质类似液体振荡声，称心包拍水音；杂音的性质呈断续性的、粗糙的摩擦音，则称心包摩擦音，如牛在创伤性心包炎时，常可听到。

心内性杂音根据内膜有无器质性病变，而分为器质性杂音与非器质性杂音。根据杂音出现的时期，又分为缩期性杂音和舒期性杂音。

心内性非器质性杂音，其声音的性质较柔和，如吹风样，多出现于收缩期，且随病情的好转，恢复或用强心剂后，杂音减弱或消失。在马常表现为贫血性杂音，尤其当马慢性传染性贫血时更为明显。

心内性器质性杂音，其杂音的性质较粗糙，且随动物运动或用强心剂后而增强。本杂音是慢性心膜炎的特征，在猪常继发于猪丹毒。

(6)正常心脏跳动是有节律的，每次心音的间隔时间相等，强度一致。如果心音的间隔不等，强弱不定，则称心律不齐。主要提示心脏的兴奋性与传导机能的障碍或心肌损害。

二、血管系统检查

(一)脉搏检查

猪和羊可在后肢股内侧检查股动脉;牛通常检查尾动脉,兽医人员站在牛的正后方,左手抬起尾巴,右手拇指放于尾根背面,用食指与中指贴着尾根腹面进行检查;马可检查下颌动脉,检查者站在马头一侧、一手握住笼头,另一手拇指置于下颌骨外侧、食指与中指伸入下颌支内侧,在血管切迹处,前后滑动,触摸脉管,用指轻压即可感知脉搏。

1. 脉搏的频率、性质和节律

临床诊断时对脉管的检查,主要是检查动脉的脉搏,判定其频率、性质及节律的变化,检查表在的较大的静脉,判定其充盈状态及有否病理性的波动。

(1)脉搏的频率　同临床一般检查。

(2)脉搏的性质　脉搏的大小和强弱、动脉的充实度及动脉壁的紧张性等与脉搏的性质有着密切关系。

①脉搏的大小。根据脉搏的大小,可分为大脉和小脉。

大脉:动脉搏动比正常的脉波幅度显著,强而充实。见于主动脉瓣关闭不全,左心室肥大以及传染病与热性病的初期。大脉同时也是强脉和实脉。

小脉:即动脉搏动比正常小,触诊时勉强可以感觉。见于心脏衰弱、主动脉孔狭窄等。小脉同时也是弱脉和虚脉。出现小脉,预后常不良。

②脉搏的紧张度。脉搏的紧张度是指手指压血管时所感到的抵抗力。根据脉搏的紧张度,将脉搏分为硬脉和软脉。

硬脉:指压血管时,感到抗力大,表示血管壁张力增强。见于动脉硬化、破伤风、腹膜炎以及疝痛病等。

软脉:动脉壁弛缓,指压容易消失。见于心脏衰弱及失血等。

2. 脉搏节律

正常脉搏性平和,强度一致,间隔均匀等,称为整脉或节律脉;脉搏的强度或间隔发生改变,称为节律不齐。见于各种心脏病、疝痛、黄疸、颅内压增加及其某种中毒。

(二)静脉检查

主要用视诊和触诊检查表在静脉(如颈静脉、胸外静脉等)的充盈状态及颈静脉的波动。颈静脉的检查对某些疾病诊断(如牛创伤性心包炎)具有重要价值。

(1)颈静脉沟处的肿胀、硬结并伴有热、痛反应,是颈静脉及其周围炎症的特征。多有静脉注射时消毒不全或刺激性药液(如钙的制剂等)渗漏于脉管外的病史。但应注意,当牛颈部垂皮浮肿较严重时,也可引起颈静脉沟处的肿胀,一般无热、痛反应,常见于创伤性心包炎。

(2)颈静脉充盈而隆起乃静脉淤血的结果。可见于各种原因所引起的心力衰竭。此时,表在的其他大静脉管(如胸外静脉等)可同时充盈而显露。牛的颈静脉的高度充盈(也称为怒张),甚至呈绳索状(图 3-1),常提示创伤性心包炎。

(3)检查颈静脉时,有时可见到随心脏活动而由颈根部向颈上部的逆行性波动,称为颈静脉波动。在正常情况下，马的颈静脉的波动，是当右心房收缩时，由于腔静脉血液回流入心的一时受阻及部分静脉血液逆流并波及前腔静脉而至静脉所引起，故此种波动出现于心房收缩与心室舒张的时期，且逆行性波动的高度一般不超过颈的下三分之一处，这是生理现象。

图 3-1　牛颈静脉的充盈

病理性的颈静脉波动有 3 种类型。

(1)心房性颈静脉波动(阴性波动)　当生理性的颈静脉波动过强，由颈根部向头部的逆行波超过颈中部以上时，即为病理现象，乃心脏衰弱、右心淤滞的结果。特点是波动出现于心搏动与动脉脉搏之前。

(2)心室性颈静脉波动(阳性波动)　颈静脉的阳性波动是三尖瓣闭锁不全的特征。此时，随心室收缩使部分血液经闭锁不全的空隙而逆流入右心房，并进一步经前腔静脉而至颈静脉。其波动较高，力量较强，并以出现于心室收缩期(与心搏动及动脉脉搏相一致)为其特点。

(3)伪性搏动　当颈动脉的搏动过强时，可引起颈静脉沟处发生类似的搏动现象，一般称为颈静脉的伪性搏动。

为区别几种不同的颈静脉波动，应注意其波动的强度及逆行的高度，特别要确定其出现的时期(是否与心室收缩相一致)。必要时还可应用指压试验：用手指压在颈静脉的中部并立即观察压后波动的情况。如远心端及近心端波动均消失，则为阴性波动；如远心端消失而近心端仍存在，则为阳性波动；如系伪性搏动，则两端搏动无改变。

任务二　心血管系统主要病变

一、心脏主要病变

(一)心脏机能障碍

1. 心脏肥大

心脏肥大是指当心腔的血容量增多或循环阻力增大，使心脏长期负荷加重时，引起心肌纤维变粗，体积增大，并由此而导致心壁增厚、心脏重量增加，又称为心肌肥大。

心脏肥大通常是长期代偿性功能增强的结果。它可发生于生理情况下，此时心脏各部分成比例地增大，心脏外形仍保持正常，称为生理性心脏肥大，见于赛马、猎犬等。在病理条件下发生的心脏肥大，称为病理性心脏肥大。

(1)原因　①动脉疾患：如肿瘤压迫、动脉硬化等，均可使心脏负荷增大而发生心脏肥大。②心脏瓣膜病：如主动脉瓣口狭窄时，造成左心室收缩加强，导致左心室肥大。③肺脏疾患：如慢性肺气肿、慢性肺炎和结核性肺炎等，都能妨碍肺脏的血液循环，增加右心负荷，促使右心肥大。④心包粘连：增加心肌收缩负荷，从而导致心脏肥大。⑤慢性肾炎：肾组织缺血，使外周小动脉收缩，引起血压升高，从而增加左心室负荷，导致左心室肥大。

(2)病理变化　心脏肥大可以发生于心脏的一侧，也可发生于心脏的两侧，但左心肥大较右心肥大多见，心室肥大比心房肥大常见。眼观，右心肥大时心尖部的横径增加，左心肥大时心脏的纵径增长，左右心肥大时心脏的外形比正常心脏圆。此外，肥大心脏的重量显著增加，有时可达正常的2倍以上。心肌组织比较硬实，心腔壁增厚，乳头肌和肉柱变粗。镜下可见心肌纤维的长度增加，直径增大，肌原纤维的数量增多，胞核变大，两极多呈方形。

2. 心脏扩张

心脏扩张是指心脏增大，心腔扩大的现象。它可能是全心性的，即所有心室和心房都扩张；也可能是局部性的，即仅个别心房或心室扩张。

(1)原因　心脏扩张是心血管疾患的继发现象，心功能代偿不全的表现，一般为慢性发展。心脏扩张可分为紧张性扩张(机能性扩张)和肌源性扩张(结构性扩张)两种类型。紧张性扩张在心腔容积增大的同时伴有心肌肥大、心肌纤维的紧张度增高和心收缩力增强。这种心脏扩张具有一定的代偿适应性意义，发生于心脏功能不全的代偿期，多见于各种瓣膜病等情况下。其特点是心腔横径和纵径都增长，心肌纤维长而粗。但若长期发展，必将转变为肌源性扩张；肌源性扩张是由于心肌变性，心肌收缩力降低，大量残余血液积聚于心腔内而引起的心腔明显扩张。它没有代偿作用，是心力衰竭的标志，发生于心脏功能不全的失代偿期，多见于一些急性传染病、心肌炎、心内膜炎以及中毒等。其特点是心腔横径增长，心壁变薄，乳头肌和肉柱展平，肥大的心肌纤维由于毛细血管没有相应增生而供氧不足常发生变性。严重心脏扩张的病畜，有慢性充血性心力衰竭，出现心杂音或心杂音增强等症状。

(2)病理变化　心脏扩张多发生于右心室，呈卵圆形，心尖钝圆，心脏横径大于纵径。心腔内常积有多量血液或血凝块，心壁薄而柔软。切开，室壁自行塌陷。心肌往往贫血、变性，呈淡黄色，弛缓脆弱，乳头肌和腱索延伸而发展。

3. 心力衰竭

心力衰竭不是一种独立的疾病，而是一种综合征，是指因心肌收缩力减弱，以致在静息或轻微活动的情况下，心输出量相对或绝对减少，不能满足机体代谢需要的一种全身性综合征。前面所叙述的心脏肥大与心脏扩张两种变化，虽具有一定的代偿作用，但从功率上看则是低效率的，往往导致心力衰竭的发生。临床上常见的淤血性心力衰竭，是指心力衰竭时伴有静脉性充血和静脉血压升高。

(1)左心衰竭　左心衰竭时首先引起肺淤血，表现为呼吸困难。引起左心衰竭的常见原因有心肌变性，心肌炎，二尖瓣或主动脉瓣口狭窄或闭锁不全等。左心衰竭时引起肺血液回流受阻，左心输出量降低，并导致肺动脉痉挛，从而使肺动脉血压升高和右心负荷增加，最终也可导致右心衰竭，从而发展为全心衰竭。

剖检，左心腔扩张，充、积血液或血凝块，心壁柔软、脆弱。肺脏体积增大，重量增加，呈红褐色或暗红色；切面湿润，富含血液，间质增宽、湿润，从支气管和细支气管断端流出多量泡沫样液体。镜下，肺泡壁毛细血管充血，肺泡充满淡红色水肿液，其中混杂少量脱落肺泡上皮和巨噬细胞，间质水肿增宽。

(2)右心衰竭　右心衰竭除可继发于左心衰竭外，主要见于心肌炎，因肺气肿(尤其在马)和间质性肺炎所致的肺阻力增加，心包积水，渗出性心包炎，心内膜炎，瓣膜病，心肌病等。剖检可见右心扩张，心腔充积血液和血凝块，心壁变薄，心肌变性，易于自行塌陷，皮肤和可视黏膜呈蓝紫色(发绀)，肝、脾、肾、胃肠以及脑等器官都有淤血和水肿。

(3)全心衰竭　若病变波及全心，如心肌炎、心肌病及中毒等，则可同时出现左、右心衰竭，剖检同时存在左心衰竭和右心衰竭的变化。

(二)心脏炎症

1. 心肌炎

心肌炎是指心肌的炎症。动物的心肌炎一般呈急性经过,而且伴有明显的心肌纤维变性和坏死过程。心肌炎原发性的极少见,通常发生于各种全身性疾病过程中,如在传染病、中毒、代谢病、寄生虫以及变态反应等因素作用下,都可诱发心肌炎。在心肌炎的病理上,病原因素对心肌的直接作用具有一定意义,如化脓性细菌、败血症时的毒素以及化学毒物等都可经血源性途径直接侵害心肌引起心肌炎。但病原因素也可能先引起心内膜炎或心外膜炎,然后炎症蔓延到心肌导致心肌炎。

根据炎症发生的部位和性质,心肌炎可分为实质性心肌炎、间质性心肌炎和化脓性心肌炎3种基本类型。

(1)实质性心肌炎 实质性心肌炎通常见于急性败血症、中毒性疾病(如细菌毒素中毒、砷中毒、有机汞农药中毒等)、代谢性疾病(如马肌红蛋白尿症、绵羊白肌病等)、病毒性疾病(如犊牛和仔猪的恶性口蹄疫、牛恶性卡他热、马传染性贫血病、流行性感冒、猪脑心肌炎病毒感染)等,图3-2为口蹄疫引起心肌炎造成仔猪的死亡。此外,弓形虫病也能引起心肌炎。

图3-2 口蹄疫引起心肌炎造成仔猪死亡

实质性心肌炎呈急性经过,心肌纤维的变质性变化往往较渗出和增生过程明显。眼观,心肌呈暗灰色,质地松软,心腔常呈扩张状态,尤以右心室明显。炎性病变呈灶状分布,因而在心脏的剖面上可见许多灰红色、灰黄色的斑点状或条索状病变区。有时可见灰黄色条纹病变区围绕心腔呈环层状分布,形似虎皮的斑纹,这种变化称为"虎斑心"(图3-3、图3-4),在犊牛恶性口蹄疫时可见到。显微镜下,轻度心肌炎时心肌纤维仅呈现颗粒变性和轻度脂肪变性。重症病例,心肌纤维则呈水泡变性和蜡样坏死,甚至断裂、溶解,并可见钙盐沉着。间质和变性、坏死的心肌纤维周围,毛细血管充血、出血,浆液性水肿和炎性细胞浸润,后者主要是淋巴细胞和巨噬细胞,而成纤维细胞的增生则较轻微。

图3-3 虎斑心

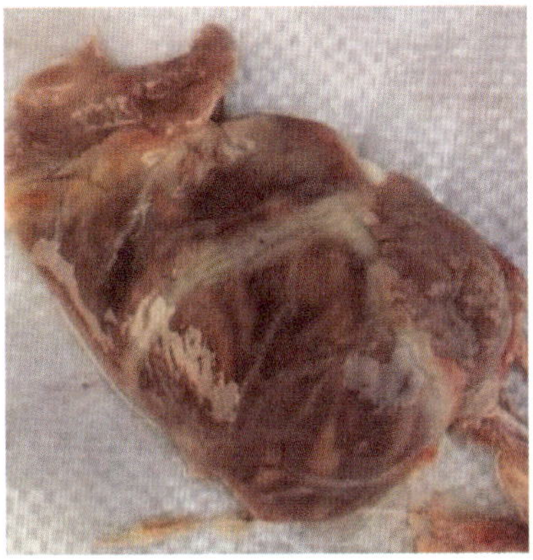

图3-4 猪虎斑心

(2)间质性心肌炎　间质性心肌炎以心肌的间质渗出性变化明显,炎性细胞浸润,而心肌纤维变质性变化比较轻微为特征。可发生于传染性和中毒性疾病过程中。由此可见,间质性心肌炎与实质性心肌炎不仅在病原上具有同一性,而且两者的间质和实质均发生性质相似的病变,二者有区别可能与病程、病原性质、毒力、机体的敏感性有关。

眼观,间质性心肌炎的变化与实质性心肌炎极为相似。显微镜下,初期表现为心肌的实质性变化,以后转变为以间质增生为主的过程。心肌纤维常呈局灶性变性和坏死,并发生崩解、溶解吸收。间质呈现充血、出血、浆液浸润,并有明显的炎性细胞增生与浸润。间质的病变呈弥漫性或局灶性,沿大血管或间质分布,并与正常的心肌纤维相交织。慢性经过者,心肌纤维发生萎缩、变性、坏死,甚至消失,间质结缔组织明显增生,并有不同程度的炎性细胞浸润。

(3)化脓性心肌炎　化脓性心肌炎以心肌内形成大小不等的脓肿为特征,常由化脓性细菌引起,如葡萄球菌、链球菌等。化脓性细菌可来源脓毒败血症的转移性细菌栓子,见于子宫炎、乳腺炎、关节炎等化脓性炎症。此外,化脓性心肌炎也可由创伤性心包炎、溃疡性心内膜炎与化脓性心外膜炎的炎症过程蔓延到心肌而引起。

眼观化脓性心肌炎时,在心肌内形成大小不等的化脓灶或脓肿。新鲜脓灶,其周围心肌呈充血、出血和水肿变化(图 3-5);陈旧性脓灶,其外围常有结缔组织包囊形成。化脓灶内的脓汁因细菌种类不同,可呈灰白色、灰绿色或黄白色。此外,脓肿部位的心壁因心肌变薄及心腔内压作用常向外扩张。显微镜下,病变的早期见血管栓塞部呈出血性浸润,继而发展为纤维性化脓性渗出,其周围出现充血、出血及中性粒细胞组成的炎性反应带。化脓灶内及周围的心肌变性和坏死。慢性化脓时,脓肿周围可见结缔组织包囊形成。

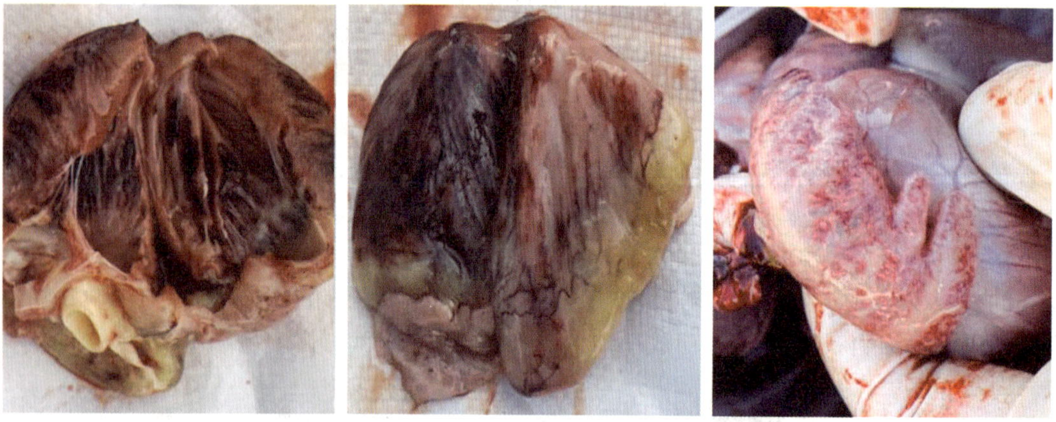

图 3-5　**心肌出血、淤血**

结局和对机体的影响:非化脓性心肌炎的病灶可发生机化,最后形成灰白色的纤维化斑块。化脓性心肌炎病灶常以包囊形成、钙化及纤维化而告终。心肌炎时,因心肌纤维和传导系统受损,加之炎症灶的刺激,出现心功能明显障碍。使心脏的自律性、兴奋性、传导性和收缩性受到不同程度的影响,故临床上表现出心律失常,如窦性心动过速、窦性心律不齐、各种形式的期外收缩及传导阻滞。严重时因心肌纤维广泛变性坏死及传导系统严重障碍可发展为心力衰竭。此外,化脓性心肌炎时,可引起脓毒血症或败血症。

2. 心包炎

心包炎是指心包的壁层和脏层浆膜的炎症,可表现为局灶性或弥漫性。动物的心包炎多呈急性经过，通常伴发于其他疾病过程中，如巴氏杆菌、链球菌、大肠杆菌、鸡伤寒沙门菌、猪丹毒杆菌、霉形体、猪瘟病毒、流感病毒等引起的疾病。有时也以独立疾病（如牛创伤性心包炎）的形式表现出来。心包炎按其炎性渗出物的性质可区分为浆液性、浆液-纤维素性、化脓性、浆液-出血性等类型，但兽医临床上最常见的是浆液-纤维素性心包炎。

二维码 3-1　牛创伤性心包炎引起绒毛心（视频）

二维码 3-2　牛创伤性心包炎心包增厚（视频）

（1）浆液-纤维素性心包炎　浆液-纤维素性心包炎主要由上述传染性因素引起。早期炎性渗出物常为浆液性，随着炎症发展，毛细血管损伤加重，纤维蛋白原渗出，从而发展为浆液-纤维素性心包炎或纤维素性心包炎。

眼观，心包膜表现为血管扩张充血，间或可见出血斑点。心包腔因蓄积大量渗出液而明显膨胀，腔内有大量淡黄色浆液性渗出物，若混有脱落的间皮细胞和白细胞则变浑浊。随后纤维素渗出，渗出的纤维素凝集为黄白色絮状或薄膜状物，附着于心包内面、心外膜表面和悬浮于心包腔内的渗出液中。如果炎症时间持久，覆盖在心外膜表面的纤维素，因心脏搏动而形成绒毛状外观，称为“绒毛心”。慢性经过时，被覆于心包壁层和脏层上的纤维素往往发生机化，外观呈盔甲状，称为“盔甲心”。

镜检，初期心外膜呈现充血、水肿并有白细胞浸润，间皮细胞肿胀、变性，浆膜表面有少量浆液-纤维素性渗出物，与发炎心外膜相邻的心肌纤维呈颗粒变性和脂肪变性，心肌纤维间充血、水肿及白细胞浸润（图 3-6）。

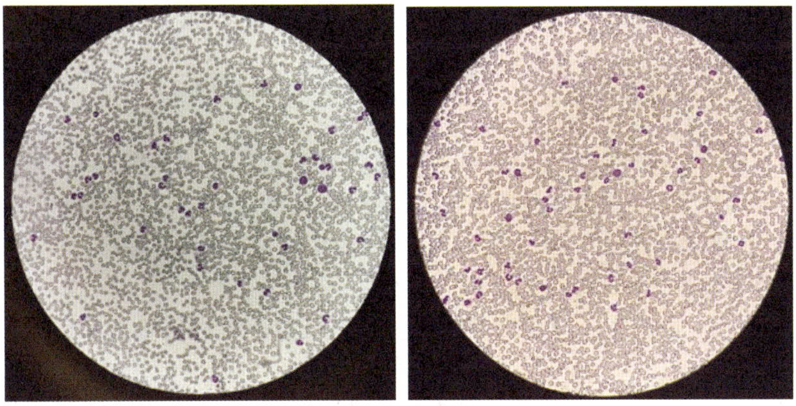

图 3-6　血涂片白细胞增多

（2）创伤性心包炎　创伤性心包炎是由于心包受到机械损伤而引起，主要见于牛（图 3-7），偶见于羊。创伤性心包炎也呈浆液-纤维素性，但因常有细菌随着异物侵入心包，故也常常表现为浆液-纤维素性化脓性炎。

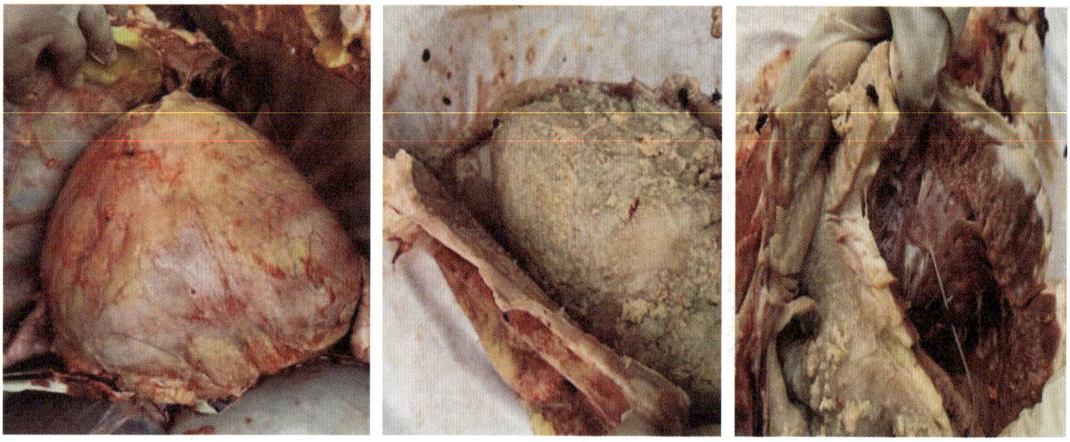

图 3-7 牛创伤性心包炎

眼观,心包增厚、扩张而紧张。腔内蓄积多量污秽的纤维素性化脓性渗出物。内含气泡,并具有恶臭味。心外膜表面被覆厚厚一层污浊或污绿色的纤维素性化脓性渗出物,剥离后可见心外膜浑浊粗糙,且有充血和出血点。病程久者,渗出物凝结成干酪样,还可因机化造成心包的不同程度的粘连,甚至造成心包和横膈、网胃粘连,并在异物穿过的经路上形成窦道或瘘管。如果网胃内的尖锐异物刺穿横膈、心包而损伤心肌时,可引起创伤性心肌炎。

结局和对机体的影响:病情较轻时,炎性渗出物可被液化、吸收而消散,浆膜间皮细胞经再生修复。当渗出物吸收缓慢或困难时,常由心包的脏层和壁层的间皮下长出肉芽组织将其机化,造成心包的两层浆膜局部或广泛粘连,使心包腔完全封闭,从而限制心脏的舒张和收缩活动,时间一久则导致心力衰竭。

心包炎的另一严重影响是心包积液对心脏的直接压迫作用。心包积液发展比较缓慢,故在初期,血液循环障碍通常不明显。但当心包积液迅速增多时,心脏的舒张明显受限,静脉回流减少,导致全身性淤血和有效循环血量减少。创伤性心包炎,其渗出物的腐败分解,微生物毒素的吸收,可继发脓毒败血症而致动物死亡。

3. 心内膜炎

心内膜炎是指心内膜的炎症。动物的心内膜炎通常由细菌感染引起,常常伴发于慢性猪丹毒、链球菌、葡萄球菌、化脓棒状杆菌等化脓性细菌的感染过程中。根据炎症发生的部位,可分为瓣膜性、心壁性、腱索性和乳头肌性心内膜炎,兽医临床上最常见的是瓣膜性心内膜炎,按病变特征分为以下 2 种。

(1)疣状血栓性心内膜炎　疣状血栓性心内膜炎以心瓣膜损伤轻微和形成疣状赘生物为特征。

眼观,早期在心瓣膜表面可见微小、呈串珠状或散在的灰黄色、灰红色易脱落的疣状物,呈灰黄色或黄褐色,表面粗糙,质脆易碎。后期,疣状赘生物因增大融合并被机化而变得坚实,灰白色,与瓣膜紧密相连。此种疣状赘生物常见于二尖瓣和主动脉瓣。

镜检,炎症早期心内膜内皮细胞肿胀、变性、坏死与脱落,其表面附着有白色血栓,内皮下水肿,内膜结缔组织细胞肿胀变圆,胶原纤维变性或呈纤维素样坏死。炎症的后期,疣状物下面肉芽组织增长、机化,同时伴有巨噬细胞和淋巴细胞浸润。

(2)溃疡性心内膜炎　溃疡性心内膜炎又称败血性心内膜炎,其病变特征是心瓣膜受损较严重，炎症侵入瓣膜的深层并呈现明显的坏死和大的血栓性疣状物形成。

眼观病变，早期在瓣膜上出现淡黄色浑浊的小斑点，小斑点逐渐增大并相互融合成干燥的、表面粗糙的坏死灶，形成溃疡。溃疡面上有灰黄色血栓物质附着并迅速增大，形成大的疣状物，质地脆弱，容易脱落形成含有细菌的栓子，随血液运行至其他器官组织可造成栓塞或转移性脓肿。瓣膜的坏死过程向深层组织发展，可发生瓣膜穿孔、破裂。在炎症后期，血栓物质因机化而变成较坚实的灰黄色或黄红色的菜花状赘生物。显微镜下，瓣膜深层组织发生坏死，局部有明显的炎性渗出、中性粒细胞浸润及肉芽组织增生，表面附有由大量纤维素、崩解的细胞与细菌团块组成的血栓凝块。

二、血管主要病变

(一)动脉炎

动脉炎是指动脉管壁的炎症。动脉炎常见的类型有急性动脉炎、慢性动脉炎，可由细菌、病毒、霉菌、寄生虫、免疫复合物以及机械、化学、物理等因素引起。

1. 急性动脉炎

急性动脉炎时，由于上述致病因素侵入途径不同，管壁各层发生炎症的先后顺序也不相同。其特点是：血管外膜充血、出血、水肿，胶原纤维变性及炎性细胞浸润，中膜平滑肌变性或坏死，中膜及内膜水肿，有炎性细胞浸润，弹性纤维断裂、凝集、溶解，内皮细胞肿胀、增生、核固缩及脱落等。常见于牛坏死杆菌病的子宫、牛肺疫的肺脏和曲霉菌病病灶内的小动脉以及犬化脓性支气管炎时的肺组织内的中、小型动脉。由血流途径侵入的则首先引起动脉内膜炎。

2. 慢性动脉炎

慢性动脉炎多由急性炎症发展而来，常见于受损伤血管的修复、血栓机化以及慢性炎症中的血管。其特点是血管壁有炎性细胞浸润，初期细小纤维和弹性纤维增多，后期致密纤维组织增生。马前肠系膜动脉瘤即为典型的慢性动脉炎。

(二)静脉炎

静脉炎是指静脉管壁的炎症，通常分为急性静脉炎和慢性静脉炎 2 种类型。

1. 急性静脉炎

急性静脉炎多见于感染和中毒的情况下。静脉周围组织的炎症蔓延至静脉，首先引起静脉周围炎，继而扩展为中膜炎和内膜炎，并有血栓形成。见于病原菌经血流扩散、外伤感染（如颈静脉穿刺或反复静脉注射）、初生动物脐感染所致的脐静脉炎等。

眼观，静脉肿胀、变硬，管腔内充满浓稠的脓性坏死性物质，除去坏死物质后遗留浑浊的粗糙面。镜下可见血管壁内有多量中性粒细胞浸润，滋养血管扩张、充满白细胞，管腔内可见血栓形成。

2. 慢性静脉炎

慢性静脉炎常为急性静脉炎的转归，多继发于邻近组织的慢性炎症。病变静脉呈结节状或索状增厚，镜下呈高度的慢性炎症增生，并伴发肌层肥大。

实训五　血液样本的采集及处理

一、目标

（1）掌握不同动物的采血部位。

（2）掌握采血针、一次性真空采血管的使用方法。

（3）掌握血液样本不同用途的处理方法。

二、材料设备

（1）动物：犬 2 只。

（2）材料：犬口笼 2 个、止血带、采血针若干、真空采血管若干、离心机 1 台、碘酊棉球、酒精棉球等。

二维码 3-3　采血物品介绍、鸡的保定和鸡的采血（视频）

二维码 3-4　鸡的采血（视频）

三、方法与步骤

1. 不同动物采血的部位

不同动物采血部位不同。一般来说，体形较小的犬和猫，可在颈静脉、后肢隐静脉采血；中、大体形的犬，可以在前肢臂头静脉、后肢的跖背侧静脉和隐外侧静脉采血；猪、兔可在耳背侧的耳缘静脉采血。

2. 采血方法

选取血管后，常规消毒皮肤，扎止血带，穿刺见回血后，用输液贴固定针头，左手持真空采血管，右手将采血器末端刺入管口（注：不能取下末端密封橡皮套）。终点一到须立即换管，要在当前试管采血的同时选择好下一支需采血的试管。

如有需抗凝标本，先采集抗凝标本血液采集后需摇匀，摇匀方式是轻轻颠倒试管 180°，5～8 次。

在最后一管应采血量还差 0.3～0.5 mL 时松止血带拔针，待软管内的血液全部流入试管后拔除管塞穿刺针，用干棉球压迫穿刺点 5 min 左右。

3. 血液的抗凝

临床常用的抗凝剂有肝素、EDTA 钾盐、EDTA 钠盐、柠檬酸钠盐、氟化钠等。目前，兽医临床已经应用商品化的真空抗凝采血管。肝素抗凝管（绿色）主要用于临床生化检查和急诊生化检查的血液标本的采集与抗凝，也适用于部分血液流变学项目的血液标本采集与抗凝。EDTA 抗凝管（紫色），用于临床血液学检测，并适合各类血液细胞分析。

4. 血液样本的保存

如果采集的样本不能立刻检查，那么应该将血液样本冷藏保存，以避免血细胞自溶现象发生。注意，采集血液后 4～6 h 进行血小板计数，其结果往往不准确。

进行血液生化检查的样本，最好在采集后 1 h 内完成。样本的温度尽可能低，这样可以避免破坏样本中的化学成分及活化某些物质。如果血清或血浆样本不能立刻检测，可以将其冷冻保存，解冻后须完全混匀，再进行检测。

实训六　血涂片制备及白细胞分类计数

一、目标

(1)掌握血涂片推片方法及技巧。

(2)掌握血涂片染色技术。

(3)掌握各种白细胞形态。

(4)掌握白细胞镜检方法。

(4)掌握白细胞分类计数器使用方法。

二、材料设备

(1)动物：犬 2 只。

(2)材料：采血针、真空采血管、载玻片、瑞氏染色液、蒸馏水、洗耳球、显微镜、电子显微镜、松柏油、二甲苯、白细胞分类计数器、时钟等。

三、方法与步骤

1. 采血

见实训五

2. 染色液配制

瑞氏染色液：

瑞氏粉	0.3 g
甘油(中性)	3.0 mL
甲醇	97.0 mL

把瑞氏粉及甘油放入研钵内充分研碎，然后加甲醇 97 mL，密封 12 h 后过滤，装入棕色瓶中，存放 1 周后应用。

吉姆萨染色液：

吉姆萨粉	0.5 g
甘油(中性)	33.0 mL
甲醇	3.30 mL

将吉姆萨粉放入清洁研钵中，先加少量甘油，充分研磨，然后在加入剩下的甘油后置于水浴锅上(56～60 ℃) 1～2 h，并不时以玻棒搅拌，促使染料溶解，最后加入甲醇，混匀后装入棕色瓶内，存放 1 周后过滤，此为原液。在应用时将原液与下述缓冲液或蒸馏水按 1∶10 稀释，此液称为应用液。

缓冲液：

磷酸二氢钾(KH_2PO_4)	1.63 g
磷酸氢二钠(Na_2HPO_4)	3.2 g
蒸馏水加至	1 000 mL

3. 血液涂片的制作

在采血前选玻片 2 块，一块表面光洁用作涂片，另一块边缘平整用作推片。采血后滴一滴米粒大小血液在涂片的一端，用推片平整边缘先置于血滴前方，然后慢慢后移。当接触到血滴时血液立即沿推片边缘散开呈线状，随即把推片和涂片呈 30°～45°角平稳地前推到涂片的另一端，直至血液推尽为止，使涂片上覆一层厚薄适宜的血膜。推进的角度和速度可以控制血膜的厚度，在用力和速度上需均匀。当血滴小、推动快、角度小时，制成的血膜较薄，反之则较厚。一张良好的涂片，通常始端稍厚，末端稍薄，中间均匀一致，血膜与涂片四边都有适当空余部位。血液涂片制作完毕，让其自然干燥。

4. 瑞氏染色法染色

在自然干燥的血片上先用特种铅笔在血膜两端各画一条横线以防滴上染色液后发生外溢，把血液涂片平置于染色架上，将瑞氏染色液直接滴于血片上(不必固定)，使血膜完全浸没，1 min 后加等量蒸馏水或缓冲液，并轻摇玻片使蒸馏水和染色液混匀，3～5 min 后，用水漂洗去染料，待干后镜检。

5. 白细胞分类计数

把染好的涂片先用低倍巡视一遍，观察各种白细胞的大致分布情况，然后用高倍镜进行分类计数。计数时，一般在血膜两端或两端的上下部按三区或四区法或中央计数法，曲折移动，每个视野不要重复，共计数 100 个。如按二区法计数，每区应为 50 个；按四区法，每区 25 个。根据所见各类白细胞的数量计算其百分率。

二维码 3-5　血涂片的制作及细胞形态观察(视频)

6. 细胞分类、形态

参见炎症反应。

四、结果记录

白细胞种类	嗜酸性粒细胞	嗜碱性粒细胞	中性粒细胞	淋巴细胞
数量				

五、讨论

根据实验结果，说明白细胞分类计数结果，其有何临床意义？

任务三　心血管系统药物应用

一、强心药

凡能提高心肌兴奋性，加强心肌收缩力，改善心脏功能的药物称为强心药。具有强心作用的药物种类很多，其中有些是直接兴奋心肌，而有些则是通过调节神经系统来影响心脏的机能活动。常用强心药物有肾上腺素、咖啡因、强心苷等。它们的作用机制、适应证均有所不同。如肾上腺素适用于心脏骤停时的急救，咖啡因则适用于过劳、中暑、中毒等过程中的急性心衰，而强心苷适用于急、慢性充血性心力衰竭。因此，临床必须根据药物的药理作用，结合疾病性质，合理选用。

强心苷至今仍是治疗充血性心力衰竭的首选药物。除强心苷外，临床用于治疗充血性心力衰竭的药物还有血管扩张药，如 α 受体阻断剂，通过扩张血管，降低心脏前、后负荷，阻断心力衰竭病理过程的恶性循环，改善心脏功能，控制心力衰竭症状的发展。利尿药是另一种用于治疗心功能不全的药物，可用于消除水钠潴留，减少循环血容量，降低心脏前、后负荷，常作为轻度心力衰竭的首选药和各种原因引起的心力衰竭的基础治疗药物。

临床常用的强心苷类药物有洋地黄毒苷、地高辛、毒毛花苷 K 等。各种强心苷对心脏的作用基本相似，主要是加强心肌收缩力，但作用强度、快慢及持续时间长短有所不同。临床上主要用于治疗各种原因引起的急、慢性心功能不全。

洋地黄毒苷

本品为白色和类白色的结晶粉末，无臭。在三氯甲烷中略溶，在乙醇或乙醚中微溶，在水中不溶。

【作用与应用】本品对心脏有加强心肌收缩力、减慢心率等作用。用药后可使心输出量增加，淤血症状减轻，水肿消失，继发产生利尿作用。尤其是它在加强心肌收缩力的同时，可使舒张期延长，心室充盈完全。还能消除心功能不全引起的代偿性心率过快，并使扩张的心脏体积减小，张力降低，工作效率提高。故用于治疗慢性心功能不全(充血性心力衰竭)尤为适宜。此外，对心脏传导系统有抑制作用，可用于治疗心房颤动和阵发性室上性心动过速。

【药物相互作用】①与抗心律失常药、钙盐注射剂、拟肾上腺素类药等同用时，可因作用相加而导致心律失常。②与两性霉素 B、糖皮质激素或失钾利尿药等同用时，可引起低血钾而致洋地黄中毒。③服用苯妥英钠、巴比妥钠、保泰松可使血中洋地黄毒苷浓度降低，合用时应注意调整剂量。

【制剂与用法】洋地黄制剂一般分为两个步骤给药。第一步，于短期内应用足够剂量，使其发挥充分的疗效。此剂量称为全效量或洋地黄化量。达到全效量的指征是心脏状况改善，心率减慢，接近正常，尿量增加。第二步，即在达到全效量后，每日再给予一定剂量补充每日的消除量以维持疗效。此剂量称为维持量。

洋地黄毒苷注射液，全效量，静脉注射，每 100 kg 体重，马、牛 0.6～1.2 mg；犬 0.1～1 mg。维持量应酌情减少。

【注意事项】①用药治疗时，要监测心电图变化，以免发生毒性反应。在过去 10 d 内用过任何强心苷类的动物，使用时剂量应减少，以免中毒。②低血钾能增加心脏对强心苷类药物的敏感性，不应与高渗葡萄糖、排钾性利尿药合用。适当补钾可预防或减轻强心苷的毒性反应。③动物处于休克、贫血、尿毒症等情况下，不宜使用本品。除非有充血性心力衰竭发生。在用钙盐或拟肾上腺素类药物(如肾上腺素)时慎用本品。④心内膜炎、急性心肌炎、创伤性心包炎等患畜慎用本品。肝、肾功能障碍患畜用量应酌情减少。

地高辛(狄戈辛)

本品为白色结晶或结晶性粉末,无臭、味苦,不溶于水,在烯醇中微溶。

【作用与用途】本品为由毛花洋地黄中提纯制得的中效强心苷,其特点是排泄较快而蓄积性较小,临床使用比洋地黄和洋地黄毒苷安全。犬口服吸收率65%～75%。反刍动物口服本品易被瘤胃微生物破坏,吸收不规则。静脉注射,通常在15～30 min生效,60 min达到最大效应。半衰期,马17 h,犬39 h,猫21～15 h。

【制剂与用法】片剂:内服,马初次量每千克体重20 μg,之后每千克体重20 μg/d,分2次服用。小型犬每千克体重1 μg,2次/d。大型犬每千克体重5 μg,2次/d。猫每千克体重4 μg/d,或隔日每千克体重7～14 μg。

毒毛花苷K

本品为白色或微黄色结晶性粉末,在水或乙醇(90%)中溶解。应遮光、密封保存。

【作用与应用】本品作用同洋地黄毒苷。但维持时间短,口服吸收不规则,只适宜静脉注射。静脉注射后3～10 min可显效,0.5～2 h达最大效应,维持10～12 h。排泄快,蓄积作用小。适用于急性心力和慢性心力衰竭症状的危急病例。

【制剂与用法】毒毛花苷K注射液,静脉注射,一次量,马、牛1.25～3.75 mg,犬0.25～0.5 mg,用前以5%葡萄糖注射液稀释,缓慢注射。

【注意事项】参见洋地黄毒苷注射液。

二、止血药

止血药是能够促进血液凝固和制止出血的药物。

血凝是一种保护性反应。当血管和组织损伤后,由于提供了粗糙面,血小板破裂并释放凝血因子,加上受损组织释放的凝血因子一起形成凝血酶原激活物,在Ca^{2+}参与下,使血浆中无活性的凝血酶原转变为有活性的凝血酶。此时,血浆中处于溶解状态的纤维蛋白原在凝血酶的作用下变为丝状的纤维蛋白。纤维蛋白变成复合物,形成网状结构,将血细胞包藏其中,形成血凝块,堵住创口,制止出血。在正常畜体内,血液中还存在着纤维蛋白溶解系统,能使血液中形成的少量纤维蛋白再溶解。机体内的凝血和纤溶活动之间相互作用,保持着动态平衡。止血药和抗凝血药则是通过影响血液凝固和溶解过程中的不同环节而发挥止血和抗凝血作用。

止血药既可通过影响某些凝血因子,促进或恢复凝血过程而止血,也可通过抑制纤维蛋白溶解系统而止血。后者又称抗纤溶药,包括氨基己酸、氨甲环酸等。能降低毛细血管通透性的药物(如安络血)也常用于止血。由于出血原因很多,各种止血药作用机理也有所不同。在临床上应根据出血原因、药物功效、临床症状等采用不同的处理方法。如制止大血管出血需用压迫、包扎、缝合等方法;对毛细血管和静脉渗血或因凝血机制障碍等引起的出血,除对因治疗外,适当选用止血药在临床上具有重要意义。

吸收性明胶海绵

系将5%～10%明胶溶液加热(约45 ℃),搅拌至形成泡沫状,并加入少量甲醛硬化,冻干,切成适当的大小及形状,经灭菌后供用。为白色、多孔性片状物,质轻松,柔韧如海绵。在水中不溶。可被胃蛋白酶溶解消化,有很强的吸水力,能吸收本身重量30倍的水。

【作用与应用】吸收性明胶海绵具有多孔性和表面粗糙的特点,敷于出血部位,造成适宜的凝血环境,血液注入其中,血小板被破坏,血浆凝血因子被激活,形成纤维蛋白凝块,堵住伤口,产生止血作用。吸收性明胶海绵适用于小出血和渗出性出血。如外伤出血及手术时的止血。在止血部位经4～6周即可完全液化,被组织吸收。

【制剂与用法】可按出血创面的形状,将其切成所需大小,轻揉后敷于创口渗血区,再用纱布按压即可止血。

【注意事项】吸收性明胶海绵系灭菌制剂,拆开包装后不宜再行消毒,以免延长其被组织吸收的时间。使用过程中,严格要求无菌操作。

亚硫酸氢钠甲萘醌(维生素K_3)

天然维生素K主要存在于苜蓿、菠菜、西红柿和鱼糜内,分别命名为维生素K_1、维生素K_2。维生素K_3和维生素K_4均为人工合成品,前者为亚硫酸氢钠甲萘醌,后者为甲萘氢醌。本品为亚硫酸氢钠甲萘醌和亚硫酸氢钠的混合物,为白色结晶性粉末,无臭或微有特殊臭味,有吸湿性,易溶于水,微溶于乙醇,遇光分解,应遮光密封保存。

【作用与应用】肝脏是合成凝血酶原的场所,而凝血酶原及部分凝血因子的合成必须有维生素K的参与,故维生素K不足或肝功能障碍,都会使血液中凝血酶原或凝血因子减少而引起出血。通常,哺乳动物肠道的大肠杆菌能合成一定量的维生素K。因此,一般不会出现维生素K缺乏症。但当连续给予广谱抗菌药物(如磺胺类药、广谱抗生素等)时,由于抑制肠内细菌,会引起维生素K缺乏而出血。鸡也能在肠道合成少许维生素K,但由于吸收不良,容易发生维生素K缺乏症。此外,严重的肝脏疾病、胆汁排泄障碍及肠道吸收机能减弱等疾病,也会发生维生素K缺乏而导致出血。此时给予维生素K可达到止血目的。临床上主要用于因维生素K缺乏所致的出血。

【制剂与用法】亚硫酸氢钠甲萘醌注射液,肌内注射,一次量,马、牛100～300 mg,羊、猪30～50 mg,犬10～30 mg,禽2～4 mg。

【注意事项】天然的维生素K_1、维生素K_2无毒性。人工合成的维生素K_3和维生素K_4则具有刺激性,长期应用可刺激肾脏而引起蛋白尿,还能引起溶血性贫血和肝细胞损害。

酚磺乙胺(止血敏)

本品为白色结晶性粉末,无臭,味苦,有吸湿性,能溶于水,应在密闭阴凉处保存。

【作用与应用】酚磺乙胺能增加血小板数量,并增强其聚集性和黏附力,促进血小板释放凝血活性物质,缩短凝血时间,加速血块收缩。此外,尚有增强毛细血管抵抗力、降低其通透性、减少血液渗出等作用。本品止血作用迅速，静脉注射后 1 h 作用达高峰，药效可维持 4～6 h。适用于各种出血，如手术前后出血、消化道出血等。也可与其他止血药（如维生素 K）并用。

【制剂与用法】酚磺乙胺注射液，肌内或静脉注射，一次量，马、牛 1.25～2.5 g，羊、猪 0.25～0.5 g。

安络血（安特诺新）

本品为橘红色结晶或结晶性粉末，无臭，无味。在水、乙醇中极微溶解，在三氯甲烷和乙醚中不溶。

【作用与应用】本品能增强毛细血管对损伤的抵抗力，降低毛细血管通透性，促进断裂毛细血管端回缩而止血，对大出血无效。安络血的某些作用能被抗组胺药抑制。内服可吸收，但在胃肠道内可被迅速破坏、排出。临床上主要用于毛细血管渗透性增加所致的出血，如鼻出血、内脏出血、血尿、视网膜出血、手术后出血及产后子宫出血等。

【制剂与用法】安络血注射液，肌内注射，一次量，马、牛 5～20 mL，羊、猪 2～4 mL。

【注意事项】①本品含有水杨酸，长期应用可产生水杨酸反应。②抗组胺药能抑制本品作用。③不影响凝血过程，对大出血、动脉出血疗效差。

凝血质

本品为黄色或淡黄白色的软脂状固体或粉末。在醚中极易溶解，在丙酮或无水乙醇中不溶，在水中能成半透明的胶状混悬液。

【作用与应用】本品能使凝血酶原变为凝血酶而促进凝血过程，可用于各种出血。

【制剂与用法】凝血质注射液，皮下或肌内注射，一次量，马、牛 20～40 mL，羊、猪 5～10 mL。局部止血，可用灭菌纱布或脱脂棉浸润本品后，在出血部位敷用或堵塞。

【注意事项】①注射前必须摇匀。②不可静脉注射（可引起血栓形成）。

止血药的合理选用：出血的原因很多，在应用止血药时，要根据出血原因、性质并结合各种药物的功能和特点选用。体表小血管、毛细血管的出血，可用吸收性明胶海绵等局部止血药；鼻出血、出血性紫癜等毛细血管性出血及小手术的出血，可采用安络血，以增强毛细血管对损伤的抵抗力，促进断端毛细血管回缩；手术前后预防出血和止血，可用酚磺乙胺，以增加血小板生成并促使释放凝血活性物质；防治幼畜的出血性疾患，采用亚硫酸氢钠甲萘醌较为适宜。

三、抗凝血药

抗凝血药简称抗凝剂，是指能够延缓或阻止血液凝固的药物。在输血或血样检验时，为了防止血液在体外凝固，需加抗凝剂，称为体外抗凝；当手术后或患有形成血栓倾向的疾病时，为防止血栓形成和扩大，向体内注射抗凝剂，称为体内抗凝。

枸橼酸钠

本品为白色结晶性粉末。易溶于水，不溶于乙醇。在空气中微有潮解性，在热空气中有风化性。应密封保存。

【作用与应用】在凝血过程的每一个步骤中，都必须有钙离子参加。枸橼酸根离子与钙离子能形成难以解离的可溶性络合物，从而降低了血液中钙离子浓度，使血液凝固受阻而起抗凝血作用。主要用于血液样品的抗凝，已很少用于输血。

【制剂与用法】枸橼酸钠注射液，间接输血，每 100 mL 血液添加 10 mL。

【注意事项】①输血不宜过快，静脉注射浓溶液时不能过量，否则机体来不及氧化，可使血钙急剧下降而中毒。②枸橼酸钠碱性较强，不适于血液生化检查。

四、补血药

凡能补充造血物质，促进造血机能，改善贫血状态的药物，称为补血药或抗贫血药。单位容积循环血液中红细胞数和血红蛋白量低于正常时称为贫血。贫血的种类很多，病因各异，治疗药物也不同。临床上按病因可分为 3 种类型，即缺铁性贫血、巨幼红细胞性贫血和再生障碍性贫血。兽医临床常用的抗贫血药主要是指用于防治缺铁性贫血和巨幼红细胞性贫血的药物。缺铁性贫血是机体摄入的铁不足或损失过多，导致供造血用的铁不足所致。兽医临床上常见的缺铁性贫血有哺乳期仔猪贫血、急慢性失血性贫血等。铁剂(如硫酸亚铁、右旋糖酐铁等)是防治缺铁性贫血的有效药物。巨幼红细胞性贫血则可用叶酸和维生素 B_{12} 治疗。

硫酸亚铁

本品为淡蓝绿色柱状结晶或颗粒，味咸、涩，无臭。在干燥空气中立刻风化，在湿空气中即迅速氧化变质，表面生成黄棕色的碱式硫酸铁。在水中易溶，不溶于乙醇。

【作用与应用】铁是构成血红蛋白的必需物质，血红蛋白铁占全身含铁量的 60%。铁也是肌红蛋白、细胞色素和某些呼吸酶的组成部分。每日都有相当数量的红细胞被破坏，红细胞破坏所释放的铁，几乎均可被骨髓利用来合成血红蛋白，故每日只需补充少量因排泄而失去的铁，即可维持体内铁的平衡。饲料中含有丰富的铁，一般情况下家畜不会缺铁。但吮乳期或生长期幼畜，妊娠期或泌乳期母畜；胃酸缺乏、慢性腹泻等致使肠道吸收铁的功能减退；慢性失血，使体内贮备铁耗竭；急性大出血后恢复期，铁作为造血原料需要增加时都必须补铁。本品用于防治缺铁性贫血。

【药物相互作用】①稀盐酸有助于铁剂的吸收，与稀盐酸合用可提高疗效；维生素 C 为还原物质，能防止 Fe^{2+} 氧化，因而利于铁的吸收。②钙剂、磷酸盐类、含鞣酸药物等均可使铁沉淀，妨碍其吸收。③铁剂与四环素类可形成络合物，互相妨碍吸收。

【不良反应】①内服对胃肠道黏膜有刺激性，大量内服可引起肠坏死、出血，严重时可致休克。②铁能与肠道内硫化氢结合生成硫化铁，使硫化氢减少，减少了对肠蠕动的刺激作用，可致便秘，并排黑粪。

【注意事项】禁用于消化道溃疡、肠炎等。

右旋糖酐铁注射液

【作用与应用】本品作用同硫酸亚铁。肌内注射后右旋糖酐铁主要通过淋巴系统缓慢吸收。注射 3 d 后约有 60%的铁被吸收，1～3 周后吸收达到 90%。余下的药物可能在数月内被缓慢吸收。肝、脾和骨髓的网状内皮细胞能逐步从血浆中清除吸收的药物。从右旋糖酐中解离的铁立即与蛋白分子结合形成含铁血黄素、铁蛋白或转铁蛋白。而右旋糖酐则被代谢或排泄。适用于重度的缺铁性贫血或不宜内服铁剂的缺铁性贫血。临床上主要用于仔猪缺铁性贫血。

【制剂与用法】右旋糖酐铁注射液，肌内注射，一次量，仔猪 100～200 mg；右旋糖酐铁钴注射液，肌内注射，一次量，仔猪 2 mL。

【注意事项】①猪注射铁剂偶尔会出现不良反应，临床表现为肌肉软弱、站立不稳，严重时可致死亡。②肌内注射时可引起局部疼痛，应深部注射。超过 4 周龄的猪注射有机铁，可引起臀部肌肉着色。③需防冻，久置可发生沉淀。

维生素 B_{12}

本品为深红色结晶或结晶性粉末，无臭，无味，吸湿性强。略溶于水或乙醇。

【作用与应用】维生素 B_{12} 具有广泛的生理作用。它参与机体的蛋白质、脂肪和糖类的代谢，帮助叶酸循环利用，促进核酸的合成，为动物生长发育、造血、上皮细胞生长所必需。缺乏维生素 B_{12} 时，常可导致猪的巨幼红细胞性贫血、畜禽生长发育障碍、鸡蛋孵化率降低、猪运动失调等。成年反刍动物在瘤胃内微生物的作用下，能合成部分维生素 B_{12}，其他草食动物也可在肠内合成。主要用于治疗维生素 B_{12} 缺乏所致的巨幼红细胞性贫血，也可用于神经炎、神经萎缩、再生障碍性贫血、放射病、肝炎等的辅助治疗。

【制剂与用法】维生素 B_{12} 注射液，肌内注射，一次量，马、牛 1～2 mg，羊、猪 0.3～0.4 mg，犬、猫 0.1 mg。

【注意事项】在防治巨幼红细胞贫血症时，本品与叶酸配合应用可取得更为理想的效果。

叶　酸

药用叶酸多为人工合成，橙黄色结晶粉，无臭，无味。极难溶于水，在氢氧化钠或碳酸钠试液中易溶。遇光易失效。

【作用与应用】叶酸是核酸和某些氨基酸合成所必需的物质。当叶酸缺乏时，红细胞的成熟和分裂停滞，造成巨幼红细胞性贫血和白细胞减少。病猪表现生长迟缓、贫血；雏鸡发育停滞，羽毛稀疏，有色羽毛褪色；母鸡产蛋率和孵化率下降，食欲不振、腹泻等。有些家畜由于消化道微生物能合成叶酸，一般不易发生缺乏症。只有雏鸡、猪、狐、水貂等必须从饲料中摄取补充。长期使用磺胺类等肠道抗菌药时，家畜也可能发生叶酸缺乏症。本品主要用于叶酸缺乏症、再生障碍性贫血和母畜妊娠期等。也常作为饲料添加剂，用于鸡和皮毛动物狐、水貂的饲养。

【制剂与用法】叶酸片，内服，一次量，犬、猫 2.5～5 mg。

【注意事项】对维生素 B_{12} 缺乏所致的“恶性贫血”，大剂量叶酸治疗可纠正血象，但不能改善神经症状。

案例分析

一只 2 岁公猎犬，于 2006 年 3 月 16 日下午带出去打猎，追击野兔，在短时间内，连续跑 3 次，每次 2.5 km，跑完后 1 h，后肢剧烈战颤，不能站立，倒卧在地，呕吐、腹泻，全身僵直，急送我院治疗。

一、临床症状

全身肌肉强直，肛门松弛，大便失禁，结膜潮红，舌暗紫色，伸出口外而不能缩回，眼睑对刺激反应微弱，心律不齐，呼吸迫促，肺部有湿性啰音，结膜潮红。体温 39 ℃。

诊断为充血性心力衰竭并发严重肺充血的过劳综合征。预后不良，尽力抢救。

二、病理发生过程

(1)此犬长期不打猎，缺乏运动锻炼，饮食营养很高，肥胖。突然打猎，剧烈活动，机体各组织器官需血量和静脉回流量急剧增多，迫使心脏加强收缩，心肌储备能量过多消耗，发生急性心力衰竭。

(2)由于动脉灌流量剧增，肺部血流入过多，毛细血管充盈过度，肺泡扩张，引起急性肺充血，造成呼吸迫促，机体缺氧。

(3)猎犬剧烈运动，机体肌肉有氧代谢转为无氧代谢，肌肉内产生大量的乳酸，造成肌肉急性酸中毒，处于僵直状态，肛门肌肉松弛，故排粪失禁。

三、治疗

(1)以强心，补液，补充体能，改善心功能，纠正酸中毒为原则。

(2)静脉注射下列药物：糖盐水 500 mL，地塞米松 2 mg，10%安钠咖 10 mL，ATP 20 mg，维生素 C 0.5 g，辅酶 A 100 U，庆大霉素 8 万 U×2 支，5%碳酸氢钠 50 mL。输液前，心跳 160 次/min，心律不齐，呼吸浅表，45 次/min，体温 39 ℃。输液中，心跳 120 次/min，心律不齐，呼吸较深，30 次/min，体温 38.5 ℃。输液后，心跳 120 次/min，心律不齐，呼吸深长，25 次/min，体温 38.5 ℃。输液后，病犬的四肢松弛，拉伸病犬的四肢，鸣叫，伸腿，头部已能抬起，舌尚无力，针刺躯干部肌肉，有反射，四肢尚无，眼睑反射正常。畜主要求回家治疗。

四、护理治疗

(1)4 h 后静脉注射：糖盐水 250 mL，5%葡萄糖注射液 250 mL，地塞米松 2 mg，ATP 20 mg，维生素 C 0.5 g，辅酶 A 100 U。

(2)对四肢肌肉和咀嚼肌均匀按摩，促进乳酸的排出，肌肉机能恢复。

(3)在舌活动自如之前，不可饮食，以免食物误入气管，导致异物性肺炎。

(4)心跳呼吸恢复后，加强机体机能恢复锻炼，补充营养，不可剧烈运动。

五、小结与体会

(1)猎犬由于突然剧烈运动，极易造成充血性心力衰竭，肺充血而死亡，其抢救为强心，补液，补充体能，纠正酸中毒为主，但是由于动物已处于心力衰竭状态，使用强心剂要密切注意心跳情况，静脉注射要慢，否则会造成心跳过激，动物猝死。

(2)安钠咖既能兴奋中枢神经系统和心肌，扩张冠状动脉和肾动脉，又有改善心肌营养和利尿作用。地塞米松具有抗炎和抗休克作用，扩张小动脉降低了外周血管阻力，改善了微循环。因此联合用药，效果优于其他的强心剂。

(3)心力衰竭时，心功能越差，心律失常越严重，越容易造成猝死，因此，在抢救时主要采取改善心功能的一切措施，而不应对心律失常过度重视。心律不齐是由于全身功能不良，特别是心衰造成的，只要全身功能改善，心功能恢复正常，心律不齐就会恢复。若大量应用抗心律失常的药，其有明显的负性肌力作用，可使衰竭的心功能更趋恶化。

复习思考题

1. 应用什么方法能确定心音的最佳听取点？
2. 在心跳增数时，如何区别第一心音和第二心音？
3. 试分析病畜心音强度变化的原因？
4. 有哪几种心杂音？有何临床诊断意义？
5. 心脏的主要病变有哪些？
6. 创伤性心包炎的病理特征是什么？如何预防？
7. 临床上如何合理选用止血药？
8. 在哪些情况下应用强心药？怎样合理应用强心药？

项目四
呼吸系统检查及药物应用

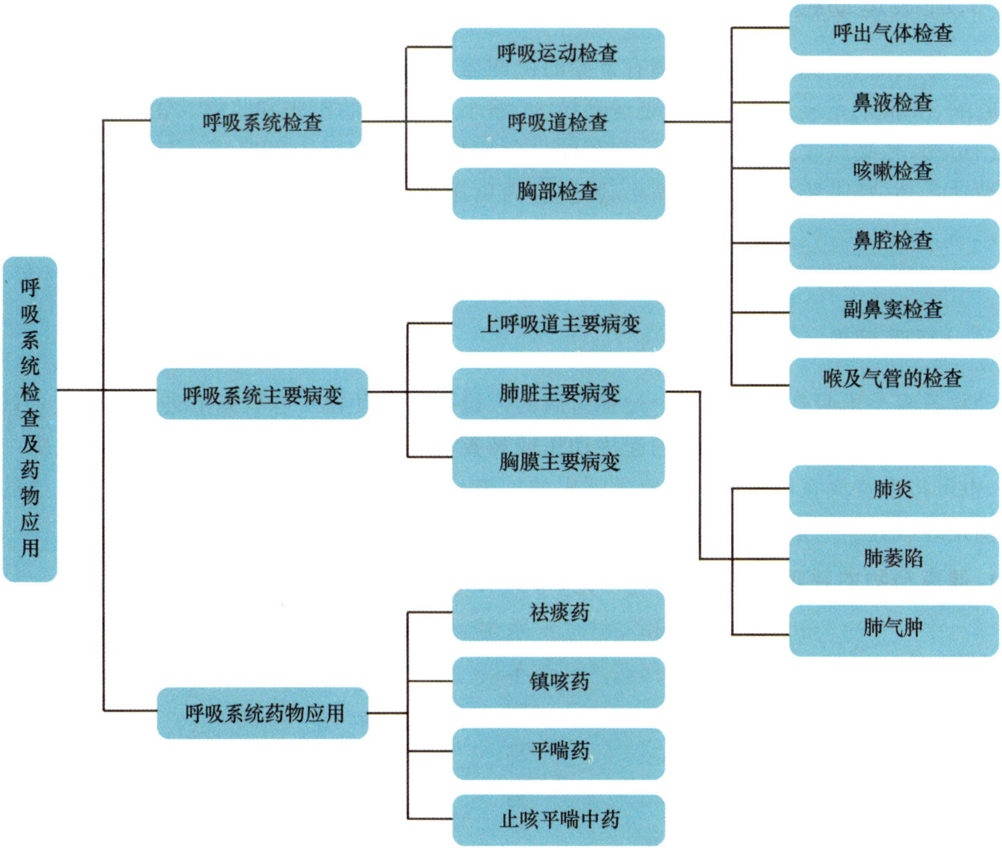

知识目标：

掌握呼吸系统各器官主要的病理变化、发生的原因和产生的机理。

技能目标：

1. 掌握呼吸系统的检查方法。
2. 掌握呼吸系统的药物应用。

呼吸系统疾病是临床最常见的疾病之一，呼吸系统检查的一般方法和技能是重点，呼吸系统病变及病因分析是基础，临床诊断、药物配伍和临床治疗是关键。本项目主要考查学生综合运用解剖、生理、病理、药理、微生物、临床诊断的基本知识，进行呼吸系统疾病预防、诊断和治疗的能力。

任务一　呼吸系统检查

一、呼吸运动检查

家畜呼吸时，鼻翼、胸廓和腹壁有节奏的协调运动，称为呼吸运动。呼吸运动由膈肌、肋间肌的收缩、舒张来完成。胸廓随呼吸运动扩大、缩小，带动肺的扩张和收缩。正常情况下，吸气是主动运动，呼吸肌收缩，胸壁扩张，胸膜腔内负压增高，空气经上呼吸道入肺，肺脏扩张。呼气是被动运动，呼吸肌松弛，胸廓缩小，胸膜腔内负压降低，以肺脏的弹力压出肺内空气，肺脏缩小。

检查呼吸运动时，注意呼吸频率、呼吸类型、呼吸节律、呼吸困难、呼吸运动的对称性等。

（一）呼吸频率

动物呼吸是由吸气和呼气两个过程组成的。检查须在动物安静状态下进行。检查者站在动物的前侧面，观察动物胸、腹壁的起伏动作或鼻翼的开张动作，一起一伏或开张一次为一次呼吸，也可将手背放在鼻孔前方来感觉呼出的气流，在寒冷的冬季，可直接观看鼻孔呼出的热气来测定呼吸数。一般计数 1 min 的呼吸次数，也称呼吸频率。

1. 健康动物的呼吸次数（次/min）及正常变动范围

牛	10～25 次/min	水牛	10～40 次/min
猪	10～20 次/min	羊	12～30 次/min
骆驼	6～15 次/min	鹿	15～25 次/min
兔	50～60 次/min	马	8～16 次/min
犬	15～30 次/min	猫	20～30 次/min
家禽	15～30 次/min		

健康动物的呼吸次数，受某些生理因素和外界条件的影响，有一定的变动。如幼畜比成年动物多，妊娠的母畜可增多，运动、使役、兴奋时可增多，品种、营养情况也有影响，当外界温度过高时也会引起某些动物（如水牛、绵羊）呼吸数显著增多。

2. 呼吸次数的病理性改变

（1）呼吸次数增多　主要见于呼吸器官特别是支气管、肺、胸膜的疾病，多数的热性病，心脏衰弱及贫血、失血性疾病，膈的运动受阻、腹内压显著升高或胸壁疼痛的病理过程，脑及脑膜充血，炎症的初期及某些中毒性疾病（如亚硝酸盐中毒）等。

（2）呼吸次数减少　主要见于脑室积水等引起的颅内压显著升高，某些中毒与代谢紊乱，上呼吸道高度狭窄等。呼吸次数的显著减少并伴呼吸式与呼吸节律的改变，常提示预后不良。

（二）呼吸类型

根据呼吸肌收缩的强度，胸壁、腹壁起伏程度，将呼吸分为3种类型。

1. 胸式呼吸

呼吸时胸廓起伏明显，腹壁起伏不明显。

2. 腹式呼吸

呼吸时腹壁起伏明显，胸廓起伏不明显。

3. 胸腹式呼吸

呼吸时胸廓和腹壁起伏均明显，也称混合式呼吸。

二维码4-1　牛严重的喘，腹式呼吸（视频）

正常情况下，犬以胸式呼吸为主，其他家畜以混合式呼吸为主。因此，胸式呼吸是其他家畜的病理性呼吸。表明患有腹部疾病引起膈肌和腹肌运动障碍。如急性胃扩张、瘤胃臌气、肠臌胀、创伤性网胃炎、腹壁损伤、急性腹膜炎、腹腔大量积液等。膈破裂和膈肌麻痹时，膈肌的活动也受到限制或根本不能运动，从而出现胸式呼吸为主的现象。腹式呼吸也是一种病理性呼吸方式。见于胸部疾病引起疼痛或胸内压升高，如急性胸膜炎、胸膜肺炎、心包炎、肺气肿、肋骨骨折和胸腔大量积液。

（三）呼吸节律

健康动物呼吸时，吸气后紧接着呼气，一次呼吸完成后，经短暂间歇，再进行下一次呼吸。一般呼气要比吸气长，间歇时间相等，如此周而复始，很有规律。呼吸节律的显著和长时间的变化，是一种病理状态，临床上常见的呼吸节律变化如下。

1. 吸气延长

吸气时间显著延长，是空气进入肺脏发生障碍的结果，称为吸气困难。见于能引起上呼吸道狭窄的疾病。如鼻炎、喉水肿、异物梗阻或呼吸道受压。

2. 呼气延长

呼气时间显著延长，是肺内空气排出受阻的结果，称呼气困难。见于细支气管炎、慢性肺泡气肿。

3. 间断性呼吸

在吸气或呼气过程中，出现吸—停—吸—停，或呼—停—呼—停的呼吸动作，是病畜先抑制呼吸，再进行补偿所致。常见于细支气管炎、慢性肺气肿、胸膜炎和伴有疼痛的胸、腹部疾病；也见于呼吸中枢兴奋性降低，如脑炎、中毒和濒死期。

4. 潮式呼吸

潮式呼吸又称陈-施二氏呼吸，表现呼吸逐渐加强、加深、加快，达到高峰以后，又逐渐变弱、变浅、变慢，而后呼吸中断。经数秒乃至30 s的间隙后，又以同样的方式出现，呈波浪式的呼吸节律，见图4-1。潮式呼吸属典型的病理性呼吸节律，是呼吸中枢敏感性降低的指征。此时病畜会出现昏迷，意识障碍，瞳孔反射消失，脉搏变化显著。多是神经系统疾病导致脑循环障碍的结果，也是疾病重危的表现。见于脑炎、心力衰竭以及某些中毒，如尿毒症、药物或有毒植物中毒等。

5. 间歇呼吸

间歇呼吸又称毕欧氏呼吸，表现数次连续的、深度大致相等的深呼吸，与呼吸暂停交替出现，见图 4-2。间歇呼吸是呼吸中枢的敏感性极度降低的指征，是病情危笃的标志。常见于脑膜炎，也见于某些中毒，如碱中毒、酸中毒和尿毒症等。

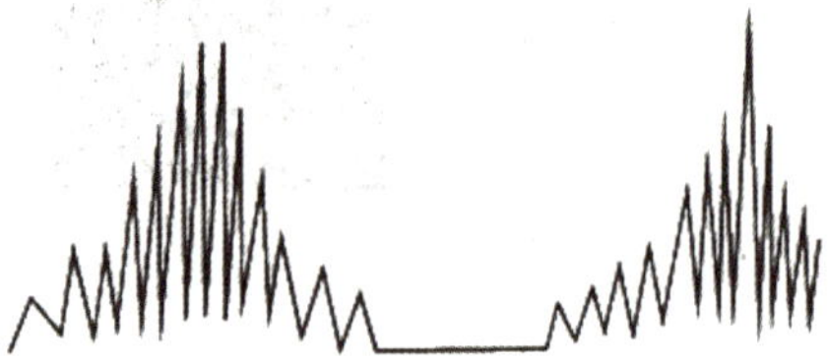

图 4-1　陈-施二氏呼吸

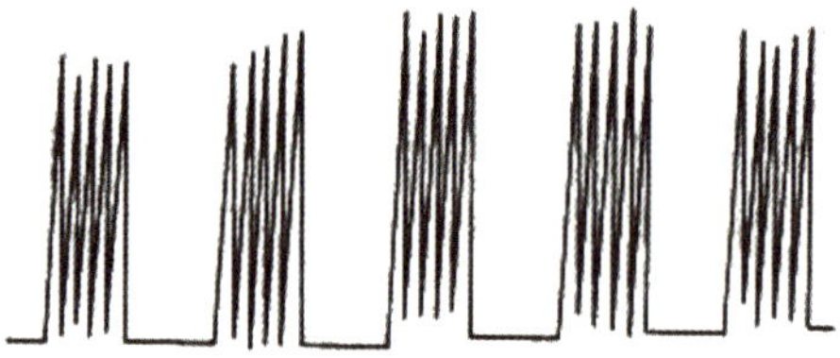

图 4-2　毕欧氏呼吸

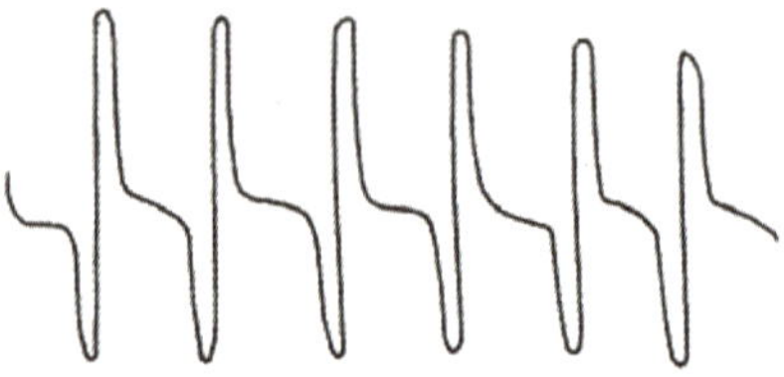

图 4-3　库斯茂尔氏呼吸

6. 深长呼吸

深长呼吸又称库斯茂尔氏呼吸，表现吸气与呼气均显著延长，发生深、慢的大呼吸，见图 4-3。呼吸次数少，不中断，常伴有狭窄音或鼾声。见于濒死期、脑脊髓炎、脑水肿、大失血、代谢性酸中毒、酮中毒及尿毒症等。

（四）呼吸困难

呼气与吸气均费力，辅助呼吸肌参与呼吸运动，呼吸频率、类型、深度和节律均发生改变。高度的呼吸困难，称为气喘。

呼吸困难是呼吸器官疾病的一个重要的症状，但在其他器官患有严重疾病时，也可出现呼吸困难。根据病因和表现形式，可分为以下 4 种类型。

1. 吸气性呼吸困难

呼吸时，吸气费力，吸气时间显著延长。表现鼻孔开张，头颈伸直，肘头外展，四肢广踏，胸廓明显扩张，肛门内陷，出现到吸气性狭窄音（如哨声），某些动物可呈张口吸气。常见于鼻炎、喉水肿、咽喉炎、马喘鸣症、猪传染性萎缩性鼻炎和鸡传染性喉气管炎等，引起的上呼吸道狭窄。

2. 呼气性呼吸困难

呼吸时，呼气费力，呼气时间显著延长。表现弓背，肷窝变平，腹部缩小，肛门突出，呈明显的二段呼气。肋弓明显下陷，出现喘沟。呼气越困难，喘沟越深。呼气时，由于腹部肌肉强力收缩，腹内压增大，故肛门突出，吸气时肛门反而陷入，称为肛门抽缩运动。主要是由于肺泡弹性减退和细支气管狭窄，肺泡内空气排出困难所致，常见于急性细支气管炎、慢性肺气肿、胸膜肺炎。

3. 混合性呼吸困难

吸气和呼气均发生困难，常伴有呼吸频率加快，是最常见的呼吸困难。据病因不同，分为六种。

二维码 4-2　张口呼吸，站不起来(视频)

二维码 4-3　病猪严重喘，呈犬坐式(视频)

二维码 4-4　猪呼吸困难，卧地不起(视频)

(1)肺源性呼吸困难　肺部广泛病变时，有效呼吸面积减少，肺活量降低，通气不良，换气不全，血液二氧化碳浓度增高，氧浓度降低，呼吸中枢兴奋导致肺源性呼吸困难。可见于鼻疽、结核病、马传染性胸膜肺炎、牛出血性败血病、牛肺疫、猪气喘病(图 4-4)、猪肺疫和山羊传染性胸膜肺炎等，引起的肺炎、胸膜肺炎、急性肺水肿。

图 4-4　猪严重气喘，呈犬坐姿势

(2)心源性呼吸困难　心源性呼吸困难是心功能不全(心力衰竭)的主要症状之一。因心脏血液输出量减少，肺循环障碍，肺换气受限，导致缺氧和二氧化碳潴留。病畜表现混合性呼吸困难的同时，伴有明显的心血管系统症状，运动后心跳、气喘更为严重，肺部可听到湿啰音。可见于心内膜炎、心肌炎、创伤性心包炎和心力衰竭等。

(3)血源性呼吸困难　严重贫血时，红细胞和血红蛋白减少，血氧不足，导致呼吸困难。尤以运动后更为显著。可见于各种类型的贫血，如马传染性贫血和梨形虫病等。

(4)中毒性呼吸困难　根据毒物来源的不同可分为 2 种。①内源性中毒。由于血液 pH 降低，引起呼吸中枢兴奋，增加呼吸通气量与换气量，表现为深而大的呼吸困难，但无明显的心、肺疾病存在。见于尿毒症、酮血病、严重的胃肠炎及各种疾病引起的高热。②外源性中毒。某些化学毒物中毒，使血红蛋白失去携氧功能，或抑制细胞内酶的活性，破坏组织内氧化过程，从而造成组织缺氧，出现呼吸困难。见于亚硝酸盐和氢氰酸中毒。另外，有机磷化合物如对硫磷和敌百虫等中毒时，可引起支气管分泌增加，支气管痉挛和肺水肿导致的呼吸困难。某些药物中毒如水合氯醛、吗啡、巴比妥等中毒时，呼吸中枢受到抑制，故呼吸迟缓。

(5)神经性和中枢性呼吸困难　脑部严重疾病，由于颅内压增高和炎症产物刺激，引起呼吸困难，见于脑膜炎、脑肿瘤等。某些疼痛性疾病反射引起呼吸运动加深，重者也可引起呼吸困难。在破伤风时，毒素直接刺激神经系统，使中枢的兴奋性增高，并使呼吸肌发生强直性收缩，导致呼吸困难。

(6)腹压增高性　急性胃扩张、急性瘤胃臌气、肠变位和腹腔积液等，胃肠容积增大或膨胀，导致腹腔的压力增高，直接压迫膈肌并影响腹壁的活动，从而导致呼吸困难。严重者，可窒息死亡。

(五)呼吸运动的对称性

健康家畜呼吸时，两侧胸壁起伏的强度完全一致，称为对称性呼吸。当一侧胸壁患疾病时，患侧胸廓的呼吸运动显著减弱或消失，而健侧胸廓的呼吸运动出现代偿性加强，称为不对称性呼吸。见于单侧性胸膜炎、胸腔积液、气胸和肋骨骨折等；也见于一侧大支气管阻塞或狭窄，一侧性肺膨胀不全等。检查呼吸的对称性时，最好站在动物的正后方或在正后方高处观察。

二、呼吸道检查

(一)呼出气体检查

1. 强度检查

可用双手置于两鼻孔前感觉。健康家畜两侧鼻孔呼出的气流强度相等。当一侧鼻腔狭窄、一侧鼻窦肿胀或大量积液时，则患侧鼻孔呼出的气流小于健侧，并常伴有呼吸狭窄音。当两侧鼻腔同时存在病变时，两侧鼻孔呼出的气流则以病变重的一侧较小。

2. 温度检查

健康家畜呼出的气体有温热感。呼出气体的温度升高，见于各种热性病；呼出气体的温度显著降低，见于内脏破裂、大失血、严重脑病、中毒性疾病以及许多重症疾病的末期。

3. 气味检查

健康家畜呼出的气体一般无特殊气味。马急性胃扩张和猪胃肠炎时，会出现酸臭味；鼻腔、副鼻窦、咽喉、气管、肺部等处感染腐败时，会出现腐败臭味；尿毒症、膀胱破裂时，会出现尿臭味；酮病时，会出现烂苹果味。

(二)鼻液检查

鼻液是呼吸道黏膜的分泌物及炎性渗出物。正常情况下，牛有少量浆液性鼻液，常用舌舔去；马常以喷鼻的方式排出，猪、羊则以喷嚏的方式排出，在鼻孔处往往观察不到。如见有鼻液流出，提示有疾病存在。检查鼻液时，应注意鼻液数量、性状及混合物。

1. 鼻液数量的检查

(1)鼻液增多　常见于各种疾病引起呼吸系统的急性炎症，如流行性感冒、急性鼻炎、副鼻窦炎、喉囊炎、急性咽喉炎、急性支气管炎、支气管肺炎、坏疽性肺炎、马腺疫、牛肺结核、牛恶性卡他热和犬瘟热等。

(2)鼻液减少　见于呼吸系统的慢性炎症和急性炎症的初期，如慢性鼻炎、慢性支气管炎、慢性鼻疽及慢性肺结核等。

(3)鼻液量不定　鼻液的量时多时少，动物自然站立时仅有少量鼻液，而运动、低头、采食及咳嗽时流出多量鼻液，见于鼻窦炎、坏疽性肺炎和慢性支气管炎等。

2. 鼻液性状的检查

鼻液性状可因炎症的种类和病变的性质而不同。

(1)浆液性鼻液　无色透明，稀薄如水，见于急性鼻卡他和流行性感冒的初期。

(2)黏液性鼻液　鼻液黏稠，呈灰白色，见于急性上呼吸道炎症和支气管炎。

(3)脓性鼻液　鼻液黏稠呈脓性，有特殊气味，可呈黄色、灰黄色或黄绿色，见于化脓性鼻炎、鼻窦炎、肺脓肿破裂、马腺疫和马鼻疽等。

(4)腐败性鼻液　鼻液污秽不洁，呈灰色或暗褐色，有尸臭味或恶臭味，见于异物性肺炎和肺坏疽。

(5)出血性鼻液　鼻液内混有血丝或血块。色鲜红,见于鼻出血(图 4-5);色粉红或鲜红,混有气泡,见于肺出血、炭疽等引起的败血症。

(6)铁锈色鼻液　鼻液呈铁锈色,见于大叶性肺炎和传染性胸膜肺炎。

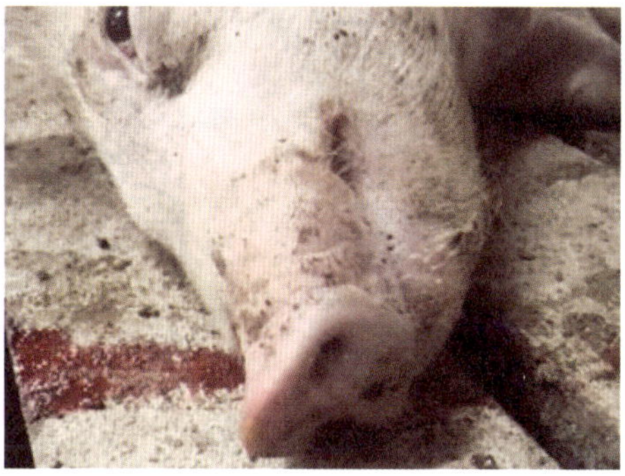

图 4-5　猪鼻出血

3. 鼻液对称性的检查

一侧性鼻液见于单侧性的鼻炎、鼻腔鼻疽、鼻窦炎;两侧性鼻液见于两侧性鼻腔、鼻窦、喉、气管、支气管及肺的炎症。

4. 鼻液中的混合物的检查

鼻液混有大量的唾液、饲料残渣,见于咽炎及食道阻塞;鼻液中混有胃液,见于马急性胃扩张。

5. 鼻液中弹力纤维的检查

检查弹力纤维时,将鼻液放于试管中,加入等量的氢氧化钠(钾)溶液,在酒精灯上边振荡边加热,溶解黏液和脓汁等,然后离心沉淀,取少许沉淀物滴于载玻片上,加盖玻片镜检。弹力纤维透明,折光性较强,呈细丝状弯曲,多聚集成丝状,也可单独存在。弹力纤维的出现,表明有肺组织的溶解、破溃,可能出现空洞,见于异物性肺炎、肺坏疽和肺脓肿等。

(三)咳嗽检查

咳嗽是动物的一种保护性反射,借以将呼吸道异物或分泌物排出体外。炎性渗出物或其他刺激可引起咳嗽。

检查咳嗽,可听取病畜自然的咳嗽,必要时进行人工诱咳。在马、骡人工诱咳时,一手放在颈背部作为支点,另一手的拇指和食指刺激第一、二气管轮;在牛,可用双手或毛巾短时间闭塞两侧鼻孔,或用力多次拉舌头;在小动物,可短时间闭塞两侧鼻孔或捏压喉部。健康动物,人工诱咳通常不发生咳嗽,或仅咳嗽一、二声,若诱导出连续多次的咳嗽,多为病态。

检查咳嗽,应注意其性质、次数、强弱、持续时间及有无疼痛等。常见的咳嗽如下。

1. 干咳

呼吸道内有黏稠的分泌物或炎症初期,出现尖、短、清脆的干性咳嗽,见于慢性支气管炎、胸膜炎和肺结核等。

2. 湿咳

呼吸道内积有多量稀薄的渗出物,咳嗽时有痰,声音钝浊,湿而长,见于咽喉炎、支气管炎、支气管肺炎、肺脓肿和坏疽性肺炎等。

3. 痛咳

咳嗽伴有疼痛,咳嗽的声音短而弱,患畜伸颈摇头,前肢刨地,呻吟不安,见于呼吸道有异物、急性喉炎、喉水肿和胸膜炎等。

4. 痉挛性咳嗽

呼吸道黏膜遭受强烈的刺激,或刺激因素不易排除,表现为频繁、连续不断地咳嗽,常见于猪气喘病、猪巴氏杆菌病、异物进入上呼吸道及异物性肺炎等。

二维码 4-5　保育猪干咳(视频)

二维码 4-6　保育猪皮炎,干咳(视频)

二维码 4-7　母猪严重咳喘(视频)

二维码 4-8　牛严重呼吸困难,有疼痛感(视频)

(四)鼻腔检查

检查马、骡时,可用一手抓住笼头,另一手拇指和中指捏住鼻翼软骨,食指挑起外侧鼻翼。也可用两手的拇指及中指分别捏住鼻翼软骨和外侧鼻翼,同时向上向外拉,使鼻孔开张。

牛和羊,将头往上抬起,鼻孔对光即可观察。

鼻腔黏膜的颜色变化、出血斑点,与眼结膜的临床意义相同。

鼻腔黏膜肿胀时,黏膜表面平坦,光滑发亮,颗粒消失,见于急性鼻炎、流行性感冒、马腺疫、鼻疽、牛恶性卡他热、犬瘟热等。鼻腔黏膜出现大小不等的水疱,黄豆大至蚕豆大,破溃后形成烂斑,见于口蹄疫和猪水疱病等。鼻腔黏膜出现结节,黄白色,由小米粒大到黄豆大,周围有红晕,界线明显,多分布于鼻中隔黏膜及鼻翼软骨内侧,可能是鼻疽。鼻腔黏膜的表层溃疡,见于鼻炎、马腺疫、血斑病和牛恶性卡他热等。深层溃疡,边缘隆突,呈堤状,不整齐,溃疡深,底部呈灰白色或黄白色,常见于鼻疽。鼻中隔下端黏膜上有线状、浅而小的瘢痕,多为外伤所致。鼻疽的瘢痕大而厚,呈放射状。

(五)副鼻窦检查

1. 视诊

额窦和上颌窦隆起、变形,多见于窦腔积脓、骨软病、肿瘤、牛恶性卡他热、创伤和局限性骨膜炎。牛窦区的骨质增生性肿胀,可见于牛放线菌病。

2. 触诊

应两侧对照触诊。窦区病变较轻时,变化不明显。触诊时敏感和温度增高,见于急性窦炎和急性骨膜炎。局部凹陷并有疼痛反应,见于创伤。窦区隆起、变形,触诊坚硬、疼痛不明显,常见于骨软病、肿瘤和放线菌病。

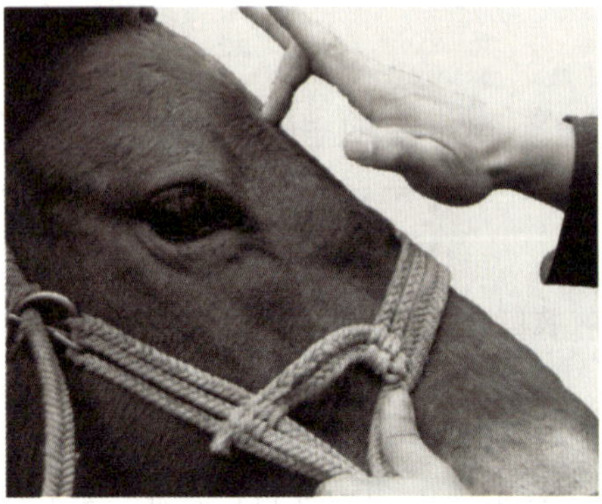

图 4-6　马的额窦检查

3. 叩诊

对窦区进行先轻后重的叩击,两侧对照,见图 4-6。健康家畜的窦区呈清晰而高朗的空瓮音。如果出现浊音,则提示窦腔积脓、肿瘤及骨质增生等。

(六)喉及气管的检查

主要用视诊、触诊和听诊,必要时借助于内腔镜。

1. 视诊

先从外观观察头和颈的姿势、气管的形状;猪、肉食动物和禽,可打开口腔,直接观察喉腔黏膜,黏膜观察的意义同眼结膜。

喉部肿胀，常见于喉部皮肤、皮下组织水肿或炎性浸润。喉部肿胀并有热感，常见于急性猪肺疫、猪水肿病、炭疽、恶性水肿及马腺疫等。禽喉腔黏膜肿胀、潮红或附有黄色、白色伪膜，提示各种类型喉炎，如痘病。

2. 触诊

站在动物头颈侧方，轻压喉部，向下滑动，检查喉及气管，以感知局部温度、硬度和敏感度，有无肿胀、疼痛和咳嗽等。喉部增温，有疼痛，拒绝触压，咳嗽，提示急性喉炎；触诊气管敏感、咳嗽，提示气管的炎症；气管变形，气管凹陷，可能是软骨骨折。

3. 听诊

健康动物可听到一种明显的类似"哧"的声音，称为喉呼吸音，呼气时比吸气时强而清楚。

(1)喉呼吸音增强　见于各种呼吸困难。

(2)喉呼吸音狭窄　会出现口哨声、呼噜声或拉锯声，有时距离病畜几米远都可听到，常见于喉水肿、咽喉炎、喉和气管炎、喉肿瘤及马腺疫。

(3)啰音　当喉和气管内有液体时出现啰音。如液体黏稠时可听到干啰音，稀薄时出现湿啰音，提示喉炎及气管炎。

三、胸部检查

(一)胸部视诊

健康动物，胸廓两侧对称，脊柱平直，肋骨膨隆，肋间隙均匀。胸廓向两侧扩大，见于重症肺泡气肿；胸廓向一侧扩大，见于单侧性胸膜炎、气胸和肋骨骨折等；胸廓狭小，见于纤维性骨营养不良、佝偻病及慢性消耗性疾病。

(二)胸部触诊

如果胸壁肿胀、增温、敏感，常见于胸壁的炎症；胸壁变形、敏感，见于肋骨骨折；单纯的胸壁敏感，见于胸膜炎；肋骨与肋软骨连接部呈串珠状肿，见于佝偻病。

(三)胸部叩诊

可了解胸腔内各脏器的解剖关系和肺叩诊区的大小；根据叩诊音的改变，判定肺和胸膜的病理变化，诊断肺和胸膜的疾病。

1. 胸部叩诊方法

大动物用锤板叩诊，小动物用指叩诊。

(1)判定肺叩诊区　先划出髋结节水平线、坐骨结节水平线和肩关节水平线，然后沿着这3条线，由前向后叩击，出现半浊音处，是肺脏的边缘，判定出肺后界，与正常的肺叩诊区进行比较。

(2)判定肺叩诊音　采用强叩诊。一般是从上到下，由前向后，沿肋间顺序进行叩击，检查整个肺区。发现异常音响时，应与对侧相应部位进行比较。

健康大动物肺叩诊区的中1/3呈清音，音响较长，响度较大，音调较低；上1/3和下1/3声音较弱，肺的边缘呈半浊音。小动物(如犬、猫、兔)肺叩诊区稍带鼓音。

在判断肺叩诊音时，应考虑影响叩诊音的因素，如胸壁厚薄、肺含气量、肺泡壁弹性、胸腔和胸膜的状态、叩诊强度等。由于肺组织各部位气量不同(肺区中央的肺组织厚，含气量较多)，胸壁各处的厚薄不一，胸腔的下部和后部又有心脏和腹腔脏器(肝脏和胃肠)，正常肺组织各部的叩诊音也不完全相同。

2. 肺叩诊区

家畜的肺叩诊区，略呈三角形。

(1)马肺叩诊区　略呈直角三角形。前界为肩胛骨后角向下的垂线，至第 5 肋间；上界为与脊柱平行的直线，距背中线约 10 cm；后界为第 17 肋骨与背界线交界处向下、向前经髋结节水平线与第 16 肋间的交点；坐骨结节水平线与第 14 肋间的交点；肩端水平线与第 10 肋骨间的交点，止于第 5 肋间隙。

(2)牛羊肺叩诊区　为三角形，比马叩诊区小。背界与马的相同；前界自肩胛骨后角沿肘肌向下呈“S”形曲线，止于第 4 肋间；后下界自背界的第 12 肋骨上端开始，向前、向下经髋结节线与第 11 肋间相交，经肩关节水平线与第 8 肋间相交，止于第 4 肋间。此外，肩前还有一狭小的肩前叩诊区。

(3)猪肺叩诊区　前界和上界与马略同，后下界约于第 7 肋骨与肩关节水平线的交点。猪个体皮脂层较厚，听诊音不明显，很少用肺的叩诊与听诊。

(4)犬肺叩诊区　前界自肩胛骨后角，沿其后缘向下，止于第 6 肋间。上界为距背中线约 5 cm。后界自第 12 肋骨开始，向下，向前经髋结节水平线与第 11 肋骨之交点；坐骨结节水平线与第 10 肋骨之交点；肩关节水平线与第 8 肋骨之交点形成的弧形线，止于第 6 肋间。

(四)胸肺部听诊

可确定呼吸音的强度和性质，发现病理呼吸音，判断支气管、肺和胸膜的机能状态。

1. 肺听诊方法

动物的肺听诊区和叩诊区是一致的。胸部听诊，可用间接听诊法或直接听诊法。听诊时，宜先从胸壁中部开始，其次听上部，最后听下部，均由前向后，依次进行，每个部位听 2～3 次呼吸音后，再变换位置，直至听完全肺。如呼吸微弱，呼吸音响不清时，可令病畜做短暂的运动或短时间闭塞鼻孔后，引起深呼吸，再行听诊。如发现呼吸音异常，则应在该部周围和对侧相应部位进行比较听诊。

2. 胸部的正常听诊音

根据动物的种类不同，解剖构造和生理特点也不同，胸部正常听诊音也有差异。

(1)肺泡呼吸音　健康动物胸部可听到类似轻读“呋”的肺泡呼吸音，是由空气通过毛细支气管，进入肺泡产生的声音，以及空气在肺泡内形成涡流所产生的音响。其声柔和，比较微弱。随吸气动作而逐渐加强，又随呼气动作而逐渐变弱；以胸壁的中前部比较明显，上部较弱，在肘后和肩上方最弱。犬、猫等肉食动物的肺泡呼吸音强，牛、羊的次之，马、骡的最弱。

(2)支气管呼吸音　类似将舌抬高，呼出气时所发生的“赫”音，是空气通过声门裂隙时产生涡流所致。呼气时明显，时间较长；吸气时短而微弱。健康马、骡听不到支气管呼吸音，健康犬可在第 3～4 肋间肩关节水平线上下听到支气管呼吸音。其他动物肺区前部，接近较大支气管的体表处，可听到带有肺泡呼吸音的混合呼吸音。

(3)混合性呼吸音　混合性呼吸音是支气管呼吸音和肺泡呼吸音混合的一种呼吸音，吸气时以肺泡呼吸音为主；呼气时以支气管呼吸音为主，类似“呋-赫”的声音。健康牛、羊和猪，可在第 3～4 肋间肩关节水平线处听到混合性呼吸音。

3. 胸部的病理听诊音

肺部听诊常可听到与呼吸无关的一些杂音，干扰听诊，特别是初学者有时会误认为呼吸音。如吞咽食物、嗳气、呻吟和肌肉震颤产生的声音，心音、胃肠蠕动音。病理性呼吸音伴随呼吸运动出现，同时表现出呼吸器官的其他症状。杂音的发生与呼吸运动无关。

(1)病理性肺泡呼吸音

①肺泡呼吸音增强：肺泡呼吸音面积增大，声音增强，是呼吸中枢兴奋性增强的结果，常见于热性病、贫血和酸中毒等。

②局部肺泡呼吸音增强：主要是病变罹及一侧肺或部分肺组织，使其机能减弱或丧失，健康的肺部代偿了患部机能，见于纤维素性肺炎、支气管肺炎和渗出性胸膜炎等。

③肺泡呼吸音粗厉：是由于毛细支气管黏膜充血肿胀，肺泡入口处变狭窄、肺泡呼吸音异常增强，常见于支气管炎、肺炎等。

④肺泡呼吸音减弱：肺泡呼吸音极为微弱，听不清楚，吸气时也不明显，主要是进入肺泡内的空气量减少、肺泡弹性减退或呼吸音传导障碍所致。见于上呼吸道狭窄、细支气管炎、肺炎、肺泡气肿、胸膜炎、胸水及血胸等。

⑤肺泡呼吸音消失：主要是支气管堵塞或肺实变，空气完全不能进入肺泡所致，见于支气管堵塞、纤维素性肺炎的肝变期和渗出性胸膜炎等。

(2)病理性支气管呼吸音　正常的马、骡，肺部听不到支气管呼吸音。听到明显的支气管呼吸音，是由于肺组织的密度增加。见于大叶性肺炎。当胸腔大量积液压迫肺脏，引起肺不张，但支气管仍畅通，也可出现支气管呼吸音，见于渗出性胸膜炎和胸水等。病理性支气管呼吸音与肺泡呼吸音增强的鉴别，见表 4-1。

(3)病理性呼吸音　在正常肺泡呼吸音的胸部范围内，如听到混合性呼吸音，即为病态。健康肺组织与实变肺组织相间存在时，或肺实变部位较深，被健康肺组织所遮盖时，听诊呈现混合性呼吸音，常见于支气管肺炎等。当肺实变逐渐形成或开始溶解消散时，听诊也呈现混合性呼吸音，见于纤维素性肺炎的充血水肿期和溶解消散期。

表 4-1　病理性支气管呼吸音与肺泡呼吸音增强的鉴别

鉴别要点	病理性支气管呼吸音	肺泡音增强
病理变化	肺组织实变、支气管畅通无阻，胸腔积液	呼吸中枢兴奋，呼吸运动和肺换气增强
出现部位	在肺组织的实变区或叩诊浊音区最为清楚	在肺组织的实变区或叩诊浊音区不清楚或消失
声音性质	类似“呋-赫”之音	如重读“呋-赫”之音
声音强度和出现时间	支气管呼吸音的幅度明显增大，较气管呼吸音弱，比肺泡音强。吸气时短而弱，呼气时长而强，突然开始、结束	肺泡呼吸音的幅度明显增大，比正常肺泡音强，较支气管呼吸音弱。吸气时长而强，达吸气顶点最为清楚；呼气时短而弱
范围	多为局限性，有时为广泛性	多为广泛性，有时为局限性
临床意义	肺炎、广泛性肺结核、渗出性胸膜炎和胸水等	发热病、支气管炎、肺炎早期及运动后

(4)啰音　①干啰音：音调强、长而高朗，类似箫声，吸气、呼气均有，呼气时较多而清楚。干啰音是支气管分泌物黏稠，或支气管黏膜肿胀、狭窄，气流通过时产生的音响，表明病变主要

在细支气管。如果声音较强，粗糙，呈音调低的嗡嗡声，表明病变主要在大支气管中。广泛性干啰音，见于弥散性支气管炎、支气管肺炎、慢性肺气肿及犊牛、绵羊的肺线虫病等；局限性干啰音，常见于支气管炎、肺气肿、肺结核和间质性肺炎等。②湿啰音：湿啰音又称水泡音，是气流通过有稀薄分泌物的支气管时，引起液体移动、水泡破裂而发生的声音；或是气流冲动液体，形成或疏或密的泡浪；或是气体与液体混合形成泡沫移动所致。类似含漱、沸腾或水泡破裂的声音。按支气管口径的不同，可将其分为大水泡音、中水泡音、小水泡音 3 种。吸气和呼气时都可听到，吸气末期更为清楚。湿啰音是支气管疾病常见的症状，也是肺部许多疾病的重要症状之一。

支气管内分泌物的存在，是各种炎症的结果。当支气管炎、各型肺炎、肺结核等罹及小支气管时均可产生湿啰音。广泛性湿啰音，见于肺水肿；两侧肺下侧的湿啰音，可见于心力衰竭、肺淤血、肺出血、异物性肺炎；当肺脓肿、肺坏疽、肺结核及肺棘球蚴囊肿融解破溃时，液体进入支气管也可产生湿啰音；若靠近肺的浅表部位听到大水泡性湿啰音，则提示肺空洞。

(5)捻发音　捻发音是一种细小而均匀，类似在耳边捻发的声音。在吸气时可听到，尤以吸气的顶点最明显，提示肺实质的病变，见于支气管肺炎、纤维素性肺炎的充血水肿期、溶解消散期，以及肺水肿的初期。

(6)胸膜摩擦音　胸膜发炎时，胸膜表面粗糙，有纤维素沉着，呼吸时脏层和壁层胸膜摩擦而产生的一种声音。类似手指在另一手背上摩擦所产生的声音，干而粗糙。声音接近表面，有断续性。吸气和呼气均可听到，一般吸气之末与呼气之初较为明显，提示纤维蛋白性胸膜炎、大叶性肺炎、马传染性胸膜肺炎、牛肺疫、肺结核及猪肺疫等。当胸膜肺炎时，啰音和摩擦音可能同时出现，鉴别见表 4-2。

(7)空瓮音　类似向空瓶内吹气时所发出的声音，柔和，深长，带有金属音调。它是空气经过狭窄的支气管，进入光滑的大空洞时，空气在空洞内产生的共鸣音。吸气与呼气均能听到，呼气时更为明显，表明肺内有空洞的病变，见于肺脓肿、肺坏疽和肺结核。

表 4-2　胸膜摩擦音、小水泡音和其他杂音的区别

区分	胸膜摩擦音	小水泡音	其他杂音
声音的特性	断续性，较尖锐，粗糙，类似手指擦手背的声音	类似水泡破裂声	被毛、衣物的摩擦声或其他杂音
出现的时期	吸气末期与呼气初期	仅见于吸气阶段	常与呼气活动无关
声音的强度及用听头压迫胸壁后的变化	声音明显，听之如在耳边，加压后声音增强	较摩擦音为弱，加压后无变化	无规律
移动性	固定不移动	咳嗽、深呼吸后可转移或消失	无规律
伴随的其他症状	胸壁敏感，有胸膜炎的其他症状	有鼻液、支气管炎、肺炎的其他症状	无

(8)拍水音(击水音)　类似振荡半瓶水或水浪撞击河岸时产生的声音，也称振荡音。它是胸腔有液体和气体同时存在，随着呼吸运动、动物突然改变体位及心搏动时，振荡或冲击液体而产生的声音。吸气和呼气都能听到。见于气胸并发渗出性胸膜炎(水气胸)、厌气性细菌感染所致的化脓腐败性胸膜炎(脓气胸)、创伤性心包炎(心包囊内积液、积气)。

(五)肺部病理变化

1. 叩诊区敏感

叩诊胸壁,患畜敏感或疼痛,表现回顾、躲闪、抗拒及呻吟等,有时还可引起咳嗽,提示有胸膜炎,尤以病初最为明显。此外,也见于肋骨骨折和胸部的其他疼痛性疾病。叩诊引起咳嗽也可见于支气管炎和支气管肺炎等。

2. 叩诊区的变化

表现扩大或缩小。变动范围与正常肺叩诊区相差 2～3 cm 及以上时,可认为是病理症状。

(1)肺叩诊区扩大　肺过度膨胀时,肺界后移,心脏绝对浊音区缩小。急性肺气肿时,肺后界后移可达最后一个肋骨。慢性肺气肿时,大动物肺界可后移 2～10 cm,同时叩诊界也向下方扩大。在气胸时,肺的后缘也可达膈肌脚,甚至更后。

(2)肺叩诊区缩小　腹腔器官对膈的压力增强,将肺的后缘向前推移,导致肺叩诊区缩小,见于妊娠后期、心扩张、心包积液、心包炎、急性胃扩张、急性瘤胃积食、瘤胃臌气、瘤胃积食及腹腔大量积液等。

3. 叩诊音的变化

(1)浊音　类似叩打肌肉时所发出的音响,声音钝浊。当肺组织发生实质性改变(如肝变、肉变)时,叩诊呈浊音。见于纤维素性肺炎的肝变期、马传染性胸膜肺炎、牛肺疫和猪肺疫等。

(2)半浊音　类似叩打肺边缘时所发出的音响,声音较弱而钝浊,稍带清音。当肺泡内含气量减少,而肺泡弹性不减退时,叩诊呈半浊音,常见于支气管肺炎。

(3)水平浊音　叩诊时浊音上界呈水平线,浊音区随病畜的体位改变而改变,浊音稳定,持续时间长。提示胸腔大量积液,见于渗出性胸膜炎、胸水和血胸。

(4)鼓音　似叩击马的盲肠底部或牛的瘤胃上部时所发出的音响,音调清而高。提示肺空洞,且靠近胸壁,见于肺脓肿、肺坏疽及肺结核等。当胸腔积气时,叩诊也呈鼓音,常见于气胸等。

(5)过清音　类似叩打空纸盒时所发出的音响,介于清音与鼓音之间,见于急、慢性肺泡气肿和间质性肺气肿。

(6)破壶音　类似叩打破陶瓷壶的音响。提示肺组织崩解,形成与支气管相通的大空洞,见于肺脓肿、肺坏疽和肺结核等。

(7)金属音　类似钟鸣音,音调较鼓音高朗。提示肺部有较大的空洞,四壁光滑而紧张时,位置浅表;或气胸,心包积液、积气同时存在,且达一定紧张度时。

上述肺异常叩诊音的病理变化及其临床意义,见表 4-3。

表 4-3　肺异常叩诊音的病理变化及其临床意义

叩诊音	病理变化	临床意义
浊音与半浊音	1. 肺组织含气量减少或浸润、实变 2. 肺内实体组织形成 3. 胸膜粘连与增厚、胸壁肿胀	1. 各型肺炎、肺坏疽、肺脓肿、肺结核等 2. 肺肿瘤、肺结核、鼻疽、肺棘球蚴等 3. 胸膜炎合并粘连增厚、胸膜结核、胸膜肿瘤、胸壁炎症和浮肿

续表 4-3

叩诊音	病理变化	临床意义
水平浊音	胸腔积液	渗出性胸膜炎、胸水、血胸
鼓音	1. 周围的健康组织及肺泡内同时有气体和液体 2. 肺内空洞形成 3. 胸腔积气、积液 4. 膈破裂(充气的肠管进入胸腔)	1. 各型肺炎浸润区周围,大叶性肺炎的充血期及消散期 2. 肺脓肿、肺坏疽、肺结核、肺棘球蚴 3. 气胸、渗出性胸膜炎、胸水 4. 膈疝
过清音	肺组织弹性降低,气体过度充盈	肺气肿、气胸
破壶音	肺空洞与支气管相通	肺空洞
金属音	肺内有四壁光滑的大空洞,气胸,心包积液、积气达一定紧张度	肺空洞、胸膜炎合并气胸、心包炎(心包积气)

实训七　应用 X 光机对病犬进行胸部检查

一、目标

(1)掌握胸部 X 线片的拍摄技巧及洗片技术。

(2)掌握胸部疾病的病理变化特点。

(3)掌握胸部疾病的 X 线片表现与诊断。

二、材料设备

(1)动物:健康犬一只,患小叶性肺炎、心丝虫病、胸部食道扩张与阻塞病犬各一只。

(2)器材:暗盒、X 线片、显影液、定影液、防辐射服、观片灯、医用红灯等暗室器材。

(3)仪器设备:动物专用 X 光机、自动洗片机等。

三、方法与步骤

(一)仪器操作

课前认真阅读 X 光机等仪器操作手册,了解仪器性能、规格,掌握仪器的正确使用方法及注意事项。由教师讲解 X 光室功能及组成,在教师的指导下,分组完成健康动物胸部 X 线摄影。

(二)患病动物的 X 线诊断

1. 小叶性肺炎病犬 X 线诊断

(1)临床与病理　小叶性肺炎是指肺小叶及小叶群的炎症,多由支气管炎和细支气管炎发展而来。肺泡病变以小叶支气管为中心,经过终末支气管蔓延及肺泡,病变范围为小叶性呈散在性两侧分布,也可融合成片状。病变表现在肺泡及支气管内产生炎性渗出物,易导致细支气管不同程度阻塞，可出现小叶性肺气肿或肺不张，也可阻塞节段支气管造成节段性不张。

本病常见于幼龄、老年及体弱动物。在犬常继发于犬瘟热，多有高热、呼吸困难、流鼻液、咳嗽及啰音。血液检查有白细胞增多，中性粒细胞增多、核左移。

(2)X线影像表现　小叶性肺炎的X线表现，在透亮的肺野中可见多发的大小不均的点状、片状或云絮样渗出性阴影，多发生在肺心叶和膈叶，常呈弥漫性分布，或沿肺纹理的走向散在于肺野(图4-7)。支气管和血管周围间质的病变，常表现为肺纹理增多、增粗和模糊。小叶性肺炎的密度不均，中央浓密，边缘模糊不清，与周围健康的肺组织没有清晰的分界。大量的小叶性病灶可融合成大片浓密的阴影，称为融合性支气管肺炎，X线上如大叶性肺炎表现，但其密度不均匀，不是局限在一个肺的大叶或大叶的一段，往往在肺野的中央、肺门区、心叶或膈叶的前下部，致心脏轮廓不清，后腔静脉不可见，但心膈角尚清楚。

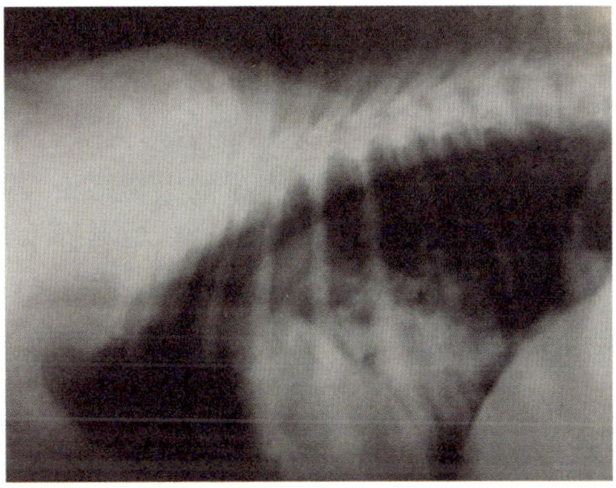

图4-7　侧位片可见心膈角存在广泛的云絮状渗出性阴影

2. 犬胸部食道扩张与阻塞疾病的X线诊断

(1)临床与病理　胸部食道扩张与阻塞多数是骨头、石块、木块、塑料及玩具等大块异物滞留于食道所致。临床表现为流涎、吞咽困难或食物反流等。

阻塞的部位常发生于心基部或横膈食道裂孔前，由于异物的停留及刺激，使该部扩张、食管壁肿胀增厚，有时临近的肺实质的密度也会增加。有时可发生食管壁穿孔，引起肺脏和胸腔合并感染。

(2)X线影像表现　骨头、金属异物、石块等密度较高异物，在X线片中呈现高度致密阴影，边缘锐利、清晰，可以准确辨认其形状及位置。木块、塑料、布片等异物缺乏密度异常的阴影，因此不易检出。可灌服钡剂，借助残钡涂布而显示异物。如食管完全阻塞，则阻塞食管之前可有扩张、积液，X线片显示为粗大带状阴影(图4-8)。

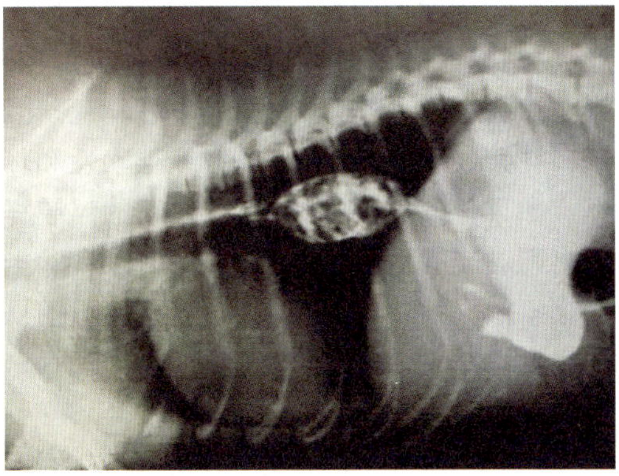

图4-8　犬胸部食道异物阻塞造影片

任务二　呼吸系统主要病变

一、上呼吸道主要病变

上呼吸道病变的表现与黏膜的炎症相同，主要有鼻炎、咽炎、喉炎、气管炎和支气管炎等，分为原发性和继发性2种。根据炎症的性质，可分为卡他性、化脓性、纤维素性及慢性增生性

4种。有些病例的炎症开始于鼻腔,沿呼吸道黏膜向下蔓延,引起咽炎、喉炎,甚至导致肺炎。通常开始为急性卡他性炎症,以后可发展为化脓性炎症、纤维素性炎症或纤维素性坏死性炎症。

1. 病因和机理

原发性呼吸道黏膜的炎症,可由多种病因引起,如吸入饲料粉尘、霉菌孢子、有毒气体、烟气和其他异物,羊鼻蝇、犬的舌形虫等寄生,以及一些病原微生物如巴氏杆菌、腺疫链球菌、放线菌、绿脓杆菌等多种病原微生物感染,均可引起原发性炎症。

继发性鼻炎可继发于流感、牛恶性卡他热、巴氏杆菌病、马鼻疽、马腺疫、马传染性胸膜肺炎、猪瘟、犬瘟热、结核病、禽痘、鸡传染性喉气管炎、鸡传染性鼻炎等。此外,副鼻窦炎、咽喉炎、支气管炎等也可继发鼻炎。

2. 病理变化

呼吸道黏膜的炎症,初期通常可表现为急性卡他性炎,先出现浆液性卡他性炎。鼻黏膜潮红、肿胀,在黏膜表面覆盖有大量稀薄、清亮的浆液性炎性渗出物。镜检可见鼻黏膜水肿、充血、白细胞浸润,黏膜上皮细胞变性、坏死、脱落,黏膜面脱落上皮细胞、中性粒细胞、浆液性炎性渗出物。

随着浆液性卡他性鼻炎的进一步发展,黏膜上皮及黏液腺分泌机能亢进,黏膜表面出现炎性渗出物。镜检可见鼻黏膜充血、水肿、白细胞浸润,杯状细胞数量增多和分泌亢进,黏膜表面可见大量脱落上皮细胞、白细胞及黏液等的炎性渗出物。

随着鼻炎的发展,炎症可逐渐转变成化脓性卡他。黏膜表面出现黄白色、黏稠、浑浊的脓性分泌物或黄色脓性分泌物。在显微镜下,在鼻黏膜水肿、充血,大量的黏膜上皮细胞变性、坏死、脱落的同时,黏膜中及表面出现大量变性、坏死的中性粒细胞的浸润。淋巴滤泡肿胀,生发中心扩大,进一步发展为滤泡中心坏死、化脓,严重时黏膜破溃形成溃疡。

在某些疾病,还可表现出纤维素性和坏死性炎症。此时,黏膜表面覆有黏稠渗出物,易剥离。如果伴发坏死性炎,黏膜表面的浮膜样渗出物与下层坏死组织牢固结合而不易剥离,强行剥离则黏膜表面出现缺损。在光镜下,除卡他性炎症的变化外,鼻黏膜表面及黏膜内可见大量纤维素渗出物,甚至可见黏膜表层组织的广泛坏死。

慢性增生性鼻炎往往由急性转变而来,也可在开始时即表现为慢性。眼观和镜检均表现为结缔组织增生。

二、肺脏主要病变

肺脏主要病变常见于肺炎、肺萎陷和肺气肿。

(一)肺炎

肺炎是细支气管、肺泡和肺间质的炎症。可发生于各种动物,引起死亡。

由于致病因子和机体的反应性不同,肺炎的性质和严重程度也不同。按照病因可分为细菌性肺炎、病毒性肺炎、霉形体性肺炎、立克次氏体性肺炎、霉菌性肺炎、寄生虫性肺炎、中毒性肺炎和吸入性肺炎等。按照病变范围可分为支气管肺炎、纤维素性肺炎和间质性肺炎。

1. 支气管肺炎

支气管肺炎又称小叶性肺炎、卡他性肺炎,是以支气管为中心的单个小叶或部分小叶的炎症。其炎性渗出物以浆液和脱落的上皮细胞为主。

(1)病因和机理　主要是细菌如巴氏杆菌、沙门菌、葡萄球菌、链球菌、霉形体和霉菌等,在机体抵抗力降低,特别是呼吸道防御能力减弱时,大量繁殖,引起支气管炎,沿支气管蔓延,引起支气管周围肺泡的炎症。病原菌也可经血液到达肺脏,引起间质的炎症,波及支气管和肺泡,引起支气管肺炎。

(2)病理变化　支气管肺炎多发生于尖叶、心叶和膈叶的前下部,病变为一侧性或两侧性。罹病的肺小叶呈暗红色岛屿状散布,质地硬实;切面可见粟粒大至黄豆大的灰黄色炎性灶,从支气管内可挤压出浆液或脓性渗出物;常见若干肺小叶融合成一片,成为融合性支气管肺炎。

2. 纤维素性肺炎

纤维素性肺炎是细支气管和肺泡内充满大量纤维素性渗出物的急性炎症。此型肺炎常侵犯一个大叶、一侧肺叶或全肺,称为大叶性肺炎。

(1)病因和机理　纤维素性肺炎见于传染病,如巴氏杆菌病、牛传染性胸膜肺炎等,病原体可随血液、呼吸道和淋巴液侵入肺内,在机体抵抗力降低时(感冒、过劳、长途运输和吸入刺激性气体等)大量繁殖,沿支气管、血管周围的淋巴管扩散,炎症迅速扩展至整个肺叶及胸膜。由于毛细血管壁遭受损伤,可引起纤维素性渗出、出血等变化。

(2)病理变化　按病变发展过程分为 4 期,实际是一个连续发展过程的 4 个阶段。

①充血水肿期。肺泡壁毛细血管充血与浆液性水肿。眼观可见肺脏稍肿大,重量增加,质地稍变实,呈暗红色,切面平滑,按压时流出大量血样泡沫液体。镜检可见肺泡壁毛细血管扩张、充血,肺泡腔内有大量浆液性水肿液、少量红细胞、中性粒细胞和巨噬细胞等。

②红色肝变期。肺泡壁毛细血管仍显著扩张充血,肺泡腔内含有大量纤维素、白细胞和红细胞。肺体积肿大,呈暗红色,质地坚实如肝,切面干燥呈细颗粒状。肺间质增宽(有半透明胶样液体蓄积),呈灰白色条纹。镜检可见肺泡壁毛细血管极度扩张充血,支气管和肺泡腔内有多量交织成网的纤维素,网眼内有多量的红细胞、少量的白细胞和脱落上皮细胞。间质炎性水肿,淋巴管扩张。

③灰色肝变期。肺泡壁充血减弱或消退,肺泡腔中有大量中性粒细胞。肺呈灰红色,质地坚实如肝,切面干燥,呈细颗粒状。镜检可见肺泡壁毛细血管充血消退,白细胞和纤维蛋白增多,红细胞溶解消失。

④消散期。中性粒细胞坏死崩解、纤维素溶解和肺泡上皮再生。眼观可见肺体积较前期变小,色略带灰红色或正常色,质地柔软,切面湿润。镜检可见肺泡壁毛细血管重新扩张,肺泡腔中的中性粒细胞坏死、崩解,纤维素溶解,成为微细颗粒,巨噬细胞增多。

3. 间质性肺炎

间质性肺炎是指发生于肺脏间质的炎症,有间质炎性细胞浸润和结缔组织增生。

(1)病因和机理　引起间质性肺炎的原因很多,常见的有微生物(如病毒、霉形体等)、寄生虫(如弓形虫)、过敏反应及某些化学性因素都可引起间质性肺炎。病因可直接或间接损伤肺泡壁毛细血管,引起通透性升高。在病原体及其毒物作用下,肺泡上皮增生,间质细胞及淋巴细胞也同时增生。

(2)病理变化　眼观可见病变区灰白或灰红色,常呈局灶性分布,病灶周围常有肺气肿。质地稍硬,切面平整,炎症灶大小不一。病区可为小叶性、融合性或大叶性。病程较久时,血管周围、肺小叶间隔、肺泡壁、胸膜有淋巴细胞、单核细胞浸润，结缔组织轻度增生，间质增宽。

(二)肺萎陷

肺萎陷又称肺膨胀不全、肺不张，因肺泡内空气含量减少而塌陷。

1. 病因和机理

(1)压迫性肺萎陷　肺外压力升高，如气胸、水胸、胸腔肿瘤、肺肿瘤及寄生虫等，引起胸内压升高时，压迫肺脏，使其扩张受阻。

(2)阻塞性肺萎陷　支气管管腔不通(主要是支气管炎时渗出物增多)；黏膜肿胀、虫体及肿瘤等，均可阻塞支气管，气体不能进入，原有的氧气逐渐被吸收形成萎陷。

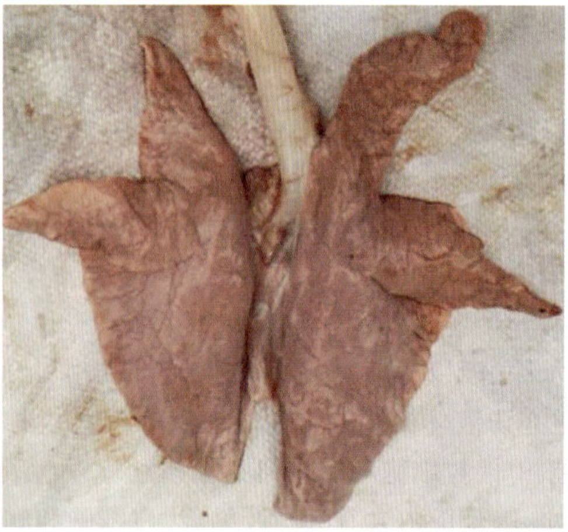

图 4-9　肺萎陷

(3)新生动物肺内未进入空气，发生先天性膨胀不全或肺不张。

2. 病理变化

肺的病变部位体积缩小，表面塌陷，呈暗红色或紫红色，无弹性，质地如肉，切面平滑(图 4-9)。镜检可见肺泡壁平行排列，彼此相接，毛细血管充血，萎陷的肺泡腔内有脱落的肺泡上皮细胞。

(三)肺气肿

肺气肿是指肺组织含气量异常增多，体积增大。肺泡内空气增多称为肺泡性肺气肿；由于肺泡破裂，空气进入间质并使其膨胀时，称为间质性肺气肿。

1. 病因和机理

(1)急性肺泡性肺气肿　呼吸急剧加强，如濒死期、代偿性呼吸增强时，深吸气，肺泡内气体急剧增加。剧烈咳嗽时，深吸气，肺内压升高，肺泡扩张。支气管不全阻塞，如炎性渗出物、肺丝虫寄等，好似活塞，吸气时肺扩张，支气管管径扩大，空气可进入肺泡；呼气时则闭塞，空气不能呼出而蓄积在肺泡中。

(2)慢性肺泡性肺气肿　老年动物肺脏弹性纤维萎缩，肺泡壁的弹性回缩力降低，常处于膨胀状态而使肺泡扩张。长期过度使役，需气量增多，呼吸加强，肺泡长期处于扩张状态，毛细血管受压、闭锁，肺泡营养不良，弹性纤维断裂，回缩力降低。慢性支气管炎，支气管管腔狭窄，气体不能呼出；或由于肺泡炎性渗出物及肺泡上皮的破坏，表面活性物质减少，肺泡表面张力降低，回缩力下降，吸气时易扩张。

间质性肺气肿多伴发于肺泡性肺气肿，肺泡或细支气管破裂，气体进入间质，使其扩张。常见于牛甘薯黑斑病中毒。

2. 病理变化

(1)急性肺泡性肺气肿　眼观可见肺体积增大，常充满胸腔，色泽苍白，质地松软，按压后凹陷慢慢复平，并有捻发音，切面干燥(图 4-10、图 4-11)。镜检可见肺泡强度扩张，膈变薄，毛细血管消失(图 4-12)。

(2)慢性肺泡性肺气肿 肺脏膨大,肺表面有肋骨压痕(图 4-13),肺切面有气泡,切开时有破裂声。镜检可见其病变与急性肺泡性肺气肿相同,但肺泡弹性纤维减少,间质结缔组织增多。

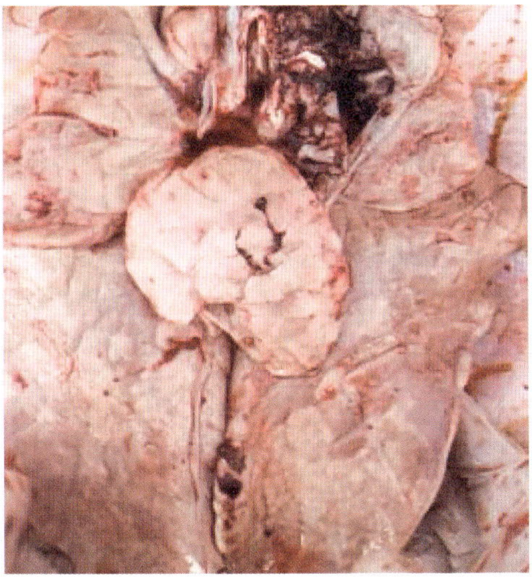

图 4-10 肺气肿

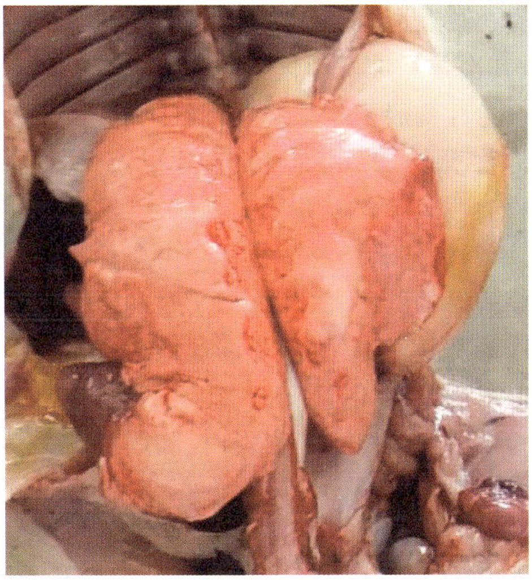

图 4-11 肺膨大,表面有肋骨压痕

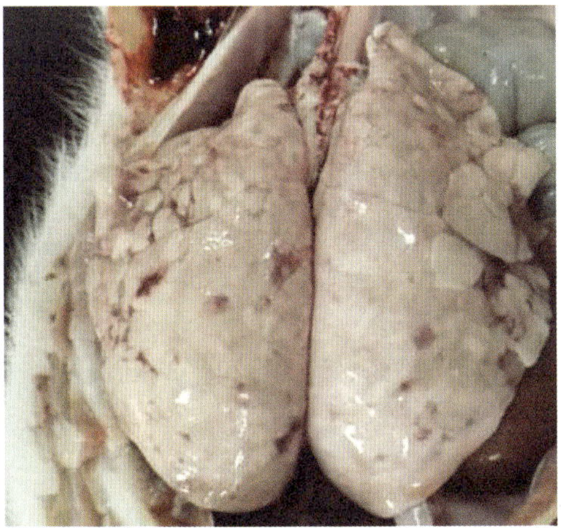

图 4-12 肺气肿,颜色苍白

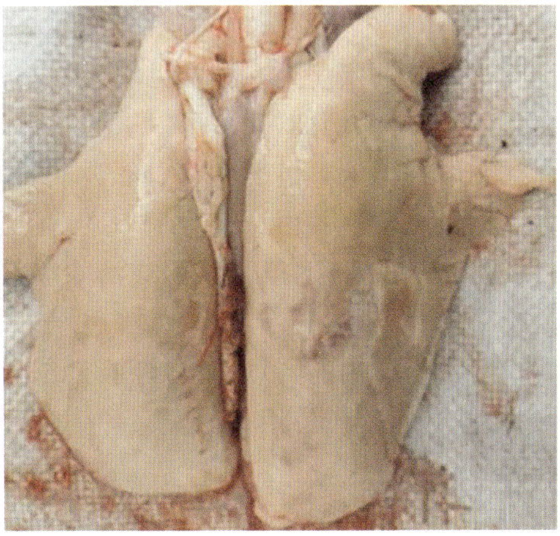

图 4-13 肺气肿,萎缩,颜色苍白

(3)间质性肺气肿 肺小叶间质增宽,内有成串的大气泡,许多单个气泡形成完整的条索,使肺呈网状。

三、胸膜主要病变

胸膜炎是胸膜主要病变,是被覆肺脏、膈和胸廓等处胸膜的炎症,是各种动物常见的疾患。胸膜炎多继发于其他疾病。

1. 病因和机理

原发性胸膜炎见于胸壁创伤、肋骨骨折及牛创伤性网胃炎。继发性胸膜炎继发于各种肺炎及其他疾病,如传染性胸膜肺炎、纤维素性肺炎、肺结核、肺鼻疽、巴氏杆菌病、肺坏疽、脓毒败血症及肺部肿瘤等。寄生虫也可引起胸膜炎。

2. 病理变化

(1)急性胸膜炎　炎症以渗出变化为主,通常可根据渗出物性质的不同将其分为浆液性胸膜炎、化脓性胸膜炎、纤维素性胸膜炎和出血性胸膜炎。浆液性胸膜炎、纤维素性胸膜炎较常见,其次是纤维素性化脓性胸膜炎。

急性胸膜炎初期胸膜潮红,胸膜血管及淋巴管明显扩张,胸膜失去原有的光泽,在胸腔中常常蓄积多量的淡黄色炎性渗出液。可在胸膜表面覆盖一层淡黄色或灰白色丝网状纤维素性假膜。假膜疏松且易于分离。

(2)慢性胸膜炎　往往是由急性胸膜炎转变而来,但在某些特定病因引起的胸膜炎,如牛结核病时的胸膜炎、放线菌病时的胸膜炎等其开始时就呈慢性经过。慢性胸膜炎以增生为主,表现为胸膜增厚,胸膜呈局灶性或弥漫性的结缔组织增生,可导致肺与胸膜粘连,严重时甚至可造成胸膜腔闭塞。

牛慢性结核性胸膜炎时,胸膜面出现大量成层排列的葡萄状或珍珠状结节病灶,称为珍珠病。

任务三　呼吸系统药物应用

呼吸系统的疾病是一种常见病、多发病。其主要症状为痰多、咳、喘,这3种症状往往同时存在,互为因果。例如,痰多可以引起咳嗽,也可以阻塞支气管引起喘息;喘息可以引起咳嗽,又往往会增加痰液。过度的痰、咳、喘可严重影响呼吸和循环机能,减少气体交换,增加胸内压,减少心输出量,并由此产生肺气肿、心功能障碍,甚至缺氧死亡。临床上应用对症治疗措施:镇咳、祛痰及平喘,既可缓解或消除症状,又可防止病情进一步恶化,为呼吸系统疾病的重要治疗手段。

根据药物作用的特点,可将呼吸系统的常用药物分为祛痰药、镇咳药和平喘药3类,三者常常相互联系,配伍使用。

一、祛痰药

祛痰药又称黏液促动药,是指能促进气管和支气管分泌稀薄的黏液,松解和变稀痰液,促进呼吸道黏膜纤维运动,以利于痰液排出的药物。痰液清除,细菌没有繁殖机会,去除了对呼吸道黏膜的刺激,故也有镇咳、平喘、消炎作用。

祛痰药按其作用特点可分为:恶心性祛痰药,包括氯化铵、碘化钾及桔梗等含皂苷类中药;刺激性祛痰药,有愈创甘油醚等;黏痰溶解药又称黏痰消化药,包括盐酸溴己新、溴苄环己铵、乙酰半胱氨酸等。

氯化铵

无色结晶或白色结晶性粉末,味咸,易溶于水,略溶于醇,有吸湿性。

【作用与应用】内服后能刺激胃黏膜,通过胃迷走神经反射,引起支气管腺体分泌,同时,吸收后的氯化铵，有一部分经支气管黏膜排出时，可带出一定的水分，使痰液变稀，黏度下降，易于咳出。此外，氯化铵还有酸化体液、尿液及轻微的利尿作用。临床主要用于呼吸道炎症的初期痰液黏稠而不易咳出的病例，也可用以纠正碱中毒。

【制剂与用法】内服，一次量，牛 10～25 g，猪 1～2 g，羊 2～5 g，马 8～15 g，犬、猫 0.2～1 g，3 次/d。

【注意事项】①禁与磺胺类药物并用，以免磺胺在酸性尿中析出结晶损害泌尿道。②氯化铵与碱或重金属盐配合即分解失效。③胃、肝、肾机能障碍时要慎用。

碘化钾

无色结晶或白色结晶性粉末，无臭，味咸带苦，微有吸湿性，易溶于水和乙醇，水溶液呈中性。

【作用与应用】内服后能刺激胃黏膜，反射性地使支气管腺体分泌增多。同时，吸收后，一部分碘离子很快从呼吸道排出，直接刺激支气管腺体分泌，使痰液变稀，易于咳出，故有祛痰作用。因其刺激性较强，不适用于急性支气管炎，用于慢性或亚急性支气管炎。

碘化钾进入机体后，缓慢游离出碘。此种游离碘一部分成为甲状腺素的成分参与代谢过程，另一部分进入病变组织（如炎性病灶、放线菌肿等）中，溶解病变组织和消散炎性产物，改善血液循环。局部病灶注射，可用于治疗牛放线菌病；作为助溶剂，用于配制碘氟和复方碘溶液，并可使制剂性质稳定。

【制剂与用法】碘化钾片，内服，一次量，马、牛 5 ～10 g；羊、猪 1～3 g；犬、猫 0.2～1 g，2～3 次/d。

【注意事项】①长期服用易发生碘中毒现象（皮疹、脱毛、黏膜卡他、消瘦和食欲不振等），应暂停用药 5～6 d。②碘化钾在酸性溶液中能析出游离碘。与甘汞混合后能生成金属汞与碘化汞，增加毒性。其溶液遇生物碱盐能产生沉淀。③本品禁用于活动性肺结核及有肝、肾疾病的患畜。

二、镇咳药

能抑制咳嗽中枢，或抑制咳嗽反射弧中其他环节，从而减轻或制止咳嗽的药物称为镇咳药或止咳药。临床上治疗急性或慢性支气管炎时，常配合应用祛痰药，对无痰干咳常单用镇咳药。对于有痰而剧烈的咳嗽，应在使用祛痰药的同时，配合应用作用缓和的镇咳药，如复方甘草合剂或咳必清等，以减轻咳嗽。

枸橼酸喷托维林（咳必清）

白色的结晶性或颗粒性粉末，无臭、味苦有吸湿性，易溶于水，在乙醇中溶解，水溶液呈弱酸性。

【作用与应用】本品具有选择性抑制咳嗽中枢作用。部分经呼吸道排出时，对呼吸道黏膜产生轻度局部麻醉作用。大剂量有阿托品样作用，可使痉挛的支气管平滑肌松弛，故为中枢及外周双重作用的镇咳药。常与祛痰药合用治疗伴有剧烈干咳的急性呼吸道炎症。

【制剂与用法】枸橼酸喷托维林片:内服,一次量,牛、马 0.5～1 g,猪、羊 0.05～0.1 g,3 次/d。复方枸橼酸喷托维林糖浆:内服,一次量,马、牛 100～150 mL,猪、羊 20～30 mL,3 次/d。

【注意事项】①多痰性咳嗽不宜单用。②大剂量易产生腹胀和便秘。③心功能不全并伴有肺淤血的患畜忌用。

三、平喘药

能防止或解除支气管平滑肌痉挛、扩张支气管、缓解支气管哮喘的药物称为平喘药。有些镇咳性祛痰药因能减少咳嗽或促进痰液的排出,减轻咳嗽引起的喘息而有良好的平喘作用。对单纯性支气管哮喘或喘息型慢性支气管炎的病例,临床上常用平喘药物治疗。

平喘药按其作用特点分为支气管扩张药包括拟肾上腺素类药物(麻黄碱、异丙肾上腺素)和茶碱类的氨茶碱等。抗过敏性平喘药,目前主要是肾上腺皮质激素类和肥大细胞稳定药,而这些药物在兽医临床很少应用。

氨茶碱

白色或淡黄色颗粒或粉末,易结块,微有氨臭,易溶于水,水溶液呈碱性反应。

【作用与应用】能直接抑制支气管平滑肌细胞内磷酸二酯酶,减少 cAMP 水解,提高细胞内 cAMP 的浓度,增强平滑肌细胞的稳定性,使平滑肌松弛。还能抑制肥大细胞释放过敏活性物质如组胺,而减少血管内液渗出、黏膜水肿以及改善气道通气,缓解或解除支气管喘息。其作用与肾上腺素 β 受体激动药的药理作用相似,与之合用可增强疗效。

氨茶碱还能扩张冠状动脉,改善心肌供血,提高肾小球滤过率及减少钠离子、水的重吸收而呈现强心和利尿作用。临床上可用于急性心功能不全的心源性哮喘症的治疗,口服可预防急性发作,静脉注射或滴注可用于严重及持续症状的病例,缓解或解除支气管喘息,平喘疗效可靠,副作用小。

【制剂与用法】氨茶碱片:内服,一次量,马、牛 1～2 g,羊、猪 0.2～0.4 g,犬、猫 0.01～0.015 g。氨茶碱片注射液:静脉注射或肌内注射,一次量,马、牛 1～2 g,猪、羊 0.25～0.5 g,犬 0.05～0.1 g。

【注意事项】①本品碱性较强,局部刺激性较大,内服可引起恶心、呕吐等反应,大剂量能引起腹泻,犬和猫可见呕吐,宜于喂饲后服用。②静脉注射或静滴用量过大、浓度过高或速度过快,都可强烈兴奋心脏和中枢神经,故需稀释后注射并注意掌握速度和剂量。肌内注射会引起局部红肿疼痛,现已少用或不用肌内注射给药。③肝功能低下,心衰患畜慎用。④与其他茶碱类药合用时,不良反应会增多。

四、止咳平喘中药

麻杏甘石汤(《伤寒论》)

【组成】麻黄 30 g　杏仁 30 g　炙甘草 30 g　石膏(打碎先煎)150 g

【用法】为末，开水冲调，候温灌服，或煎汤服。

【功效】辛凉泄热，宣肺平喘。

【主治】肺热气喘。

【方解】方中麻黄辛苦宣肺解表平喘，为主药；辅以大剂量石膏，辛凉宣泄，二药配合，发散肺经郁热而平喘；杏仁宣降肺气，助麻黄止咳平喘，为佐药；甘草协调诸药，为使药。四药合用，则有宣肺，清热，平喘之效。

【主证】证见发病急，气促喘粗，鼻翼翕动，甚或肷肋煽动，呼出气热，间有咳嗽，或流黄黏鼻液，身热，汗出，精神沉郁，耳耷头低，食欲减少或废绝，口渴喜饮，大便干燥，小便短赤，口色赤红，舌苔黄燥，脉象洪数。

【应用】本方是治疗肺热气喘的常用方剂，使用时以喘急身热为依据。

止嗽散（《医学心悟》）

【组成】荆芥 30 g　桔梗 30 g　紫菀 30 g　百部 30 g　白前 30 g　陈皮 10 g　甘草 6 g

【用法】为末，开水冲，候温灌服。

【功效】止咳化痰，疏风解表。

【主治】外感咳嗽。

【方解】方中百部、紫菀、白前、陈皮理气化痰、止咳为主辅药；荆芥、桔梗疏风宣肺，甘草和中化痰，协调诸药。各药相合，共俱宣肺止咳之功。

【主证】证见食欲减退，精神倦怠，毛焦肷吊，日渐消瘦；久咳不已，咳声低微，动则咳甚并有汗出，鼻流黏涕；口色淡白，舌质绵软，脉象迟细。

【应用】本方为治外感咳嗽的常用方，用于外感风寒咳嗽，以咳嗽不畅、痰多为主证。

清燥救肺汤（《医门法律》）

【组成】石膏（煅）75 g　桑叶 45 g　麦冬 30 g　阿胶（烊化）15 g　胡麻仁 15 g　杏仁（炒）30 g　枇杷叶（去毛蜜炙）25 g　党参 30 g　甘草 15 g

【用法】水煎服。

【功效】清肺润燥。

【主治】温燥伤肺。

【方解】本方所治多为温燥伤肺，气阴两伤之证，当以甘寒之品清肺燥，滋肺阴。方中以石膏清肺之燥热，桑叶宣肺止咳，为主药；以麦冬、胡麻仁、阿胶润肺滋阴，为辅药；又以党参益气培土生津，杏仁、枇杷叶降逆化痰止咳，共为佐药；甘草协调诸药，为使药。诸药相合，清肺润燥。

【主证】证见发热，频频干咳，昼轻夜重，痰少津干，低烧不退，或午后发热，盗汗，舌红少苔，脉细数。

【应用】本方为轻宣润燥之剂，用于治疗温燥伤肺之证，如急性支气管炎、咳嗽无痰或痰液黏稠者。

案例分析

2007 年 3 月 20 日，小哨村王某牵来一匹马。

1. 主诉

该马天天拉车，今天回家较晚，卸车后未拴好，主人去提水时跑入杂物间，室内有稻糠。发现时马已在房内剧烈咳嗽，约 1 h 后开始流鼻液。因咳嗽不止，鼻液越来越多，前来就诊。

2. 检查

青毛，约 7 岁，营养良好，活动敏捷。微汗，眼结膜正常，流泪，体温 38.5 ℃，脉搏 54 次/min，呼吸 36 次/min；兴奋不安，咳嗽，鼻翼扇动，频频低头，用前肢掌部摩擦鼻部，鼻孔流出大量浆液性鼻液；鼻液及咳嗽时口腔喷出的浆液中，均有散在细稻糠，有的黏成小糠团。

根据病史及临床症状，诊断为异物性鼻炎、气管炎。

3. 处理

(1)冲洗鼻腔　取 20 kg 40 ℃的温水，加入 170 g 氯化钠、10 g 高锰酸钾，充分溶解。将涂有液体石蜡的胃管，从左鼻孔插至喉部后，退出约 6 cm；马头放低，至喉部略低于肩关节，在马吸气结束时，断续灌入温水，前 5 次每次约 50 mL，然后每次加量，至每次 200 mL 时，连续冲洗 3 次后，胃管再退出约 3 cm，连续灌入约 6 kg 温水。灌水时，向左、右、前、后，摇摆马头，至鼻口流出的水中无稻糠粉末为止。同法在右侧鼻孔处理一次。

(2)祛痰止咳　取碘化钾片 5 g，研细后混入 1 kg 水中，一次胃管投服；再将 100 g 氯化钠溶入 8 kg 温水中，以胃管缓慢投服。

(3)观察　留院观察，把马头栓低。2 h 后，仍流少量浆液性鼻液。咳嗽症状明显减轻，呈间断性，几分钟 1 次，每次连续 5 下以内，并有减少的趋势。嘱多给饮水和湿料，适当减少精料。

第 2 天随访，该马已在拉车，无异常表现。

4. 分析与讨论

本地的牛、马偶发生异物性鼻炎。在饥饿状态下，一旦接近干粉糠，饥不择食，采食过程中，将粉糠吸入鼻腔，引起异物性鼻炎；部分病马则是在风沙较大时，长时间在土路上行走，吸入大量灰尘所致；舍饲的猪、牛、马、羊，在舍内补充或更换干燥垫草时，也可引起轻微的异物性鼻炎，一般不会累及喉、气管。

本例症状严重，根据有剧烈咳嗽症状，咳出的浆液中混有细糠，病程已近 3 h 等现象判定，异物已经进入气管。如此严重的病例，较为少见。

①处理措施，先将鼻腔的异物冲出；口服酒石酸锑钾祛痰，增加气管黏膜的分泌，促进纤毛运动，排出气管内异物，去除病因。

②因用水量较大，冲洗时间较长。为保护黏膜，使用温水，并加入氯化钠至生理浓度。冲洗中，考虑可能有少量水进入鼻窦，故加入高锰酸钾至 0.05% 的浓度，以抑制微生物，防止鼻腔继发感染。该马有过度使役史，已流大量鼻液，体温正常，脉搏、呼吸加快，还出汗，有高渗脱水的迹象，故投服生理盐水，维持酸碱平衡。

③冲洗过程中，必须防止洗液进入气管，故放低马头。冲洗完后，为防止气管中的异物进

入气管深部，仍将马头拴的较低。

④临床上，大多数轻微的异物性鼻炎可自愈，但也常有长时间流鼻液，并出现典型的鼻卡他病程，还会继发上呼吸道疾病。应加强饲养管理，尽量防止该病发生。

⑤严重的异物性鼻炎虽然少见，但异物一旦进入支气管，就很难排出，病程较长，可能导致严重后果。

⑥异物性鼻炎为典型的局部病症，但严重时往往出现全身症状，处理过程中，需要标本兼治。

⑦在治疗过程中，不能单纯对症治疗。该病例如果发现咳嗽严重，就进行镇咳，反而使异物存留气管内，延误病情。

复习思考题

1. 病理性的呼吸类型主要有哪些？
2. 混合性呼吸困难有哪些类型？各反映什么疾病？
3. 简述家畜鼻黏膜的主要检查方法。
4. 简述胸肺部叩诊方法及正常的肺叩诊区。
5. 肺叩诊音呈浊音、半浊音、水平浊音、鼓音、破壶音，各反映哪些病理情况？
6. 上呼吸道病变主要包括哪些内容？各自病理变化如何？
7. 描述支气管肺炎眼观和显微镜下的形态学变化。说明其发生原因。
8. 纤维素性肺炎的病因有哪些？描述其病理变化，其结局和对机体影响是怎样的？
9. 肺气肿和胸膜炎的发生原因和病理变化是怎样的？其结局和对机体的影响如何？
10. 为何祛痰、镇咳和平喘这三类药物常常配伍使用？

项目五
消化系统检查及药物应用

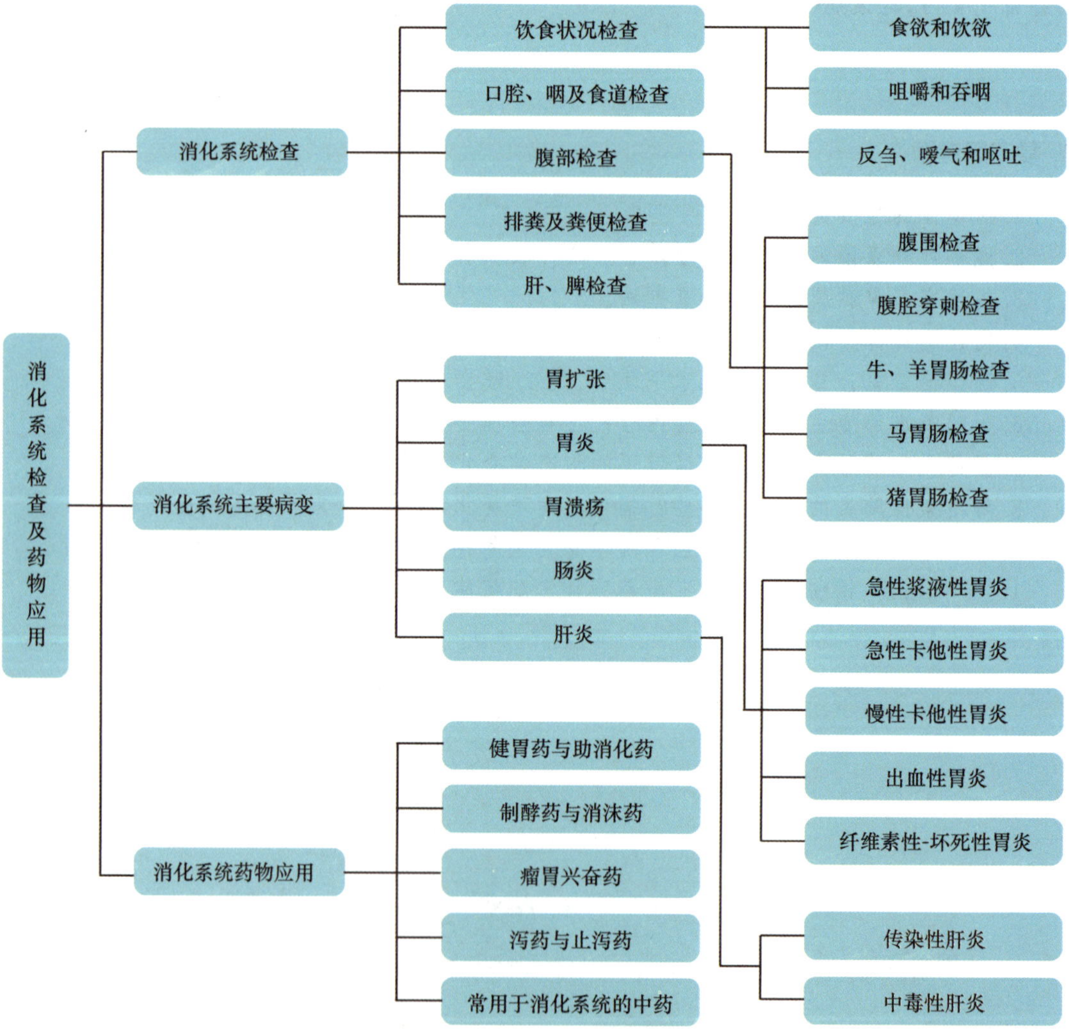

知识目标：

掌握消化系统的症状、病理变化，药物作用的简单机理及应用。

技能目标：

掌握饮食状况检查、粪便检查和腹部检查的方法。

消化系统是由口腔、咽、食道、胃肠、肛门、唾液腺、肝、胰共同组成的，消化系统最易遭受各种致病因素的刺激和侵害而引起各种疾病，从而影响动物机体的生长发育及其生产性能的发挥。此外，其他器官系统的疾病也会导致消化机能的紊乱。因此，消化系统的检查有着重要的意义，消化系统的检查方法主要有视诊、触诊、叩诊、听诊、胃导管探诊，以及胃肠内容物、粪便、腹腔穿刺物等实验室检验。

任务一　消化系统检查

一、饮食状况检查

（一）食欲和饮欲

食欲和饮欲是动物对采食饲料及饮水的需求。通过问诊即可了解家畜食欲与饮欲状况，必要时可进行试验性饲喂。

1. 食欲

生理情况下食欲常因饲料种类和品质、饲喂制度、饲喂环境、饥饿程度的影响，以及家畜的个体特点而发生变化，食欲的病理变化有下列几种。

（1）食欲减退与废绝　表现为采食无力，食量显著减少甚至完全拒食，常见于消化器官的各种疾病、热性病、全身衰竭及代谢功能紊乱的病程中。

（2）食欲不定　表现为食欲时好时坏，多见于慢性消化不良以及某些慢性消耗性疾病的过程中。

（3）食欲亢进　表现为食欲加强，见于重病恢复期、某些代谢病和寄生虫病。

（4）异食癖　表现为吃异物，如粪尿、煤渣、泥土、幼仔、羽毛等，常因体内缺乏某些矿物质、维生素所引起。

2. 饮欲

健康家畜的饮欲常受气温、运动和饲料中含水量等的影响，病理状态常见的有下列两种。

（1）饮欲增加　表现为口渴多饮，见于一切发热性疾病、腹泻、剧烈呕吐、大量出汗以及渗出液渗出的过程中。

（2）饮欲减少　表现为不喜欢饮水或饮水量少，见于疝痛性疾病及脑水肿等。

3. 饮食方式

各种家畜都有其固有的采食饮水方式：牛用舌卷食入口；猪张口吞食；马、羊用唇卷拔，用牙齿切取食物。采食饮水的方式异常，如马以门齿衔草，多见于面神经麻痹或中枢神经的疾病。饮水时将鼻孔伸入水中，后因呼吸困难则急剧抬头，口衔草而忘却咀嚼，这是马慢性脑室积水的特有症状。患重度破伤风、某些舌病、颌骨疾病时，可表现采食障碍。此外，在唇、舌、齿、下颌及咀嚼肌的损伤或出现在某些疾病发生的过程中，采食饮水方式也常发生病理改变。

(二)咀嚼和吞咽

1. 咀嚼

病理情况下，家畜往往出现咀嚼障碍，表现为咀嚼小心、缓慢、无力、并因疼痛而中断，有时将口中食物吐出，见于口黏膜、舌与齿的疾病、骨软病、氟中毒等。空嚼和磨牙，可见于狂犬病，某些脑病及胃肠道阻塞和高度疼痛性疾病。

2. 吞咽

病理情况下家畜往往出现吞咽紊乱，表现为吞咽时常伸颈、摇头、屡次企图吞咽而被迫中止，或吞咽同时引起咳嗽，见于咽与食管的疾病，如咽炎、食管阻塞等。

(三)反刍、嗳气和呕吐

1. 反刍

反刍动物周期性地将瘤胃内容物逆蠕入口腔，并重新咀嚼后再吞下的过程，称为反刍。健康的反刍动物常于食后 30～90 min 出现反刍，一昼夜反刍 4～9 次，每次反刍延续 20～60 min。

病理情况常出现反刍紊乱。表现为反刍次数减少或每次的反刍时间过短，严重时甚至完全停止。主要是前胃功能障碍的结果。可见于前胃弛缓、瘤胃积食、瘤胃臌气、创伤性网胃炎以及全身性疾病(如高热性疾病、代谢紊乱、中毒及多种传染性疾病)。

2. 嗳气

嗳气是反刍动物的一种生理现象，当瘤胃内气体达到一定量时，刺激胃壁贲门感受器，反射性引起瘤胃收缩，借以排出瘤胃内蓄积的气体，健康的牛一般每小时嗳气 15～30 次，羊 10 次左右，嗳气停止，便会迅速出现瘤胃臌气。

嗳气增多是瘤胃中有多量气体的表现，可见于采食大量易发酵的饲料后及瘤胃臌气的初期；嗳气减少是前胃机能紊乱的表现，可见于前胃弛缓、瘤胃积食、瓣胃阻塞、真胃的疾病，以及继发前胃功能障碍的热性病、传染病等。

3. 呕吐

动物胃内容物不自主地经口或鼻腔反排出来，称为呕吐。呕吐是一种病理性的反射活动，家畜中以食肉动物最易呕吐，猪次之，反刍动物再次之，马最少见。

(1)中枢性呕吐　中枢性呕吐是由于呕吐中枢受到毒物或毒素的直接刺激引起的，如脑炎、犬瘟热、仔猪副伤寒等病程中以及服用催吐剂后或某些药物中毒等。

(2)反射性呕吐　反射性呕吐是由于咽、食道、胃肠的黏膜或腹膜受到刺激后反射引起的，见于食道梗塞、仔猪蛔虫病和某些毒物中毒等。

犬、猪相对易呕吐。食后一次大量呕吐，以后不再出现，多是过食的表现；食后频频呕吐，多是胃炎的表现；呕吐物中混有胆汁，多是十二指肠阻塞。马一旦出现呕吐(胃内容物从鼻孔流出)，多是胃扩张尤其是后期胃破裂的表现。

二、口腔、咽及食道检查

(一)口腔检查

1. 开口方法

(1)徒手开口法

马:检查者站在马头一侧,一手把住笼头,另一手食指和中指从一侧口角伸入并横向对侧口角,手指下压并握住舌体,将舌拉出的同时用另一只手的拇指从对侧口角伸入并顶住上颚,使口张开(图 5-1)。

牛:检查者位于牛头侧方,一手握住牛鼻并强捏鼻中隔向上提起,另一只手从口角处伸入并握住舌体向侧方拉出,即可使口腔打开(图 5-2)。

(2)器械开口法

马:可使用单手开口器,用一手把住笼头,另一手持开口器自口角处伸入,随马张口而逐渐将开口器的螺旋形部分伸入上、下臼齿间,而使口腔张开;检查完一侧后,再同样检查另一侧。必要时可应用重型开口器。应先妥善地进行动物的头部保定,检查者取开口器并将齿板送入上、下门齿之间,同时保持固定,接着由助手迅速转动螺旋柄渐渐随上、下齿板的离开而打开口腔(图 5-3)。

猪:由助手握住猪的两耳进行保定,检查者持猪开口器,将其平直伸入口内,达口角后,将把柄用力下压即可打开口腔进行检查或处置(图 5-4)。

图 5-1 马的徒手开口法

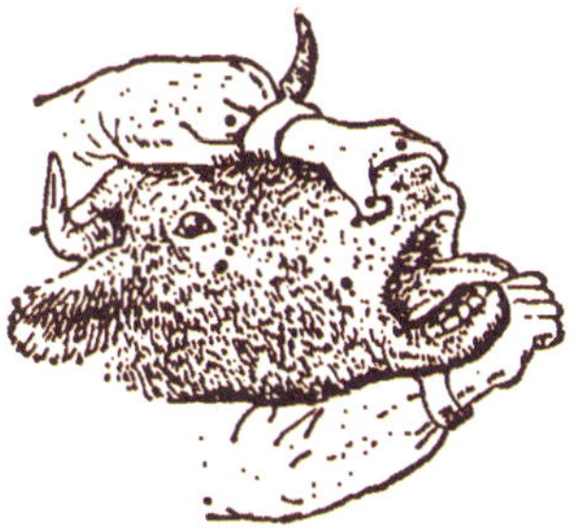

图 5-2 牛的徒手开口法

图 5-3 马的开口器开口法

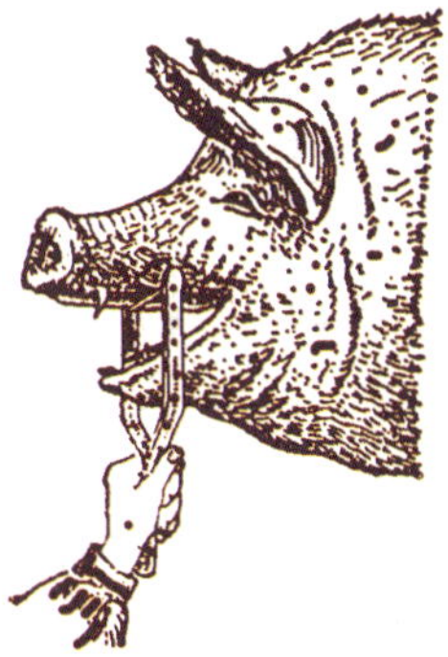

图 5-4 猪的开口器开口法

2. 口唇

健康家畜的上、下口唇闭合，病理状态时，往往出现下列变化：①口唇下垂，有时口腔不能闭合，可见于颜面神经麻痹。如一侧颜面神经麻痹时，则口唇歪向健侧。此外，在患有下颌骨骨折、狂犬病、唇舌肿胀时，口唇往往不能闭合。②口唇紧张，口角向后牵引，口腔不易或不能打开，见于破伤风等。③唇肿胀或坏死，见于口唇深层黏膜炎症等。

3. 口腔黏膜

检查口腔时应该注意口腔黏膜的温度、湿度、颜色及形态的变化等。

（1）口腔黏膜温度　口温与体温的临床意义基本一致，若仅口温增高而体温不高，多为口腔黏膜发炎的表现。口温降低可见于肠痉挛等病程中。

（2）口腔黏膜湿度　口腔黏膜湿度过大，可见于口炎、唾液腺炎、食道梗塞等。口干燥，则见于一切热性病，马骡某些腹痛病及长期腹泻或脱水等。

（3）口腔黏膜颜色　健康家畜口腔黏膜色淡红而有光泽，病理情况下可表现为苍白、潮红、黄染、发绀等变化。其临床意义与眼结膜颜色变化的意义基本相同。

（4）口腔黏膜形态　黏膜完整性被破坏，黏膜发疹，出现水泡、结节、脓包、溃疡，表面坏死脱落等，常见于口蹄疫、痘病、猪传染性水疱病等过程中。

4. 牙齿

牙齿检查，应该注意牙齿排列是否整齐，龋齿有无松动及磨灭情况。马的齿磨灭不整，常见于骨质疾病。牛的切齿动摇，多为矿物质缺乏的症状。牙齿结构残缺，釉质消失，表面没有光泽，齿上有棕色斑点，是氟中毒的重要标志。

5. 舌体

检查舌时应注意有无水泡、肿胀、破溃和异物刺入。舌面形成大的水泡，破裂后上皮剥落出现溃疡，见于口蹄疫等；舌质结缔组织增生变硬，见于放线菌病；舌体破裂，见于勒伤或意外咬伤；舌上刺入异物多是饲料中的芒刺造成的。

舌苔是覆盖在舌体表面上一层呈灰白色、灰黄色或灰绿色的附着物。青舌苔是机体患病的特殊反应，常见于引起消化紊乱的一些传染病和胃肠病过程中。舌苔薄且色淡表示病程短，病势轻；苔厚而色深，则表示病程长，病势较重。

（二）咽、食道及嗉囊检查

1. 咽的检查

临床上主要以视诊、触诊的方式进行检查。

（1）视诊　注意头颈的姿势，咽周围有无肿胀，咽部隆起，头颈伸直是咽部发炎肿胀的表现。

（2）触诊　触诊时，检查者可用两手同时自咽喉外部左、右两侧加压并向周围滑动，以感知其温度、敏感反应及肿胀的硬度和特点。如出现有明显肿胀和发热并引起敏感反应或咳嗽时，多为急性炎症过程。局限性肿胀，可见于咽后淋巴结化脓、牛的结核病和放线菌性肉芽肿。在马如伴发有附近淋巴结的弥漫性肿胀，则可见于耳下腺炎、腮腺炎及马腺疫。

2. 食道的检查

临床上病畜有流涎、咳嗽、吞咽紊乱，怀疑为食道梗塞。食道憩室和食道痉挛等时，应注意检查食道。

(1)视诊　视诊时,注意吞咽过程食物沿食管通过的情况及局部有无肿胀,可确定颈部食道梗塞的部位和梗塞物的大小。

(2)触诊　触诊食管时,检查者站在动物的颈左侧方,面向尾方,左手放在动物右侧颈沟处固定颈部,用右手指端沿左侧颈沟自上而下直至胸腔入口处,进行加压滑动触摸,而对侧的左手,也应同时向下移动。注意感知有无肿胀和异物、内容物硬度、有无波动感等。当触摸到颈沟处有坚硬物体,食管可能被饲料团块或块根类食物阻塞;当阻塞物上部继发食管扩张且积聚大量液状物时,触诊局部有波动感;当触摸有疼痛反应时,则提示有食管炎症;如在左侧颈沟处触到呈索状的食管,可能发生食管痉挛。

(3)探诊　进行食管探诊的同时,实际上也可做胃的探诊。首先,探诊是用于食管疾病和胃扩张的诊断,以确定食管阻塞、狭窄、憩室及炎症发生的部位,并可提示是否有胃扩张的可疑。根据需要借助探管抽取胃内容物进行实验室检查。其次,探诊也是一种常用的治疗手段,根据动物种类及大小而选用不同口径及相应长度的胶管(通常称胃管),使用前应以消毒液浸泡并涂以润滑油类。

探诊方法:探诊前应将家畜确实保定。对马探诊时,一手掐住马的鼻中隔软骨,另一手将探管前端沿下鼻道底壁缓缓送入。在牛、羊、猪常用开口器开口后将探管自口腔送入。当探管前端到达咽腔时即感觉有抵抗,此时不要强行推送,可轻轻来回抽动胃管,当引起动物吞咽动作时,应乘机送入食道内。如动物不吞咽时,可用手捏压咽部或拨弄舌头以诱发吞咽。

探管在食管中的标志:当探管通过咽后,用胶皮球向探管内打气时,不但能顺利打入,而且在左侧颈沟部可见到有气流通过引起的波动;将压扁的胶皮球插入探管外口内也不会鼓起来;把探管在食管内向下推进时,可感到稍有阻力,乃至在颈部可看到探管逐渐向下移动的迹象;将探管外口放入水中,没有或有极少的气泡产生。

探诊的意义:探管在食管内遇有抵抗,不能继续送入,见于食管阻塞(根据探管插入的长度,可以确定阻塞部位);探管送入食管后,如家畜表现极力挣扎,试图摆脱检查,常伴有连续咳嗽,为食管疼痛的反应,见于食管炎;探管在食管内推送时感到阻力很大,而改用细探管后,可顺利送入,表示食管直径变小,见于食管狭窄;探管送入食管后,在食管的某段不能继续前进,如仔细调转方向后,又可顺利通过,则提示有食管憩室的可能;探管插入胃后,如有大量酸臭气体或黄绿色稀薄胃内容物从管口排出,则提示急性胃扩张。

3. 嗉囊的检查

触诊感觉内容物软硬程度。如嗉囊充满且较硬,多是过食饲料所致;如嗉囊充满且较软、有波动,多是饲料变质、中毒,嗉囊炎及新城疫等传染病所致。

三、腹部检查

(一)腹围检查

家畜的腹围因种类、品种、饲养方式及妊娠等因素的不同而各异,检查时应视诊腹围的轮廓、外形、容积及腹部的充满程度,做到左、右侧对比观察。

(1)腹围增大　多因胃肠臌气或腹腔积液所引起。腹围向背外侧增大,触压时腹壁紧张,若用力冲击则出现振荡音,常为腹腔积液的表现,可见于渗出性腹膜炎和腹水。腹围局限性增大,可见于腹壁疝、腹壁水肿、腹壁血肿或腹壁局部淋巴外溢等。

(2)腹围缩小　腹围急剧缩小,见于剧烈腹泻等过程,见于慢性消耗性疾病。

(3)腹壁敏感　表现对触诊呈疼痛反应,动物回视躲闪、反抗。常见于腹膜炎。

(4)腹部高度紧张　主要见于破伤风。

(二)腹腔穿刺检查

腹腔穿刺检查的目的在于查明腹腔积液的性质,借以判断某些疾病。腹腔穿刺时,病畜站立保定,穿刺部位在腹下偏白线一侧,检查马时为了避开盲肠应在白线左侧,距剑状软骨 10～15 cm,距白线 2～3 cm 处。检查牛时为了避开瘤胃应在白线右侧穿刺,部位较马稍向前方。术部剪毛消毒后将皮肤略移向一侧,用穿刺针头或注射针头,垂直刺入腹腔。为了不刺伤内脏器官,刺入不可太深,抽取液体时不可过快。健康家畜腹腔穿刺液为透明的含少量蛋白质的微黄色液体,穿刺液的病理变化。常见的有下列情况:①穿刺液浑浊有多量红细胞而呈红色,见于肠扭转。②穿刺液呈橙黄色,混有纤维素状物,见于腹膜炎。

(三)牛、羊胃肠检查

1. 瘤胃检查

主要用视诊、触诊及听诊检查,视诊可以观察瘤胃充满程度,触诊能感知蠕动力量、频率和内容物性状,听诊可听取蠕动音以确定瘤胃的兴奋性。

(1)视诊　左腹和左肷窝增大,见于瘤胃积食,瘤胃臌气。左腹部缩小深陷,见于长期饥饿和长期腹泻等。

(2)触诊　检查者位于牛的左侧,以左手放于牛的背部做支点,右手(手掌、屈曲手指或拳头)放于左肋上部,连续做几次深部触诊,以感知瘤胃内容物性状。正常情况下,瘤胃上部为空气而有空虚感,中部为液状内容物有柔软感,下部为食团有坚实感。若中部甚至上部坚实,见于瘤胃积食。用拳头持续抵压瘤胃以检查其蠕动力,正常时随瘤胃蠕动力的增大,常将拳头掀起。蠕动力减弱甚至无感觉时,表示瘤胃兴奋性降低,见于前胃弛缓或瘤胃积食等。

(3)听诊　瘤胃蠕动时,随每次蠕动可出现逐渐增强又逐渐减弱的沙沙声,似吹风声或远雷声,听诊时应注意瘤胃蠕动音的次数、强度、性质及待续时间。

健康的牛羊食后 2 h 瘤胃蠕动旺盛,4～6 h 后逐渐减弱,牛每 2 min 瘤胃蠕动 2～5 次,山羊为 2～4 次,绵羊为 3～6 次。每次蠕动的时间为 15～30 s,病理情况下瘤胃蠕动常发生下列变化:瘤胃蠕动次数减少,声音降低,持续时间短暂,表示瘤胃兴奋性降低,见于前胃弛缓、瘤胃积食和瓣胃阻塞等。瘤胃蠕动音消失,见于瘤胃积食后期和创伤性网胃炎等。瘤胃蠕动次数增多,蠕动音高朗,每次蠕动持续的时间长,表示瘤胃兴奋性增强,见于瘤胃臌气初期。

2. 网胃检查

网胃位于腹腔的左前下方剑状软骨突起的后方,相当于第 6～7 肋骨间,前缘紧接膈肌而靠近心脏。网胃检查主要用触诊、叩诊方法判定其敏感性,进而提示有无创伤性网胃炎的可能。检查方法:在左侧心区后方的网胃区进行强力叩诊或用拳轻击;或采取蹲位姿势,用一手握拳,自胸下剑状突起部向上强压触诊;或两人分别站于牛体两侧各伸一手于胸下剑状突起部相互握紧,另一手同时放于鬐甲部,再将紧握的手用力向上抬起,同时放在鬐甲部的手用力下压,或以一木棒放于牛体胸下剑状突起部,同样由两人分别自两侧同时向上抬起,以压迫网胃区,观察病牛的敏感区和疼痛反应。如病牛表现呻吟、疼痛不安、躲闪、反抗或企图卧下等行为时,则为网胃敏感反应的标志,常为创伤性网胃炎的特征。叩诊法只有当异物刺伤横膈膜时才呈现作用，叩诊时沿横膈膜的附着线（即肺叩诊区后界）叩击，以观察其疼痛反应。此外，还可用X线、金属探测器等特殊方法检查。

3. 瓣胃检查

瓣胃位于腹腔右侧第7～9肋间相对处的肩端线上下。

（1）瓣胃听诊　正常时可听到微弱的蠕动音，类似细小的捻发音，常在瘤胃蠕动之后出现，在采食后更为明显。瓣胃蠕动音显著减弱或消失，可见于瓣胃阻塞或热性疾病。

（2）瓣胃触诊　在瓣胃区用手指重压时，如有敏感反应，可提示瓣胃阻塞或创伤性炎症。

4. 真胃检查

真胃位于第9～11肋骨，沿肋弓区直接与腹壁接触，在真胃区可听到蠕动音，类似肠音，呈流水声或含漱音。真胃蠕动音增强，见于真胃炎。真胃蠕动音消失，触诊时真胃区坚实或坚硬，则为真胃阻塞的特征。

5. 肠的检查

反刍动物的肠道，位于腹腔右侧的后半部，紧靠瘤胃壁。肠的检查方法，除听诊肠音以判定其机能状况外，在犊牛和羊可用外部触诊，在成年牛可用直肠内触诊。

（1）听诊　健康牛只在整个右腹侧，可听到短而稀少的肠蠕动音，病理情况下，肠音微弱，可见于一切热性病及消化机能障碍。

（2）外部触诊　犊牛和羊的右侧腹壁敏感，见于腹膜炎；局部性敏感，见于腹壁局限性的炎症及腹壁疝。

（3）直肠内触诊　正常的牛直肠内有稠粥粪便或软粪团，若直肠内发现大量黏液或带血的黏液以及纤维素状物质，见于肠套叠、肠扭转等。直肠内有大量血便，见于球虫病和炭疽等。若发现某段小肠变硬，形如香肠，触压时敏感疼痛，见于肠套叠。

（四）马胃肠检查

1. 胃的检查

马的胃位于左侧第14～17肋骨，相当于髋结节水平线附近，由于解剖部位关系，临床检查比较困难，故胃管探诊和直肠检查具有重要的诊断意义。

胃管诊断时，若有大量气体或液状内容物向外冒出，是胃扩张的重要标志。急性胃扩张时，当以胃探管放出大量气体之后，患畜随之安静，病情即好转，具有治疗的意义。

对于躯体较小的马或立或采取横卧保定，进行直肠内部触诊。当胃扩张的，可在左前下方摸到紧张而有弹性的胃后壁，呈半圆形并随呼吸动作而前后移动。

2. 肠的检查

（1）听诊　肠管的检查主要进行听诊，以判定肠蠕动音的性质、频率、强度和持续时间。健康马小肠蠕动8～12次/min，音清脆类似含漱或流水音；大肠蠕动4～6次/min，音低沉类似吹风音。肠音的强度可因肠壁的紧张度，饲料的质量，肠内容物的硬度，使役的情况等而不相同，一般放牧的家畜肠音响，舍饲的肠音稀少而弱。病理的肠音变化主要有下列几种情况。

①肠蠕动音亢进。表现肠音高朗甚至雷鸣，蠕动音频甚至持续不断，是肠道受寒或化学物质等刺激的结果，见于肠痉挛臌气的初期以及传染病等引起的肠炎过程中。

②肠音减弱甚至终止。表现为肠音微弱、稀少并持续时间短促，严重时则完全停止，主要见于肠弛缓、便秘，也可见于胃肠炎的后期，伴有腹痛现象时，则常见肠便秘或肠阻塞。

③肠音性质的改变。可表现为频繁的流水音，主要提示为肠炎。频繁的金属音，类似水滴在金属板上的“滴嗒”音，常为一段肠道臌气，受到相邻的其他段肠道蠕动及其内容物移动的冲击而引起，见于肠臌气和肠痉挛的病程中。

二维码 5-1　肠管臌气（视频）

二维码 5-2　肠套叠（视频）

（2）直肠检查　对大动物如马、骡、驴或牛等，以手伸入直肠并经肠壁而间接地对骨盆腔器官及后部腹腔器官进行检查的方法，称为直肠检查法。直肠检查不仅对这些部位的疾病诊断及妊娠诊断具有一定的价值，而且对某些疾病具有重要的治疗作用。

①准备工作。a）术者剪短、磨光指甲，露出手臂并涂以润滑油类，必要时可戴乳胶手套等。b）确实保定，一般以四柱栏保定，起卧不安的马应加腹下吊带和颈后背带，以防跳跃或卧地。c）对表现腹痛剧烈的病畜，可先行镇静，一般以 1% 普鲁卡因溶液 10～20 mL 行后海穴封闭，可使直肠及肛门括约肌弛缓而便于检查。d）盲肠臌气，腹围增大的病畜，应先行穿肠放气。对心力衰竭的病例，可先注射强心剂。e）一般应先进行灌肠，而后进行直肠检查。

②操作方法。助手将马尾拉向左侧，术者站于左后方，一般以右手进行检查。将手指集聚成圆锥状，旋转插进肛门，伸入直肠，当直肠内有粪球时，应将其纳入掌心并微曲手指以取出。如膀胱过度充满，贮积大量尿液时，应进行轻轻按摩以促其排空。检手徐徐沿肠腔方向伸入。尽量使肠管更多地套在手臂上，以便易于活动进行深部检查。当患畜努责时，检手可随之后退；如肠壁极度紧张时，可暂时停止前进，待肠壁弛缓时再向前伸入。一般当手臂伸至直肠狭窄部后，即可进行各部及器官的触诊。如患畜频频努责时应停止检查，并以手臂向下压肛门或由助手在动物腰荐部强力捏之，待安静后再进行继续检查。检手严禁在肠管内随意骚抓或以手指乱挠，前进或后退时，动作应缓慢小心，切忌粗暴。按一定顺序及要领检查完毕后，可将手徐徐抽出并解除动物的保定。

③检查顺序。一般临床习惯的检查顺序是：肛门、直肠、骨盆、耻骨前、膀胱、小结肠、左下大结肠、骨盆曲、左肾、脾脏、腹主动脉、前肠系膜根、十二指肠、大结肠末端的胃状膨大部、盲肠。也可根据临床的需要，为了判断某一器官的状态，而灵活地掌握其顺序及内容。

④直肠检查时肠道和某些器官状态变化的诊断意义。

肛门：注意观察肛门周围是否有污染脓汁、血液、寄生虫等。肛门括约肌紧张性增高，见于各类型肠阻塞。紧张力减弱，见于衰老动物。长期下痢，括约肌麻痹，严重时可使肛门裂开。

直肠：长期空虚见于肠阻塞和肠变位。直肠内粪便充塞，可见于腹膜炎、腰荐尾椎受损。直肠紧缩，有大量黏液和纤维素性物质，为直肠扭转肠变位的提示。直肠破裂，多发生在狭窄部，除破裂孔或黏膜破口外，尚可见纯血液或凝血块。

骨盆曲：骨盆曲内有块状或团状结粪存在，触压时病畜疼痛明显，是骨盆曲阻塞的特征。

膀胱：膀胱敏感疼痛，见于膀胱炎症。当触之发现其内有硬块状物体时，可疑为膀胱结石。高度膨大，充满尿液，提示膀胱括约肌痉挛或膀胱麻痹、尿道结石或阻塞。

小结肠：小结肠内有拳头大的圆形或椭圆形硬结粪块存在，触压时病畜疼痛明显，是小结肠阻塞的特征。小结肠肠系膜呈带状向前下方牵引是小结肠被其他肠道挤压的结果。

回肠：回肠若呈手臂粗的香肠状，触诊时病畜疼痛明显，是回肠阻塞的特征。

腹膜：触诊时表面粗糙，病畜疼痛明显，见于纤维蛋白性腹膜炎。

脾脏：向后移位，见于急性胃扩张和脾脏肿大。

前肠系膜：根部呈大、小不等的结节状，表面不平，肠系膜动脉震动明显，可见于寄生虫性肠系膜动脉瘤。若肠系膜方向改变，牵张性增大，触压时疼痛显著，有肠扭转的可疑。

十二指肠：十二指肠若呈手臂粗的香肠状物，触诊时疼痛明显，是十二指肠阻塞的特征。

胃：触诊时紧张而有弹性，或有充盈性波动感，触压时病畜明显疼痛，是胃扩张的表示。

胃状膨大部：内容物充满呈半球状，触压时病畜疼痛明显，为胃状膨大部阻塞的特征。

盲肠：盲肠基部充满内容物，触压时病畜疼痛明显，为盲肠阻塞的特征。

（五）猪胃肠检查

1. 胃的检查

猪胃的容积较大，其大弯部可达剑状软骨后方的腹底壁。视诊时腹围增大，特别是左肋下区突出，病猪呼吸困难，表现不安或犬坐，见于胃臌气或过食。触诊时左肋下区紧张而抵抗感明显，见于胃臌气或过食。胃区强力触压，出现呕吐，见于胃炎。

2. 肠的检查

猪的小肠主要位于腹腔右侧，大肠主要位于腹腔左侧。视诊时（除妊娠猪外），左、右同时膨胀，为大、小肠同时臌气，若仅一侧臌胀明显，则为该侧肠臌气。肠的触诊用于检查瘦小猪只，检查时，横卧保定，两手上下同时配合触压，可感知肠道内容物的性状，查明有无积粪。

四、排粪及粪便检查

（一）排粪的检查

正常动物的排粪次数与采食饲料的次数、数量、质量及使役情况有密切关系，马每日排粪次数为 5～10 次，牛 10～20 次，猪 6～8 次。病理情况下主要表现为如下几点。

（1）便秘　表现排粪费力，次数减少，粪便干硬，见于一切热性病、慢性胃肠卡他或胃肠弛缓。马骡的便秘病是腹痛症中的最多发的一种，并伴有腹痛不安的反常姿势。反刍动物便秘，常见于瘤胃弛缓、积食和臌气及重度的热性病等。猪的便秘，见于热性病及慢性消化紊乱。

（2）腹泻或下痢　表现为频繁排粪甚至排粪失禁，粪便呈稀糊状甚至水样。下痢是各种类型肠炎的特征，如猪的大肠杆菌病、副伤寒、传染性胃肠炎及猪瘟等，也可见于某些肠道寄生虫病、饲料中毒及某些中毒性疾病等。

（3）失禁　即动物不经采取固有的姿势而不自主地排出粪便，多是肛门括约肌弛缓或麻痹所致，可见于荐部骨髓损伤和炎症或脑的疾病。引起顽固性腹泻的各种疾病，也常伴有失禁现象。

（4）排粪带痛　即排粪时动物表现疼痛不安、惊惧、努责、呻吟等，可见于腹膜炎、胃肠炎、创伤性网胃炎、直肠炎及直肠嵌入异物等。

二维码 5-3　仔猪白痢，排乳白色稀便（视频）

（二）粪便的肉眼观察

应着重注意粪中的混杂物。粪便有特殊腐败或酸臭味，见于各型肠炎或消化不良；粪便坚硬、色深，见于肠弛缓、便秘、热性病。牛在稀粪中混有片状硬结粪块，见于瓣胃阻塞；粪便呈褐色，提示胃或前部肠道的出血性疾病；粪球外部附有红色血液，是后部肠管出血的特征；粪便呈灰白色黏土状而缺乏粪胆色素，见于某些动物的阻塞性黄疸；粪便混有未消化饲料残渣，见于消化不良；混有多量黏液，可见于肠卡他；混有血液或排血样便，是血性肠炎的特征；混有灰白色、成片状的脱落肠黏膜，提示伪膜性肠炎，也可见于猪瘟等。

五、肝、脾检查

1. 肝的检查

马的肝位于右侧第 10～17 肋骨的中下部，左侧第 7～10 肋骨，在正常状态下，由于肝位于深处，叩诊和触诊均不易检查，只有当肝明显肿大时才具有诊断意义。外部触诊右肋弓肝区坚硬、病畜有疼痛反应，见于急性慢性肝炎。肋弓下深触诊感知肝的边缘，提示肝的高度肿大，见于肝脓肿、肝肿瘤等。牛的肝位于腹腔右侧第 10～12 肋骨中上部，叩诊即可呈现近似四边形的肝浊音区。叩诊肝浊音区扩大（主要是向后部扩展）见于肝炎、肝硬化、球虫病等。

2. 脾的检查

马属动物的脾采用直肠检查就可以判定其位置、形状、大小及有无疼痛等。脾肿大，主要见于脾炎、某些血液病和传染病的过程中。牛的脾紧贴瘤胃的上壁，被肺的后缘所掩盖，叩诊时不易发现特有的浊音区。若牛的脾显著肿大，脾与瘤胃上部之间呈现较小而狭长的浊音区，见于炭疽、白血病等。

任务二　消化系统主要病变

食欲减少，采食、咀嚼及吞咽机能障碍，腹痛、便秘或腹泻等症状的出现，往往可提示为消化器官系统的疾病。消化系统发生疾病，除与消化器官的功能以及组织结构发生变化相关外，有时还受其他器官系统的疾病影响；同时消化器官发生疾病时，其产生的影响也可涉及其他器官系统乃至全身。本节着重讨论常见于各种动物的胃扩张、胃炎、肠炎、肝炎等消化系统病理问题。

一、胃扩张

（一）反刍动物胃扩张

急性瘤胃扩张是牛、骆驼、羊和鹿等反刍动物常见的消化道疾患。原发性胃扩张主要是由于一时采食过量易于发酵的饲料，特别是青绿多汁饲料，如三叶草、甜菜、萝卜、酒糟、豆渣以及发霉变质的饲料等。动物在经过了青绿饲料缺乏的寒冬之后，如在短时间内采食大量青绿饲料，可突然发生此病。此外，精料过多和粗纤维饲料不足，也是其发病原因；继发性瘤胃扩张的发生则是继发于前胃或其他器官的疾病，如食管梗阻、前胃弛缓、创伤性网胃炎、瓣胃秘结、腹膜炎以及某些毒物中毒等。原发性急性瘤胃扩张通常急速出现，大多发生于上午采食了大量容易产气的饲料之后，因此午后呈现的病例一般比早晨为多。急性病例病情危急，死亡率高；

继发病例则病势较为缓和，但能反复发作。

死于急性瘤胃扩张的尸体，腹部高度膨胀，左肷部因瘤胃胀气而突出。眼、鼻、口腔、肛门和阴部黏膜发绀，血液凝固不良，呈暗红色或黑红色。脑膜和脑均见淤血；肝、肾大多贫血、色淡；脾缺血，被膜皱缩。肺脏淤血、水肿，剖开时见多量血性泡沫状液体流出；瘤胃内充斥大量气体和泡沫状、粥样、酸臭内容物，偶见瘤胃因充气极度扩张而发生破裂。急性瘤胃扩张时，肠也发生臌气。继发性急性瘤胃扩张的病理变化与原发性病例大致相似，但瘤胃臌气程度较轻，全身缺氧现象不很严重，而其原发病的病状却很明显。

(二)单胃动物的急性胃扩张

常见于马、骡，也有原发与继发之分。前者多因一时采食较多容易发生膨胀和发酵的饲料(豆类、豆粕等)，并同时饮水过量而引起的；后者则与肠梗阻和肠变位有关。发病时，胃内形成的过多气体刺激胃壁神经，引起疼痛，患畜起卧不安，肌肉颤动，偶见出现犬坐姿势。胃极度胀气时，可发生横膈前移，呼吸迫促。重症病例尸体剖检见全身各器官淤血，胃的体积大于正常数倍，剖开时有大量酸臭气体逸出，胃内充满含泡沫的粥状物。少数病例可见胃壁因过度胀气而破裂，胃内容物进入腹腔并继发腹膜炎。

二、胃炎

胃炎是动物常见的胃部疾病，按疾病病程有急性胃炎和慢性胃炎。急性胃炎病程短、发病急、症状重、渗出现象明显；慢性胃炎病情缓和、病程较长，有的病例伴有增生，常常是由前者转化而来。胃炎的性质则视渗出物的种类而定，有浆液性、卡他性、化脓性、出血性和纤维素性-坏死性等；胃炎病变仅限于黏膜层，为浅表性胃炎；炎症达肌层组织，为深部性胃炎。

(一)急性浆液性胃炎

急性浆液性胃炎是胃炎中最轻微的一种，常见于胃炎病变之初，以胃黏膜表面渗出多量的浆液为特征。饲养管理失常或饲料品质不良均为疾病的起因，如突然改变饲料种类，饲喂不定时，饲喂刺激性或过于干硬的饲料，不合理使役等。眼观病变可见胃黏膜肿胀、潮红充血，被覆较多稀薄黏液，偶见出血点。病变组织切片镜检，可见胃黏膜上皮变性，严重时上皮坏死、脱落，固有膜和黏膜下层毛细血管扩张充血，组织间隙中充斥呈淡红色的浆液。

(二)急性卡他性胃炎

急性卡他性胃炎是以胃黏膜表面被覆多量黏液和脱落上皮为特征的炎症(图 5-5、图 5-6)。疾病原因与急性浆液性胃炎大致相同。常发生于猪瘟、副伤寒、传染性胃肠炎、犬瘟热、焦虫病以及心、肝、肾、肺等多种器官疾患时。眼观病变胃黏膜肿胀，有不均匀的潮红充血区，胃底部黏膜充血尤为明显。许多病例可见出血点或出血斑。黏膜表面常有大量浆液性、黏液性、脓性甚至出血性渗出物覆盖。镜检，可见黏膜上皮细胞变性、坏死和脱落，有时局部出现浅层糜烂；固有膜内淋巴小结肿胀，生发中心扩大或发现新生淋巴小结；组织间隙有大量渗出物及炎性细胞浸润，化脓性卡他性胃炎病例的渗出物中有大量变性的中性粒细胞。

图 5-5　牛瓣胃黏膜脱落，内容物干燥

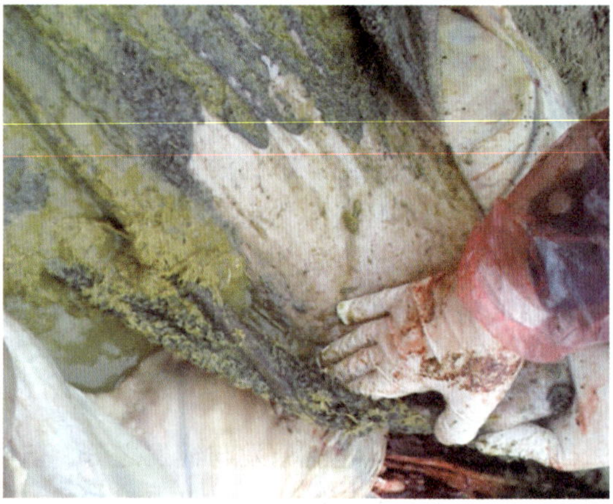

图 5-6　牛瘤胃壁黏膜脱落

（三）慢性卡他性胃炎

慢性卡他性胃炎是以黏膜固有层和黏膜下层结缔组织显著增生为特征的炎症。多由急性浆液性胃炎或急性卡他性胃炎转变而来。眼观可见胃黏膜表面有灰白色、灰黄色浓稠黏液覆盖。有些病例因胃黏膜和黏膜下层腺体和结缔组织增生，使胃黏膜和黏膜下层增厚，此为肥厚性胃卡他；有些病例的胃腺发生萎缩，使胃黏膜变薄和平坦，此为萎缩性胃卡他。兼有肥厚性胃卡他和萎缩性胃卡他的病例，其胃黏膜上可见纵横交错的皱襞。

二维码 5-4　胃出血、黏膜脱落（视频）

（四）出血性胃炎

出血性胃炎是以胃黏膜弥漫性或斑块状、点状出血为特征的胃炎（图 5-7）。病因包括各种原因造成的剧烈呕吐、强烈的机械性刺激、毒物中毒及某些传染病。如农药中毒，霉败饲料的刺激，新城疫、禽流感、猪瘟、犬瘟热、兔巴氏杆菌病、兔瘟、败血性猪丹毒等引起的胃黏膜出血。眼观病变可见胃黏膜呈深红色的弥漫性、斑块状或点状出血，黏膜表面或胃内容物内含有游离的血液。时间稍久，血液渐呈棕黑色，与黏液混在一起成为一种淡棕色的黏稠物，附着在胃黏膜表面。病变组织切片镜检，可见黏膜固有层、黏膜下层毛细血管扩张、充血，红细胞局灶性或弥漫分布于整个黏膜内。

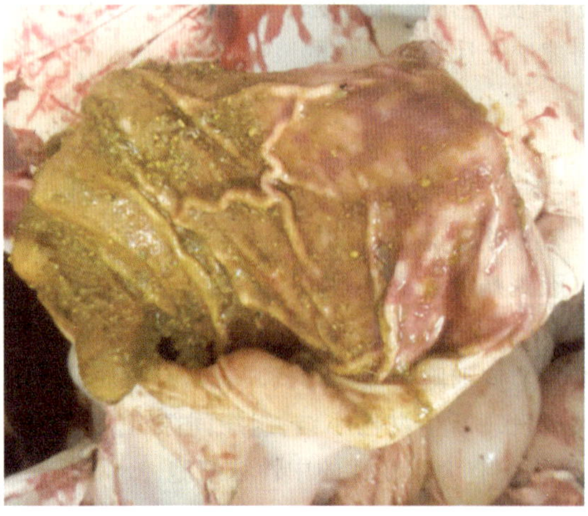

图 5-7　胃黏膜出血

（五）纤维素性-坏死性胃炎

纤维素性-坏死性胃炎是以黏膜表面覆盖大量纤维素性渗出物为特征的胃炎。由较强烈的致病刺激物、应激、寄生虫感染等因素引起，也常见于某些传染病过程中，如坏死杆菌及化脓性细菌感染等。主要病理变化为胃黏膜糜烂缺损，直至形成溃疡病灶。坏死组织表面有灰白色、灰黄色的纤维素性薄膜覆盖，这类薄膜常与其下层坏死组织紧贴，不易剥离。病灶周围胃黏膜肿胀、潮红充血，甚至出血。通常在胃底部和近幽门部病变更为集中和显著。

三、胃溃疡

动物的胃溃疡发生原因比较复杂，除一部分病例由胃炎发展而来外，大多与胃液的消化作用和神经内分泌机能失调有关。猪的胃溃疡还可由寄生虫引起。胃溃疡按疾病进程分为急性胃溃疡和慢性胃溃疡两种。

（一）急性胃溃疡

急性胃溃疡是一种病程较短、病变较轻和易于痊愈的胃溃疡，仅见胃局部黏膜的浅表坏死（浅表性胃溃疡）。其详细起因和发病机理尚不清楚。有人指出它最常发生于机体受到严重损伤所致的应激反应之后，此时，由于丘脑机能紊乱，垂体前叶分泌大量的促肾上腺皮质素，而促使胃液的分泌大量增加，胃黏膜被胃液中的盐酸所腐蚀和胃蛋白酶所溶化。在运输过程和屠宰前饲养于保养场的猪容易发生这种胃溃疡。

（二）慢性胃溃疡

多见于猪、牛、犬和禽类，其发生原因相当复杂。一部分慢性胃溃疡由急性病例反复发作转来。猪的一种多发性胃溃疡由腭口线虫在胃内寄生所致，鸡的腺胃溃疡主要由马立克病肿瘤病灶在腺胃内生长所致。

慢性胃溃疡多位于胃的幽门部，少数见于贲门部。溃疡灶数量不定，大小不一。多为椭圆、圆形或类圆形。溃疡中心下陷且粗糙不平，呈灰褐色，其表面有渗出物覆盖。溃疡灶周围因结缔组织增生呈堤样隆起。镜检：溃疡灶表面覆盖由炎性细胞和纤维素构成的渗出物，以下为已发生凝固性坏死的胃组织，再下层为肉芽组织，含丰富的毛细血管、炎性细胞、成纤维细胞和纤维细胞。经过较久的胃溃疡，其肉芽组织中的毛细血管稀少，成纤维细胞转化为纤维细胞，并有大量胶原纤维形成而转变为瘢痕组织。

溃疡灶对胃组织侵害的深度在不同的病例中差异很大。慢性病例多见损及黏膜下层，有时环肌层也受到破坏，少数病例溃疡灶可腐蚀纵肌层组织以至浆膜而发生穿孔，此时胃内的消化液、微生物和饲料漏入腹腔，引起弥漫性腹膜炎。

鸡伴发于马立克病的腺胃溃疡，溃疡灶常不止一个，且常有出血；牛胃部感染寄生虫也可引起胃溃疡（图 5-8）；起因于腭口线虫寄生的猪胃溃疡，系由成虫的头节穿入胃壁并形成窦腔而来，故溃疡灶较小，但可为多发性，同样可发生胃壁穿孔等严重后果。

图 5-8　牛胃部感染寄生虫

四、肠炎

动物的肠炎是指肠道的某段或整个肠道的炎症，依发生部位可分为十二指肠、空肠、回肠、盲肠、结肠或直肠的炎症。但实际上炎症一旦发生，其病变往往超越以上各个解剖区段范围，因此临床病理上常有盲肠结肠炎、小肠结肠炎之称；一部分肠炎还常与胃炎伴同发生而构成胃肠炎。

肠炎的发生原因很复杂，大致可分为营养性、中毒性和生物性的几大类。营养性原因主要与饲料、饲养和管理失当有关，如饲料构成或调制不合理、饲喂制度混乱、饮水不清洁、受寒等（图 5-9）。中毒性原因为各种毒物的摄入，包括有毒植物、变质腐败饲料和用药不当等。生物性原因则有病毒、细菌、霉菌与寄生虫，它们的致病作用往往显示对特定组织的侵害。例如：沙门菌引起的仔猪副伤寒，病猪排绿色稀便（图 5-10）；猪传染性胃肠炎病毒定居在胃肠道的黏膜上皮细胞的胞浆中，对肠绒毛具有明显的损害现象，病猪表现为排黄色稀便、脱水消瘦（图 5-11、图 5-12）；猪痢疾密螺旋体感染，排血便（图 5-13）；组织滴虫以盲肠和肝为侵害的主要靶器官（禽盲肠肝炎或称黑头病）；动物感染绦虫后，在粪便中能排出白色绦虫节片（图 5-14）。某些肠炎还可由多种因素综合作用引起，如滥用抗生素使肠内微生物菌群比例失调，为感染创造有利条件；各种非传染性原因导致肠的屏障机能削弱时，传染性因子易乘虚而入，诱发肠炎等。

图 5-9　黄色稀便

图 5-10　灰绿色稀便

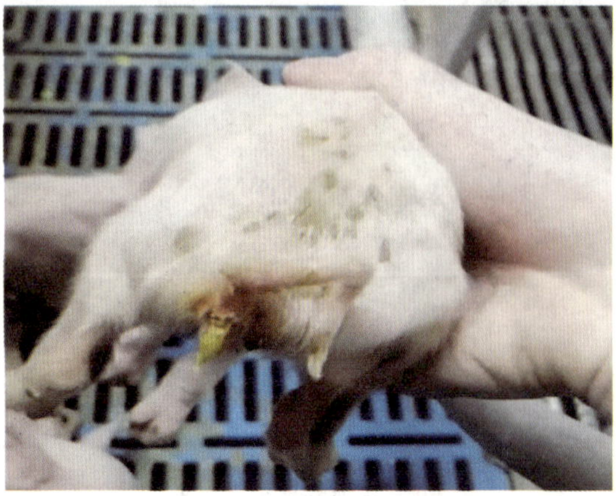

图 5-11　初生仔猪腹泻，排黄色稀便

图 5-12　仔猪腹泻，脱水消瘦

图 5-13　血便

图 5-14　粪便中绦虫节片

肠炎按病程长短有急性、慢性两种，按炎症性质则有卡他性、出血性、纤维素性等不同类型。下面介绍几种常见的肠炎。

（一）急性卡他性肠炎

急性卡他性肠炎为临床上最常见的一种肠炎类型，多为各种肠炎的早期变化，以充血和渗出为主，主要以肠黏膜表面渗出多量浆液和黏液为特征。

病理变化：眼观，肠黏膜表面（或肠腔中）有大量半透明无色浆液或灰白色、灰黄色黏液，刮取覆盖物可见肠黏膜潮红、充血、肿胀，肠壁孤立淋巴滤泡和淋巴结肿胀，形成灰白色结节，呈半球状凸起（图 5-15、图 5-16）。

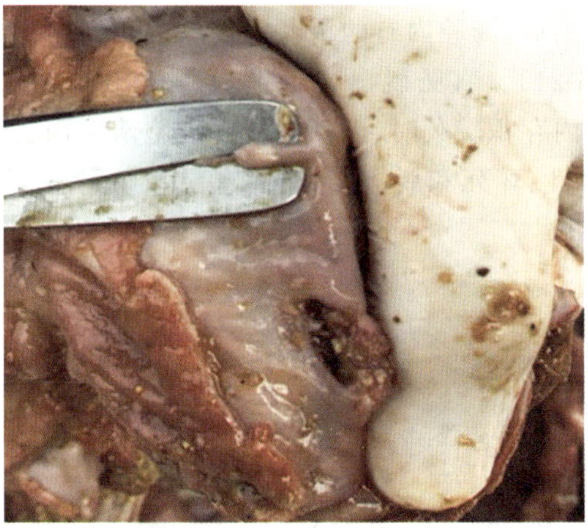

图 5-15　结肠结节

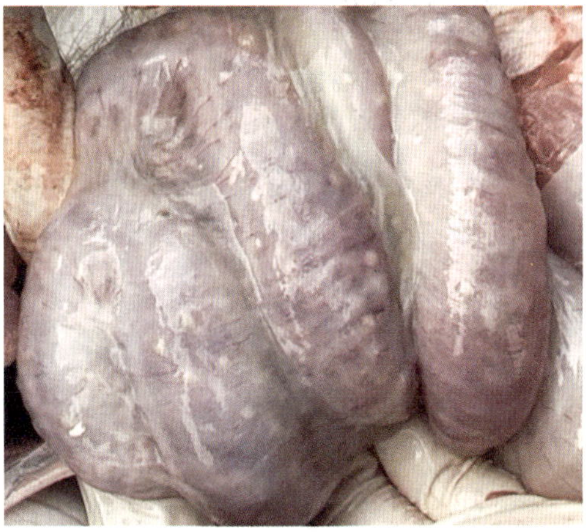

图 5-16　结肠大量结节

病变组织切片镜检，黏膜上皮变性、脱落，杯状细胞显著增多，黏液分泌增多。黏膜固有层毛细血管扩张、充血，并有大量浆液渗出和大量中性粒细胞及数量不等的组织细胞、淋巴细胞浸润，有时可见出血性变化。当有化脓性细菌（如链球菌、绿脓杆菌等）感染时，可形成大量脓性分泌物被覆于肠黏膜表面，黏膜上皮坏死，大量多形核中性粒细胞浸润，坏死变化严重。

急性卡他性肠炎因病变比较轻微，如及时除去病因和进行治疗，易于恢复；部分病例可转为慢性。某些肠道寄生虫感染时，也能发生这种炎症。慢性卡他性肠炎的主要病理变化为：肠组织内血管反应微弱，黏膜和肠腺上皮萎缩或增生，间质中结缔组织增生，淋巴细胞为主的炎性细胞浸润等。视上皮组织萎缩或增生的趋向不同而定，其结果可为萎缩性卡他性肠炎或肥厚性卡他性肠炎（图 5-17），同时肠系膜淋巴结肿胀（图 5-18）。

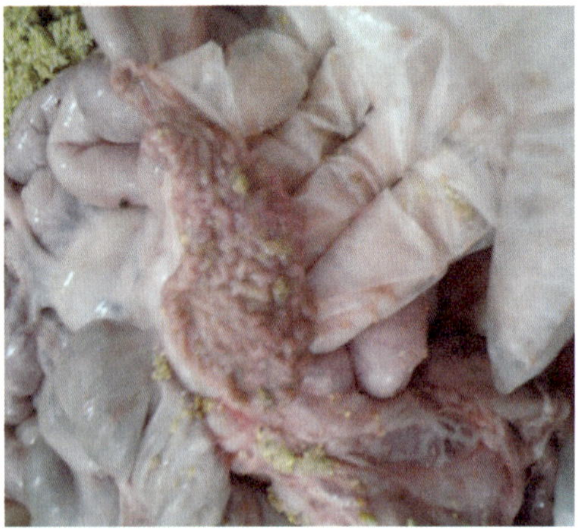

图 5-17　猪增生性回肠炎，回肠黏膜增生

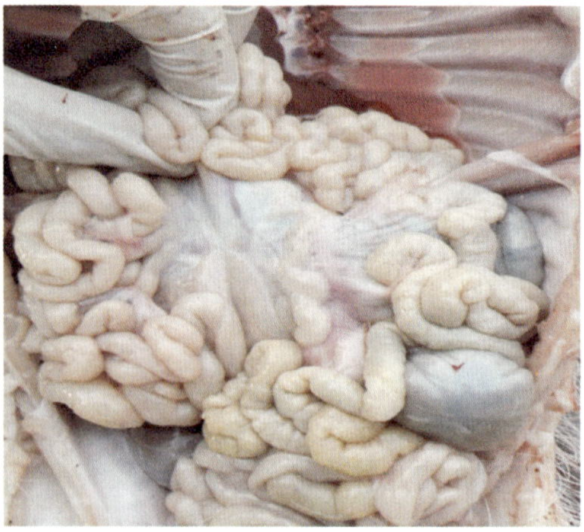

图 5-18　肠系膜淋巴结肿胀

（二）出血性肠炎

二维码 5-5　仔猪肠道充满血液（视频）

出血性肠炎是以肠黏膜明显出血为特征的一种严重的急性肠炎。其发生原因大多是传染性的，如许多动物的流行性出血热、炭疽、钩端螺旋体病等。有些则与毒物的作用相关。

病理变化：眼观病变肠黏膜肿胀，呈暗红色或黑红色，其间可见出血点、出血斑或弥漫性出血，肠腔内有的稀薄或黏稠的出血性内容物（图 5-19、图 5-20、图 5-21）。直肠脱出也会造成肠道出血（图 5-22）。此类内容物在肠腔内存积较久时，因其中的血细胞溶解而变为棕红色。病变组织切片镜检，黏膜上皮和腺上皮变性、坏死和脱落，黏膜固有层和黏膜下层血管明显扩张、充血、出血和炎性渗出。

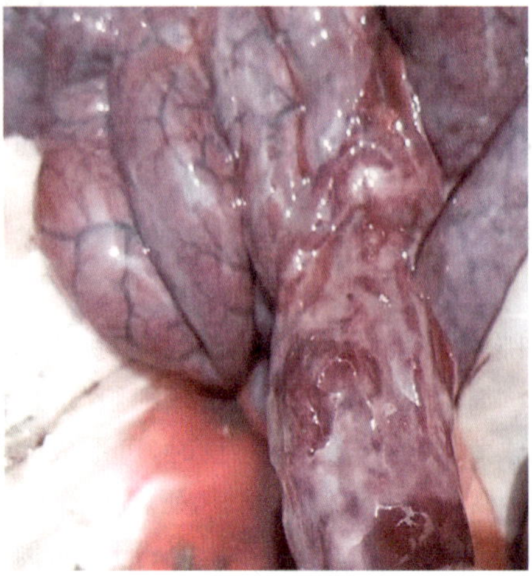

图 5-19　猪肠黏膜出血

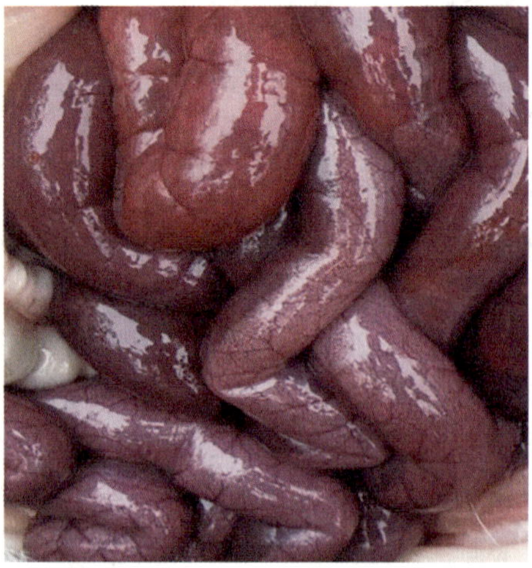

图 5-20　猪小肠出血

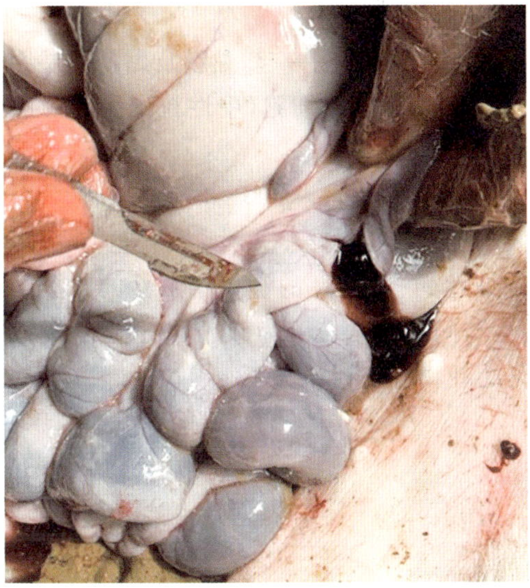

图 5-21　肠内出血，有血凝块

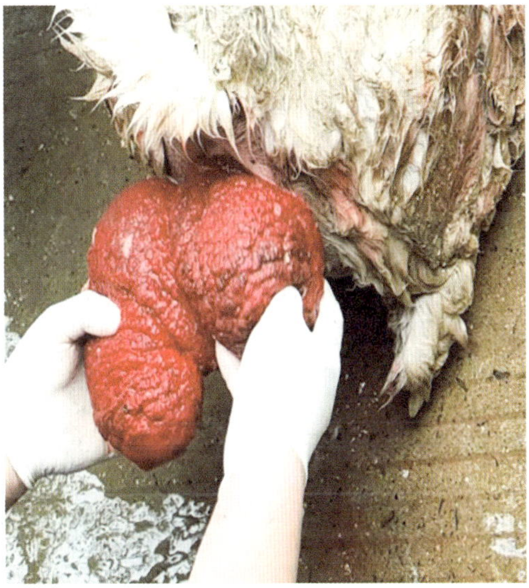

图 5-22　羊驼直肠脱出

（三）纤维素性肠炎

纤维素性肠炎是以肠黏膜表面被覆纤维素性渗出物为特征的炎症，临床上多为急性或亚急性经过。根据病变特点可分为浮膜性肠炎和固膜性肠炎。

病理变化：眼观，初期肠黏膜充血、出血和水肿，黏膜表面有多量灰白色、灰黄色絮状、片状、糠麸样纤维素性渗出物，多量的渗出物形成薄膜被覆于黏膜表面。如果薄膜易于剥离，则称为浮膜性肠炎。剥离后黏膜充血、水肿，表面光滑，有时可见轻度糜烂，肠内容物稀薄如水，常混有纤维素碎片；如果肠黏膜发生坏死，渗出的纤维蛋白与黏膜深部组织牢固结合，则称为固膜性肠炎，也称为纤维素性坏死性肠炎，以亚急性、慢性猪瘟在大肠黏膜表面形成的“扣状肿”最为典型（图 5-23、图 5-24）。

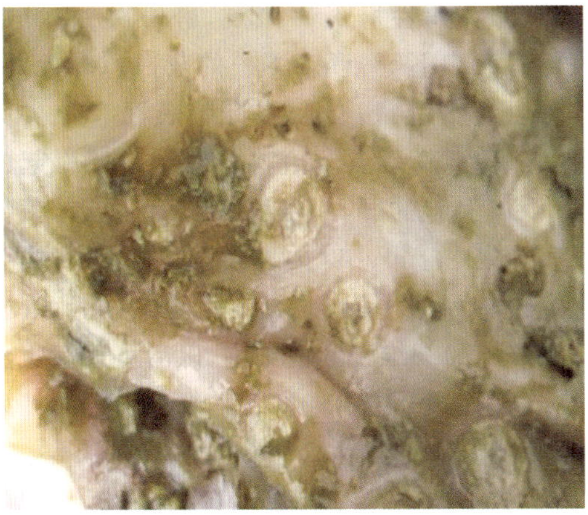

图 5-23　猪瘟“扣状肿”

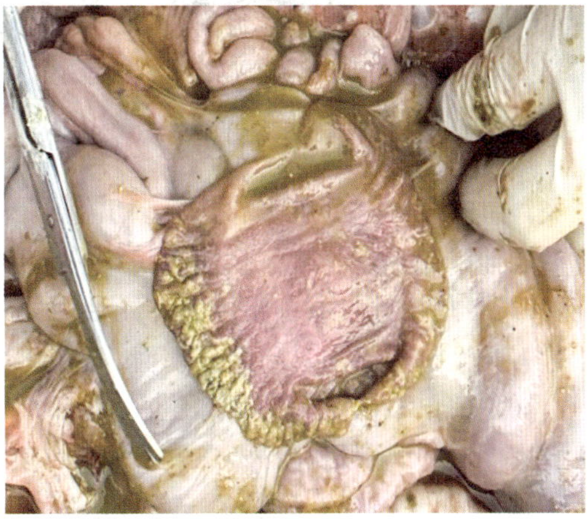

图 5-24　慢性猪瘟结肠“扣状肿”

发生固膜性肠炎时纤维素膜与组织结合牢固，不易剥离，强行剥离后，可见黏膜出血、糜烂和溃疡。病变组织切片镜检，病变部位肠黏膜上皮脱落，渗出物中有大量的纤维素和黏液、中性粒细胞，黏膜层、黏膜下层小血管充血、水肿和炎性细胞浸润。

固膜性肠炎坏死严重，大量渗出的纤维蛋白和坏死组织融合在一起，黏膜及黏膜下层因凝固性坏死而失去固有结构，坏死组织周围有明显充血、出血和炎性细胞(中性粒细胞、浆细胞、淋巴细胞等)浸润。

五、肝炎

肝炎是许多动物的常见疾病。其发生原因有传染性的、中毒性的和寄生虫性的几类。按疾病进程可分为急、慢性两种。病理类型则有实质性与间质性之分。为叙述方便起见，现按病因分类，结合疾病进程和病理类型特点，对两类常见的动物肝炎讨论如下。

(一)传染性肝炎

动物的传染性肝炎是由细菌、病毒、霉菌和寄生虫引起的。

1. 细菌性肝炎

很多细菌可以引起肝脏的炎症，如沙门菌、坏死杆菌、结核分枝杆菌、巴氏杆菌、化脓棒状杆菌、链球菌、葡萄球菌、弯曲杆菌及钩端螺旋体等。细菌性肝炎主要以变质、坏死和形成脓肿或肉芽肿为特征。

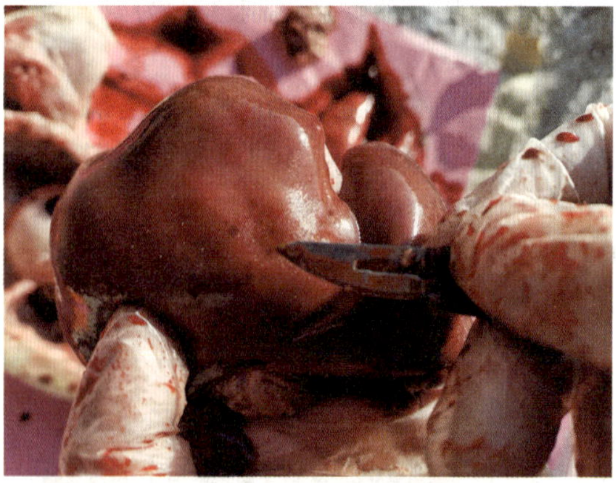

图 5-25 肝脏出血斑点

(1)变质性肝炎　眼观，肝脏体积肿大，呈暗红色或土黄色，表面有出血斑点(图 5-25)。禽大肠杆菌、沙门菌感染时在肝脏表面常有纤维素性渗出物，严重时形成一层淡黄色的纤维蛋白膜被覆于肝脏表面。病变组织切片镜检，中央静脉和窦状隙扩张、充血，以中性粒细胞浸润为主，肝细胞发生严重的颗粒变性和脂肪变性，坏死轻微。

(2)坏死性肝炎　眼观，肝脏肿胀，肝脏表面有大小不等、形态不一的灰白色坏死灶。其中以禽霍乱最典型，在肝脏表面有针尖大小的灰白色坏死点。由鸡白痢沙门菌引起的肝炎，除坏死灶外，肝脏多有充血和出血。由钩端螺旋体引起的肝炎，在肝的切面还见呈黄绿色的胆汁淤积点(胆栓)。病变组织切片镜检，坏死病灶集中于肝小叶内，因感染的细菌种类不同，坏死可呈局灶性或弥漫性。坏死灶内的肝细胞完全坏死时，呈均质无结构红染；坏死灶外围常有炎性细胞浸润。猪副伤寒时，肝坏死灶内还有渗出的纤维素和白细胞，以后可逐渐过渡为由增生的单核细胞和网状细胞等组成的细胞性结节(副伤寒结节)。在各种细菌引起的坏死性肝炎，肝内除坏死病变外，还常发生肝细胞的脂肪变性与颗粒变性。

(3)化脓性肝炎　化脓菌一般经由门静脉侵入，少数情况下则来自肝附近的化脓灶(如牛创伤性网胃炎)的蔓延。可见肝内有大小不等的脓肿，化脓灶内有崩解的细胞碎屑(图 5-26)。

(4)肉芽肿性肝炎　主要见于结核分枝杆菌、放线菌、鼻疽杆菌感染等。眼观，肝脏表面和切面上形成大小不等的增生结节，结节中心为黄白色干酪样坏死(图 5-27)。

图 5-26　羊肝脏脓包

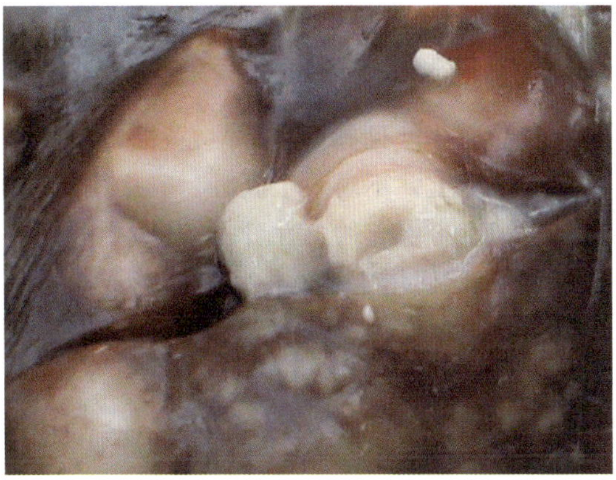

图 5-27　羊肝脏脓包内有干酪样物

如有钙化时质地比较硬固，刀切时闻磨砂声。病变组织切片镜检，可见结节中心为均质无结构坏死灶，间或有钙盐沉着；周围为多量上皮样细胞浸润，其中夹杂着几个郎罕氏多核巨细胞，它们的胞核位于胞浆的一侧边缘，呈马蹄状排列；周围有多量淋巴细胞浸润，外围见数量不等的结缔组织环绕。结节与周围组织界线清楚。

2. 病毒性肝炎

侵害动物肝脏引起炎症的病毒都是一些所谓嗜肝性病毒，如雏鸭肝炎病毒、兔病毒性出血症、鸡包涵体肝炎病毒、犬传染性肝炎病毒。某些不是以肝脏为主要侵害靶器官的病毒，如牛恶性卡他热、鸭瘟、猪伪狂犬、马传染性贫血等病的病原体，也可引起肝炎。

病毒性肝炎大多在毒血症的基础上促发特定的病毒性肝炎。眼观病理变化主要为：肝脏呈不同程度肿大，边缘钝圆，被膜紧张度增加和切面外翻。肝呈暗红色或红色与土黄色相间的斑驳条纹(图 5-28)，其间往往有灰白色或灰黄色的坏死灶及出血斑点。胆囊胀大(图 5-29)或缩小不定。

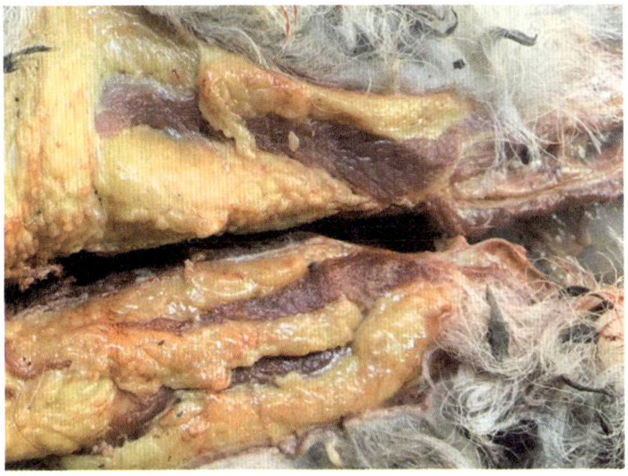

图 5-28　犬皮下脂肪黄疸

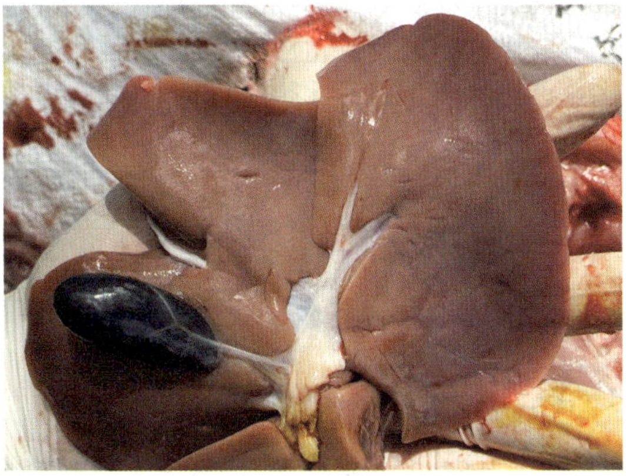

图 5-29　胆囊肿大，胆汁浓稠

病变理组织切片镜检，中央静脉和窦状隙扩张、充血，出现以淋巴细胞为主的炎性细胞浸润，肝细胞发生广泛性的颗粒变性、水泡变性、脂肪变性等，细胞肿大变圆形成气球样变，小叶间组织和小胆管增生，部分病毒性肝炎在肝细胞的胞浆或胞核内可出现特异性的包涵体，病程久时，因结缔组织增生导致肝硬化。

3. 霉菌性肝炎

其病原体常见有烟曲霉菌、黄曲霉菌、灰绿曲霉和构巢曲霉等致病性真菌。由它们所引起的病变实际上并不局限于肝脏。其中由烟曲霉菌所致的霉菌病，病变更集中于肺脏。由黄曲霉等霉菌毒素引起的急性肝炎，其主要病理变化为肝细胞脂肪变性、出血、坏死和淋巴细胞增生，间质小胆管增生。慢性病例则形成肉芽肿结节，其组织结构与其他特异性肉芽肿相似，但可发现大量菌丝。

4. 寄生虫性肝炎

某些寄生虫在肝实质中或肝内胆管寄生繁殖，或某些寄生虫的幼虫移行于肝脏时而发生的炎症称为寄生虫性肝炎。

因肝实质受损的寄生虫性肝炎（如感染组织滴虫），眼观见肝脏肿大，表面有许多圆形下陷的坏死病灶，坏死灶呈黄色或黄绿色。病变组织切片镜检见许多小叶肝细胞呈弥漫性坏死，坏死灶外围见大量组织滴虫和巨噬细胞，并有淋巴细胞广泛浸润。持久病例中一些较小的坏死灶因结缔组织增生而瘢痕化。

由某些寄生虫（如蛔虫和肾虫）的幼虫移行肝脏时发生的肝炎，其主要病理变化为：肝脏实质受到不同程度的破坏，并在这一基础上发生纤维组织对坏死病灶的修复现象，间质同时也见结缔组织增生。眼观见肝脏表面有大量形态不一的白斑散布，白斑质地致密和硬固，有时高出被膜表面，俗称"乳斑肝"。镜检，肝小叶内局灶性坏死，其周围有大量嗜酸性粒细胞以及少量中性粒细胞和淋巴细胞浸润，小叶间和汇管区结缔组织增生。病程稍久的病例，小叶内坏死灶多被增生的纤维组织所取代而成瘢痕组织，这就是肉眼观察时所见的白斑。

（二）中毒性肝炎

中毒性肝炎是指由病原微生物以外的其他毒性物质引起的肝炎，有毒物质主要是一些侵蚀性的化学物质、霉菌毒素、植物毒素及机体代谢产物。

化学毒物如农药、四氯化碳、氯仿、硫酸亚铁、磷、砷、汞、铜、锑、棉酚、煤酚、某些抗生素、呋喃类药物等的长期过量使用，均可使肝脏受到损害，引起中毒性肝炎；由于机体物质代谢障碍，造成大量中间代谢产物蓄积，这些中间代谢产物可引起自体中毒，时常发生肝炎；动物常因采食有毒植物而发生中毒性肝炎，如野百合、野豌豆和小花棘豆等；一些霉菌如黄曲霉菌、杂色曲霉菌、镰刀菌、红青霉菌等，它们产生的毒素，尤其是黄曲霉毒素 B1 可严重损害肝脏。因此，动物摄取由上述霉菌污染的饲料，常可发生肝炎。

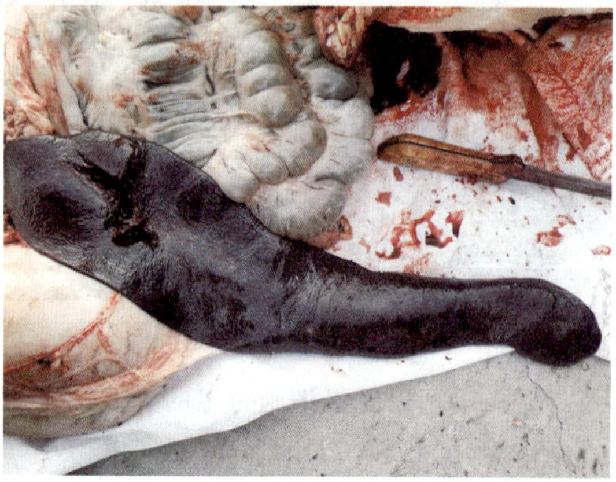

图 5-30 脾脏肿大

病理变化：眼观肝脏呈不同程度肿大（图 5-30），潮红、充血或见出血点与出血斑，水肿明显时肝脏湿润、重量增加，切面多汁。在肝细胞重度脂肪变性时，肝脏呈黄褐色。

如淤血兼有脂肪变性时，肝脏在黄褐色或灰黄色的背景上，见暗红色的条纹，呈类似于槟榔切面的斑纹；同时常见于肝的表面和切面发现有灰白色的坏死灶。有一种急性中毒性肝炎，由于肝细胞大量坏死并伴有脂肪变性，肝的体积通常缩小，肝叶边缘变薄，呈黄色。镜检见肝小叶中央静脉扩大，肝窦淤血和出血，肝细胞重度脂肪变性和颗粒变性，小叶周边、中央静脉周围或散在的肝细胞坏死。严重病例坏死灶遍及整个小叶呈弥漫性坏死；慢性病例，汇管区与小叶间质因纤维性结缔组织增生而导致肝硬化。

实训八　粪便样本的采集及处理

一、目标

（1）掌握不同动物的采血部位，掌握不同动物的粪便样本采集方法，掌握动物寄生虫病的常用诊断方法。

（2）掌握采血针、一次性真空采血管的使用方法，掌握粪便的处理及运送方法。

二、材料设备

（1）动物：羊 3 只，采集其新鲜粪便。

（2）材料：一次性手套、自封袋、记号笔、平皿、烧杯或塑料杯、甘油、福尔马林等。

三、方法与步骤

1. 粪便的采集

正确采集、保存和送检被检粪便是准确诊断寄生虫病的前提。粪便中的虫卵被排到外界后，在适宜的条件下可以自然孵化，甚至孵化出幼虫。另外，在土壤中存在有一些营自由生活的线虫、蝇、螨等寄生虫及其虫卵和幼虫，甚至含有其他非被检动物和人所排出的虫卵。因此，在采集被检粪便时，应保证是新鲜而未被污染的粪便。为了确保新鲜，无污染，可以采集动物刚刚自然排出的粪便或者直接由动物直肠采粪。对于动物自然排出的粪便，要采集粪堆的上部和中间，未被污染的粪便。大动物可以按直肠检查的方法采集。犬、猫等小动物可将食指套上塑料指套，伸入直肠直接钩取粪便。

2. 粪便的保存与送检

将采集的粪便装入清洁的容器内（采集用品最好是一次性使用），尽快检查，若不能马上检查（超过 2 h），应放在冷暗处或冰箱中保存（4 ℃），以便抑制虫卵的发育。当不能及时检查而需送检时，或保存时间较长时，可将粪便浸入加温至 50～60 ℃的 5%～10%的福尔马林液中，使粪便中的虫卵失去生活能力，起固定作用，又不改变形态，还可以防止微生物的繁殖。对含有血吸虫卵的粪便最好用福尔马林液或 70%～75%乙醇固定以防孵化。若使用 PCR 检测，要将粪便保存在 70%～75%乙醇中，而不能用福尔马林固定。在送检时，应贴好标签，并标明所采集的动物、采集日期和采集人等。

实训九　粪便中寄生虫虫卵的检查

一、目标

(1)掌握不同寄生虫虫卵的形态。

(2)掌握不同寄生虫虫卵的检查方法。

(3)掌握寄生虫虫卵镜检方法。

二、材料设备

(1)动物:羊3只,取其新鲜粪便。

(2)材料:离心机、显微镜、烧杯或塑料杯、青霉素瓶、盖玻片、载玻片、饱和食盐水、纱布、镊子、牙签、松柏油、二甲苯、计时器等。

三、方法与步骤

粪便中寄生虫虫卵的检查根据所采取的方法不同,可将粪便内蠕虫虫卵的检查法分为直接涂片法、沉淀法、漂浮法以及尼龙筛兜淘洗法等。

1. 直接涂片法

首先在洁净的载玻片中央滴1～3滴50%甘油生理盐水溶液或生理盐水(缺少甘油生理盐水时可以用常水代替,但不如甘油盐水清晰,因为加甘油能使标本清晰,并防止过快蒸发变干,若检查原虫的包囊应加碘液代替生理盐水),以牙签挑取绿豆粒大小的粪便与之混匀,用镊子剔除粗大粪渣,涂开呈薄膜状,其厚度以放在书上能透过薄层粪液模糊地看出书上字迹为宜。然后在粪膜上加盖玻片,置于光学显微镜下观察。检查虫卵时,先用低倍镜顺序观察盖玻片下所有部分,发现疑似虫卵物时,再用高倍镜仔细观察。

注意:因一般虫卵(特别是线虫卵)色彩较淡,镜检时视野宜稍暗一些(聚光器下移);用过的竹签、玻片、粪便等要放在指定的容器内,以防污染。

直接涂片法简单易行,但检出率不高,尤其在轻度感染时,往往得不到可靠的结果,所以为了提高检出率,每个粪样应连续涂至少3张片。

2. 沉淀法

利用某些虫卵相对密度比水大的特点,让虫卵在重力的作用下,自然沉于容器底部或在离心力作用下沉于离心管底部,然后取沉淀物进行检查。因此,此法多用于相对密度较大的虫卵(如吸虫卵、棘头虫卵和裂头绦虫卵等)的检查。沉淀法可分为直接水洗沉淀法和离心沉淀法。

(1)直接水洗沉淀法　取粪便5～10 g置于烧杯中,先加少量的水,将粪便挑入塑料杯或烧杯中,再加10～20倍量水充分搅匀成粪液,然后用孔径0.3 mm金属筛或2～3层纱布过滤至另一烧杯或塑料杯中,滤液静置20～30 min后小心倾去上层液,保留沉渣再加水与沉淀重新混匀,以后每隔15～20 min换水1次,如此反复水洗沉淀物多次,直至上清液澄清为止,最后倾去上清液，用吸管吸取沉淀物滴于载玻片上，加盖玻片镜检直接水洗沉淀法所用时间较长，但是不需要离心机，操作方便，因而在基层工作中适用。

(2)离心沉淀法　采用离心机进行离心，使虫卵加速集中沉淀在离心管底，然后镜检沉淀物。具体步骤：取 3 g 粪便置于小杯中，加 10～15 倍水搅拌混匀；将粪液用金属筛或纱布滤入离心管中(或将直接水洗沉淀法时，滤去粗渣的粪液直接倒入离心管中)，2 000～2 300 r/min 的速度离心沉淀 1～2 min，取出后倾去上层液，再加水搅和，按条件重复操作离心沉淀 2～3 次，直至上清液清亮为止。倾去上层液，用吸管吸取沉淀物滴于载玻片上，加盖玻片镜检。

3. 漂浮法

本法是利用相对密度比虫卵大的溶液稀释粪便，将粪便中的虫卵浮液集于液体表面，然后取液膜进行检查。常用饱和食盐水(饱和食盐水的配制：100 mL 水中后溶解食盐 38～40 g，即将食盐慢慢加入盛有沸水的容器内，不断搅动，直至食盐不再溶解)作为漂浮液，用以检查线虫卵、绦虫卵和球虫卵囊。此外，尚可采用硫酸镁、硫代硫酸钠和硝酸铅等饱和溶液作为漂浮液，大大提高了检出率，甚至可用于吸虫卵的检查。漂浮法分为饱和盐水漂浮法和试管浮聚法。

(1)饱和盐水漂浮法　取 5～10 g 粪便置于 100～200 mL 烧杯(或塑料杯)中，加入少量漂浮液搅拌混合后，继续加入约 20 倍的漂浮液。然后将粪液用孔径 0.3 mm 金属筛或纱布滤入另一杯中，弃去粪渣。静置滤液，经 30 min 左右，用直径 0.5～1 cm 的金属圈平着接触滤液面，提起后将黏附在金属圈上的液膜抖落于载玻片上，如此多次蘸取不同部位的液面后，加盖玻片镜检，盖玻片应与液面完全接触，不应留有气泡。

(2)试管浮聚法　取 2 g 粪便置于烧杯中或塑料杯中，加入 10～15 倍漂浮液进行搅拌混合，然后将粪液用孔径 0.3 mm 金属筛或纱布通过滤斗滤入试管中，然后用滴管吸取漂浮液加入试管，至液面凸出管口为止。静置 30 min 后，用清洁盖玻片轻轻接触液面，提起后放入载玻片上镜检。静置滤液的试管可用经济实惠的青霉素瓶代替。

注意：①漂浮时间为 30 min 左右，时间过短(少于 10 min)漂浮不完全；时间过长(大于 1 h)易造成虫卵变形、破裂，难以识别。②检查时速度要快，以防虫卵变形，必要时可在制片时加上一滴清水，以防标本干燥和盐结晶析出，妨碍镜检。③用相对密度较大漂浮液会使虫卵漂浮加快，但除特殊需要外，采用相对密度过大的溶液是不适宜的。因为一方面选用的浓度太大会使虫卵变形而很难鉴定；另一方面随溶液相对密度加大，粪渣浮起增多影响检出，而且由于液体黏度增加，虫卵浮起速度减慢。④检查多例粪便时，用铁丝圈蘸取一例后，再蘸取另一例时，需先在酒精灯上烧过后再用，以免相互污染，影响结果的准确性。⑤玻片要清洁无油，防止玻片与液面间有气泡或漂浮的沉渣，若有气泡不要用力压盖玻片，可用牙签轻轻敲击赶出。漂浮法适用于多种线虫卵、绦虫卵、球虫卵囊的检查，其检出率较高。当检查某些相对密度较大的虫卵(如猪肺丝虫卵、棘头虫卵)时，可用相对密度较大的漂浮液代替饱和食盐水。另外，也可将离心沉淀法和漂浮法结合起来应用，如可先用离心沉淀法将虫卵和比虫卵重的物质沉下去，再用漂浮法使虫卵浮起来，以获得更好的检出率。

四、结果记录

正确使用显微镜，将显微镜下观察到的虫卵形态在下面圆圈中画出来，并做好标注。

注意：在用显微镜检查粪便时，若对某些物体和虫卵分辨不清，可用解剖针轻轻推动盖玻片，使盖玻片下的物体转动，这样常常可以把虫卵和其他物体区分开来。识别虫卵的方法和要点应从卵的大小，卵的颜色和形状，是否有卵盖，有无附属物，卵壳厚薄，卵内结构等方面进行观察比较。

五、讨论

根据实验结果，说明粪便样本中可能含有哪种寄生虫虫卵？应如何指导临床诊疗？

任务三　消化系统药物应用

畜禽消化系统的疾病是比较常见的多发病，因此，消化系统的药物是一类常用药物。消化器官疾病的治疗原则是在排除病因、改善饲养管理、增强机体调节机能的前提下，针对其消化机能障碍，合理使用调节消化功能的药物才能取得良好的效果。当然，因病原微生物感染而引起的消化机能障碍，应选用相应的抗微生物药。作用于消化系统的药物种类很多，根据其作用和临床应用，可分为健胃药与助消化药、制酵药与消沫药、瘤胃兴奋药、泻药和止泻药等。

一、健胃药与助消化药

（一）健胃药

健胃药是具有促进唾液和胃液的分泌，调整胃的机能活动，以提高食欲、加强消化的一类药物。健胃药的主要功用在于增进食欲。食欲不振常常不是一种单独的疾病，而是某些疾病的一个症状。因此，对于食欲不振应着重于病因治疗，临床上健胃药主要适用于功能性食欲不振，或作为病因治疗的辅助药物。这类药物按其性质与作用可分为苦味健胃药、芳香性健胃药和盐类健胃药。

苦味健胃药

【作用与应用】临床常用的有龙胆制剂、大黄制剂及马钱子制剂等。本类药物具有强烈的苦味，其苦味刺激舌的味觉感受器，可反射性地兴奋呕吐中枢，加强唾液和胃液的分泌，从而提高食欲，促进消化。

【制剂与用法】龙胆末：内服，一次量，马、牛 20～40 g，羊 8～10 g；猪 2～3 g。复方龙胆酊：内服，一次量，马、牛 50～100 mL，羊、猪 5～20 mL，犬 1～4 mL。大黄末：内服，一次量，马 10～25 g，牛 20～40 g，羊 2～4 g，猪 1～2 g。大黄酊：内服，一次量，马 25～50 mL，牛 40～100 mL，羊 10～20 mL。

【注意事项】①苦味健胃药常制成散剂、舐剂或酊剂，应在饲喂前经口给药（用胃管投药效果不佳）。②用量不宜过大，同一药物不宜反复多次应用，以免耐受。

芳香性健胃药

【作用与应用】本类药物常用的有陈皮、大蒜、桂皮、干姜等制剂。这类药物均含挥发油，内服除能刺激味觉感受器外，还能刺激消化道黏膜，通过迷走神经反射，增加消化液的分泌、促进胃肠蠕动，增进食欲；还有轻度抑制胃肠内细菌的作用，因而兼有健胃、祛风和制酵的功能。此外，挥发油被吸收后，一部分经呼吸道排出时，能增加呼吸道黏液的分泌，有轻度的祛痰作用。临床上常将本类药物配成复方制剂，用于消化不良、胃肠内轻度发酵、积食等。

【制剂与用法】陈皮酊：内服，马、牛 30～100 mL，羊、猪 10～20 mL，犬、猫 1～5 mL。姜酊：内服，马、牛 50～100 mL，羊、猪 15～30 mL。大蒜酊：内服，马、牛 50～100 mL，羊、猪 10～20 mL，用前加 4 倍水稀释。

盐类健胃药

盐类健胃药主要有氯化钠、碳酸氢钠、人工盐等。内服少量盐类，通过渗透压作用，可轻度刺激消化道黏膜，反射性地引起胃肠蠕动增强，消化液分泌增加，食欲增进，促进消化；又可补充离子，调节体内离子平衡。

人工矿泉盐又名人工盐，由干燥硫酸钠、碳酸氢钠、氯化钠、硫酸钾按 44∶36∶18∶2的比例混合制成。本品为白色粉末，味咸，在空气中易吸湿，在水中易溶。

【作用与应用】人工矿泉盐具有多种盐类的综合作用。内服少量时，能轻度刺激消化道黏膜，促进胃肠的分泌和蠕动，增加消化液分泌，从而产生健胃作用；小剂量还有利胆作用。内服大量时，其主要成分硫酸钠在肠道中可离解出 Na^+ 和不易被吸收的 SO_4^{2-}，借助渗透压作用，在肠管中保持大量水分，并刺激肠管蠕动、软化粪便，而引起缓泻作用。小剂量用于消化不良、前胃迟缓和慢性胃肠卡他等，大剂量可用于早期大肠便秘。

【药物相互作用】与酸性药物同服可发生中和反应，使药效降低。

【制剂与用法】内服，一次量，马 50～100 g，牛 50～1 500 g，羊、猪 10～30 g。缓泻：马、牛 200～400 g，羊、猪 50～100 g。

【注意事项】①禁与酸性药物配伍应用。②内服作为泻剂应用时宜大量饮水。

（二）助消化药

食物的消化主要由胃肠及其附属器官分泌的胃液、胰液、胆汁等来完成。助消化药一般是消化液中的主要成分，如稀盐酸、胃蛋白酶、淀粉酶等，用来补充消化液中某成分的不足，发挥替代疗法的作用。临床上常与健胃药配伍应用。助消化药作用迅速，奏效快，但必须对症下药。

稀盐酸

本品为10% HCl，无色澄清液体，呈强酸性。

【作用与应用】内服稀盐酸能补充胃液中盐酸的不足；使胃蛋白酶原活化为胃蛋白酶，并提供胃蛋白酶作用所需要的酸性环境，以利于消化；还能促使幽门括约肌开放，便于食糜进入十二指肠。酸性食糜进入十二指肠时，可反射性增强胰液和胆汁的分泌，有助于脂肪及其他食物的进一步消化；能增加钙、铁等盐类的溶解与吸收。此外，稀盐酸还有抑菌、制酵的作用。稀盐酸主要用于因胃酸缺乏引起的消化不良、胃内发酵、前胃弛缓、马骡急性胃扩张等。

【制剂与用法】内服，一次量，马 10～20 mL，牛 15～30 mL，羊 2～5 mL，猪 1～2 mL，犬 0.1～0.5 mL(用前加 50 倍水稀释成 0.2%的溶液使用)。

【注意事项】①禁与碱类、盐类健胃药、有机酸、洋地黄及其制剂配合使用。②用药浓度和用量不可过大，否则因食糜酸度过高，反射性地引起幽门括约肌痉挛，影响胃的排空，而产生腹痛。

胃蛋白酶

胃蛋白酶从猪、牛、羊等动物胃黏膜提取而得，为白色或淡黄色粉末，易吸湿，是一种蛋白分解酶，能促进蛋白质的消化。本品在 0.2%～0.4%盐酸的酸性条件下作用最强。

【作用与应用】本品内服后在胃内可使蛋白质初步分解为蛋白胨，有利于蛋白质的进一步分解吸收。在酸性环境中作用强，pH 为 1.8 时其活性最强。一般 1 g 胃蛋白酶能完全消化 2 000 g 凝固卵蛋白。当胃液分泌不足引起消化不良时，胃内盐酸也常不足，为充分发挥胃蛋白酶的消化作用，在用药时应同服稀盐酸。临床常用于胃液分泌不足或幼畜因胃蛋白酶缺乏所引起的消化不良。

【药物相互作用】①与抗酸药(如氢氧化铝)同服，因胃内 pH 升高而使其活力降低。②本品的药理作用与硫糖铝相拮抗，二者不宜同用。③遇鞣酸、没食子酸、重金属盐等可产生沉淀。

【制剂与用法】内服，一次量，马、牛 4 000～8 000 U，羊、猪 800～1 600 U，驹、犊 1 600～4 000 U，犬 80～800 U，猫 80～240 U。

【注意事项】①忌与碱性药物、鞣酸、重金属盐等配合使用，温度超过 70 ℃时迅速失效，剧烈搅拌可破坏其活性导致减效。②用前先将稀盐酸加水 20 倍稀释，再加入胃蛋白酶，于饲喂前灌服。

稀醋酸

本品为含醋酸 5.5%～6.5%无色的澄明液体，味酸，呈酸性反应。应密封保存。

【作用与应用】内服后的作用与稀盐酸基本相同。有防腐、制酵和助消化作用。由于醋酸的局部防腐和刺激作用较强，2%～3%的稀释液可冲洗口腔，治疗口腔炎，0.1%～0.5%的稀释液可冲洗阴道治疗滴虫病等。临床多用于治疗幼畜消化不良和马属动物的急性胃扩张，也可用于反刍动物前胃臌胀。

【制剂与用法】内服，一次量，马、牛 50～200 mL，羊、猪 5～10 mL。食醋含醋酸约 5%，临床可替代稀醋酸服用。对挫伤或捻挫伤可用食醋或 1%稀醋酸溶液与白陶土混合外敷。

乳酶生（表飞鸣）

本品为白色或淡黄色的干燥粉末。制剂有乳酶生片。

【作用与应用】本品由人工培养的乳酸杆菌加入适量的淀粉混合制成，每克含活乳酸杆菌 1 000 万个以上。内服进入肠内后，能分解糖类产生乳酸，使肠内酸度升高，从而抑制腐败性细菌的繁殖，并可防止蛋白质发酵，减少肠内产气。用于消化不良、肠内异常发酵和幼畜腹泻等。

【药物相互作用】①抗菌药物可抑制乳酸杆菌，使乳酶生失效。②收敛剂、吸附剂、酊剂及乙醇可抑制乳酸杆菌的活性，也会降低其药效。

【制剂与用法】乳酶生片：内服，一次量，驹、犊 10～30 g，羊、猪 2～10 g，犬 0.3～0.5 g。

【注意事项】①乳酶生禁止与抗生素、磺胺类药、防腐消毒药、酊剂、吸附剂、鞣酸等并用。②禁用热水调药，以免降低药效。一般于饲喂前给药。

干酵母（食母生）

本品为淡黄色或淡黄棕色的颗粒或粉末，味微苦，有酵母的特殊气味。制剂有干酵母片。

【作用与应用】干酵母富含 B 族维生素及某些酶。每克酵母含硫胺 0.1～0.2 mg、核黄素 0.04～0.06 mg、烟酸 0.03～0.06 mg，此外还含有维生素 B_6、维生素 B_{12}、叶酸、肌醇、转化酶、麦芽糖酶等，这些物质均是体内酶系统的重要组成物质，能参与体内糖、蛋白质、脂肪等的代谢和生物转化过程，因而能促进消化。常用于消化不良和 B 族维生素缺乏症。

【制剂与用法】干酵母片：内服，一次量，马、牛 120～150 g，羊、猪 30～60 g，犬 8～12 g。

【注意事项】①本品含大量对氨苯甲酸，与磺胺类药合用时可使其抗菌作用减弱，不宜并用。②用量过大可发生轻度下泻。

氢氧化铝

本品为白色粉末，无臭，无味。在水或乙醇中不溶，在稀无机酸或氢氧化钠溶液中溶解。

【作用与应用】氢氧化铝与胃液混合形成凝胶，覆盖于溃疡表面，有保护溃疡面的作用。在中和胃酸时所产生的氯化铝尚有收敛和局部止血作用。临床用于治疗胃酸过多和胃溃疡。

【制剂与用法】内服，一次量，马 15～30 g，猪 3～5 g。

【注意事项】①本品为弱碱性药物，禁止与酸性药物混合应用。②在胃肠道中与食物中的磷酸盐结合成不溶解的磷酸铝后难以吸收，故长期应用可造成磷酸盐吸收不足，应在饲料中添加磷酸盐。

小结：健胃药与助消化药均可用于动物食欲不振、消化不良，临床上常配伍应用。但食欲不振及消化不良往往是许多全身性疾病或饲养管理不善的临床表现，因此，必须在对因治疗和改善饲养管理的前提下，配合选用复方制剂或将数种不同的健胃药合并应用，才能提高疗效。

马属动物出现口干、色红、苔黄、粪干等消化不良症状时，选用苦味健胃药龙胆酊、大黄酊等，配合稀盐酸；如果口腔湿润、色青白、舌苔白、粪便松软时，则选用人工盐配合大蒜酊等较好。当消化不良兼有胃肠弛缓或胃肠内容物有异常发酵时，应选用芳辛性健胃药，并配合鱼石脂、大蒜酊等制酵药。猪的消化不良，一般选用人工盐。哺乳幼畜的消化不良，主要选用胃蛋白酶、乳酶生等。草食动物吃草不吃料时，也可选用胃蛋白酶，配合稀盐酸。牛摄入蛋白质丰富的饲料后，在瘤胃内产生大量的氨，影响瘤胃活动，早期可用稀盐酸或稀醋酸，疗效良好。

二、制酵药与消沫药

(一)制酵药

凡能制止胃肠内容物异常发酵的药物称为制酵药，常用药物有鱼石脂等。另外，抗生素、磺胺药、消毒防腐药等都有一定程度的制酵作用。制酵药在临床上主要用于治疗反刍动物的瘤胃臌胀，也用于马属动物的胃扩张及肠臌气。

鱼石脂

本品为棕黑色的黏稠液体，有特臭。在水中溶解，溶液呈弱酸性。易溶于酒精。

【作用与应用】鱼石脂内服能抑制胃肠道内微生物的繁殖，有促进胃肠蠕动、防腐、制酵、祛风作用。外用对局部有温和的刺激作用，能消炎消肿，促进肉芽组织生长。内服常用于瘤胃臌胀、急性胃扩张、前胃弛缓、胃肠气胀、消化不良和腹泻等。治疗马便秘病时，常与泻药配合。外用常用于慢性皮炎、蜂窝织炎、腱炎、腱鞘炎、冻疮、湿疹等。多配成30%～50%软膏局部涂敷。

【制剂与用法】内服，一次量，马、牛 10～30 g，羊、猪 1～5 g。

【注意事项】①用时加 2 倍量乙醇溶解，再用水稀释成 3%～5%的溶液灌服。②禁止与酸性药物如稀盐酸、乳酸等混合使用。

(二)消沫药

凡能降低液体表面张力或减少泡沫的稳定性，使泡沫迅速破裂的药物，称为消沫药。牛的瘤胃臌胀一般有两种：一种是瘤胃内游离气体产生过多而不能排出，称为气臌胀，这些气体多积聚于瘤胃上方，一般可用制酵药，严重的可用套管针排气。另一种是采食了大量的皂苷类植物(如苜蓿、紫云英等)所引起。因皂苷能降低瘤胃内液体的表面张力，产生黏稠性小气泡夹杂于瘤胃内容物中，不能融汇成大气泡随嗳气排出，这种臌胀称为泡沫性臌胀。此时单独应用制酵药往往无效，必须使用消沫药，使泡沫破裂、融合为气体，以利于排出。

二甲硅油

本品为二甲基硅氧烷的聚合物，呈无色澄清的油状液体，无味。在三氯甲烷、乙醚、苯、甲苯或二甲苯中能任意混合，不溶于水及乙醇。制剂有二甲硅油片。

【作用与应用】本品内服后能迅速降低瘤胃内泡沫液膜的表面张力，使小气泡破裂，融合成大气泡，随嗳气排出，产生消沫作用。本品消沫作用迅速，用药 5 min 内即产生效果，15～30 min 作用最强。治疗效果可靠，几乎没有毒性。

【制剂与用法】内服，一次量，牛 3～5 g，羊 1～2 g(临用时配制成 2%～5%的乙醇或煤油溶液灌服)。

【注意事项】灌服前后宜灌注少量温水，以减少刺激性。

芳香氨醑

本品是由碳酸铵(3%)、浓氨溶液(6%)、柠檬油(0.5%)等制成的液体制剂。

【作用与应用】本品中的氨、乙醇和茴香中所含茴香醚及挥发油，均具有挥发性和局部刺激性，也有抑菌作用。内服后可抑制胃肠道内细菌的发酵作用，并刺激胃肠，使蠕动加强，有利于气体排出；同时由于刺激胃肠道增加消化液分泌，可改善消化机能。常用于消化不良、瘤胃臌胀及胃肠积食。配合氯化铵，也可用于急、慢性支气管炎。

【制剂与用法】内服，一次量，马、牛 20～100 mL，羊、猪 4～12 mL，犬 0.6～4 mL。

乳酸

本品为无色或微黄色的澄清黏性液体，几乎无臭，味微酸，有吸湿性，水溶液显酸性。与水、乙醇或乙醚能任意混合，在三氯甲烷中不溶。

【作用与应用】本品作用与稀盐酸相似。内服有防腐、制酵作用，能增强消化液的分泌，帮助消化。可用于马属动物急性胃扩张和牛、羊前胃弛缓。

【制剂与用法】内服，一次量，马、牛 5～25 mL，羊、猪 0.5～3 mL，配成 2%溶液灌服。

小结：由于采食大量容易发酵或腐败变质的饲料而导致的臌胀或急性胃扩张，除危急者可以穿刺放气外，一般可用制酵药，并根据病情，配以泻药及瘤胃兴奋药等，加速气体排出。选用鱼石脂安全性好。泡沫性臌胀时，如果选用制酵药，仅能制止气体的产生，对已形成的泡沫无消除作用，因此，必须选用二甲硅油等消沫药。

三、瘤胃兴奋药

凡能加强瘤胃平滑肌收缩，促进瘤胃蠕动，使反刍兴奋，从而消除积食和气胀的药物，称为瘤胃兴奋药或反刍促进药。反刍动物，特别是牛，前胃弛缓是其常发病。引起前胃弛缓的原因很多，如饲料不良、饲养管理失宜、瘤胃内 pH 过高或过低、长途运输、一些内科病、传染病等都可继发前胃弛缓、反刍减弱或停止，从而产生瘤胃积食、瘤胃臌胀等一系列严重疾病。此时，除了消除病因、加强饲养管理外，还必须应用瘤胃兴奋药以促进其机能的恢复。

常用的瘤胃兴奋药为浓氯化钠注射液。拟胆碱药也有兴奋瘤胃的作用。

对前胃弛缓、反刍减弱或停止的病症，一般宜采用较为安全的浓氯化钠配合氯化钙注射液静脉滴注，也可使用拟胆碱药中毒性最小的新斯的明，并配合健胃药。

浓氯化钠注射液

本品为10%氯化钠的灭菌水溶液，无色透明，pH 4.5～7.5，专供静脉注射用。

【作用与应用】注射后可提高血液渗透压，使血容量增多，从而改善心脏血管活动。同时反射性地兴奋迷走神经，促进胃肠蠕动及分泌，增强反刍。当胃肠机能减弱时，这种作用更加显著。常用于前胃弛缓、瘤胃积食、马骡便秘、疝等。本品作用缓和，疗效良好，副作用少。一般在用药后2～4 h作用最强，经12～24 h作用才逐渐消失。

【制剂与用法】静脉注射，一次量，家畜每千克体重0.1 g。

【注意事项】①静脉注射时不宜稀释，注射速度宜慢，不可漏出血管外，一般只使用1次，不宜反复使用。②心力衰竭和肾功能不全的患畜慎用。

四、泻药与止泻药

(一)泻药

泻药是能促进肠管蠕动，增加肠内容积或润滑肠腔、软化粪便，从而促进排粪的药物。临床上主要用于治疗便秘或排出消化道内发酵腐败产物和有毒物质，或在服用驱虫药后，用以除去肠内残存的药物和虫体。根据作用特点可将泻药分为容积性泻药、刺激性泻药、润滑性泻药三类。

1. 容积性泻药

容积性泻药是指能扩张肠腔容积、产生机械性刺激作用而致泻下的药物。这类药物多数是盐类，又称为盐类泻药。常用的盐类泻药有硫酸钠和硫酸镁两种，其水溶液在肠内形成高渗，保持大量水分，增加肠内容积，软化结粪，机械性地刺激肠黏膜感受器，反射性地引起肠蠕动增强，逐渐排出结粪，引起泻下。

盐类泻药的致泻作用与其溶液的浓度和量有密切关系。高渗溶液能保持肠腔内的水分，并使体液的水分向肠腔转移，增大肠管容积，发挥致泻作用。硫酸钠的等渗溶液为2%，硫酸镁为4%。导泻时，应配成6%～8%溶液灌服，主要用于大肠便秘。单胃家畜服药后经3～8 h排粪，反刍家畜要经过18 h以上才能排粪。如果与大黄等植物性泻药配伍用，可产生协同作用，显著提高致泻效果。应当注意，盐类溶液浓度过高(10%以上)不仅会延长致泻时间，降低致泻效果，并且药物进入十二指肠后，能反射性地引起幽门括约肌痉挛，妨碍胃内容物排空，有时甚至能引起肠炎。

硫酸钠(芒硝)

本品为无色透明大块结晶或颗粒状粉末,味苦而咸。易溶于水,在干燥空气中易失去结晶而风化,干燥硫酸钠或无水硫酸钠有吸湿性。芒硝的主要成分是硫酸钠,可代用。

【作用与应用】少量内服,能适度刺激消化道黏膜,使胃肠的分泌与蠕动稍增加,故有健胃作用。大量内服时,因不易被肠壁吸收而提高肠内渗透压,保持大量水分,扩大肠管容积,软化粪便,产生泻下作用。主要用于治疗大肠便秘,常配合大黄等。

【制剂与用法】内服,一次量,马 200～500 g,牛 400～800 g,羊 40～100 g,猪 20～50 g,犬 10～25 g,猫 2～4 g,加水配成 6%～8%的溶液。

【注意事项】不适用于小肠便秘的治疗,容易继发胃扩张。肠炎患畜不宜用本品。

硫酸镁

本品为无色针状结晶,味苦而咸。易溶于水,在空气中易风化。

【作用与应用】硫酸镁内服后的致泻作用及用途与硫酸钠相似。此外,内服少量硫酸镁可刺激十二指肠黏膜,反射性地使总胆管括约肌松弛和胆囊排空,故有利胆作用。

【制剂与用法】内服,一次量,马 200～500 g,牛 300～800 g,羊 50～100 g,猪 25～50 g,犬 10～20 g,猫 5～10 g,加水配成 6%～8%的溶液。

【注意事项】①在机体脱水、肠炎等情况下,镁离子吸收增多会产生毒副作用。②中毒时可静脉注射氯化钙进行解救。

2. 刺激性泻药

能对肠壁产生化学性刺激作用而引起泻下的药物称为刺激性泻药。本类药物内服后在胃内一般无变化,到达肠内后,分解出有效成分,对肠黏膜感受器产生化学性刺激,促进肠管蠕动,增加肠液分泌,使粪块变软,产生泻下作用。

蓖麻油

本品为无色或微带黄色的澄清黏稠液体,臭味微弱。在乙醇中易溶,与无水乙醇、乙醚、三氯甲烷或冰醋酸能随意混合。

【作用与应用】蓖麻油本身无刺激性,有润滑肠道、软化积粪的作用。内服到达十二指肠后,一部分被胰脂肪酶分解为蓖麻油酸钠和甘油。蓖麻油酸钠可刺激肠黏膜,增强肠蠕动而引起泻下。主要用于小肠便秘,小家畜应用较多。中、小家畜内服后,经 3～8 h 发生泻下。对大家畜特别是牛致泻效果不确实。

【制剂与用法】内服,一次量,马 250～400 mL,牛 300～600 mL,羊、猪 50～150 mL,犬 10～30 mL。

【注意事项】①蓖麻油能促进脂溶性物质的吸收,不宜与脂溶性驱虫药并用。②蓖麻油有刺激性，不宜用于孕畜、肠炎患畜。③哺乳母畜内服后有一部分经乳汁排出，可使幼畜腹泻。④由于蓖麻油影响消化机能，故不可多次重复使用。

3. 润滑性泻药

润滑性泻药是指能润滑肠壁，软化粪便，使粪便易于排出的药物。本类药物包括来自矿物、植物和动物的一些中性油，如液状石蜡、豆油、菜籽油、猪油。内服大量润滑性泻药，绝大部分不发生变化，以原形排出，起缓泻的作用。润滑性泻药不仅对肠管没有刺激性，而且还有保护作用，所以孕畜及患有肠炎的家畜都可应用。

液状石蜡

本品为石油提炼过程中的一种副产品，无色透明的油状液体，无臭无味。不溶于水和乙醇，在三氯甲烷、乙醚或挥发油中溶解。

【作用与应用】内服后在肠道内不发生变化，也不被吸收，以原形通过肠管，并被覆在肠黏膜表面，能阻碍肠内水分的吸收，对肠道黏膜只起润滑和保护作用，无刺激性。泻下作用缓和。适用于小肠便秘、瘤胃积食、有肠炎的家畜、孕畜的便秘。

【制剂与用法】内服，一次量，马、牛 500～1 500 mL，驹、犊 60～120 mL，羊 100 ～300 mL，猪 50～100 mL，犬 10～30 mL，猫 5～10 mL，可加温水灌服。

【注意事项】不宜多次服用，以免影响消化，阻碍脂溶性维生素及钙、磷的吸收。

小结：在治疗便秘时，泻药多与制酵药、强心药、体液补充剂等配合应用。①大肠便秘的早、中期，一般首选盐类泻药硫酸钠，其次是硫酸镁。如果配合大黄等，则可加强致泻作用。②小肠阻滞的早、中期，一般选用液状石蜡、植物油为主，其优点是容积小，对小肠无刺激性，且有润滑作用。不宜选用盐类泻药。③排出毒物，一般选用盐类泻药，与大黄等植物性泻药配合更好。不能选用油类泻药，以防使脂溶性毒物被吸收而加重病情。④便秘后期，局部已产生炎症或其他病变时，一般只能选用润滑性泻药。孕畜或衰弱病畜一般选用润滑性泻药较安全，使用其他泻药易导致流产。另外，在应用泻药时，要防止因泻下作用太猛、水分排出过多而引起病畜脱水或继发肠炎。所以，对作用剧烈的泻药，特别是硫酸钠之类，一般只投药一次，不宜多用，用药前后注意充分给水。对幼畜、孕畜更要慎重选用。

（二）止泻药

能制止腹泻的药物称为止泻药。根据作用特点可将止泻药分为 4 类：①保护性止泻药，如鞣酸蛋白、次碳（硝）酸铋等。这类药物具有收敛作用，形成蛋白膜而保护肠黏膜。②吸附性止泻药，如药用炭、白陶土等，具有吸附作用。能吸附毒素、毒物，从而减少对肠黏膜的刺激。③抗菌药物，许多抗菌药物如某些抗生素、磺胺类药等能发挥对因治疗作用，使肠道炎症消退而止泻。④抑制肠蠕动止泻药，如阿托品等，可松弛肠道平滑肌，减少蠕动和分泌，制止腹泻，消除腹痛。

1. 保护性止泻药

鞣酸蛋白

本品为淡黄色或淡棕色粉末，含鞣酸 50%，微臭，味微涩，不溶于水及乙醇。

【作用与应用】鞣酸蛋白本身无活性，在胃内的酸性环境中稳定。到达小肠内遇碱性肠液被消化而释放出鞣酸，使肠黏膜表层蛋白质凝固，形成保护膜，能减轻炎症，减少肠蠕动而止泻。这种作用较持久，能达到肠管后部。主要作用于急性肠炎和非细菌性腹泻。

【制剂与用法】内服，一次量，马 10～20 g，牛 10～25 g，羊 3～5 g，猪 2～5 g，犬 0. 3～2 g。

碱式硝酸铋（次硝酸铋）

本品为白色粉末，几乎无臭，微有吸湿性，不溶于水和乙醇，在盐酸或硝酸中易溶。

【作用与应用】内服后，不被胃肠所吸收，故大部分覆盖在胃肠黏膜表面，形成保护性薄膜。同时，在肠道中还可以与硫化氢结合，形成不溶性硫化铋，覆盖在肠黏膜表面，对肠黏膜起保护作用，且减少了硫化氢对肠道的刺激作用，肠蠕动减慢，出现收敛止泻作用。可用于非细菌性肠炎和腹泻。

【制剂与用法】内服，一次量，马、牛 15～30 g，羊、猪、驹、犊 2～4 g，犬 0. 3～2 g。

【注意事项】碱式硝酸铋在肠内溶解后，可形成亚硝酸盐，量大时能引起中毒。

2. 吸附性止泻药

药用炭（活性炭）

本品为黑色粉末，无臭无味，溶于水，在空气中吸收水分而降低药效。

【作用与应用】药用炭性质稳定，颗粒细小，表面积很大，吸附作用很强。内服后，不被消化也不被吸收，能吸附胃肠内多种有害物质，如病原微生物、发酵产物、毒素、气体以及生物碱等。以减少毒物及肠内容物对肠黏膜的刺激，并能阻止毒物在胃肠道内吸收，呈现吸附性止泻作用。内服用于治疗肠炎、腹泻、药物或毒物中毒等。外敷用于浅部创伤，有干燥、抑菌、止血、消炎作用。

【制剂与用法】内服，一次量，马 20～150 g，牛 20～200 g，羊 5～50 g，猪 3～10 g，犬 0.3～2 g。

【注意事项】①药用炭保护肠黏膜的同时，可影响营养物质的消化与吸收，故不宜反复应用。②用于吸附毒物时，必须随后给予盐类泻药促使排出。③能吸附其他药物。

白陶土（高岭土）

本品为类白色细粉，加水湿润后有类似黏土的气味，颜色加深。在水、稀硫酸或氢氧化钠溶液中几乎不溶。药用白陶土必须 150 ℃干燥灭菌 2～3 h。

【作用与应用】白陶土主要含有硅酸铝，有吸附和保护作用。白陶土带阴电荷，故只能吸附带阳电荷的物质(生物碱、碱性染料等)，其吸附作用稍逊于药用炭。内服用于腹泻，外用作敷剂和撒布剂的基质。

【制剂与用法】内服，一次量，马、牛 50～150 g，羊、猪 10～30 g，犬 1～5 g。

【抗菌药物】家畜不少腹泻是因微生物感染而引起。因此，临床上首先考虑使用抗菌药物进行对因治疗，可收到良好的效果。如磺胺类药物中的磺胺脒，抗生素中的四环素类，中草药制剂黄连素以及喹诺酮类、呋喃唑酮、痢菌净等，均有较强的抗菌止泻作用。

【胃肠平滑肌抑制药】当腹泻不止或有剧烈腹痛时，为了制止脱水，消除腹痛，可应用胃肠平滑肌抑制药，如阿托品、阿片酊等，以松弛胃肠平滑肌，减少肠管蠕动而止泻。但是，这些药的副作用较大，常会继发胃肠弛缓、瘤胃臌胀等，应加以注意。

五、常用于消化系统的中药

藿香正气散(《和剂局方》)

【组成】藿香 90 g　紫苏 30 g　白芷 30 g　大腹皮 30 g　茯苓 30 g　白术 60 g　半夏曲 60 g　厚朴(姜汁炙)60 g　桔梗 60 g　炙甘草 75 g

【用法】共为末，生姜、大枣煎水冲调，候温灌服，或水煎灌服。

【功效】解表化湿，理气和中。

【主治】外感风寒，内伤湿滞，中暑。

【方解】方中重用藿香，既能辛散风寒，又能芳香化浊，和中止呕，为主药。配以紫苏、白芷辛香发散，助藿香外解风寒，芳香化浊，为辅药。用半夏曲燥湿和胃，降逆止呕；茯苓、白术健脾运湿，和中止泻；厚朴、大腹皮行气化湿，畅中除满；桔梗宣肺利膈，既利于解表，又益于化湿，共为佐药。生姜、大枣、炙甘草调和诸药为使药。诸药合用，外散风寒，内化湿浊，升清降浊，气机通畅，诸证自愈。

【主证】证见发热恶寒，肚腹胀满、疼痛，呕吐，肠鸣泄泻，舌苔白腻，脉象滑。

【应用】对暑月感冒，中暑，脾胃失和者最为适宜。用于内伤湿滞，复感风寒，而以湿滞脾胃为主之证。

【备注】本方作为汤剂时，不宜久煎，以免药性耗散，影响疗效。药理研究证明，本方有抑制胃肠平滑肌痉挛而止痛、止泻、止痢及调整胃肠功能和发汗解热、抗菌、抗病毒等作用。

理中汤(《伤寒论》)

【组成】党参 60 g　干姜 60 g　炙甘草 60 g　白术 60 g

【用法】水煎服，或共为末，开水冲调，候温灌服。

【功效】补气健脾，温中散寒。

【主治】脾胃虚寒证。

【方解】方中干姜辛热温中焦脾胃而祛里寒，为主药；党参甘温，益气健脾，助干姜振脾胃之升降，为辅药；脾虚则生湿，以白术燥湿健脾，为佐药；炙甘草益气和中而调诸药，为使药。四药合用，温中焦之阳，补脾胃之虚，复升降之常，升清降浊，共奏“理中”之效。

【主证】证见消瘦，慢草，耳鼻俱凉，有时寒战，常在食后呕吐，呕吐物无明显气味，吐后口内多涎；口色淡白，口津滑利，脉象沉迟或弦而无力。

【应用】本方是治疗脾胃虚寒的代表方剂。对于脾胃虚寒引起的慢草不食，腹痛泄泻等均可应用，如慢性胃肠炎、胃及十二指肠溃疡等属脾胃虚寒者。

【备注】药理研究证明，该方能降低胃液中游离盐酸浓度，从而减轻对黏膜的侵蚀和减少胃蛋白酶激活，促进醋酸型胃溃疡愈合，促进黏膜细胞再生修复，从而发挥抗溃疡作用。本方还具有调整肾上腺皮质功能、提高中枢神经系统兴奋性、促进骨髓造血机能、提高基础代谢率等作用。

小结：腹泻往往是某种原发病的临床症状之一，常由肠道内存在细菌、毒物或腐败分解产物引起的。为了排出这些有害物质，腹泻本身对机体具有一定的保护意义。因此，在腹泻初期不应立即使用止泻药。剧烈或长期的腹泻，不仅妨碍养分吸收，严重的会引起脱水及造成钾、钠、氯等电解质紊乱，这时必须立即应用止泻药，并补充水分和电解质，采取综合治疗。细菌性腹泻，应给予抗菌止泻药。必要时内服吸附性止泻药。一般的急性水泻，往往导致脱水、电解质紊乱，应首先补液，然后再用止泻药。

案例分析

某兽医站接诊一只 2 月龄的牧羊犬，根据问诊及临床观察，主要症状表现为先呕吐后腹泻，粪便呈灰黄色，内含多量黏液。病后 2～3 d，粪便混有血液呈番茄汁样，并有特殊腥味。病犬精神沉郁，食欲废绝，体温升至 40 ℃以上，脱水消瘦。

诊断：触诊腹部肠内容物软至稀薄，后躯被血便粘污。血液检测分析白细胞减少到 1 000 个/mm^2，细小病毒试纸检测呈阳性反应。结合临床症状诊断为细小病毒感染。

治疗：犬细小病毒血清，每次 1 支，2 次/d，皮下注射；犬白细胞干扰素，每次 1 支，2 次/d，皮下注射；磷霉素钠 4 g 用 250 mL 生理盐水稀释，内加地塞米松 2 g，静脉注射，2 次/d；庆大霉素 20 mL 口服，2 次/d；止血敏、维生素 K_3 各 5 mL，皮下注射，2 次/d。经治疗 5 d 痊愈。

分析：细小病毒性肠炎是由病毒引起的，所以应用血清和白细胞干扰素针对病原体进行治疗，而磷霉素钠静脉注射、庆大霉素口服、止血敏、维生素 K_3 皮下注射是针对临床表现的出血性肠炎进行的对症治疗，以达到止泻、止血、补液，调解酸碱平衡的目的。当然，临床上应根据不同个体的不同病情采用不同的治疗措施。根据“急则治其标，缓则治其本，标本兼治”的原则进行治疗。

复习思考题

1. 采食和饮水检查的方法有哪些？其临床意义是什么？

2. 怎样打开家畜口腔？口腔检查应注意哪些问题？
3. 根据咽部视诊和触诊怎样判定吞咽障碍？
4. 怎样进行胃管探诊？根据胃管探诊结果怎样判定食管疾病？
5. 马、牛、猪腹部和胃肠检查各有什么特点？临床意义是什么？
6. 马、牛直肠检查的方法及注意事项有哪些？在临床诊断上有什么意义？
7. 急性浆液性胃炎有什么主要的病理变化？
8. 慢性卡他性胃炎的病理变化是什么？
9. 出血性肠炎主要由什么原因引起的？病变特点有哪些？
10. 纤维素性肠炎的病变特征是什么？
11. 临床常用的健胃药有哪些？
12. 如何合理使用制酵药与消沫药？
13. 泻药分为哪几种类型？怎么合理应用？
14. 浓氯化钠注射液的作用机理是什么？
15. 鱼石脂的作用机理是什么？一般在什么情况下应用？

项目六

泌尿生殖系统检查及药物应用

- 泌尿生殖系统检查及药物应用
  - 泌尿生殖系统检查
    - 泌尿系统检查
      - 排尿动作检查
      - 肾脏检查
      - 尿路检查
    - 生殖系统检查
      - 公畜外生殖器检查
      - 母畜生殖器官检查
  - 泌尿生殖系统主要病变
    - 泌尿系统主要病变
      - 肾小球性肾炎
      - 间质性肾炎
      - 化脓性肾炎
    - 生殖系统主要病变
      - 子宫内膜炎
      - 乳腺炎
      - 睾丸炎
      - 禽输卵管炎
      - 禽卵巢炎
      - 卵黄性腹膜炎
  - 泌尿生殖系统药物应用
    - 作用于泌尿系统的药物
      - 利尿药
      - 脱水药
      - 中药
    - 作用于生殖系统的药物
      - 子宫收缩药
      - 性激素类药物
      - 促性腺激素与促性腺激素释放激素药物
      - 前列腺素

知识目标：

掌握泌尿生殖系统各器官主要的病理变化、发生的原因和产生的机理。

技能目标：

1. 掌握泌尿生殖系统检查的方法。
2. 掌握泌尿生殖系统药物的应用。

泌尿生殖系统在解剖生理上有着密切的联系，引起泌尿生殖系统产生的一些疾病，常相互蔓延，或互相继发感染，因此在临床检查时，不宜截然分开。泌尿生殖系统检查的一般方法和技能是重点，泌尿生殖系统病变及病因分析是基础，临床诊断、药物配伍和临床治疗是关键。本章主要考查学生综合运用解剖、生理、病理、药理、微生物、临床诊断的基本知识，进行泌尿生殖系统疾病的预防、诊断和治疗的能力。

任务一　泌尿系统检查

泌尿生殖系统的检查方法，主要有问诊、视诊、触诊、导尿管探诊以及实验室检查等，其中，尿液实验室检查甚为重要。

肾脏和尿道的原发性疾病，家畜中虽然少见，但在某些传染病、中毒性疾病、寄生虫病和代谢障碍等疾病的发病过程中，常伴有肾和尿路的损害。

一、排尿动作检查

当膀胱中逐渐充满尿液时，刺激膀胱壁的压力感受器传达到中枢神经，进而发出冲动至荐髓的下位中枢，通过副交感神经到达膀胱，使膀胱壁肌肉收缩，膀胱括约肌松弛，出现排尿动作。排尿动作的检查，主要有以下几个方面。

（一）排尿姿势

家畜因种类和性别的不同，所采取的排尿姿势也不尽相同。例如：公牛和公羊排尿时，不做排尿准备动作，腹肌也不参与，只靠会阴部尿道的脉冲运动，尿液呈股断续流出，故可在行走或采食中进行排尿；母牛和母羊排尿时，后肢展开下蹲，背腰拱起而排尿；公马排尿时，前后肢广踏，举尾，排尿之末，尿流呈股射出；母马排尿时，后肢略向前踏，且微降躯体，排尿之末，还可见阴唇有数次启闭；公猪排尿时，尿液急促而断续地射出；母猪排尿，其动作与母羊相同。

病理情况下，常发生排尿姿势改变，如不安、回顾腹部或后肢踢腹、摇尾、呻吟、强烈努责、小心起卧等。常见于尿道结石、膀胱炎、膀胱括约肌痉挛、尿道炎等。

（二）排尿次数和排尿量

健康家畜每昼夜排尿次数为：猪 2～3 次，牛 5～10 次，羊 3～4 次，马 5～8 次。但饲料的含水量、饮水量，外界气温的变化等多种因素，均能使家畜的排尿次数和排尿量改变，应注意与病理的改变相区别。排尿次数和尿量的病理改变有下列几种情况。

1. 频尿和多尿

频尿：排尿次数增多，而每次的尿量却不多，甚至呈滴状排出，多见于膀胱的炎症。尿路炎症或母畜发情时，可反射性地引起尿频。

多尿：排尿次数增多，且尿量也多，是肾脏泌尿增加的结果，见于糖尿病、慢性肾炎、渗出性胸膜炎和水肿的吸收期。

2. 少尿和无尿

少尿：排尿次数及尿量都减少，是肾脏泌尿机能障碍的结果，见于急性肾炎、剧烈腹泻、渗出液及漏出液形成期和伴发高热的疾病等。

无尿：又称排尿停止，按其病因可分为肾前性无尿、肾原性无尿和肾后性无尿。肾前性少尿或无尿多见于严重脱水、电解质紊乱、心力衰竭、肾动脉栓塞或肿瘤压迫等。肾原性少尿或无尿是肾脏泌尿机能高度障碍的结果，多由肾小球和肾小管的严重病变引起，见于急性肾小球肾炎、慢性肾炎的急性发作期、各种慢性肾病引起的肾功能衰竭，以及某些中毒等。肾后性少尿或无尿主要由输尿管梗阻所致，见于肾盂或输尿管结石，以及膀胱破裂、膀胱肿瘤压迫两侧输尿管等，均可引起少尿甚至无尿。

3. 尿闭

尿闭又称尿潴留，肾脏泌尿机能正常，而膀胱充满尿液不能排出。多是排尿通路受阻所致，见于尿道阻塞、膀胱麻痹、膀胱括约肌痉挛等，也可发生于腰荐部脊髓受伤，影响排尿中枢机能，使排尿发生障碍。

4. 尿失禁

尿失禁的特点是排尿时无一定的准备动作和相应的排尿姿势，尿液不时地排出，主要见于脊髓疾病。如脊髓挫伤，使排尿中枢与大脑皮层失去神经反射联系，排尿动作便不受意识的控制，而出现尿失禁现象。此外，尿失禁也见于膀胱括约肌受损或麻痹、某些中枢神经系统疾病、长期躺卧或昏迷的病畜。

5. 尿淋沥

尿淋沥指排尿不畅，排尿困难，尿呈点滴状或细流状，无力或断续排出。此种现象多是尿闭、尿失禁、排尿疼痛和神经性排尿障碍的一种表现，有时也见于老年体弱、胆怯和神经质的动物。

二、肾脏检查

牛、羊的右肾位于最后 1 根肋骨的上端第 2～3 个腰椎横突的下方，左肾在第 3～5 腰椎横突之下，常随瘤胃的充满程度而向右移动；猪的左、右两肾位置对称，在第 1～4 腰椎横突下方；马的右肾位于最后 2 根肋骨的上端与第 1 腰椎横突的下方，左肾位于最后 1 根肋骨的上端与第 1～2 腰椎横突的下方。检查肾脏主要用触诊法。

（一）外部触诊

在大家畜肾区用力下压或拳击时，出现疼痛不安、拱背摇尾、抗拒或躲避等表现，多为急性肾炎或有肾损伤的可疑。对小动物用两手拇指压于腰区，其余手指在最后肋骨与髋结节间向内下压,然后两手同时挤压,前后滑动,可触及肾脏,若敏感性增加常为肾脏疾病的表现。

(二)肠内触诊

肠内触诊主要用于大家畜。触诊时,如感到肾脏肿胀增大,压之敏感,并有波动感,提示肾盂肾炎、肾盂积水;肾脏质地坚硬,体积增大,表面粗糙不平,可提示肾硬化、肾肿瘤、肾盂结石等。肾脏缩小,少见,多因肾脏萎缩或间质性肾炎造成。

三、尿路检查

(一)肾盂和输尿管的检查

大家畜可通过直肠内触诊进行,如触诊肾门部病畜疼痛明显,见于输尿管炎。

(二)膀胱的检查

膀胱位于直肠下方,骨盆腔的底壁。大家畜主要采用直肠内触诊,有时配合导尿管探诊;小家畜主要用腹壁外部触诊,或用手指进行直肠内触诊。

健康马、牛膀胱空虚时,触之柔软,形如梨状;中度充满时,轮廓明显,其壁紧张且有波动;高度充满时,可占据整个骨盆腔,甚至垂入腹腔,手伸入直肠即可触及。病理情况下,膀胱可能出现下列变化。

(1)膀胱体积增大　其特点是膀胱体积剧烈增大,紧张性显著增高,充满整个骨盆腔。膀胱增大多继发于尿道结石、膀胱括约肌痉挛、膀胱麻痹。膀胱麻痹时,在膀胱壁上施加压力,可有尿液被动地流出。随着压力停止,排尿也立即停止。

(2)膀胱空虚　常因泌尿功能紊乱或膀胱破裂造成,见于急性肾炎和膀胱破裂。

(3)膀胱压痛　主要见于急性膀胱炎等。

(4)膀胱内有坚固物体　如结石、肿瘤及血块等。

(三)尿道的检查

尿道可通过外部触诊、直肠内触诊和导尿管探诊的方法进行检查。

1. 公畜尿道的检查

公畜的尿道,因解剖位置的不同,位于骨盆腔内的部分,可行直肠内触诊;位于骨盆及会阴以下的部分,可行外部触诊。雄性反刍动物和公猪的尿道,因有"S"状弯曲,用导尿管探诊较为困难,而公马的尿道探诊较为方便。探诊前先将动物保定,清洗其包皮内的污垢后,一般先用右手抓住其阴茎的龟头,并慢慢拉出,再用左手固定其阴茎,以右手用2%硼酸溶液或0.1%高锰酸钾等消毒液清洗其龟头及尿道口后,取消毒的尿导管自尿道口处徐徐插入。当导管尖端达坐骨弓处时,则有一定阻力而难以继续插入,此时可由助手在该部稍加压迫,以使导管前端弯向前方,术者再稍稍用力插入,即可进入盆腔而达膀胱。

公畜尿道的病理变化,最常见有如下两种。

(1)尿道阻塞　常因尿道结石或尿道炎性产物等所引起的尿道结石,马常发生在坐骨弓处,牛、羊常发生在"S"状弯曲处,猪常发生在阴茎的尖端。触诊结石存在处时,可感知有坚硬物体,病畜疼痛明显,探诊时有抵抗感。如因炎性产物引起的尿道阻塞,触压时有坚硬感和疼痛反应不及结石明显。

(2)尿道狭窄 常因尿道发炎，黏膜肿胀，或因机械性损伤后瘢痕收缩所引起，在此种情况下导尿管不易伸入。

2. 母畜尿道的检查

母畜的尿道，开口于阴道前庭的下壁，尿道短。检查时，可将手指伸入阴道，在其下壁可触摸到尿道外口，也可用直肠内触诊和尿管探诊。母畜尿道探诊时，先将家畜站立保定，用0.1%高锰酸钾洗净外阴部，术者右手清洗消毒后伸入阴道内，在前庭外下方触摸尿道开口，以左手送入导尿管直至尿道开口部，用右手食指将导管头引入尿道口，再继续送入膀胱。必要时，可用阴道扩开器打开阴道而进行。

任务二 生殖系统检查

一、公畜外生殖器检查

公畜外生殖器通常是指阴囊、睾丸和阴茎，检查时主要依靠视诊和触诊，注意阴囊、睾丸和阴茎的大小、形状、有无肿胀，发热和疼痛反应等。

(一)睾丸及阴囊的检查

阴囊肿大时睾丸实质也肿胀，触诊时发热，有压痛，睾丸在阴囊中的滑动性很小，见于睾丸炎或睾丸周围炎。睾丸炎有时可发生于某些传染病(如布鲁氏菌病、马鼻疽等)的病程中。

阴囊一侧显著膨大，触诊时无热，柔软而波动，似有物体存在，有的可以经腹股沟还纳，是腹股沟管阴囊疝的特征表现。

(二)阴茎和阴鞘的检查

阴鞘和包皮是全身性皮下浮肿的一个易发部位，也常由于精索、睾丸、阴茎、腹下邻近组织器官的炎性渗出物堆积形成肿胀，应注意区分。一般在无睾丸、精索、阴茎和腹下邻近组织的局部炎症反应和损伤的情况下，常为全身性皮下浮肿造成的，多见于心、肾功能不全，马腺疫等疾病。

阴茎脱垂可见于支配阴茎肌肉的神经麻痹或中枢性神经机能障碍。

二、母畜生殖器官检查

母畜生殖系统由卵巢、输卵管、子宫、阴道、泌尿生殖前庭及其附属性腺所组成。临床检查以视诊、触诊为主，必要时应借助开膣器和一定的光源。

(一)阴道及泌尿生殖前庭的检查

健康母畜的阴道黏膜呈粉红色，光滑而湿润，阴道黏膜颜色的改变，可作为全身病变的一种表现，与其他可视黏膜颜色变化的临床意义相同。检查时，如发现阴门红肿，应注意母畜是否处于发情期或有阴道炎症等。阴道黏膜潮红、肿胀、溃烂、分泌物增多是阴道局部发炎的表现。阴道黏膜上呈现出血斑,可见于血斑病、马传染性贫血等。阴道边缘附近出现色素缺乏,应注意马媾疫病。

二维码 6-1　母猪子宫炎(视频)

二维码 6-2　子宫炎-仔猪下痢(视频)

(二)子宫、卵巢的检查

子宫颈口潮红、肿胀为子宫颈口发炎的表现;子宫颈口松弛有多量分泌物不断流出,可提示有子宫炎症;若子宫分泌物成脓性,流量甚多,有腐败恶臭气味,可提示有脓性子宫内膜炎或胎衣滞留。

正常情况下,触诊未怀孕子宫,子宫角大小一致,位置对称,有弹性,无异常内容物,触诊时收缩变硬。反之,则为病理状态。例如:一侧子宫角变大,壁变厚,对触诊的收缩反应微弱,或有波动,则多为子宫内膜炎;触诊子宫内有多量液体,出现波动,多为子宫蓄脓的表现,若按压时脓液自子宫颈口流出即可确诊。

检查卵巢时,应注意其大小及状态等。卵巢变硬而体积缩小,摸不到卵泡和黄体者,多为卵巢机能减退或萎缩;卵巢体积增大并且有一个或数个大而波动的卵泡,若每次检查固定存在,且母畜有慕雄狂表现者多为卵巢囊肿;卵巢体积增大,触诊敏感多为卵巢发炎的表现。

实训十　犬子宫蓄脓的 B 超检查

一、目标

(1)掌握 B 超仪的使用方法。

(2)掌握使用 B 超仪对犬子宫检查的方法。

二、材料设备

(1)动物:临床诊断为子宫蓄脓的病犬。

(2)材料与仪器:耦合剂、剪毛器、兽用 B 超仪等。

三、方法与步骤

1. B 超诊断仪的操作程序

(1)开机　探头插入主机插座上,并锁定。接上插头,启动电源开关。

(2)动物的准备　将动物保定,被检部位剪毛或剃毛,涂上适量耦合剂,探头与皮肤紧密接触,但不得用力挤压。

(3)扫查　适当移动探头位置和调整探头方向，在观察图像过程中寻找和确定最佳探测位置和角度，此时显示为被测部位的截面图。调节亮度、对比度、近远场增益，以得到满意图像为止，然后立即冻结。

(4)记录　图像存储、编辑、打印。

(5)结束　关机，并切断电源。

2. 犬子宫蓄脓的诊断

(1)临床与病理　子宫内积有脓液称为子宫蓄脓，是犬的一种常发病，猫也有发生。子宫蓄脓继发于化脓性子宫内膜炎以及急、慢性子宫内膜炎、化脓性乳腺炎及其他部位化脓灶转移。按子宫颈开放与否分为闭锁与开放两种类型。子宫发生化脓性炎症后，随炎症的发展，脓汁逐渐增多，若为开放型，则自阴门流出污浊的脓液；若为闭锁型，脓汁不能排出体外，就蓄积于子宫内。闭锁型临床表现为腹围逐渐增大，常误认为是妊娠，随病情加重常出现食欲不振、脱水、烦渴，白细胞升高，甚至发生败血症。

(2)B超影像表现　在中、后腹部横断面扫查可见多个增大的圆形或椭圆形低回声区；纵向扫查则显示管状的低回声区。

任务三　泌尿生殖系统主要病变

一、泌尿系统主要病变

肾炎包括肾小球肾炎、间质性肾炎和化脓性肾炎。

1. 肾小球性肾炎

肾小球性肾炎是指原发于肾小球血管丛的炎症，依据病程和病理变化可分为急性、亚急性与慢性。肾小管和间质往往有继发性损害。

常伴发于某些传染病，如猪丹毒、羊和猪的败血性链球菌病、猪瘟、鸡新城疫、马腺疫及牛病毒性腹泻等。肾炎的发生主要可通过2种方式：一种是血液循环内的免疫复合物沉着在肾小球内而引起的，称为免疫复合物性肾炎；另一种是抗肾小球基底膜抗体与宿主肾小球基底膜发生免疫反应引起的，称为抗肾小球基底膜性肾炎。

图6-1　肾脏出血点

(1)急性肾小球性肾炎　病程较短，病理变化主要发生在血管球及肾小囊内。

眼观：肾脏体积轻度肿大，充血，质地柔软，被膜紧张易剥离，表面与切面潮红，皮质部略显增厚；若为出血性肾小球性肾炎，则在肾表面和切面皮质部可见散在的针尖大的出血点(图6-1)。

镜检：毛细血管充血，进而毛细血管的内皮细胞和系膜细胞的肿胀、增生，致使毛细血管的管腔狭窄甚至阻塞，肾小球很快转变为缺血，中性粒细胞和单核细胞从毛细血管内渗出。囊腔中有时还有渗出的白细胞、红细胞及浆液。肾小管管腔内可出现细胞和蛋白成分所形成的各种管型。

(2)亚急性肾小球性肾炎　介于急性与慢性肾小球性肾炎之间的病理类型。

眼观：肾脏肿大，色苍白，有“大白肾”之称，表面光滑，可能散有多量的出血点，切面膨隆，皮质区增宽，与髓质分界明显，病变为弥漫性。

镜检：肾小囊的上皮细胞增生，当肾小囊壁层上皮细胞增生、重叠、被覆于肾小囊壁层的尿极侧呈清晰的新月形增厚时，称为“新月体”或“半月体”。而当增殖的上皮细胞环形包绕肾小球囊壁时，则称为“环状体”。时间较久的病例，肾小管上皮细胞发生脂肪变性，甚至坏死，肾小管的管腔内含有蛋白性物质、白细胞和坏死上皮细胞的管型。

(3)慢性肾小球性肾炎　发病缓慢，病程长，一般为数月至数年乃至终生，症状常不明显。

眼观：肾脏体积缩小，表面呈现颗粒状高低不平，被膜显著增厚，不宜剥离，色泽苍白，质地变硬，称为“颗粒性固缩肾”。切面皮质变薄，皮质与髓质界线不清。

镜检：可见肾小球广泛性发生纤维化，纤维化的肾小球常呈轮层状，所属肾小管发生萎缩，间质结缔组织明显增生和淋巴细胞浸润。残存肾小球代偿性肥大，构成皱缩肾的特点。肾小管扩张，间质有明显的淋巴细胞浸润及结缔组织增生，增生的结缔组织收缩，使肾小球数目相对增多和靠近，称为肾小球集中。

2. 间质性肾炎

间质性肾炎是以间质中有大量炎性细胞浸润和结缔组织增生为特征的肾炎，可表现为急性、慢性或局灶性、弥漫性。一般认为间质性肾炎与感染和中毒有关，如布鲁氏菌病、钩端螺旋体病、副伤寒、犬瘟热、猪大肠杆菌病等都可表现为间质性肾炎病变。此外，青霉素类和磺胺类药物过敏、寄生虫感染等都可引起间质性肾炎。

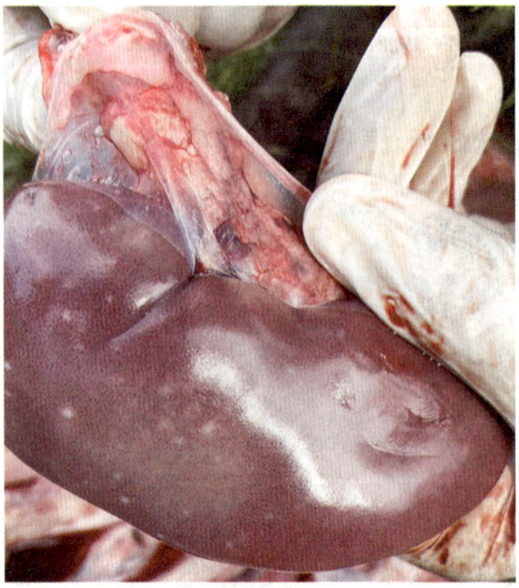

图 6-2　肾脏表面白色坏死点

眼观：急性期时，肾肿大，被膜紧张，易于剥离，在表面及切面皮质部散在多数灰白、灰黄色呈油脂样光泽的斑点或结节称为“白斑肾”(图 6-2)。慢性期时，肾体积缩小，质地变硬，表面有凹凸不平的颗粒状，又称为“皱缩肾”，此时，肾颜色灰白，被膜难以剥离，切面皮质变薄，常见有含尿液的囊泡。

镜检：急性期可见，肾间质小血管扩张、充血，有大量浆液渗出，淋巴细胞、单核细胞浸润及结缔组织增生，肾小管上皮细胞发生萎缩、变性，肾小球变化不明显。慢性期可见，炎性细胞减少，结缔组织广泛增生，压迫肾小球和肾小管，使其萎缩，肾小球可发生纤维化和透明变性，部分肾小管阻塞，少数肾小管扩张，呈大小不一的囊泡。

3. 化脓性肾炎

化脓性肾炎是指肾实质和肾盂感染化脓菌而发生的化脓性炎。主要由各种化脓性细菌引起，如链球菌、大肠杆菌、化脓棒状杆菌等。这些病原菌通常由机体其他部位的化脓灶进入血液，经血液循环到达肾脏，进而引起化脓性肾炎。

眼观：肾脏肿大，被膜易剥离，肾表面及切面皮质部散在许多大小不一的黄白色化脓灶或脓肿，略隆起于肾表面，脓肿周围有暗红色炎性反应带。

镜检：可见血管球和间质毛细血管内有细菌性栓塞，周围有中性粒细胞浸润，肾小囊内也有同样的细菌团块及炎性细胞，肾组织脓性溶解。

二、生殖系统主要病变

1. 子宫内膜炎

子宫内膜炎为母畜常发的疾病之一，尤以乳牛多见。引起子宫内膜炎的原因可归纳为理化性因素与传染性因素两类。前者如用过热或过浓的刺激性消毒药水冲洗子宫、产道，难产时助产器械、截胎后暴露出的胎儿骨端以及助产者的手指等引起子宫黏膜损伤；后者是各种化脓菌和腐败菌的感染(图 6-3)。

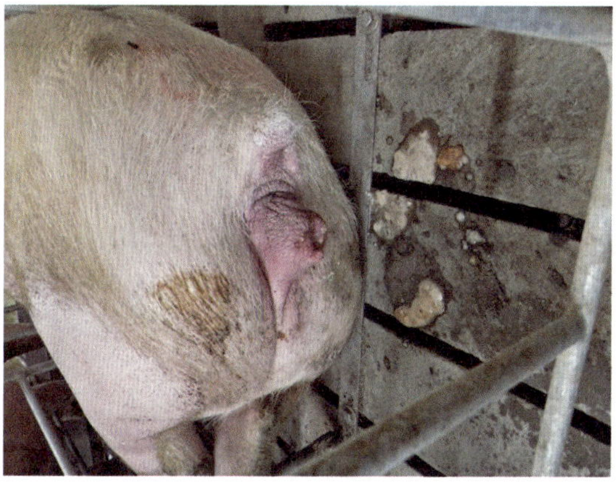

图 6-3　子宫内膜炎

根据病程分为急性和慢性，据炎性渗出物的性质又分为卡他性和化脓性。

(1)急性卡他性子宫内膜炎　眼观子宫浆膜无明显变化，但器官常增大和松软，切开子宫后，黏膜肿胀、充血、出血，表面有污红色的浆液、黏液性渗出物，尤其在子叶及其周围充血与出血更为显著。较严重的病例，黏膜表面粗糙、浑浊和坏死，若坏死组织碎片剥落则遗留糜烂。镜检子宫黏膜血管充血，并散在出血和小血管内血栓形成。黏膜浅层的子宫腺管周围，有明显的中性粒细胞、巨噬细胞和淋巴细胞等浸润。黏膜上皮和部分浅层的子宫腺管上皮发生变性、坏死和脱落，黏膜表面被覆含有脱落上皮及白细胞的黏液。

(2)慢性卡他性子宫内膜炎　初期，黏膜显现充血、水肿、白细胞渗出等轻度的急性炎症变化，以后，浆细胞和淋巴细胞大量浸润，成纤维细胞增生，因此黏膜变肥厚。由于黏膜内细胞浸润，腺体和腺管间的结缔组织增生不均衡，变化显著的部位则向腔内呈息肉状隆起，此时称为慢性息肉性子宫内膜炎。随着成纤维细胞的增生和成熟，子宫腺的排泄管受到压迫，分泌物蓄积在腺腔内，使腺腔扩张呈囊状，因而眼观上在黏膜表面可见大小不等的囊肿，呈半球状隆起，此时称为慢性囊肿性子宫内膜炎。

(3)慢性化脓性子宫内膜炎(子宫积脓)　常见于牛和猪，经常在分娩或流产后有胎儿或胎膜滞留时发生。子宫腔内蓄积大量脓液，使子宫腔扩张，子宫体积增大，触摸时有波动感。剖开子宫时，由于化脓菌种类的不同，流出不同颜色的脓液，可呈淡黄色、黄绿色或红褐色。脓液有时稀薄如水，有时浑浊浓稠，或者呈干酪样。子宫黏膜面粗糙、污秽、无光泽，常被覆多量坏死组织碎片，使黏膜面的外观如撒布一层麦麸一般。镜下可见黏膜内有大量中性粒细胞、浆细胞和淋巴细胞浸润，由于浸润的中性粒细胞较多，坏死组织发生化脓性溶解（图 6-4、图 6-5）。

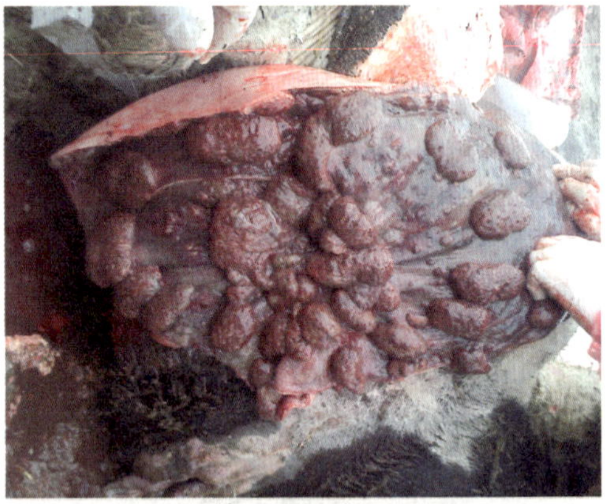

图 6-4　牛子宫腐败

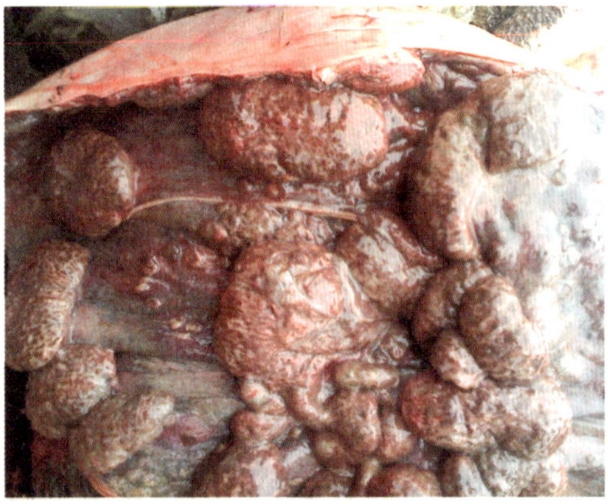

图 6-5　牛子宫腐败坏死

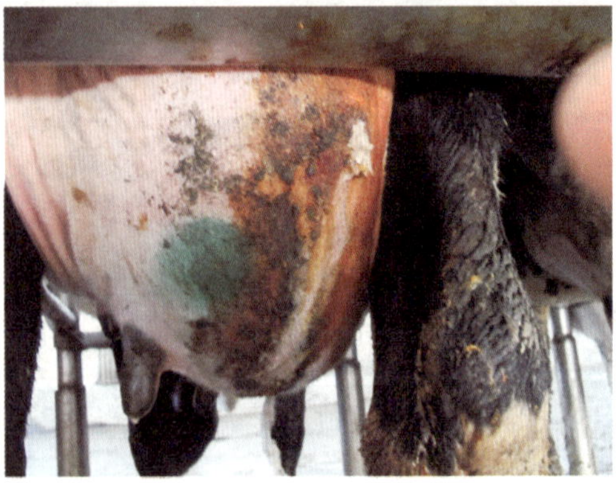

图 6-6　牛的乳腺炎

2. 乳腺炎

乳腺炎为乳腺发生各种不同类型的炎症以及乳汁发生理化性状的改变，最常发生于奶牛和奶山羊。引起乳腺炎的细菌有金黄色葡萄球菌、无乳链球菌、停乳链球菌和乳腺炎链球菌等。挤奶方法不当，或母牛因病卧和母猪乳头与地面摩擦，或吮乳咬伤乳头等机械性损害，为细菌侵入乳腺创造有利条件。不按时挤奶、产后无仔畜吮乳或断奶后喂给大量多汁饲料以致乳汁分泌过于旺盛等，均可使乳汁在乳腺内积滞和酸败（图 6-6）。

（1）急性弥漫性乳腺炎　急性弥漫性乳腺炎是奶牛最常发生的一种乳腺炎，多发生于泌乳初期。病原体主要是葡萄球菌或大肠杆菌，或是葡萄球菌、大肠杆菌与链球菌的混合感染。

二维码 6-3　母牛乳头水肿（视频）

眼观：病变通常为一个或几个乳区发病，发炎部位体积显著增大和变硬，致使各个乳区的大小不对称。病变部乳腺较正常易于切开，切面上可见到渗出性炎的变化。患浆液性乳腺炎时，皮肤紧张，色红；切面湿润闪光，苍白，乳腺小叶呈灰黄色，小叶间质及皮下结缔组织充血和炎性水肿。如为卡他性乳腺炎则切面较干燥，因乳腺小叶肿大而呈淡黄色的颗粒状，按压时有浑浊的脓样分泌物流出。

镜检：在浆液性乳腺炎时，腺腔内含有少量均质并带有空泡（脂肪滴）的渗出物，其中混有少数中性粒细胞和脱落上皮，最显著的病变是小叶和腺泡间的结缔组织炎性水肿。卡他性乳腺炎时，腺泡腔内有许多脱落上皮细胞和白细胞，间质炎性水肿。

（2）慢性弥漫性乳腺炎　通常是由无乳链球菌和乳腺炎链球菌感染引起，奶牛最常见。呈慢性经过，本病常发生在泌乳期以后。本病的特征是乳腺的实质萎缩和间质结缔组织增生，且大量增生的结缔组织成熟收缩，导致乳腺的萎缩和硬化。

眼观：病变通常只有少数乳区发病，而且多发生于后侧乳区。初期的病变与急性弥漫性乳腺炎相似。后期的乳池和输乳管显著扩张，管腔内充满绿色黏稠的脓样渗出物，黏膜因上皮增生而呈结节状、条纹状或息肉状肥厚，其相邻的乳腺实质萎缩甚至消失，有一部分尚正常的腺泡组织呈岛屿状散在于其中。在乳池、输乳管和小叶间有大量的结缔组织增生和瘢痕化，病变乳腺显著缩小和发生硬化。

镜检：初期在乳池、输乳管及发病的腺泡腔内含有均质带空泡（脂肪滴）的渗出物，其中混有中性粒细胞和脱落的上皮细胞，间质炎性水肿。以后病变部有成纤维细胞大量增生。形成皱襞或息肉状突起，上皮萎缩或鳞状化生。

（3）化脓性乳腺炎　主要由化脓棒状杆菌、化脓性链球菌和绿脓杆菌引起。最常发生于母牛和母猪，其次是母羊。除泌乳期的乳腺外，停乳期的乳腺也可受到侵害，一般取慢性经过，且伴有较大脓肿的形成。

本病侵害一个或几个乳区，发病乳区肿大，常呈结节状，脓肿可向皮肤穿孔，形成窦道。切面可见大小不等的脓肿，充满带有黄绿色或黄白色恶臭的稀薄或浓稠的脓汁。脓灶周围为两层膜包裹，内层是柔软的肉芽组织，外层是致密的结缔组织。化脓性乳腺炎有时可表现为皮下及间质的弥漫性化脓性炎（乳腺蜂窝织炎），炎症可由间质蔓延到实质，引起大范围的乳腺组织坏死和化脓（图 6-7）。

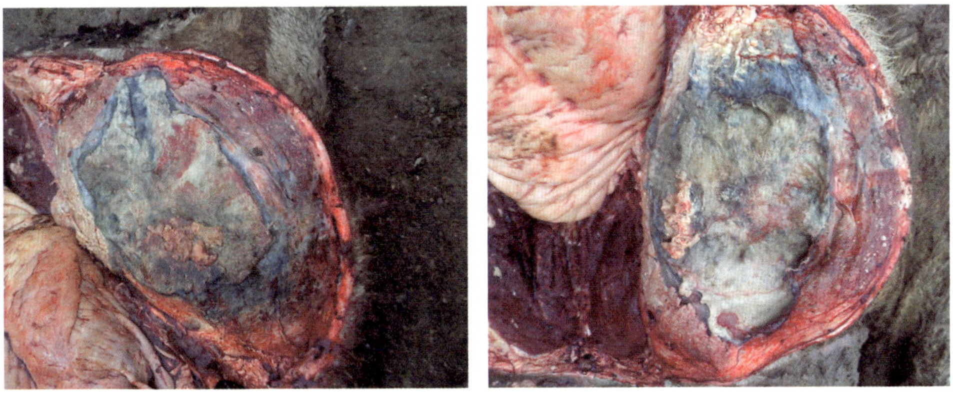

图 6-7　牛乳房坏死

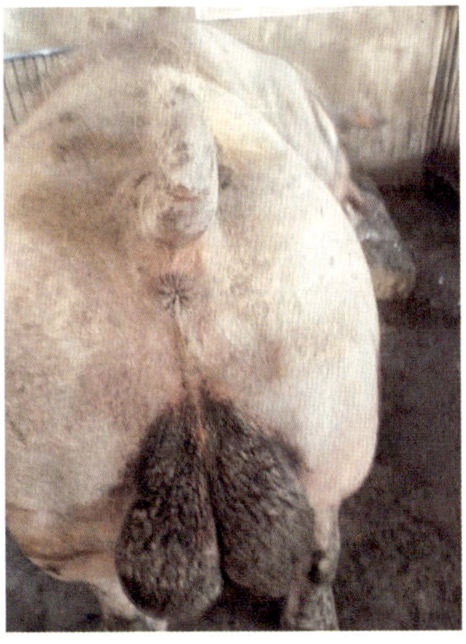

图 6-8　睾丸萎缩坏死

3. 睾丸炎

在家畜中睾丸炎主要是由细菌引起的，多由血源性感染，有时可能是从被感染的副性腺经输精管逆行而侵入睾丸（图 6-8）。

根据病程和病变情况，睾丸炎分为急性睾丸炎、慢性睾丸炎和特异性睾丸炎。

（1）急性睾丸炎　睾丸充血，红肿，白膜紧张变硬。切面湿润隆突，常见有大小不等的坏死病灶。当炎症波及白膜时，可继发急性鞘膜炎，引起阴囊积液。

（2）慢性睾丸炎　多由急性炎症转化而来，病程长，常表现为间质结缔组织增生和纤维化，睾丸体积变小，质地变硬，被膜增厚，切面干燥。伴有鞘膜炎时，因机化使鞘膜脏层和壁层粘连，导致睾丸被固定，不能移动。

(3)特异性睾丸炎　特异性睾丸炎是由且特定病原菌(如结核分枝杆菌、布鲁氏菌、鼻疽杆菌等)和某些病毒引起的睾丸炎，病原多为血源传播，病程多呈慢性经过。

4. 禽输卵管炎

禽输卵管炎为产蛋禽常发的疾病之一，尤以产蛋高峰期的家禽多见。动物性饲料过多，饲料中缺乏维生素A、维生素D、维生素E，蛋卵过大或在输卵管中破裂细菌上行侵入感染等均可引起该炎症的发生。患禽排出多量的黄白色脓样分泌物，粘污肛门周围的羽毛，产蛋时困难，有疼痛感，产出的蛋壳上常带有血迹。输卵管黏膜出血或有蛋清样的黏液或有黄色干酪样物附着，如果炎症蔓延可引起腹膜炎。

5. 禽卵巢炎

禽卵巢炎多由输卵管炎和腹膜炎蔓延所致，也可直接有病菌感染引起，中毒性疾病与外伤也可以引起。患禽以腹部疼痛、佝腰、体温升高、产蛋减少或停产为特征，剖检可见卵巢体积增大，严重者卵巢肿胀、变形、出血、化脓或形成硬结。

6. 卵黄性腹膜炎

卵黄性腹膜炎是由于卵子未进入输卵管而掉入腹腔所引发的腐败性腹膜炎。饲料中蛋白质含量过高，卵泡过早成熟，输卵管及喇叭口发育尚未完全，内分泌失调等，以致卵子掉入腹腔；母禽受到惊吓，剧烈活动，或输卵管炎、输卵管破裂等也可使卵子落入腹腔，一些细菌如沙门菌、大肠杆菌等也可引起卵黄性腹膜炎。病禽疼痛不安，食欲减少，体温升高，腹部下垂，腹部呈暗紫色，产蛋停止。剖检可见腹腔内有黏稠或干酪样的卵黄物质，具有恶臭味，肠壁、腹壁、输卵管等发生粘连。

实训十一　尿液实验室检查

一、目标

(1)掌握尿常规检验项目及其临床意义。
(2)掌握尿常规仪器操作方法。
(3)能够解读尿常规检验报告。

二、材料设备

(1)动物：犬2只。
(2)材料：尿常规仪、导尿管、尿杯等。

三、方法与步骤

(一)尿液样本的采集与保存

用清洁的容器收集自然排出、尚未落地的尿液，也可用导尿法采集，或者在清晨观察宠物排尿时接取尿液，雄性动物也可用接尿袋固定在阴茎下接取。采集的尿液应该马上进行检验，不能立即检验的尿液应放置于冰箱中冷藏保存。如果在室温下放置 6 h 以上，尿样极易发生腐败而影响检验结果。

常用的防腐剂有：硼酸，每升尿中加入 2.5 g；原香草酚，每升尿中加入 1 g；甲苯，每升尿中加入 5 mL；福尔马林，每 100 mL 尿中加入 0.2～0.5 mL。

（二）尿常规检验

尿液常规检验包括尿液的物理学检查、尿液的化学检查和尿沉渣的检查 3 种。

1. 尿液的物理学检查

（1）气味　在病理情况下，尿的气味可发生改变。如膀胱炎、膀胱麻痹、痉挛和尿道阻塞时，尿呈氨臭味；膀胱和尿路的坏死性炎症、溃疡、脓肿及组织崩解，尿液有腐败臭味。

（2）颜色　健康犬的尿色，因犬所喂饲料、饮水等条件不同而不同。一般尿量多时，尿色淡；尿量少时，尿色较深。病理情况下，尿色表现为红色、黄褐色或乳白色等。

（3）透明度　健康犬尿多透明、不浑浊、不沉淀。相反，如变为浑浊不透明，常是病理现象。常见于肾脏、尿路和母犬生殖器官疾患，尿中混有黏液、白细胞、上皮细胞、坏死的组织碎片等。

（4）尿密度　尿的密度直接受饲料的质和量、饮水量及心、肺、肾脏的机能状态的影响，以其中含有固体物质的多少为转移。选用刻度为 1.000～1.060 的密度计作为尿密度计测定时，将尿盛于适当大小的量筒内，然后将尿密度计沉入尿内，经 1～2 min 待密度计稳定后，读取尿液凹面时读数即为尿的密度数。但应注意尿的温度正常以 15 ℃为标准，如温度增高，每增高 3 ℃须在测定值的第四位上减 1。

2. 尿液的化学检查

（1）BM-200 系列尿液分析仪的工作原理　LED 光源发出 565 nm（green）、615 nm（orange）、660 nm（red）3 个波长的可见光。照射到已与尿液反应的试纸条上。通过折射回来的光的强弱被检测部接收到，检测部经放大后致 A/D 转换电路，进行模数转换送至微处理器进行定性分析。结果到显示打印设备输出，微处理器控制着机械动作改变对不同项目的测量和分析。

（2）操作方法　接通电源，仪器进入自检状态。自检完成后，仪器进入准备测量状态。从试纸条筒内取出试纸条，将试纸条各反应块充分浸上尿液，抽出试纸条在滤纸上吸掉多余的尿液。将有试纸条反应块的一面朝上放置于试纸条托台上。按仪器右下方的开始键，仪器开始测量。测量完毕后，仪器打印出结果。仪器在 5 min 不进行操作时就进入休眠状态，休眠状态下按开始键，仪器恢复到准备测量状态。

3. 尿沉渣的检查

尿沉渣的成分主要有无机沉渣和有机沉渣。尿沉渣的显微镜检查可以补充理化检查的不足，不仅可以确定病变的部位，并可阐明疾病的性质，对肾脏和尿路疾病的诊断具有特殊意义。

（1）尿沉渣标本的制作和镜检　制作尿沉渣标本常用新鲜尿液，以免管型及细胞等成分发生变化。其方法是：取新鲜尿液 5～10 mL，以 1 000～1 500 r/min 的速度离心 5～10 min，或经一定时间静置，使其自然沉淀。弃去上清液（此液可作蛋白质测定用），摇匀其沉淀物，以滴管吸一滴放在载玻片上，加盖玻片而进行镜检。若需染色时，先待涂片自然干燥在甲醇中固定后，再以1%亚甲蓝或复方碘溶液染色2 min，用蒸馏水洗后镜检。镜检时宜将集光器降低，缩小光圈，使视野稍暗，便于发现无色而屈光力弱的成分(如透明管型)。先用低倍镜检视标本情况及确定详细检查区域，然后改换高倍镜，检视细胞及管型。

(2)检查结果　对细胞成分可按每个高倍视野最低、最高若干个，对管型及其他结晶成分可依偶见、少见、中等量及多量方式报告。

有机沉渣检查的内容包括红细胞、白细胞、脓细胞、肾上皮细胞、肾盂上皮细胞、尿路上皮细胞、膀胱上皮细胞。

管型可分为透明管型、颗粒管型、蜡样管型、上皮细胞管型、血细胞管型。

四、记录

检测数据，并出具检测报告。

任务四　泌尿生殖系统药物应用

一、作用于泌尿系统的药物

(一)利尿药

利尿药是作用于肾脏，影响电解质及水的排泄，使尿量增加的药物。主要用于水肿和腹水的对症治疗。

呋塞米(速尿)

本品为白色粉末，不溶于水，溶于酒精，易溶于碱性物质。

【作用与应用】本品能抑制髓袢升支对 Cl^- 的主动重吸收，间接抑制对 Na^+ 的被动重吸收，使管腔内 Cl^-、Na^+、K^+ 浓度增加，排出大量等渗的尿液。此外，本品尚能降低肾血管阻力，增加肾皮质部血流量，促进肾小球的滤过。因而有强大的利尿作用。

本品可用于各种动物作利尿剂，主要适应证包括：充血性心力衰竭、肺充血、水肿、腹水、胸膜积水、尿毒症、高钾血症和其他任何非炎性病理积液。此外，在牛还用于治疗产后乳房水肿，在马还用于预防和减少鼻出血和蹄叶炎的辅助治疗。可促进尿道上部结石的排出，在苯巴比妥、水杨酸盐等药物中毒时可加速毒物的排出。

【不良反应】①长期大量用药可出现低钾血、低氯血及脱水，应补钾或与保钾性利尿药配伍或交替使用。②应避免与具有耳毒性的氨基糖苷类抗生素合用。③应避免与头孢菌素类抗生素合用，以免增加后者对肝脏的毒性。④大剂量静脉注射可能使犬听觉丧失。

【制剂与用法】呋塞米片：内服，一次量，每千克体重，马、牛、羊、猪2 mg，犬、猫2.5～5 mg。呋塞米注射液：肌内或静脉注射，一次量，每千克体重，马、牛、羊、猪0.5～1 mg，犬、猫1～5 mg。

氢氯噻嗪（双氢克尿噻）

本品白色结晶性粉末，有特异微臭，味微苦，微溶于水，在碱性溶液中易水解。应密封保存。

【作用与应用】本品主要作用于髓袢升支皮质部（远曲小管开始部位），抑制 NaCl 的重吸收，增加尿量，还能增加钾、镁、磷、碘和溴的排泄，减少肾小球滤过率。对碳酸酶也有轻度抑制作用，H^+—Na^+ 交换减少，Na^+—K^+ 交换增多，故可使 K^+、HCO_3^- 排出增加，大量或长期用药可引起低钾血症。另外，本药还能引起或促进糖尿病患畜的高血糖症。

本品可用于各种类型水肿，对心性水肿效果较好，对肾性水肿的效果与肾功能有关，轻者效果好，严重肾功能不全者效果差。还用于牛的产后乳房水肿。

【不良反应】低钾血症是最常见的不良反应，还可能发生低氯血性碱中毒、胃肠道反应等，故宜于氯化钾合用。

【制剂与用法】氢氯噻嗪片，内服，一次量，每千克体重，马、牛 1～2 mg，羊、猪 2～3 mg，犬、猫 3～4 mg。

（二）脱水药

脱水药是指能消除组织水肿的药物，由于此类药物多为低分子量物质，多数在体内不被代谢，能增加血浆和小管液的渗透压，增加尿量，故又称为渗透性利尿药。因其利尿作用不强，故仅用于局部组织水肿作脱水药，如脑水肿、肺水肿等。

甘露醇

本品为白色结晶性粉末，能溶于水，微溶于乙醇。

【作用与应用】本品内服不吸收，在静脉注射其高渗溶液后，使血液渗透压迅速升高，可促使组织间液的水分向血液扩散，产生脱水作用。由于本药在体内不被代谢，容易经肾小球滤过，并很少被重吸收，故可使原尿成为高渗，阻碍水从肾小管的重吸收而产生利尿作用。为了达到利尿效果，必须有足够的肾血流量和肾小球滤过率，以使甘露醇到达管腔。甘露醇使水排出增加的同时，也使电解质、尿酸和尿素的排出增加。

甘露醇由于能防止肾毒素在小管液的蓄积对肾起保护作用。此外，通过引起肾动脉扩张、减少血管阻力和血液黏滞性而增加肾血流量和肾小球滤过率。甘露醇不能进入眼和中枢神经系统，但通过渗透压作用它能降低眼内压和脑脊液压，不过在停药后脑脊液压可能发生反跳性升高。

甘露醇主要用于急性少尿症肾衰竭，以促进利尿作用，还用于降低眼内压、创伤性脑水肿和加快某些毒物的排泄（如阿司匹林、巴比妥类和溴化物等）。

【不良反应】大剂量或长期应用可引起水和电解质平衡紊乱。静脉注射过快可能引起心血管反应，如肺水肿及心动过速等。静脉注射时药物漏出血管可使注射部位水肿，皮肤坏死。

【制剂与用法】甘露醇注射液，静脉注射，一次量，马、牛 1 000～2 000 mL，羊、猪 100～250 mL。

山梨醇

山梨醇是甘露醇的同分异构体，其作用与应用和甘露醇相似。因本药进入体内后，有部分在肝转化为果糖，作用减弱，效果稍差。但价格便宜，水溶性较大。常用制剂为山梨醇注射液，静脉注射，一次量，马、牛 1 000～2 000 mL，羊、猪 100～250 mL。用于脑水肿、脑炎的辅助治疗。不良反应同甘露醇，但局部刺激比甘露醇大。

(三)中药

六味地黄汤(《小儿药证直诀》)

【组成】熟地黄 80 g　山萸肉 40 g　山药 40 g　泽泻 30 g　茯苓 30 g　丹皮 30 g

【用法】水煎服，也可作为散剂服用。

【功效】滋阴补肾。

【主治】肝肾阴虚，虚火上炎。

【方解】本方所治诸证，皆因肾阴亏虚，虚火上炎所致。本方以肾、肝、脾三阴并补，重在补肾阴立法。方中熟地补肾滋阴，养血生津，为主药；山萸肉养肝肾而涩精，山药补脾固精，共为辅药。主辅配合，肾、脾、肝三阴同补以收补肾治本之功，称为"三补"，是本方的主体部分。泽泻清泻肾火，利水，以防熟地之滋腻；丹皮凉血清肝，泻伏火，退骨蒸，以制山萸肉之温；茯苓利脾除湿，助山药以益脾。三药同用称为"三泻"，共为佐使药。综观全方，"三补""三泻"，以补为主。肝、脾、肾三阴并补，以补肾为主。合而用之，补中有泻，寓泻于补，相辅相成，共成通补开泻之剂。

【主证】证见阴茎频频勃起，流出精液，遇见母畜时加重；配种时尚未交配，精液早泄。重者拱腰，举尾，或躁动不安。口色淡红，苔少或无，舌津干少；脉细数。

【应用】本方是滋阴补肾的代表方剂，凡肝肾阴虚不足诸证，如慢性肾炎、肺结核、骨软病、贫血、消瘦、子宫内膜炎、周期性眼炎、慢性消耗性疾病等属于肝肾阴虚者，均可加减应用。

巴戟散(《元亨疗马集》)

【组成】巴戟天 45 g　肉苁蓉 45 g　补骨脂 45 g　葫芦巴 45 g　小茴香 30 g　肉豆蔻 30 g　陈皮 30 g　青皮 30 g　肉桂 20 g　木通 20 g　川楝子 20 g　槟榔 15 g

【用法】共为末，开水冲调，候温灌服，或水煎服。

【功效】温补肾阳，通经止痛，散寒除湿。

【主治】肾阳虚衰。腰胯疼痛，后腿难移，腰脊僵硬等证。

【方解】命门火衰，不能温暖下焦，寒湿侵犯于腰胯，则腰脊僵硬、疼痛，后肢难移，治以温补肾阳为主。方中用巴戟天、肉苁蓉、补骨脂、葫芦巴、小茴香、肉桂温补肾阳，强筋骨，散寒痛，以治下元虚冷、肾阳不振所致的腰胯疼痛，运步不灵，为主药；辅以陈皮、青皮、槟榔健胃温脾行气，肉豆蔻温中暖脾肾；佐以少量的川楝子止痛；使以木通通经利湿，引药归肾。诸药相合，温补肾阳，通经止痛，散寒除湿。

【主证】证见精神沉郁，头低耳耷，毛焦肷吊，腰胯无力，卧多立少，四肢厥逆，久泻不愈，夜间及天寒时泻重；严重者，肛门失禁，粪水外溢，腹下或后肢浮肿；口色如绵，脉沉细无力。

【应用】临床对于寒伤腰胯疼痛或肾痛后腿难移等证均可随症加减应用。

二、作用于生殖系统的药物

（一）子宫收缩药

垂体后叶素

本品是由猪、牛脑垂体后叶中提取的一种多肽类化合物，主要含有缩宫素（催产素）和抗利尿激素（加压素）。内服无效，肌内注射吸收良好，经 3～5 min 产生作用，可维持 20～30 min。性质不稳定，应避光、密闭、阴凉处保存。

【作用与应用】本品所含的缩宫素对子宫平滑肌有选择性兴奋作用，其作用强度取决于用药的剂量和子宫的生理状态。对非妊娠子宫，小剂量能加强子宫的节律性收缩，大剂量能引起子宫肌张力持续增高，甚至引起子宫强直性收缩。对于妊娠子宫，雌激素能增加子宫对本品的敏感性，而孕激素则降低子宫对本品的敏感性。因此，在妊娠早期不敏感，妊娠后期，敏感性逐渐增强，临产时作用最强，而产后对子宫的作用又逐渐降低。本品对子宫体的兴奋作用较强，对子宫颈的兴奋作用较小，有利于胎儿娩出。此外，缩宫素还能刺激乳腺平滑肌收缩，促进排乳。

主要用于催产、产后出血、子宫复旧、排乳等。

【制剂与用法】垂体后叶素注射液（1 mL∶10 U、5 mL∶50 U），肌内或皮下注射，一次量，马、牛 30～100 U，羊、猪 10～50 U，犬 2～10 U，猫 5～10 U。

【注意事项】①临产时，若产道阻塞、胎位不正、骨盆狭窄、子宫颈尚未开放等禁用。②用量大时可引起血压升高、少尿及腹痛。

缩宫素（催产素）

本品为白色粉末或结晶。能溶于水，水溶液呈酸性。

【作用与应用】兴奋子宫，作用同垂体后叶素。此外缩宫素能促进乳腺腺泡和腺导管周围的肌上皮细胞收缩，促进排乳。用于产前子宫收缩无力时催产、引产及产后出血、胎衣不下和子宫复旧不全的治疗。

【制剂与用法】缩宫素注射液（1 mL∶10 U、5 mL∶50 U），皮下或肌内注射，一次量，马、牛 30～100 U，羊、猪 10～50 U，犬 2～10 U。

马来酸麦角新碱

本品为白色或类白色的结晶性粉末，无臭，微有引湿性，遇光易变质。在水中略溶，在乙醇中微溶，在三氯甲烷或乙醚中不溶。

【作用与应用】本品对子宫平滑肌具有选择性兴奋作用，其作用比缩宫素强而持久。与缩宫素不同的是本品能引起子宫体和子宫颈同时收缩。对未妊娠的子宫，小剂量能引起子宫节律性收缩加快、加强，大剂量能使子宫产生强直性收缩；对妊娠子宫，小剂量也可引起强烈收缩，甚至压迫胎儿，使之难以分娩而窒息，或引起子宫破裂，故不宜用作催产。

主要用于产后出血、子宫复旧、胎衣不下等。

【制剂与用法】马来酸麦角新碱注射液(1 mL∶0.5 mg、1 mL∶2 mg)，肌内或静脉注射，一次量，马、牛 5～15 mg，羊、猪 0.5～1.0 mg，犬 0.1～0.5 mg。

(二)性激素类药物

1. 雌激素类药物

苯甲酸雌二醇

本品为白色或乳白色结晶性粉末，无臭。在丙酮中溶解，在乙醇中略溶，在水中不溶。

【作用与应用】①对生殖系统作用。能促进雌性未成年动物性器官的形成和第二性征的发育，如子宫、输卵管、阴道和乳腺的发育与生长；对成年动物除维持第二性征外又能使其阴道上皮组织、子宫平滑肌、子宫内膜增生和子宫收缩力增强，提高生殖道防御机能。②催情。能促进母畜发情，以牛最为敏感。能为卵巢机能正常而发情不显著的母畜催情，但大剂量长期应用可抑制发情与排卵。③对乳腺的作用。可促进乳房发育和泌乳，但大剂量使用时可抑制泌乳。④对代谢的影响。雌二醇可增加食欲，促进蛋白质合成，加速骨化，促进水钠潴留，还有促进凝血作用。⑤抗雄激素作用。雌二醇能抑制雄性动物雄性激素的释放而发挥抗雄激素作用。

雌二醇属天然雌激素，内服在肠道易吸收，但易受肝脏破坏而失活，故内服效果远较注射为差。进入体内的雌激素，部分以葡萄糖醛酸及硫酸结合的形式从肾脏排出，部分由胆汁排出并形成肠肝循环。

雌二醇能使子宫体收缩，子宫颈松弛，可促进炎症产物、脓肿、胎衣及死胎排出，并配合催产素用于催产；小剂量用于发情不明显动物的催情。

【制剂与用法】苯甲酸雌二醇注射液(1 mL∶1 mg、1 mL∶2 mg)，肌内注射，一次量，马 10～20 mg，牛 5～20 mg，羊 1～3 mg，猪 3～10 mg，犬 0. 2～0. 5 mg。

2. 孕激素类药物

黄体酮(孕酮、助孕酮)

本品由卵巢黄体分泌，现多用人工合成品，为白色或几乎白色结晶性粉末，无臭，无味。不溶于水，在乙醇或植物油中溶解。黄体酮内服后在肝脏中迅速被灭活，内服疗效甚微，多以肌内注射给药，其代谢产物与葡萄糖醛酸结合后，从尿中排出。

【作用与应用】①对子宫：在雌激素作用的基础上，维持子宫黏膜及腺体的生长，分泌子宫乳，供给受精卵及胚胎早期发育所需的营养。抑制子宫肌肉收缩，降低子宫肌肉对催产素的敏感性，有安胎作用。黄体酮使子宫颈口关闭，分泌黏稠的黏液，阻止精子通过。②对卵巢：给母畜用大量黄体激素，通过反馈作用，使垂体前叶促性腺激素分泌减少，从而抑制发情和排卵。因此，本品可诱导母畜同期发情。③对乳腺：能促进乳腺泡发育，为泌乳做准备。

用于安胎，预防或治疗因黄体分泌不足所引起的早期流产或习惯性流产，与维生素 E 同用效果更佳。治疗牛卵巢囊肿所致的慕雄狂，用于母畜同期发情。抱窝母鸡醒抱。

【制剂与用法】黄体酮注射液（1 mL：10 mg、1 mL：50 mg），肌内注射，一次量，马、牛 50～100 mg，羊、猪 15～25 mg，犬 2～5 mg。

【注意事项】本品长期应用会延长动物的妊娠期，禁用于泌乳奶牛，动物宰前应停药 3 周。遇冷易析出结晶，置热水中溶解使用。

3. 雄激素类药物

丙酸睾酮（丙酸睾丸素）

本品为白色结晶或结晶性粉末，无臭，不溶于水，易溶于乙醇、乙醚，能溶于植物油。

【作用与应用】本品的药理作用与天然睾酮相同，可促进雄性生殖器官及副性征的发育、成熟；引起性欲及性兴奋；还能对抗雌激素的作用，抑制母畜发情。还具有同化作用，可促进蛋白质合成，引起氮、钠、钾、磷的潴留，减少钙的排泄。刺激红细胞生成。大剂量睾酮通过负反馈机制，抑制黄体生成素，进而抑制精子生成。

兽医临床可用于雄激素缺乏症的辅助治疗。

【制剂与用法】丙酸睾酮注射液（1 mL：25 mg、1 mL：50 mg），肌内或皮下注射，一次量，每千克体重家畜 0.25～0.5 mg。

【注意事项】针剂如有结晶析出，可加温溶解后注射。具有水钠潴留作用，肾、心或肝功能不全病畜慎用。可作为治疗用，但不得在动物食品中检出。

苯丙酸诺龙（苯丙酸去甲睾酮）

本品为白色或乳白色结晶性粉末，几乎不溶于水，溶于乙醇和脂肪油。

【作用与应用】本品为蛋白质同化激素。对蛋白质能促进合成，抑制分解，增加氮的潴留，促进钙在骨质中沉积，因而能增加体重、促进生长和促进骨骼形成。临床主要用于热性病和各种消耗性疾病所引起的体质衰弱、严重营养不良、贫血和发育迟缓；也可用于促进组织修复，如大手术、骨折、创伤愈合等。

【制剂与用法】苯丙酸诺龙注射液（1 mL：10 mg、1 mL：25 mg），皮下或肌内注射，一次量，每千克体重家畜 0.2～1 mg，2 周 1 次。

【注意事项】本品长期使用可引起肝、肾损坏和发情紊乱，用药时应多喂蛋白质和钙含量高的精料。宰前应停药 4 周，弃奶期 7 d。可以作为治疗用，但不得在动物食品中检出。禁止作为促生长剂应用。

(三)促性腺激素与促性腺激素释放激素药物

绒促性素

本品为白色或类白色的粉末。在水中溶解,在乙醇、丙酮或乙醚中不溶。

【作用与应用】本品具有促卵泡素(FSH)和促黄体素(LH)的作用。对母畜可促进卵泡成熟、排卵和黄体生成,并刺激黄体分泌孕激素。对未成熟卵泡无作用。对公畜可促进睾丸间质细胞分泌雄激素,促使性器官、副性征的发育、成熟,使隐睾病畜的睾丸下降,并促进精子生成。

临床主要用于诱导排卵、同期发情,治疗卵巢囊肿、习惯性流产和公畜性机能减退。

【制剂与用法】注射用绒促性素(500 U、1 000 U、2 000 U、5 000 U),肌内注射,一次量,马、牛 1 000～5 000 U,羊 100～500 U,猪 500～1 000 U,犬 100～500 U,1 周 2～3 次。

【注意事项】不宜长期应用,以免产生抗体和抑制垂体促性腺功能。本品溶液极不稳定,且不耐热,应在短时间内用完。

血促性素

本品为孕马血清中提取的血清促性腺激素,为白色或类白色粉末。

【作用与应用】同绒促性素,具有促卵泡素和促黄体素的作用。主要用于母畜催情和促进卵泡发育,也用于胚胎移植时的超数排卵。

【制剂与用法】注射用血促性素(催情)(1 000 U、2 000 U),皮下或肌内注射,一次量,马、牛 1 000～2 000 U,羊 100～500 U,猪 200～800 U,犬 25～200 U,猫 25～100 U,兔、水貂 30～50 U。注射用血促性素(超排),母牛 2 000～4 000 U,母羊 600～1 000 U。

【注意事项】参见绒促性素。

垂体促卵泡素(卵泡刺激素、促卵泡素、FSH)

本品从猪、羊垂体前叶中提取,属于一种糖蛋白,为白色或类白色的冻干块状物或粉末,易溶于水。

【作用与应用】本品能刺激卵泡的生长和发育,在黄体生成素的协同作用下,可促进卵泡分泌雌性激素,表现发情,并使成熟的卵泡排卵。对公畜可促进精子的生成。主要用于母畜催情,提高同期发情效果;治疗持久黄体、卵泡停止发育及两侧卵泡交替发育等卵巢疾病。母畜发情前大剂量使用可引起超数排卵。

【制剂与用法】注射用促卵泡素(100 U、150 U、200 U),肌内注射,一次量,马、驴 200～300 U,每日或隔日 1 次,2～5 次为 1 个疗程。临用前,以灭菌生理盐水 2～5 mL 稀释。

【注意事项】本品注射前应先检查卵巢的变化,酌情决定用药剂量和次数;剂量过大或长期应用,可引起卵巢囊肿。

垂体促黄体素(促黄体激素、黄体生成素、LH)

本品从猪、羊垂体前叶中提取，属于一种糖蛋白，为白色或类白色的冻干块状物状或粉末，易溶于水。

【作用与应用】本品在促卵泡素作用的基础上，可促进成年雌性动物卵泡成熟和排卵，形成黄体，分泌黄体酮。对公畜能促进雄性激素分泌，提高性欲，促进精子形成，增加精液量。主要用于成熟卵泡排卵障碍、卵巢囊肿、早期习惯性流产、不孕及雄性动物性欲减退、精液量减少等。

【制剂与用法】注射用促黄体(100 U、150 U、200 U)，肌内注射，一次量，马 200～3 000 U，牛 100～200 U。临用前，用灭菌生理盐水 2～5 mL 稀释。

【注意事项】用作促进母马排卵时，应先检查卵泡的大小，卵泡直径在 2.5 cm 以下时禁用；禁止与抗肾上腺素药、抗胆碱药、抗惊厥药、麻醉药和安定药等抑制 LH 释放和排卵的药物同用；反复或长期使用，可导致抗体产生，降低药效。治疗卵巢囊肿时，剂量应加倍。

促黄体素释放激素 A_2

本品为白色或类白色粉末，略臭，几乎无味。在水或 1%醋酸溶液中溶解。

【作用与应用】本品能促使动物垂体前叶释放促黄体素(LH)和促卵泡素(FSH)，兼具有促黄体素和促卵泡素的作用。用于治疗奶牛排卵迟滞、卵巢静止、持久黄体、卵巢囊肿及早期妊娠诊断；也可用于鱼类诱发排卵。

【制剂与用法】注射用促黄体素释放激素 A_2(25 μg、50 μg、125 μg、250 μg)，肌内注射，一次量，奶牛，排卵迟滞(输精的同时肌内注射)12.5～25 μg，卵巢静止 25 μg，1 次/d，可连用 1～3 次，总剂量不超过 75 μg。持久黄体或卵巢囊肿 25 μg，1 次/d，可连续注射 1～4 次，总剂量不超过 100 μg。

【注意事项】使用本品后一般不能再用其他类激素，剂量过大时可导致催产失败。

促黄体素释放激素 A_3

本品为白色或类白色粉末，略臭，几乎无味。在水中溶解。作用、应用和注意事项同促黄体素释放激素 A_2。

【制剂与用法】注射用促黄体素释放激素 A_3(25 μg、50 μg、100 μg)，肌内注射，一次量，奶牛 25 μg。

醋酸促性腺激素释放激素注射液

本品用于治疗乳牛卵巢囊肿、排卵障碍、卵巢静止及促排卵。注意事项同促黄体素释放激素 A_2。规格为 2 mL∶100 μg，肌内注射，一次量，乳牛 100～200 μg。

(四)前列腺素

前列腺素(PG)为一类有生理活性的不饱和脂肪酸,广泛分布于机体各组织和体液中,本品从动物精液或猪、羊的羊水中提取,现已能人工合成,并有多种类型的衍生物。

甲基前列腺素 $F_{2\alpha}$

本品为棕色油状或块状物,有异臭。在乙醇、丙酮、乙醚中易溶,在水中极微溶解。

【作用与应用】本品具有溶解黄体,增强子宫平滑肌张力和收缩力等作用。主要用于同期发情、同期分娩,也用于治疗持久性黄体、诱导分娩和排出死胎,以及治疗子宫内膜炎等。休药期,牛、猪、羊 1 d。

【不良反应】大剂量应用可产生腹泻、阵痛。妊娠母畜忌用,以免引起流产。

【制剂与用法】甲基前列腺素 $F_{2\alpha}$注射液(1 mL∶1.2 mg),肌内注射或宫颈内注射,一次量,每千克体重,马、牛 2～4 mg,羊、猪 1～2 mg。

氨基丁三醇前列腺素 $F_{2\alpha}$注射液

本品作用同甲基前列腺素 $F_{2\alpha}$,用于控制母牛同期发情。患急性或亚急性血管系统、胃肠道系统、呼吸系统疾病的牛禁用。规格为 10 mL∶前列腺素 $F_{2\alpha}$ 50 mg,肌内注射,一次量,牛 25 mg。

氯前列醇

本品为淡黄色油状黏稠液体。在三氯甲烷中易溶,在无水乙醇或甲醇中溶解,在水中不溶,在 10%碳酸钠溶液中溶解。

【作用与应用】本品为人工合成的前列腺素 $F_{2\alpha}$同系物。具有强大的溶解黄体作用,能迅速引起黄体消退,并抑制其分泌;对子宫平滑肌也具有直接兴奋作用,可引起子宫平滑肌收缩,子宫颈松弛。

可用于诱导母畜同期发情,治疗母牛持久黄体、黄体囊肿和卵泡囊肿等疾病;也可用于妊娠猪、羊的同期分娩,以及治疗产后子宫复旧不全、胎衣不下、子宫内膜炎和子宫蓄脓等。

【不良反应】在妊娠 5 个月后应用本品,动物出现难产的风险将增加,且药效下降。因药物可诱导流产及急性支气管痉挛,因此不需要流产的妊娠动物和患有哮喘及其他呼吸道疾病的患畜慎用。氯前列醇易通过皮肤吸收,不慎接触后应立即用肥皂水进行清洗。不能与非类固醇抗炎药同时应用。宰前停药 1 d,无弃奶期。

【制剂与用法】氯前列醇注射液(2 mL∶0.32 g),牛肌内注射 2～4 mL,牛宫内注射 1～2 mL,猪肌内注射 1 mL。氯前列醇钠注射液(2 mL∶0.1 mg、2 mL∶0.2 mg),肌内注射,一次量,牛 0.2～0.3 mg,猪妊娠第 112～113 天 0.05～0.1 mg。

烯丙孕素

烯丙孕素又名四烯雌酮，是一种人工合成口服型孕激素，为淡黄色结晶性粉末。目前，烯丙孕素主要用于调控猪场母猪在预定时间内发情，通过抑制激素分泌，人工控制母猪发情，方便猪场母猪的批次管理，优化猪场的资源利用与时间管理，节省日益增长的人力、物力等养殖成本。国外已将其应用于批次化生产中后备母猪和乏情经产母猪的同期发情，且无替代产品。

【作用与应用】烯丙孕素与天然黄体酮的作用类似。给药期间能够抑制脑垂体分泌促性腺激素，阻止卵泡发育及发情；给药结束后，脑垂体恢复分泌促性腺激素，促进卵泡发育与发情。停药时卵泡发育程度一致，加上促性腺激素的分泌同步恢复，促使所有动物在停药 5～8 d 后同期发情。

本品口服溶液在胃肠道迅速吸收。烯丙孕素主要经肝脏代谢，通过胆汁排出，消除半衰期约 14 h。

在兽医临床上，烯丙孕素主要用于调控猪和马的发情周期，促进同期发情以及维持妊娠等。

【注意事项】①有急性、亚急性和慢性子宫内膜炎的母畜慎用。②在使用或者解除本品时，请穿防护服（手套和隔离服）。③仅限用于已有至少一个发情周期的体成熟后备母猪。④饲喂量不足可能导致卵泡囊肿。

【休药期】猪 9 d。

案例分析

2006 年 2 月 18 日，有个养殖户牵一头中国黑白花奶牛到兽医门诊就诊。

临床症状：病牛时常努责，抬举尾巴，常有排尿状，体温升高，脉搏及呼吸数增加，精神沉郁，食欲减退，反刍及泌乳减少。并且不断从牛的阴门排出黏液性或脓性分泌物，颜色呈灰褐色、棕黄色或污红色。

诊断：本病例为隐性子宫内膜炎，由于全身症状不太明显，病牛可能周期性地从阴道排出少量浑浊的黏液。即使母牛定期发情，也屡配不孕。配种后 19 d，注射 2～3 mL 己烯雌酚，如不再出现发情症状，则可初步确定该母牛已妊娠。另一种为直肠检查法，触诊子宫角的形状和大小、卵巢的大小、黄体和子宫中动脉搏动的情况。

预防：牛舍要设水槽，让其充分饮水，奶牛最适宜的环境温度为 15～24 ℃，在夏季，搭建遮阴设施，饲喂顺序可先粗料后精料或先精料后粗料，但不要随意变更，配种操作规范，防止母牛感染，妊娠期间谨慎用药及免疫。

治疗：

（1）用青霉素 40 万 U，链霉素 100 万 U，混于高压灭菌的植物油 20 mL 中，向子宫内注入，目的在于促使子宫蠕动加强，利于子宫腔内炎性分泌物排出，也可用皮下注射垂体后叶素 40 U。

（2）双冠王（磺胺间甲氧嘧啶，10 g/瓶），按每千克体重 0.1 g 投服，连用 2～3 d。

（3）鞣酸蛋白（10 g/瓶），具有维持肠道内环境，防止机体脱水作用，1 次 1 瓶。

(4)催情散(淫羊藿、阳起石、当归、益母草、冤丝子等),成年奶牛1次服本品50～70 g,主治牛羊腰肾虚冷、气血淤滞及慢性卡他性炎、隐性子宫内膜炎、输卵管炎、持久黄体、卵巢囊肿、久配不孕、久不见发情等。

反馈:经综合治疗,5 d后可见该中国黑白花奶牛已无从阴门排出脓性分泌物的现象,并且食欲、反刍、泌乳、脉搏次数均正常,该养殖户十分认同这种治疗方法。

复习思考题

1. 排尿动作检查的内容有哪些?其临床意义是什么?
2. 肾脏检查的方法有哪些?其临床意义是什么?
3. 公母畜尿路检查的方法有哪些?其临床意义是什么?
4. 公母畜生殖系统检查的方法有哪些?其临床意义是什么?
5. 肾小球性肾炎、间质性肾炎和化脓性肾炎是由哪些原因引起的?它们的病理变化有什么区别?
6. 子宫内膜炎有哪些常见类型?它们的病理变化有什么区别?
7. 试述有哪些利尿药与脱水药,它们的临床应用有什么区别?
8. 临床上常用的子宫收缩药有哪些?它们在临床应用上有哪些区别及其注意事项?
9. 临床上常用的孕激素类药物有哪些?它们在临床上有哪些应用?
10. 试述血促性素的作用及其临床应用。
11. 试述甲基前列腺素$F_{2\alpha}$对生殖功能的影响及其临床应用。

项目七

神经系统检查及药物应用

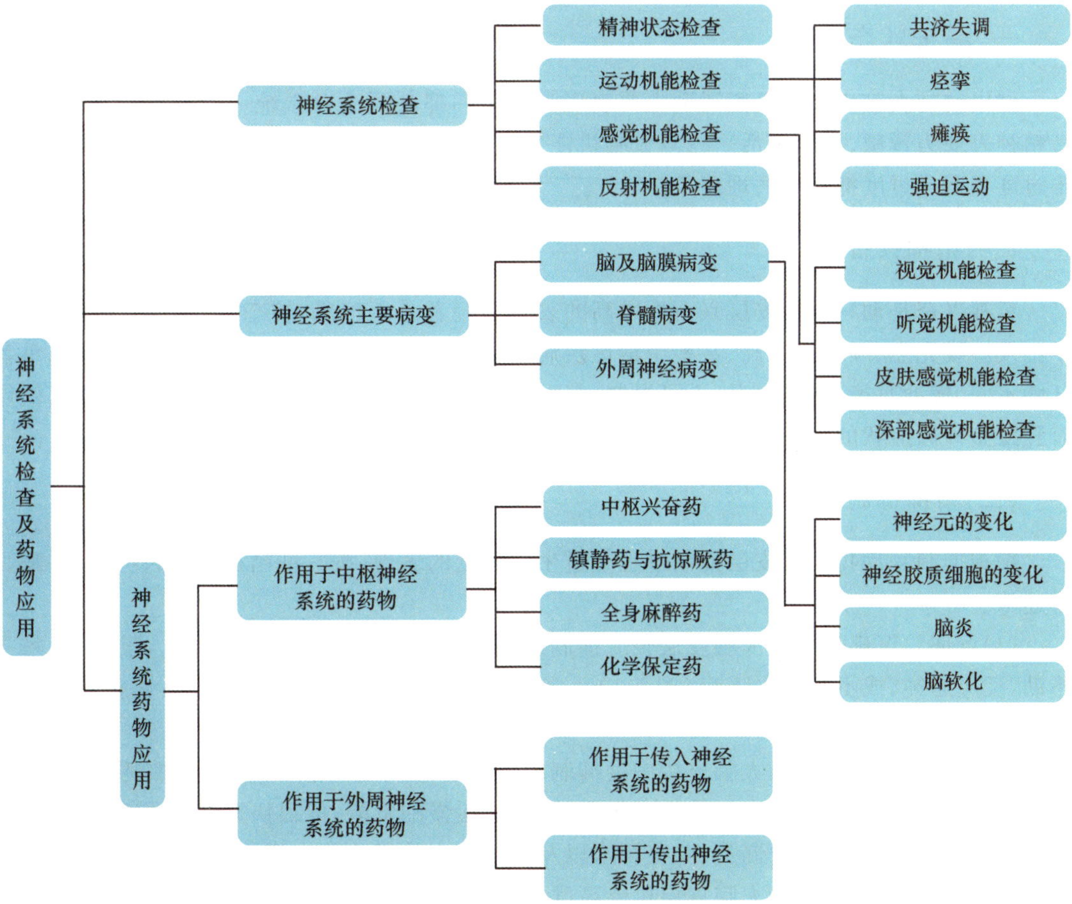

知识目标：

掌握神经系统各器官主要的病理变化、发生的原因和产生的机理。

技能目标：

1. 掌握神经系统检查的方法。
2. 掌握神经系统药物的应用。

神经系统的功能是维持机体与外界环境的统一和机体内在的完整性。神经系统的结构和机能是非常复杂的，其发病后所呈现的临床症状也是多种多样的，因此必须了解本系统的检查。神经系统检查的一般方法和技能是重点，神经系统病变及病因分析是基础，神经系统临床诊断、药物配伍和临床治疗是关键。本章主要考查学生综合运用解剖、生理、病理、药理、微生物、临床诊断的基本知识，进行神经系统疾病预防、诊断和治疗的能力。

任务一　神经系统检查

一、精神状态检查

健康动物大脑皮层的机能活动主要表现为兴奋和抑制两个对立统一的过程。正常时，家畜精神表现为锐敏、反应灵活。一旦大脑机能发生障碍，则兴奋与抑制失去平衡，临床上表现出过度兴奋或过度抑制的病理现象。

（一）精神兴奋

精神兴奋是动物大脑皮层兴奋性增高的表现。轻者易于惊恐，神态不安，挣扎脱缰，可见于脑及脑膜充血、颅内压增高、某些中毒性疾病以及脑膜脑炎、日射病与热射病等的初期；重者狂躁不安，横冲直撞，暴进暴退，不可遏制，多见于传染性脑脊髓炎、脑膜脑炎、狂犬病及其他伴有狂躁型神经症状的疾病。

（二）精神抑制

精神抑制是动物大脑皮层抑制过程超过生理限度的表现，按其抑制程度分为沉郁、昏睡和昏迷等。

（1）沉郁　沉郁是动物大脑皮层轻度抑制的表现。患病动物表现为头耷拉，眼半闭，呆立不动，反应迟钝，或不听畜主呼唤（图 7-1）。多见于各种热性病，一定程度的缺氧或血糖过低等多种情况。

（2）昏睡　昏睡是动物大脑皮层中度抑制的表现。患病动物意识不清，呈熟睡状态，躺卧在地上，不过对呼唤等强刺激还能发生微弱的反射，缓慢的觉醒，但很快又陷入深睡状态之中，见于脑膜脑炎、传染性脑脊髓炎、脑室积水以及其他伴有神经症状疾病的中后期（图 7-2）。

（3）昏迷　昏迷是动物大脑皮层机能高度抑制的表现。患病动物意识完全消失，对强刺激也无反应，眼睛、角膜、皮肤和腿的反射消失，全身肌肉的紧张度已经丧失，仅有节律不齐的呼吸和心脏活动。见于严重的脑脊髓疾患、肝中毒、尿毒症、生产瘫痪、酮病和某些毒物中毒的病程中。

必须指出的是，在疾病过程中，兴奋和抑制不是固定不变的，而是可以互相转化的。因此，对症状的分析不应是孤立的、静止的、片面的，而应是能动的、辩证的。

图 7-1　保育猪发烧，表现精神沉郁

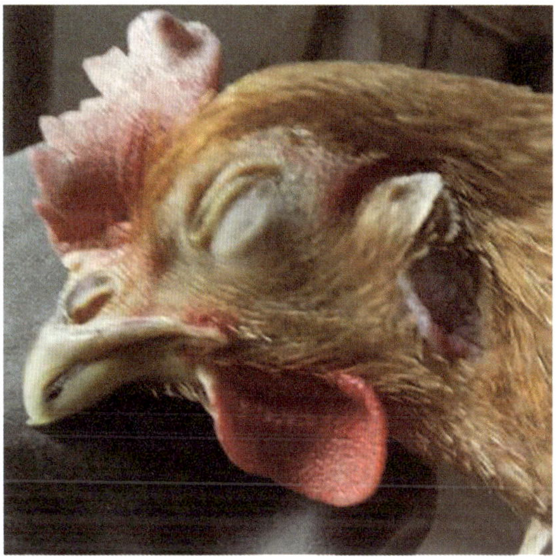

图 7-2　病鸡昏迷嗜睡

二、运动机能检查

运动是在动物大脑皮层的调节下，通过锥体系统和锥体外系统而实现的。在生理情况下，锥体系统与锥体外系统互相配合，共同完成各种协调运动。但在病理情况下，由于致病因素的作用，支配运动的神经中枢、传导路径及感受器等任何部位受害或机能紊乱时，则其运动便发生障碍。一般表现为共济失调、痉挛、瘫痪（或麻痹）和强迫运动等。

（一）共济失调

动物在大脑皮层、脑干和小脑的反射性调节和支配下的严格配合的协调运动，称为共济运动。病理情况下，大脑皮层、前庭、小脑和脊髓传导神经损伤及其反射性调节机能障碍后，就会导致动物的体位和运动的各种性质改变，称为共济失调。根据共济失调的性质，可分为静止性共济失调和运动性共济失调。

1. 静止性共济失调

静止性共济失调指动物在站立状态下出现的失调，故又称体位平衡失调。其临床特点是患病动物静立时，头、躯体和臀部摇晃，四肢软弱发抖，关节屈曲。严重失调时，四肢展开，但仍不能维持身体平衡，常跌倒在地，见于小脑或前庭传导径路受损伤时。

2. 运动性共济失调

运动性共济失调指动物在运动时出现的失调，其步幅、运动强度、方向均呈现异常。临床表现为后躯踉跄，体躯摇晃，步态不稳，动作笨拙，四肢高抬，着地用力，过度伸向侧方，如涉水动作，见于大脑皮层、小前庭以及脊髓受损伤时。

共济失调由于受损部位不同，表现也各不相同。大脑性运动失调，在直线行进时不甚明显，在转弯时特别显著；小脑性运动失调，不论静止还是运动时，均呈现明显的失调现象；前庭性运动失调，表现弯头、转颈和平衡紊乱。

二维码 7-1 仔猪神经症状(视频)

二维码 7-2 猪神经症状(视频)

二维码 7-3 保育猪步态不稳(视频)

二维码 7-4 鸽子神经症状(视频)

二维码 7-5 犬中毒引起抽搐(视频)

(二)痉挛

痉挛为神经和肌肉疾病的一种病理现象。表现为横纹肌的不随意收缩,大多是大脑皮层受刺激,脑干或基底神经节受损伤所致。

1. 阵发性痉挛

阵发性痉挛是肌肉一阵阵地收缩与松弛交替出现。多是大脑皮层运动区锥体细胞受刺激而间歇性过度兴奋的表现,常见于钙、镁缺乏等代谢病、自体中毒及外源性毒物中毒。

阵发性痉挛通常限于个别肌束或肌组,但有时也向邻近肌组扩散,甚至蔓延至体躯的广大范围。将这种强而快、发作时全身震动的阵发性痉挛称为搐搦,如犊牛搐搦及癫痫等;将仅限于个别肌束而不扩散到广大范围的轻微的阵发性痉挛称为纤维性抽搦,如发热增进期的阵发性痉挛等。

2. 强直性痉挛

肌肉长时间没有弛缓和间歇的连续不随意收缩称为强直性痉挛,主要由于皮层下中枢兴奋的结果。常见于破伤风、士的宁中毒等。

(三)瘫痪

运动麻痹就是随意运动机能的完全丧失或减弱,可分为中枢性麻痹和外周性麻痹两种。

1. 中枢性麻痹

中枢性麻痹是大脑皮质运动区锥体系统的损伤和机能障碍所引起的运动麻痹。其特征是麻痹范围广泛,肌肉紧张力增高,甚至出现痉挛使运动器官呈某种固定不变的姿势,腱反射增强,皮肤感觉减弱,被动运动时抵抗力极高,肌肉萎缩不明显。见于脑炎、传染性脑脊髓炎、脑脊髓震荡或挫伤等。

2. 外周性麻痹

外周运动神经原、脊髓腹角、外周运动神经原的腹根受损和机能障碍所引起的运动麻痹称为外周性麻痹,又称为末梢性麻痹。其特征是麻痹范围局限(多限于某个肌肉或肌肉群),肌肉张力降低，反射减弱或消失，有肌肉萎缩现象。常见于颜面神经麻痹、肩胛上神经麻痹、桡骨神经麻痹、坐骨神经麻痹以及B族维生素缺乏所引起的麻痹等。

运动麻痹根据扩散的范围，可分为单瘫、偏瘫和截瘫。

单瘫：即某一肌肉、某一部位或某一器官的运动麻痹。可起源于脑的运动中枢损伤，但多为末梢神经的损伤所致。

偏瘫：半边身体运动麻痹，起源于脑损伤。

截瘫：身体两侧对称部运动麻痹，如后肢麻痹起源于脊髓。

（四）强迫运动

强迫运动是指不受意识支配和外界环境影响，而出现的强迫发生的有规律的运动，常见的有圆圈运动和盲目运动。

1. 圆圈运动

患病动物按一定方向做圆圈运动或以一肢为轴向一侧做圆圈运动（时针运动）。前庭核的一侧性损伤时，向患侧做圆圈运动；四叠体后部至脑桥的一侧性损伤则向健侧做圆圈运动；而大脑皮层的两侧性损伤可向任何一侧。圆圈运动常见于脑膜脑炎、伪狂犬病、牛羊脑棘球蚴病（脑多头蚴病）、维生素A缺乏、食盐中毒、霉玉米中毒等过程中。

二维码 7-6　保育猪强迫圆圈运动（视频）

2. 盲目运动

患病动物无目的徘徊走动，对外界刺激缺乏反应，遇到障碍时也不躲避，常见于传染性脑脊髓炎、李氏杆菌病以及某些中毒性疾病的经过中。

三、感觉机能检查

（一）视觉机能检查

1. 视觉机能减弱或消失

用手指或其他物件距眼睛一定距离，轻轻地上下或左右摇动，如眼无反应，则往往是视力减弱或消失的表现，常见于硒中毒、铅中毒等。白天视力无异常，夜间视力显著减退或消失称为夜盲，多见于维生素A缺乏时。

2. 瞳孔对光的反应

健康动物用强光照射，瞳孔迅速缩小，移去光线瞳孔又迅速恢复原状。在某些脑病的过程中，当颅腔内压增高，压迫动眼神经时，可导致瞳孔持续的散大，对光反应消失。两侧瞳孔散大，对光反应消失，甚至用手指刺眼球时，眼球不动，表示中脑受害，是病情危险的征兆。

（二）听觉机能检查

利用各种不同距离，呼唤动物或制造音响，以观察其反应，借以判断听觉机能状况。听觉机能障碍时，可出现下列情况。

1. 听觉过敏

听觉过敏对音响敏感而不安，耳的动作特别灵活，多见于脑膜脑炎或传染性脑脊髓炎的初期。

2. 听觉减弱

听觉减弱或消失，多见于中耳疾病、内耳疾病和某些脑病的过程中。

(三)皮肤感觉机能检查

皮肤感觉机能，特别是温觉和痛觉机能的检查尤为重要。

1. 痛觉检查

用针刺激皮肤，观察动物的反应，检查动物当针刺皮肤时，所呈现的皮肤收缩、颤动、回顾、躲避等一系列的保护性反应。

痛觉增高：由于感觉神经和传导径路受刺激所致。除过敏动物外，轻度的刺激呈现过强的疼痛反应，见于脊髓膜炎。

痛觉减退：即对外界刺激的回答反应减弱，甚至全无反应。全身性痛觉减退是由于中枢神经系统被抑制，见于大脑炎和各种昏迷。两侧皮肤痛觉消失，是脊髓整个横径受损的表现。一侧皮肤痛觉消失，见于延脑与大脑之间的传导径路受损。

2. 温觉检查

用温热的物体放在家畜体表，或用轻度的烧烙方法，以观察家畜反应，其意义与痛觉检查相同。

(四)深部感觉机能检查

深部感觉机能检查，是人为地使动物四肢取不自然姿势，如使两前肢交叉站立，或使前肢广为分开站立，或使一前肢充分前踏，以观察动物自行矫正的机能状态。

健康的动物，特别是马属动物，人为地使其取不自然的姿势，可很快地自行恢复自然姿势。但当深部感觉机能障碍时，可在较长的时间内仍保持人为的不自然姿势，见于慢性脑室积水、脑脊髓炎、严重的肝脏疾病和某些中毒等。

四、反射机能检查

反射就是动物的神经接受外界刺激后，发生一系列不断地自行产生、自行调节的反应。通过各种反射活动，维持机体内部各器官机能的统一和与外界环境相对平衡。因此，反射机能检查可以帮助了解神经中枢受害的部位。

(一)浅表反射机能检查

1. 鬐甲反射

鬐甲反射是利用细棍轻轻接触鬐甲部皮毛，健康动物该部皮肤发生颤动性收缩。其反射中枢在后部颈椎与前部胸椎间的脊髓。

2. 肛门反射

轻触或针刺肛门皮肤时，健康动物肛门括约肌产生一连串短而急的收缩。其反射中枢在荐髓。

(二)深部反射机能检查

1. 前肢蹄冠反射

针刺或脚踩蹄冠，健康动物立即提肢或回顾。其中枢主要在脊髓的颈膨大部。

2. 膝、跟腱反射

叩击膝韧带或叩击跟腱，健康动物则膝关节猛烈屈曲，或跗关节伸展而球关节屈曲。其反射中枢主要在脊髓的腰膨大部。

(三)植物性神经系统机能的反射检查

植物性神经分为交感神经和副交感神经两个系统，在大脑皮层影响下，互相作用，保持平衡，维持着内脏器官的正常生理机能。在各种致病因素的影响下，大脑皮层的调节机能遭受破坏后，则可产生一系列病理反应。

当副交感神经紧张时，瞳孔缩小，脉搏稀少且较弱，唾液分泌增多，吞咽迅速，咀嚼不全，易下痢，易发生腹痛，称为副交感神经紧张症。

交感神经过度紧张时，与副交感神经紧张相反，常瞳孔扩大，心跳加速，口黏膜干燥，进食缓慢，称为交感神经紧张症。

检查植物性神经机能状态的方法很多，但通常采取先计数心跳次数后，再用耳夹子或鼻捻棒连续绞夹耳朵(心-耳反射)，或用手压迫眼球(心-眼反射)，再计数心跳次数，以比较前后心跳的变化。一般当植物性神经机能正常时，心跳每分钟减少 1～2 次；当副交感神经过度紧张时，则心跳次数可减少 6～8 次，甚至更多，而且心跳节律不齐；当交感神经过度紧张时，则心跳次数不减少甚至增多。

尽管神经系统疾病的症状千变万化，但是，只要我们掌握脑和脊髓的主要生理机能，仔细地观察，全面地收集症状，然后把这些材料作连贯分析，就容易得出正确的结论来。

任务二　神经系统主要病变

神经系统主要是由神经细胞、神经纤维、神经胶质和结缔组织组成。在许多疾病中，神经组织的代谢、功能和形态结构均会出现不同程度和不同类型的变化，本节重点介绍脑及脑膜病变、脊髓病变和外周神经病变。

一、脑及脑膜病变

(一)神经元的变化

神经元的变化包括神经细胞的变化和神经纤维的变化。

1. 神经细胞的变化

神经细胞的变化主要体现在染色质的溶解、急性肿胀、神经细胞的凝固、空泡变性(对绵羊痒病具有鉴定意义)、液化坏死和包涵体形成几个方面。神经细胞表现为中央或周边染色质的溶解、肿胀变圆或细胞皱缩以及细胞核的浓缩、破碎等病变。主要见于中毒、病毒感染和营养缺乏(维生素 E 或缺硒)等。

2. 神经纤维的变化

当神经纤维损伤(如切断、挫伤、挤压或过度牵拉)时,轴突和髓鞘多发生变化,在距神经元胞体近端的轴突及所属的髓鞘发生变性、崩解和被吞噬细胞吞噬的过程(华氏变性)。相应的神经元胞体发生中央染色质溶解。常见于血液循环障碍、缺氧、外伤、感染、维生素 B_1 或维生素 B_6 缺乏。

(二)神经胶质细胞的变化

神经胶质细胞的变化包括各类型胶质细胞的不同变化。

1. 星形胶质细胞的变化

星形胶质细胞主要起支持作用,此外,在物质代谢、血脑屏障、抗原传递、神经介质和体液缓冲中起着重要作用。当脑组织局部缺血、缺氧、中毒和感染发生时,以及在梗死、脓肿及肿瘤周围,星形胶质细胞可发生肥大、增生、神经胶质瘤或囊肿。

2. 小胶质细胞的变化

小胶质细胞属于单核-巨噬细胞系统,是神经组织中的吞噬细胞。小胶质细胞对损伤的反应主要表现为肥大、增生和吞噬 3 个阶段。常见于中枢神经组织的各种炎症过程,特别是病毒性脑炎时。

3. 少突胶质细胞的变化

少突胶质细胞的体积小,胞浆少,突起短而少,染色深似淋巴细胞。在脑水肿、狂犬病、破伤风、乙型脑炎等病毒性疾病过程中,可发生急性肿胀、增生和类黏液变性。

4. 室管膜细胞的变化

脑室和脊髓中央管周围的室管膜是由一层室管膜细胞构成的。病理状态下,这些细胞可发生变性、坏死或增生。

(三)脑炎

脑炎是指脑实质的炎症。同时伴有脑膜炎症称为脑膜脑炎,同时伴有脊髓炎症称为脑脊髓炎。按疾病原因可分为病毒性、细菌性、寄生虫性和中毒性脑炎。按炎症性质可分为化脓性脑炎和非化脓性脑炎。

1. 化脓性脑炎

化脓性脑炎是指脑组织由于化脓菌感染所引起的以大量中性粒细胞渗出,同时伴有局部组织液化坏死和脓汁形成为特征的炎症过程。一般化脓性脑炎同时出现化脓性脑脊髓膜炎,引起化脓性脑膜脑脊髓炎。引起化脓性脑炎的病原主要是细菌，如葡萄球菌、链球菌、棒状杆菌、巴氏杆菌、李氏杆菌、大肠杆菌等，主要源于血源性或组织源性感染。血源性感染可引起脑组织的任何部位形成化脓灶，但以丘脑和灰白质交界处的大脑皮质最易发生。组织源性感染一般由于脑附近组织（如筛窦、内耳、副鼻窦、额窦等）的严重损伤与化脓性炎症，通过直接蔓延引起化脓性脑炎。

眼观，在脑组织有灰黄色或灰白色小化脓灶，其周围有一薄层囊壁，内为脓汁。

2. 非化脓性脑炎

非化脓性脑炎是指主要由于多种病毒性感染引起的脑的炎症过程。其病变特征是神经组织的变性坏死、血管反应及胶质细胞增生等变化。非化脓性脑炎多见于病毒性传染病，如猪瘟、非洲猪瘟、猪传染性水疱病、狂犬病、伪狂犬病、乙型脑炎、马传染性贫血、马脑炎、牛恶性卡他热、牛瘟、新城疫、禽传染性脑脊髓炎等疾病，所以又称为病毒性脑炎。

病理变化主要表现在脑膜炎，脑血管形成一层或多层血管套，神经细胞变性、坏死、数量减少。神经胶质细胞呈弥漫性或局灶性增生，是中枢神经系统病毒性感染的典型特征。

3. 嗜酸性粒细胞性脑炎

嗜酸性粒细胞性脑炎是由食盐中毒引起的以嗜酸性粒细胞渗出为主的脑炎。本型脑炎多发生于鸡、猪，主要是食入含盐量过多的饲料引起的，如咸鱼渣、腌肉卤、酱油渣等。有时在饲料中添加的食盐搅拌不均匀，也可使少数畜禽发生食盐中毒。饲料中缺乏某种营养物质如维生素 E 和含硫氨基酸时，可增加动物对食盐的易感性。

眼观，软脑膜充血出血，脑回变平，脑实质有小出血点，其他病变不明显（图 7-3 至图 7-6）。

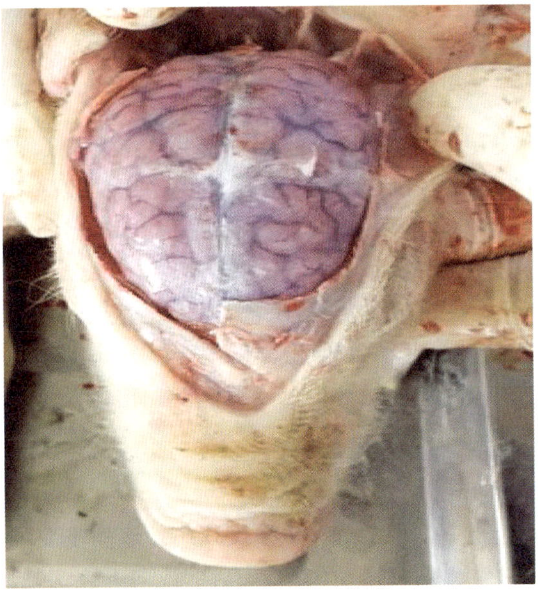

图 7-3 软脑膜淤血

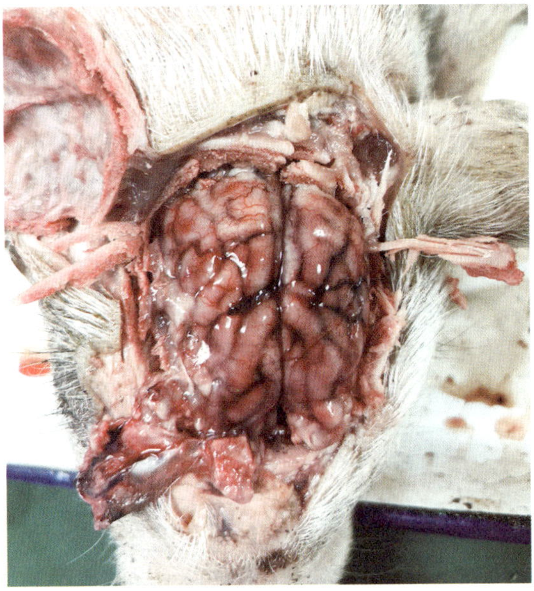

图 7-4 脑严重出血淤血

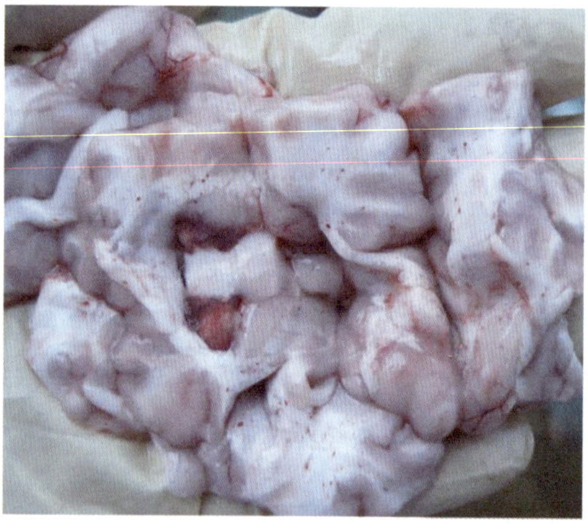

图 7-5　脑出血点

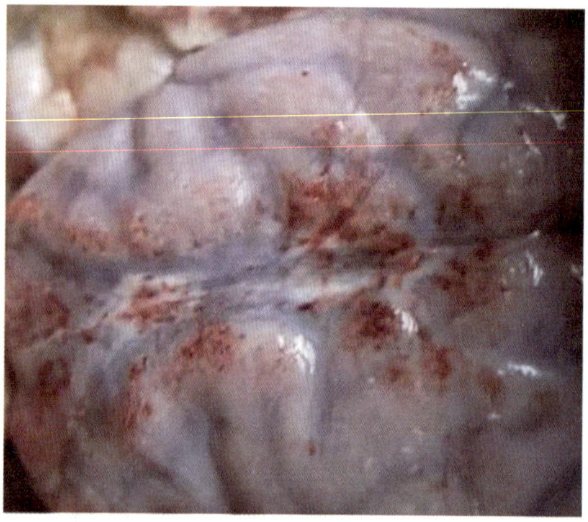

图 7-6　软脑膜出血斑点

4. 变态反应性脑炎

变态反应性脑炎又称为变应性脑炎或播散性脑炎。临床常见的是疫苗接种后脑炎，主要见于接种狂犬病疫苗后的某些动物。眼观可见脑脊髓出现灶状病变；镜检见有大量淋巴细胞、浆细胞和单核细胞浸润并在血管周围形成管套、胶质细胞增生和髓鞘脱失。

(四)脑软化

脑软化是指脑组织坏死后分解液化的过程。引起脑软化的病因很多，如细菌、病毒等病原微生物感染，维生素缺乏，缺氧等。脑组织坏死后，经一定时间一般均可分解液化，形成软化灶。由于病因不同，软化灶的部位、大小及数量具有某些特异性。下面介绍几种常见的畜禽脑软化疾病。

1. 维生素 B_1(硫胺素)缺乏引起的脑软化

(1)牛、羊的脑灰质软化病　病变特征是大脑皮层的层状坏死，故也称层状皮层坏死。该病的病因主要是与维生素 B_1 缺乏有关，因为患病牛、羊的肝脏和大脑皮层维生素 B_1 的含量较低，应用维生素 B_1 对早期发病牛、羊进行治疗效果较明显。由于体内存在维生素 B_1 的拮抗物或对维生素 B_1 的需求量增加也可引起发病。

(2)肉食动物的维生素 B_1 缺乏　肉食动物自身不能合成维生素 B_1，需要从外界摄入。饲料中维生素 B_1 不足，或因受到某些因素的作用而破坏，都可导致维生素 B_1 缺乏。发病动物常出现麻痹、昏迷，并呈现角弓反张和痉挛等神经症状。其病变主要为脑水肿、充血、出血及坏死液化。

2. 雏鸡脑软化

雏鸡脑软化是维生素 E 和微量元素硒缺乏引起的一种代谢病，又称疯狂病。该病主要发生于 2～5 周龄的雏鸡，有时青年鸡和成年鸡也可发生。病鸡运动失调，头后仰或向下痉挛，脚软无力，运动吃力，共济失调，少数鸡腿痉挛性抽搐，最终导致完全衰竭而死亡。

最常见的病变部位是小脑、纹状体、大脑、延脑与中脑。小脑软而肿胀。脑膜水肿，表面有微细出血点，脑回被挤平。病灶小时，肉眼不能分辨。脑软化症状出现 1～2 d 后，坏死区即出现绿黄色不透明外观。纹状体坏死组织常显苍白、肿胀和湿润，早期就与正常组织分解明显。

镜检，病变包括血液循环障碍、脱髓鞘和神经细胞变性。

3. 绵羊痒病和牛海绵状脑病

绵羊痒病和牛海绵状脑病是由朊病毒感染引起的。牛海绵状脑病是由于牛采食含朊病毒的饲料添加剂、肉骨粉所致。经口感染后，病原先积聚在被感染动物的脾脏，然后随淋巴组织扩散而侵入中枢神经系统。机体对朊病毒的感染不产生炎症反应和免疫应答反应。

绵羊痒病的病变主要集中于中枢神经系统。眼观脑脊液有一定程度的增多，其他变化不明显。镜检见延脑、中脑、丘脑、纹状体等的神经元发生空泡变性与皱缩。

牛海绵状脑病的病变不明显。主要在其神经细胞核周围和轴突内含有大的界线明显的胞浆内空泡，空泡为单个或多个，有明显扩大，致使胞体呈气球样，使局部呈海绵样结构。此外，神经细胞内尚见类脂质-脂褐素颗粒沉积，有时还见圆形单个坏死的神经元或噬神经元现象，以及胶质细胞的轻度增生。一般在血管周围无炎性细胞浸润现象。

二、脊髓病变

脑脊液由血管渗出和脉络膜上皮细胞产生，存在于脑室、蛛网膜下腔和脊髓中央管。第四脑室脉络膜的后部顶壁与蛛网膜下腔相通，脊髓中央管与第四脑室相通，脑脊液进入蛛网膜下腔，通过蛛网膜颗粒重吸收到静脉窦内，形成脑脊液循环。上述正常的脑脊液循环被破坏时，可引起脑脊液循环障碍，通常表现为脑水肿和脑积水。

脑水肿是指脑组织水分增加而使脑体积肿大。根据病因及发生机理可将脑水肿分为血管源性脑水肿和细胞毒性脑水肿两种类型。

血管源性脑水肿是由血管壁的通透性升高所致。见于细菌内毒素血症、弥漫性病毒性脑炎、金属毒物（铅、汞、锡、铋）中毒以及内源性中毒（如肝病、妊娠中毒、尿毒症）等。另外，任何占位性病变，如脑内肿瘤、血肿、脓肿及脑包虫等压迫静脉，使血液回流障碍，血浆渗出增多，蓄积于脑组织，也可造成脑水肿。

三、外周神经病变

外周神经病变以神经炎为代表，其特征是在神经纤维变性的同时，神经纤维间质有不同程度的炎性细胞浸润或增生。引起神经炎的原因有机械性因素、病原微生物感染和维生素 B_1 缺乏等。根据发病的快慢和病变特性，神经炎可分为急性神经炎和慢性神经炎两种。

急性神经炎又称急性实质性神经炎，其病变以神经纤维的变质为主，间质炎性细胞的浸润和轻微增生。雏鸡维生素 B_1 缺乏时引起的多发性神经炎，眼观神经水肿变粗，呈灰黄色或灰红色；镜检可见轴突肿胀溶解，呈空泡化、节片状或完全消失，间质血管扩张充血，浆液渗出而水肿，中性粒细胞浸润。

慢性神经炎又称间质性神经炎，其特征是在神经纤维变质的同时，间质中炎性细胞浸润及结缔组织增生明显。可以是原发性的或由急性神经炎转化而来。眼观神经纤维肿胀变粗，质地较硬，呈灰白色或灰黄色，且与周围组织发生粘连，不易分离。镜检见轴突变性肿胀、断裂，髓鞘脱失或萎缩消失，神经膜上及周围有大量淋巴细胞、巨噬细胞浸润及成纤维细胞增生。渗出的炎性细胞可被结缔组织增生取代，结果使神经纤维出现硬化。

任务三　神经系统药物应用

作用于神经系统的药物主要分为两大类:一是作用于中枢神经系统的药物,二是作用于外周神经系统的药物。作用于中枢神经系统的药物又分为中枢兴奋药和中枢抑制药。中枢抑制药又分为全身麻醉药、化学保定药、镇静药、安定药与抗惊厥药。作用于外周神经系统的药物主要分为作用于传入神经系统的药物和作用于传出神经系统的药物两类。

一、作用于中枢神经系统的药物

(一)中枢兴奋药

中枢兴奋药是能选择性地兴奋中枢神经系统,提高其机能活动的一类药物。根据药物的主要作用部位可分为大脑兴奋药、延髓兴奋药和脊髓兴奋药3类。

(1)大脑兴奋药　能提高大脑皮层的兴奋性,促进脑细胞代谢,改善大脑机能,可引起动物觉醒、精神兴奋与运动亢进,如咖啡因。

(2)延髓兴奋药　又称呼吸兴奋药,主要兴奋延髓呼吸中枢,增加呼吸频率和呼吸深度,改善呼吸功能,如尼可刹米、戊四氮、樟脑磺酸钠等。

(3)脊髓兴奋药　能选择性地兴奋脊髓,小剂量提高脊髓反射兴奋性,大剂量导致强直性惊厥,如硝酸士的宁。

这类药物的作用强弱与中枢神经机能状态有关,当中枢神经系统处于抑制状态时,药物的作用较明显。中枢兴奋药的选择性作用是相对的,与用药剂量有关,随着剂量的增大,不仅兴奋作用加强,而且作用范围也随之扩大。剂量过大时可引起中枢神经系统广泛而强烈的兴奋,导致惊厥。严重的惊厥可因能量耗竭而转入抑制,此时,不能用中枢兴奋药解救,否则因中枢过度抑制导致死亡。为防止用药过量引发中毒,应严格掌握剂量并密切观察病情,一旦出现反射亢进、肌肉抽搐等症状时应立即减量或停药,并结合输液等方式对症治疗。对因呼吸肌麻痹引起的外周性呼吸抑制,中枢兴奋药无效。对循环衰竭导致的呼吸功能减弱,中枢兴奋药能加重脑细胞缺氧,应慎用。

咖啡因

咖啡因是从茶叶或咖啡豆中提取的一种生物碱,也能人工合成。白色或带极微黄绿色,有丝光的针状结晶;无臭,味苦;有风化性。在热水或三氯甲烷中易溶,在水、乙醇或丙酮中略溶,在乙醚中极微溶解。临床上常用其苯甲酸钠形成的复盐苯甲酸钠咖啡因(安钠咖)。

【作用】咖啡因有兴奋中枢神经系统、兴奋心肌、松弛平滑肌和利尿等作用,其作用机理主要是抑制细胞内磷酸二酯酶的活性,减少环磷酸腺苷受磷酸二酯酶分解,提高细胞内环磷酸腺苷的水平。①对中枢神经的作用:咖啡因对中枢神经系统各主要部位均有兴奋作用,但大脑皮层对其特别敏感。小剂量即能提高大脑皮层对外界的感应性与反应能力,使动物精神活泼。治疗量时,增强大脑皮层的兴奋过程,提高精神与感觉能力,减少疲劳,短暂的增加肌肉工作能力。较大剂量可兴奋延髓呼吸中枢和血管运动中枢，大剂量咖啡因可兴奋包括脊髓在内的整个中枢神经系统，中毒量可引起强直或阵挛性惊厥，甚至死亡。②对心血管系统的作用：咖啡因能直接作用于心脏和血管，使心肌收缩力增强，心率加快，使冠状血管、肾血管、肺血管和皮肤血管扩张。③利尿作用：通过抑制肾小管对钠离子和水的重吸收，扩张肾血管及强心的结果，使肾机能加强，尿量增多。④其他作用：可增强骨骼肌的收缩，提高肌肉的工作能力和减轻疲劳，能松弛支气管平滑肌和胆管平滑肌，有轻微的止喘和利胆作用，但止喘作用强度不如氨茶碱。⑤用于中枢性呼吸、循环抑制，如缩短麻醉药的苏醒过程，解救镇静催眠药的过量中毒、急性严重感染、毒物中毒和过度劳役等引起的呼吸、循环衰竭等。

【药物相互作用】与氨茶碱同用可增加其毒性；与麻黄碱、肾上腺素有相互增强作用，不宜同时注射；与阿司匹林配伍可增加胃酸分泌。加剧消化道刺激反应；与氟喹诺酮类合用时，可使咖啡因代谢减少，从而使咖啡因的血药浓度提高。

【不良反应】剂量过大可引起反射亢进、肌肉抽搐乃至惊厥。

【制剂与用法】安钠咖注射液，静脉、肌内或皮下注射，一次量，马、牛 2～5 g，羊、猪 0.5～2 g，犬 0.1～0.3 g。牛、羊、猪休药期 28 d，弃奶期 7 d。

【注意事项】忌与鞣酸、碘化物、盐酸四环素、盐酸土霉素等酸性药物配伍，以免发生沉淀；大家畜心动过速(100 次/min 以上)或心律不齐时禁用；剂量过大或给药过频易发生中毒。中毒时，可用溴化物、水合氯醛或巴比妥类药物对抗兴奋症状。

尼可刹米

本品为无色或淡黄色的澄清油状液体，放置冷处即成结晶；略有异臭，味苦；有引湿性。能与水、乙醇、三氯甲烷或乙醚任意混合。

【作用与应用】对延髓呼吸中枢具有选择性直接兴奋作用，也可作用于颈动脉窦和主动脉体化学感受器。反射性兴奋呼吸中枢，提高呼吸中枢对缺氧的敏感性，使呼吸加深加快。对大脑皮层、血管运动中枢和脊髓有较弱的兴奋作用。对其他器官无直接兴奋作用。

常用于麻醉药中毒和严重疾病引起的呼吸中枢和循环衰竭。也可解救一氧化碳中毒、溺水、新生幼畜窒息或加速麻醉动物的苏醒等。本品不良反应少，但剂量过大可引起血压升高、出汗、心律失常、震颤及肌肉僵直，过量也可引起惊厥。

【制剂与用法】尼可刹米注射液，静脉、肌内或皮下注射，一次量，马、牛 2.5～5 g，羊、猪 0.25～1 g，犬 0.125～0.5 g。

【注意事项】本品静脉注射速度不宜过快；如出现惊厥，应及时静脉注射苯二氮卓类药物或小剂量硫喷妥钠；兴奋作用之后，常出现中枢神经抑制现象。

戊四氮

本品为白色结晶粉末，无臭、味微辛苦，水溶液呈中性反应。在水或乙醇中易溶，在乙醚或三氯甲烷中溶解。

【作用与应用】本品作用、应用与尼可刹米相似，主要兴奋脑干，对大脑及脊髓也有兴奋作用。主要用于解救呼吸中枢抑制。作用比尼可刹米稍强，但安全范围小，选择性较差，过量易引起惊厥甚至呼吸麻痹。其他参见尼可刹米。

【制剂与用法】戊四氮注射液，静脉、肌内或皮下注射，一次量，马、牛 0.5～1.5 g，羊、猪 0.05～0.3 g，犬 0.02～0.1 g。

【注意事项】静脉注射本品时，速度应缓慢；药效持续时间较短，对危急病例，可每隔 15～30 min 给药 1 次，直至呼吸好转；不宜用于吗啡、普鲁卡因中毒解救。

樟脑磺酸钠

本品为白色的结晶或结晶性粉末，无臭或几乎无臭，味初微苦、后甜。在水及热乙醇中极易溶解。

【作用与应用】本品注射后通过对局部刺激可反射性地兴奋呼吸中枢和血管运动中枢，吸收后还能直接兴奋延髓呼吸中枢。大剂量也可兴奋大脑皮层。还有一定的强心作用，使心肌收缩力增强、输出量增加、血压升高等。主要用于中枢抑制药中毒和肺炎等引起的呼吸及循环抑制。

【制剂与用法】樟脑磺酸钠注射液，用于呼吸抑制和心脏衰弱等辅助治疗。静脉、肌内或皮下注射，一次量，马、牛 1～2 g，羊、猪 0.2～1 g，犬 0.05～0.1 g。

【注意事项】如出现结晶时，可加温溶解后使用；家畜宰前不宜使用；过量中毒时可静脉注射水合氯醛、硫酸镁和 10%葡萄糖液解救。

硝酸士的宁

硝酸士的宁又称马钱子碱或番木鳖碱，为无色针状结晶或白色结晶性粉末，无臭，味极苦。在沸水中易溶，在水中略溶，在乙醇或三氯甲烷中微溶，在乙醚中几乎不溶。

【作用与应用】本品可选择性兴奋脊髓，增强脊髓反射的应激性，提高骨骼肌的紧张度。对大脑皮层也有一定的兴奋作用。中毒剂量对中枢神经系统的所有部位都有兴奋作用，使全身骨骼肌同时挛缩，易出现肌肉震颤、脊髓兴奋性惊厥、角弓反张等。因过量出现惊厥时应保持动物安静，避免外界刺激，并迅速肌内注射苯巴比妥钠等进行解救。

临床可用于脊髓功能低下引起的不全麻痹及括约肌不全麻痹，如后躯麻痹、膀胱麻痹、阴茎下垂等。

【制剂与用法】硝酸士的宁注射液，皮下注射，一次量，马、牛 15～30 mg，羊、猪 2～4 mg，犬 0.5～0.8 mg。

(二)镇静药与抗惊厥药

镇静药是指对中枢神经系统具有轻度抑制作用，从而起到减轻或消除动物狂躁不安，恢复安静的一类药物。主要用于兴奋不安或具有攻击行为的动物或患畜，以使其安静，便于工作和治疗。这类药物在大剂量时还能缓解中枢病理性过度兴奋症状，即具有抗惊厥作用。临床上常用的另一类中枢抑制药是安定药，如吩噻嗪类(氯丙嗪等)、苯二氮卓类(地西泮等)，这类药物大剂量下也具有抗惊厥作用。曾用于兽医临床的溴化物现已少用。

有些全身麻醉药在低剂量时均有镇静作用，在较高剂量时还有催眠作用，这类药被称为镇静催眠药(如水合氯醛)。当给予足够剂量时,能诱导全身麻醉。

抗惊厥药是指能对抗或缓解中枢神经因病变而造成的过度兴奋状态,从而消除或缓解全身骨骼肌不自主地强烈收缩的一类药物。常用药物有硫酸镁注射液、巴比妥类药、水合氯醛、地西泮等。

盐酸氯丙嗪

本品为白色或乳白色结晶性粉末,有微臭,味极苦,有引湿性,遇光渐变色,水溶液显酸性反应。在水、乙醇或三氯甲烷中易溶,在乙醚或苯中不溶。

【作用与应用】盐酸氯丙嗪能强化中枢抑制药(如麻醉药、镇痛药与抗惊厥药)的中枢抑制作用;对下丘脑体温调节中枢的抑制作用,能使体温显著降低。另外,盐酸氯丙嗪可阻断外周 α 受体,直接扩张血管,解除小动脉和小静脉痉挛,改善微循环,具有抗休克作用。

临床用于破伤风的辅助治疗,缓解脑炎的兴奋症状,驯服狂躁动物以及消除攻击行为等。麻醉前给药能显著增强麻醉药效果,减少麻醉药的用量,减轻麻醉药的毒副反应。

过量引起的低血压禁用肾上腺素解救,但可选用去甲肾上腺素;有黄疸、肝炎及肾炎的患病动物应慎用。年老体弱动物慎用。

【药物相互作用】①苯巴比妥可使盐酸氯丙嗪在尿中排泄量增加数倍,对前者的抗癫痫作用无增强作用。②抗胆碱药可降低盐酸氯丙嗪的血药浓度,而氯丙嗪可加重抗胆碱药物的副作用。③本品与肾上腺素联用,因氯丙嗪阻断 α 受体可发生严重低血压。④与四环素类联用可加重肝损害。⑤与其他中枢抑制药并用可加强抑制作用(包括呼吸抑制),联用时两药均应减量。

【不良反应】马用本品常兴奋不安,易发生意外,故不主张使用;过大剂量可使犬、猫等动物出现心律不齐,四肢与头部震颤,甚至四肢与躯干僵硬等不良反应。

【最高残留限量】在动物可食用组织中不得检出。

【制剂与用法】盐酸氯丙嗪片:内服,一次量,每千克体重,犬、猫 2~3 mg。盐酸氯丙嗪注射液:肌内注射,一次量,每千克体重,马、牛 0.5~1 mg,羊、猪 1~2 mg,犬、猫 1~3 mg,虎 4 mg,熊 2.5 mg,单峰骆驼 1.5~2.5 mg,野牛 2.5 mg,恒河猴、豺 2 mg。休药期 28 d,弃奶期 7 d。

地西泮

地西泮又名安定,为白色或类白色的结晶性粉末,无臭,味微苦。在丙酮或三氯甲烷中易溶,在乙醇溶解,在水中几乎不溶。

【作用与应用】本品抑制大脑皮层、丘脑、边缘系统。具有安定、镇静、催眠、骨骼肌松弛、抗惊厥、抗癫痫以及增强麻醉药的作用。用于各种动物镇静、保定、癫痫发作、基础麻醉及术前给药。地西泮与其代谢产物在动物可食用组织不得检出。

【制剂与用法】地西泮片:内服,一次量,犬 5~10 mg,猫 2~5 mg,水貂 0.5~1 mg。地西泮注射液:肌内或静脉注射,一次量,每千克体重,马 0.1~0.15 mg,牛、羊、猪 0.5~1 mg,犬、猫 0.6~1.2 mg,水貂 0.5~1 mg。休药期 28 d。

苯巴比妥

本品为白色结晶或结晶性粉末，无臭、味微苦，微溶于水，易溶于乙醇。

【作用与应用】本品属长效巴比妥类药物，具有抑制中枢神经系统的作用，随着剂量的增加可产生镇静、催眠、抗惊厥和麻醉等效果，并能增强解热镇痛药的镇痛作用。另外，还有抗癫痫作用，对癫痫大发作有特效。本品是目前已知最好的抗癫痫药，但对癫痫小发作疗效差，且单用本药治疗时还能使发作加重。

临床上多作镇静药应用，主要用于治疗癫痫，同时可减轻脑炎、破伤风等疾病的兴奋症状和解救士的宁中毒。也可用于实验动物的麻醉。

【注意事项】用量过大抑制呼吸中枢时，可用安钠咖、尼可刹米等中枢兴奋药解救，肾功能障碍的患畜慎用。

【制剂与用法】苯巴比妥片，内服，一次量，每千克体重，犬、猫 6～12 mg。

苯巴比妥钠

本品为白色结晶性颗粒或粉末，无臭，味苦，有引湿性。在水中极易溶解，在乙醇中溶解，在三氯甲烷或乙醚中几乎不溶。作用与应用同苯巴比妥。常用制剂为注射用苯巴比妥钠，肌内注射，一次量，羊、猪 250～1 000 mg，每千克体重犬、猫 6～12 mg。本品水溶液不可与酸性药物配伍。

巴比妥

【作用与应用】与苯巴比妥相似。起效缓慢，内服后 30～60 min 产生镇静、催眠作用，维持时间较长，达 6～8 h。

常与解热镇痛药合用，治疗神经痛、关节痛及肌肉痛。本品可增强解热镇痛药的作用。其他参见苯巴比妥。制剂为安痛定注射液(见解热镇痛药部分)。

硫酸镁注射液

【应用】用于破伤风及其他痉挛性疾病，如缓解破伤风、脑炎、士的宁等中枢兴奋药中毒所致的惊厥等。与硫酸多黏菌素、硫酸链霉素、葡萄糖酸钙、盐酸普鲁卡因、四环素、青霉素等药物存在配伍禁忌。

【用法与用量】静脉、肌内注射，一次量，马、牛 10～25 g，羊、猪 2.5～7.5 g，犬、猫 1～2 g。

(三)全身麻醉药

全身麻醉药简称全麻药，指能引起中枢神经系统部分机能暂停，表现为意识与感觉特别是痛觉消失，反射与肌肉张力部分或完全消失，但仍保持延脑生命中枢功能的药物。主要用于外科手术。

中枢神经系统各个部位对麻醉药有不同的敏感性，随血药浓度升高，依次出现不同程度的抑制。其作用的顺序是大脑皮层、间脑、中脑、桥脑、脊髓，最后是延脑。麻醉结束后，血药浓度下降，中枢神经系统各个部位依相反顺序恢复其兴奋性。

1. 分类

全麻药可分为吸入麻醉药（如麻醉乙醚）和非吸入麻醉药（如水合氯醛、氯胺酮、硫喷妥钠等）两大类。吸入性麻醉药使用时比较复杂且需一定设备，基层难以实行，兽医临床多用非吸入性麻醉药。

2. 麻醉分期

为了掌握麻醉深度，取得外科麻醉的效果，防止麻醉时发生事故，常根据动物在麻醉中的表现将其分为三个时期。

（1）第一期（诱导期）　是麻醉的最初期，动物表现不随意运动性兴奋、挣扎、嘶鸣、呼吸规则、脉搏频数、血压升高、瞳孔扩大、肌肉紧张，各种反射都存在。

（2）第二期（麻醉期）　又分浅麻期和深麻期。

浅麻期：动物的痛觉、意识完全消失。肌肉松弛，呼吸浅而均匀，瞳孔逐渐缩小，痛觉反射消失，角膜和趾反射仍存在，但较迟钝。一般手术可在此期进行或配合局部麻醉药进行大手术。

深麻期：麻醉继续深入，动物出现以腹式呼吸为主的呼吸式，角膜和趾反射也消失，舌脱出不能回缩，由于深麻期不易控制而易转入延脑麻痹期，动物易发生危险，故常避免进入此期。

（3）第三期　麻醉由深麻期继续深入，动物瞳孔扩大，呼吸困难，呈现陈-施二氏呼吸，心跳微弱而逐渐停止，最后麻痹死亡，称为延脑麻痹期。如动物逐渐苏醒而恢复，称为苏醒期。苏醒过程中，动物虽然醒觉，但站立不稳，易于跌撞，应加以防护。

3. 麻醉方式

为了克服全麻药的不足，增强麻醉效果，常采用联合给药或辅以其他药物的方式。①麻醉前给药：在麻醉前给予某种药物，以减少全麻药的毒副作用和用量，扩大安全范围。如在麻醉前给予阿托品，以防止在麻醉中唾液和支气管腺分泌过多而引起异物性肺炎，并可阻断迷走神经对心脏的影响，防止心率减慢或骤停。②混合麻醉：将数种麻醉药混合在一起进行麻醉，取长补短，往往可以达到较为安全可靠的麻醉效果。如水合氯醛与酒精、水合氯醛与硫酸镁等。③配合麻醉：以某种全麻药为主，配合局部麻醉药进行的麻醉。如先用水合氯醛达到浅麻，然后在术部使用局部麻醉药普鲁卡因等，这种方式安全范围大，用途广，临床常用。

4. 应用麻醉药的注意事项

①麻醉前：麻醉前要仔细检查动物体况，对过于衰弱、消瘦或有严重心血管疾病或呼吸系统、肝脏疾病的病畜及怀孕母畜，不宜进行全身麻醉。②麻醉过程中：在麻醉过程中，不断观察动物呼吸和瞳孔的变化情况，检查脉搏数和心搏的强弱、节律，以免麻醉过深。如发现瞳孔异常，应立即停止麻醉并进行对症处理。如打开口腔、引出舌头、进行人工呼吸或注射中枢兴奋药等。③准确选用全麻药：根据动物种类和手术需要选择适宜的全麻药和麻醉方式。一般马属动物和猪对全麻药较能耐受，但巴比妥类易引起马产生明显的兴奋过程。反刍动物在麻醉前宜停饲 12 h 以上，且不宜单用水合氯醛做全身麻醉，多以水合氯醛与普鲁卡因进行配合麻醉。

异戊巴比妥钠

本品为白色颗粒或粉末，无臭，味苦，有引湿性。水溶液呈碱性反应，在水中极易溶解，在乙醇中溶解，在三氯甲烷或乙醚中几乎不溶。

【作用与应用】本品作用与苯巴比妥相似。小剂量能镇静、催眠，随剂量增加能产生抗惊厥和麻醉作用。麻醉维持时间约为 30 min。

【不良反应】在苏醒时有较强烈的兴奋现象。

【制剂与用法】注射用异戊巴比妥钠，静脉注射，一次量，每千克体重，猪、犬、猫、兔 2.5～10 mg，临用前用灭菌注射用水配成 3%～6%的溶液。

水合氯醛

本品为白色或无色透明的结晶，有刺激性，特臭，味微苦，在空气中渐渐挥发。在水中极易溶解，在乙醇、三氯甲烷或乙醚中易溶。

【作用与应用】水合氯醛及其代谢物三氯乙醇均能对中枢神经系统产生抑制作用，其作用机理主要是抑制网状结构上行激活系统。随着剂量的增加可产生镇静、催眠、抗惊厥和麻醉作用。水合氯醛能降低新陈代谢，抑制体温中枢，使体温下降。作为镇静药主要用于马属动物急性胃扩张，肠阻塞，痉挛性腹痛，子宫及直肠脱出，食道、肠管、膀胱痉挛等；作为抗惊厥药可用于破伤风、脑炎、士的宁及其他中枢兴奋药中毒所致的惊厥；也可用作马、骡、骆驼、猪、犬、禽类的基础麻醉或全身麻醉。

【不良反应】①本品对局部组织有强烈刺激性。②可引起牛、羊等动物唾液分泌大量增加。③对呼吸中枢有较强的抑制作用。④对肝肾有一定的损害作用。

【制剂与用法】水合氯醛乙醇注射液：以本品计，静脉注射，一次量，马、牛 100～300 mL。水合氯醛硫酸镁注射液：以本品计，静脉注射，一次量，马 200～400 mL（麻醉），马 100～200 mL（镇静）。

【注意事项】①本品刺激性大，静脉注射时不可漏出血管，内服或灌注时，宜用 10%的淀粉浆配成 5%～10%的浓度应用。②本品能抑制体温中枢，使体温下降 1～3 ℃，故在寒冷的冬季应注意保温。③静脉注射时，先注入 2/3 的剂量，余下 1/3 剂量应缓慢注入，待动物出现后躯摇摆、站立不稳时，即可停止注射并助其缓慢倒卧。④有严重心、肝、肾脏疾病的病畜禁用。

（四）化学保定药

化学保定药又称制动药，这类药物在不影响意识和感觉的情况下可使动物情绪转为平静和温顺，嗜睡或肌肉松弛，从而停止抗拒和各种挣扎活动，以达到类似保定的目的。

赛拉嗪

本品为白色或类白色结晶性粉末，味微苦。在丙酮或苯中易溶，在乙醇或三氯甲烷中溶解，在石油醚中微溶，在水中不溶。

【作用与应用】本品为一种强效 α_2 肾上腺素受体激动剂，具有明显的镇静、镇痛和肌肉松弛作用。尽管赛拉嗪的许多药理作用与吗啡相似，但在猫、马和牛不会引起中枢兴奋，而是引起镇静和中枢抑制。对于马，消除内脏器官疼痛效果比镇痛新、哌替啶、安乃近还好，与芬太尼合用消除内脏疼痛最有效。对骨骼肌松弛作用与其在中枢水平抑制神经冲动传导有关，肌内注射后常可诱导猫呕吐，偶尔犬也出现呕吐。

临床上可用于各种动物的镇静和镇痛，达到化学保定效果。也可与某些麻醉药合用于外科手术。另外，有时也用于猫的催吐。

【药物相互作用】①与水合氯醛、硫喷妥钠或戊巴比妥钠等中枢神经抑制药合用，可增强抑制效果。②本品可增强氯胺酮的催眠镇痛作用。使肌肉松弛，并可拮抗其中枢兴奋反应。③与肾上腺素合用可诱发心律失常。

【不良反应】①犬、猫用药后常出现呕吐、肌肉震颤、心搏徐缓、呼吸频率下降等，猫出现排尿增加。②反刍动物对本品敏感，用药后表现唾液分泌增多、瘤胃弛缓、臌胀、逆呕、腹泻、心搏缓慢和运动失调等，妊娠后期的牛会出现早产或流产。③马属动物用药后可出现肌肉震颤、心搏徐缓、呼吸频率下降、多汗，以及颅内压增加等。

【制剂与用法】盐酸赛拉嗪注射液，肌内注射，一次量，每千克体重，马 1～2 mg，牛 0.1～0.3 mg，羊 0.1～0.2 mg，犬、猫 1～2 mg，鹿 0.1～0.3 mg。

【注意事项】①马静脉注射速度宜慢，给药前可先注射小剂量阿托品。以防心脏传导阻滞。②犬、猫用药后可引起呕吐。③有呼吸抑制、心脏病、肾功能不全等症状的患畜慎用。④中毒时，可用育亨宾 α_2 等受体阻断药及阿托品等解救。⑤产奶动物禁用。

赛拉唑

赛拉唑又名静松灵，为白色结晶，味微苦。在丙酮、三氯甲烷或乙醚中易溶，在石油醚中极微溶解，在水中不溶。

【作用与应用】本品作用与赛拉嗪基本相似。但不同种属动物的敏感性有所差异。动物用药后，表现为镇静和嗜睡，用药约 30 min 后作用逐渐消失，1 h 后完全恢复。牛最敏感，猪、犬、猫、兔及野生动物敏感性较差。

本品静脉注射后约 1 min 或肌内注射后 10～15 min，即呈现良好的镇静和镇痛作用。马肌内注射 1.5 h 达血药峰浓度。绵羊肌内注射 0.22 h 达血药峰浓度，半衰期为 4.1 h。

【不良反应】参见赛拉嗪。

【制剂与用法】盐酸赛拉唑注射液，肌内注射，一次量，每千克体重，马、骡 0.5～1.2 mg，驴 1～3 mg，黄牛、牦牛 0.2～0.6 mg，水牛 0.4～1 mg，羊 1～3 mg，鹿 2～5 mg。休药期 28 d，弃奶期 7 d。

氯化琥珀胆碱

本品为白色或几乎白色的结晶性粉末，无臭，味咸。在水中极易溶解，在乙醇或三氯甲烷中微溶，在乙醚中不溶。

【作用与应用】本品为去极化型肌松药，用药后动物先出现短暂的肌束颤动，3 min 内即转为肌肉麻痹,导致肌肉松弛。首先松弛头部、颈部肌肉,继而松弛躯干和四肢肌肉,最后松弛肋间肌和膈肌。用量过大,肋间肌和膈肌麻痹,动物可因窒息死亡。肌松持续时间因动物种属而异,马可持续 5～8 min,猪 2～4 min,牛 15～20 min。本品使用过量中毒只有人工呼吸或吸氧才能解救。

本品内服不易吸收,注射起效快,但持续时间短,主要用于动物的化学保定和外科辅助麻醉。

【不良反应】①本品使用过量易引起呼吸肌麻痹。②本品使肌肉持久去极化而释放出钾离子,使血钾升高。

【制剂与用法】氯化琥珀胆碱注射液,肌内注射,一次量,每千克体重,马 0.07～0.2 mg,牛 0.01～0.016 mg,猪 2 mg,犬、猫 0.06～0.11 mg,鹿 0.08～0.12 mg。

二、作用于外周神经系统的药物

外周神经系统可分为传出神经纤维和传入神经纤维两大类,故外周神经系统药物包括作用于传出神经系统的药物和作用于传入神经系统的药物。

(一)作用于传入神经系统的药物

局部麻醉药简称局麻药,是一类能在用药局部可逆性地阻断感觉神经发出的冲动与传导,使局部组织痛觉暂时丧失的药物。局部麻醉药属于作用于传入神经纤维的药物。

局麻药对任何神经都有抑制其兴奋、阻断传导的作用。但不同的神经纤维对局麻药的敏感度不同。这与神经纤维的粗细、分布的深浅及有无髓鞘等有关。感觉神经纤维最细,多分布在表面,大多数无髓鞘,故容易被麻醉。而在感觉神经纤维中,痛觉神经纤维最细,故在感觉中痛觉最先消失,依次是冷、温、触、关节感觉和深压感觉,恢复时顺序相反。本品进入组织后,缓慢水解,释放游离碱才发挥作用。当急性炎症时,组织中 pH 偏低,不利于游离碱释放,故局麻作用较弱。

有关局麻药的作用机理,目前认为是局麻药通过与细胞膜上的钠离子通道结合,阻断钠离子通道开放和钠离子的内流,从而阻断神经冲动的传导,产生局部麻醉作用。

常用诱导局部麻醉的方式主要有:表面麻醉、浸润麻醉、传导麻醉、硬膜外麻醉和封闭疗法。

盐酸普鲁卡因

本品为白色结晶或结晶性粉末,无臭,味微苦,随后有麻痹感。在水中易溶,在乙醇中略溶,在三氯甲烷中微溶,在乙醚中几乎不溶。

【作用与应用】本品为短效酯类局麻药。对皮肤、黏膜穿透力差,故不适于表面麻醉。注射后 1～3 min 呈局麻效应,持续 45～60 min。本品具有扩张血管的作用,加入微量缩血管药物肾上腺素(用量一般为每 100 mL 药液中加入 0.1%盐酸肾上腺素 0.2～0.5 mL),则局麻时间延长。吸收作用主要是对中枢神经系统和心血管系统的影响,小剂量时中枢轻微抑制,大剂量时则兴奋。另外,本品能降低心脏兴奋性和传导性。主要用于浸润麻醉、传导麻醉、硬膜外麻醉和封闭疗法。

【药物相互作用】①本品在体内的代谢产物对氨基苯甲酸，能竞争性地对抗磺胺药的抗菌作用，另一代谢产物乙氨基乙醇能增强洋地黄的减慢心率和房室传导作用，故不应与磺胺药、洋地黄合用。②与青霉素形成盐可延缓青霉素的吸收。

【制剂与用法】盐酸普鲁卡因注射液，浸润麻醉、封闭疗法 0.25%～0.5%溶液，传导麻醉 2%～5%溶液。每个注射点，大动物 10～20 mL，小动物 2～5 mL。硬膜外麻醉 2%～5%溶液，马、牛 20～30 mL。

【注意事项】剂量过大可出现吸收作用，可引起中枢神经系统先兴奋、后抑制的中毒症状，应进行对症治疗。马对本品比较敏感。

盐酸利多卡因

本品为白色结晶性粉末，无臭，味苦，继有麻木感。在水或乙醇中易溶，在三氯甲烷中溶解，在乙醚中不溶。

【作用与应用】属酰胺类中效局麻药。局麻作用较普鲁卡因强 1～3 倍，穿透力强，作用快，维持时间长(1～2 h)。扩张血管作用不明显，其吸收作用表现为中枢神经抑制。此外，还能抑制心室自律性，缩短不应期，可用于治疗心律失常。

用于表面麻醉、浸润麻醉、传导麻醉和硬膜外麻醉。

【药物相互作用】①与西咪替丁或心得安合用，可增强利多卡因药效。②与其他抗心律失常药合用可增加本品的心脏毒性。

【不良反应】常用量不良反应很少见，有时出现短时的恶心、呕吐。过量的不良反应主要有嗜睡、共济失调、肌肉震颤等。大量吸收后可引起中枢兴奋如惊厥，甚至发生呼吸抑制，必须控制用量。

【制剂与用法】盐酸利多卡因注射液。浸润麻醉 0.25%～0.5%溶液，表面麻醉 2%～5%溶液，传导麻醉:12%溶液。每个注射点，马、牛 8～12 mL，羊 3～4 mL。硬膜外麻醉 12%溶液，马、牛 8～12 mL。

【注意事项】①当本品用于硬膜外麻醉和静脉注射时，不可加肾上腺素。②其他参见盐酸普鲁卡因注射液。

盐酸丁卡因

本品为白色结晶或结晶性粉末，无臭，味微苦，有麻舌感。在水中易溶，在乙醇中溶解，在乙醚或苯中不溶。

【作用与应用】本品为长效酯类局麻药。脂溶性高，组织穿透力强，局麻作用比普鲁卡因强 10 倍，麻醉维持时间长，可达 3 h 左右。但出现局麻的潜伏期较长，5～10 min。毒性较普鲁卡因大，为其 10～12 倍。0.5%～1%的等渗溶液用于眼科表面麻醉，1%～2%溶液用于鼻、喉头喷雾或气管插管，0.1%～0.5%溶液用于泌尿道黏膜麻醉。

大剂量可致心脏传导系统抑制。

【注意事项】①因毒性大，作用出现慢，一般不做浸润麻醉。②药液中宜加入 0.1%盐酸肾上腺素。

(二)作用于传出神经系统的药物

1. 分类

作用于传出神经系统的药物,其作用与传出神经的解剖生理功能有着密切关系,为了便于理解本类药物的药理作用和应用,必须了解有关传出神经的知识。

(1)按解剖学分类　传出神经可分为植物神经和运动神经两大类(图 7-7)。前者主要支配心脏、平滑肌和腺体等效应器的活动,后者支配骨骼肌的运动。植物神经有节前纤维和节后纤维之分。

(2)按递质分类　传出神经末梢释放的递质主要有乙酰胆碱(ACh)和去甲肾上腺素(NE)。它们通过作用突触后膜上相应的受体,影响下一级神经元或效应器细胞的活动,完成神经冲动的传递。根据递质的不同,传出神经可分为胆碱能神经和肾上腺素能神经。

①胆碱能神经。包括运动神经、植物神经节前纤维、副交感神经节后纤维和极少数交感神经节后纤维(如支配汗腺的交感神经节后纤维)。它们兴奋时释放的递质是乙酰胆碱。

②肾上腺素能神经。大部分交感神经节后纤维都属此类,它们释放的递质是去甲肾上腺素。

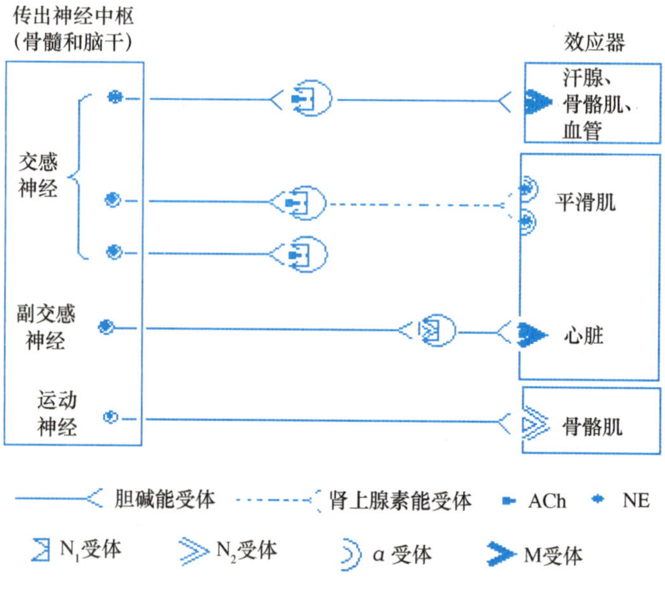

图 7-7　传出神经的分类、递质及受体分布示意图

2. 传出神经的受体

传出神经的生理机能是通过递质与受体结合而产生效应的。它能选择性地与某些递质或药物结合,产生一定的生理或药理效应。受体可分为两大类。

(1)胆碱受体　胆碱受体是指能与乙酰胆碱结合的受体。这种受体又可分为:①毒蕈碱型胆碱受体,简称 M 胆碱受体或 M 受体。对毒蕈碱敏感,主要分布于副交感神经节后纤维和一小部分释放乙酰胆的交感神经节后纤维所支配的效应器上的细胞膜上。②烟碱型胆碱受体,简称 N 胆碱受体或 N 受体。对烟碱的作用比较敏感,主要分布于植物神经节细胞膜和骨骼肌细胞膜上,一般将植物神经节细胞膜上的受体称为 N_1 受体,骨骼肌细胞膜上的受体称为 N_2 受体。

(2)肾上腺素受体　肾上腺素受体是指能与去甲肾上腺素或肾上腺素结合的受体。此种受体也可分为:①α 肾上腺素受体,简称 α 受体。主要分布于皮肤、黏膜、内脏的血管,虹膜辐射肌和腺体细胞等效应器细胞膜上及肾上腺素能神经末梢的突触前膜。②β 肾上腺素受体,简称 β 受体。主要分布于心脏、血管、支气管等效应器细胞膜上。β 受体又分为两种,即 β_1 受体和 β_2 受体。β_1 受体主要分布在心脏,β_2 受体主要分布在血管(骨骼肌、内脏、冠状动脉)和支气管。

3. 传出神经递质的作用

神经末梢释放的递质与受体结合后产生一定的生理效应。

(1)胆碱能神经递质的作用　①M 样作用(毒蕈碱样作用)是兴奋 M 受体时所呈现的作用。表现为心脏抑制,多数平滑肌收缩,瞳孔缩小,腺体分泌增加等。②N 样作用(烟碱样作用)是兴奋 N 受体时所呈现的作用。表现为植物神经节兴奋,肾上腺髓质分泌增加,骨骼肌收缩等。

(2)肾上腺素能神经递质的作用　①α 样作用是兴奋 α 受体所呈现的作用,表现为血管收缩,血压升高等。②β 样作用是兴奋 β 受体所呈现的作用,表现为心跳加快,心肌收缩力加强,平滑肌松弛,脂肪和糖原分解。

4. 传出神经的生理功能

除骨骼肌受运动神经支配外,机体器官的功能一般都受交感神经和副交感神经的双重支配。虽然这两种神经的功能大多数是互相拮抗、互相制约的,但在中枢神经系统的调节下,两者的机能处于对立统一的状态,以保证机体更好地适应内外环境的变化和机体活动需要。传出神经的效应见表 7-1。

表 7-1　传出神经的效应

效应器官			肾上腺素能神经兴奋		胆碱能神经兴奋	
			效应	受体	效应	受体
心脏	心缩 心率		收缩力加强* 心率加快	β_1 β_1	收缩力减弱 心率减慢*	M
平滑肌	血管	皮肤黏膜 内脏 骨骼肌 冠状动脉	收缩 收缩 扩张 扩张	α α、β_2 α、β_2 α、β	扩张 扩张(交感神经)	M
	支气管 胃肠、膀胱 胃肠、膀胱(括约肌)		松弛 松弛 收缩	β_2 α、β α	收缩* 收缩* 松弛	M
	眼虹膜		辐射肌收缩(散瞳)	α	括约肌收缩(缩瞳)	M
腺体	唾液腺 汗腺		分泌少量稠液 分泌(马、羊)**	α α	分泌多量稀液 分泌(交感神经)	M
植物神经节 肾上腺髓质					兴奋 分泌(交感神经节前纤维)	N_1
骨骼肌					收缩	N_2

注:* 表示占优势方面,** 马、羊支配汗腺的一小部分交感神经属肾上腺素能神经。

5. 传出神经系统药物的作用与分类

(1)传出神经系统药物的作用　作用于传出神经系统的药物，大多数是通过影响突触传递而产生效应，其基本作用是直接作用于受体或通过影响递质的代谢过程(正常情况，体内乙酰胆碱主要被胆碱酯酶分解而消除)而产生兴奋或抑制效应。①直接作用于受体：药物直接与效应器细胞膜上的受体结合，产生两种效应：一种是产生与递质(乙酰胆碱或去甲肾上腺素)相似的作用，有拟胆碱药和拟肾上腺素药；另一种是产生与递质相反的作用，有抗胆碱药和抗肾上腺素药。②影响递质的代谢过程：药物通过影响递质的释放和转化而产生作用。如新斯的明通过抑制胆碱酯酶的活性，减少乙酰胆碱的破坏而呈现拟胆碱作用；麻黄碱除直接作用于受体而产生效应外，还可通过促进去甲肾上腺素的释放而发挥拟肾上腺素作用。

(2)传出神经系统药物的分类　传出神经系统药物按其作用性质和作用部位进行分类，见表 7-2。

表 7-2　常用传出神经系统药物的分类

分类		常用药物	作用部位
拟胆碱药	节前、节后拟胆碱药 节后拟胆碱药 抗胆碱酯酶药	氨甲酰胆碱 氨甲酰甲胆碱、毛果芸香碱 新斯的明、毒扁豆碱、加兰他敏	作用于 N、M 胆碱受体 作用于 M 胆碱受体 抑制胆碱酯酶
抗胆碱药	节后抗胆碱药 骨骼肌松弛药	阿托品、东莨菪碱 箭毒碱、琥珀胆碱、潘克罗宁	阻断 M 胆碱受体 阻断骨骼肌 N 胆碱受体
拟肾上腺素药		肾上腺素 去甲肾上腺素 异丙肾上腺素 麻黄碱	作用于 α、β 受体 作用于 α 受体 作用于 β 受体 通过释放递质也兴奋 α、β 受体
抗肾上腺素药		酚妥拉明 心得安	阻断 α 受体 阻断 β 受体

拟胆碱药

本类药物包括能直接与胆碱受体结合产生兴奋效应的药物，即胆碱受体激动药(如氨甲酰甲胆碱等)及通过抑制胆碱酯酶活性，导致乙酰胆碱蓄积，间接引起胆碱能神经兴奋效应的药物——抗胆碱酯酶药(如新斯的明等)。本类药物一般能使心率减慢、瞳孔缩小、血管扩张、胃肠蠕动及腺体分泌增加等。临床可用于胃肠弛缓、肠麻痹等疾病。过量中毒时可用抗胆碱药(如阿托品等)解救。

氨甲酰胆碱

本品为无色或淡黄色小棱柱形的结晶或结晶性粉末，有潮解性。在水中极易溶解，在无水乙醇中微溶，在丙酮或乙醚中不溶。

【作用与应用】本品能直接兴奋 M 受体和 N 受体，并可促进胆碱能神经末梢释放乙酰胆碱。发挥直接和间接拟胆碱作用。用于胃肠弛缓、前胃弛缓，也可用于胎衣不下、子宫蓄脓等。

【不良反应】本品作用强烈而广泛，选择性差，较大剂量可引起腹泻、血压下降、呼吸困难、心脏传导阻滞等不良反应。

【制剂与用法】氨甲酰胆碱注射液，皮下注射，一次量，马、牛 1～2 mg，羊、猪 0.25～0.5 mg，犬 0.025～0.1 mg。

氯化氨甲酰甲胆碱

本品为白色结晶或结晶性粉末，有氨臭，置空气中潮解。在水中极易溶解，在乙醇中易溶，在三氯甲烷或乙醚中不溶。

【作用与应用】本品能兴奋 M 胆碱受体，对 N 胆碱受体几乎无作用。主要用于胃肠弛缓，也用于膀胱积尿、胎衣不下和子宫蓄脓等。但肠道完全阻塞、创伤性网胃炎及孕畜禁用本品。过量中毒时可用阿托品解救。

【制剂与用法】氯化氨甲酰甲胆碱注射液，皮下注射，一次量，每千克体重，马、牛 0.05～0.1 mg，犬、猫 0.25～0.5 mg。

硝酸毛果芸香碱注射液

由毛果芸香属植物提取的生物碱，现已能人工合成。其硝酸盐为有光泽的无色结晶，无臭，味微苦，遇光易变质。在水中易溶，在乙醇中微溶，在三氯甲烷和乙醚中不溶。

【作用与应用】本品能选择性地兴奋 M 胆碱受体，产生与节后胆碱能神经兴奋时相似的效应，对 N 胆碱受体作用微弱。其特点是对多种腺体和胃肠道平滑肌有强烈的兴奋作用。缩瞳作用明显，无论是局部点眼还是注射，都能使瞳孔明显缩小，降低眼内压。

主要用于胃肠弛缓和前胃弛缓。与散瞳药交替滴眼可用于虹膜炎，防止粘连。

【不良反应】不良反应主要为流涎、呕吐和出汗等。

【用法用量】皮下注射，一次量，马、牛 50～150 mg，羊 10～50 mg，猪 5～50 mg，犬 3～20 mg。

【注意事项】①忌用于肠道完全阻塞性便秘，以防肠管剧烈收缩，导致肠破裂。②中毒时可用阿托品解救。

甲硫酸新斯的明

本品为白色结晶性粉末，无臭，味苦，有引湿性。在水中极易溶解，在乙醇中易溶。

【作用与应用】本品能抑制胆碱酯酶活性，使乙酰胆碱不能水解，提高体内乙酰胆碱的浓度，从而加强和延长乙酰胆碱的作用。用于胃肠弛缓、重症肌无力和胎衣不下等。也可用于竞争性骨骼肌松弛药(箭毒碱等)中毒的解救。

【药物相互作用】①本品可延长及加强去极化型肌松药氯化琥珀胆碱的肌肉松弛作用。②与非去极化性肌松药(如箭毒碱、三碘季铵酚等)有拮抗作用。

【不良反应】治疗剂量副作用较小，过量可引起出汗、心动过缓、肌肉震颤或肌麻痹。

【制剂与用法】甲硫酸新斯的明注射液，肌内或皮下注射，一次量，马 4～10 mg，牛 4～20 mg，羊、猪 2～5 mg，犬 0.25～1 mg。

【注意事项】机械性肠梗阻、支气管哮喘患畜禁用；中毒时可用阿托品对抗其对 M 受体的兴奋作用。

抗胆碱药

抗胆碱药又称胆碱受体阻断药。此类药物能与胆碱受体结合，从而阻断胆碱能神经递质或外源性拟胆碱药与受体的结合，产生抗胆碱作用。

本类药物依据作用部位可分为 M 胆碱受体阻断药（如阿托品、东莨菪碱）、N 胆碱受体阻断药（如琥珀胆碱、箭毒碱）和中枢性抗胆碱药。兽医临床上目前应用的主要是前两种药物，N 胆碱受体阻断药表现为骨骼肌松弛作用，兽医临床用作化学保定药物。这里重点介绍 M 胆碱受体阻断药。

硫酸阿托品

本品为无色结晶或白色结晶性粉末，无臭。在水中极易溶解，在乙醇中易溶。

【作用与应用】本品能与乙酰胆碱竞争 M 胆碱受体，从而阻断乙酰胆碱及外源性拟胆碱药的 M 样作用。大剂量也能阻断位于神经节和骨骼肌运动终板部位的 N 胆碱受体。

阿托品药理作用广泛。治疗量的阿托品对过度收缩或痉挛的胃肠平滑肌有极显著的松弛作用。对膀胱逼尿肌次之，对支气管和输尿管平滑肌的作用较弱。另外，还可松弛虹膜括约肌和睫状肌。表现为散瞳、眼内压升高和调节麻痹。唾液腺和汗腺对阿托品极敏感，小剂量能使唾液腺、支气管腺及汗腺（马除外）分泌减少，较大剂量可减少胃液分泌。

治疗量阿托品则可短暂减慢心率。较大剂量阿托品可解除迷走神经对心脏的抑制，对抗因迷走神经过度兴奋所致的传导阻滞及心律失常。大剂量阿托品可加快心率，促进房室传导，并能扩张外周及内脏血管，解除小动脉痉挛，改善微循环，可明显兴奋迷走神经中枢、呼吸中枢、大脑皮层运动区和感觉区。中毒量可引起大脑和脊髓的强烈兴奋。

【不良反应】本品副作用与用药目的有关，其毒性作用往往是使用过大剂量所致。在麻醉前给药或治疗消化道疾病时，易致肠臌胀、瘤胃臌胀、便秘等。

所有动物的中毒症状基本类似，即表现为口干、瞳孔扩大、脉搏变快而弱、兴奋不安、肌肉震颤等，严重时昏迷、呼吸浅表、运动麻痹等，最后终因惊厥、呼吸抑制、窒息死亡。

【制剂与用法】硫酸阿托品片：内服，一次量，每千克体重，犬、猫 0.02～0.04 mg。硫酸阿托品注射液：肌内、皮下或静脉注射，一次量，每千克体重，麻醉前给药，马、牛、羊、猪、犬、猫 0.02～0.05 mg。解除有机磷酸酯类中毒，马、牛、羊、猪 0.5～1 mg，犬、猫 0.1～0.15 mg，禽 0.1～0.2 mg。

氢溴酸东莨菪碱

东莨菪碱是由洋金花、颠茄、莨菪等提取的一种生物碱，本品为莨菪碱的氢溴酸盐。本品为无色结晶或白色结晶性粉末，无臭，微有风化性。在水中易溶，在乙醇中略溶，在三氯甲烷中极微溶解，在乙醚中不溶。

【作用与应用】本品作用与阿托品相似。扩大瞳孔和抑制腺体分泌作用较阿托品强，对心血管、支气管和胃肠道平滑肌的作用较弱。中枢作用与阿托品不同，既有种属差异，又与剂量密切相关。如对犬、猫小剂量呈现中枢抑制作用，大剂量产生兴奋作用。对马属动物均表现为兴奋作用。用于胃肠道平滑肌痉挛、腺体分泌过多等。

【不良反应】①马属动物常出现中枢兴奋。②用药动物可引起胃肠蠕动减弱、腹胀、便秘、尿潴留、心动过速。

【制剂与用法】氢溴酸东莨菪碱注射液，皮下注射，一次量，牛 1～3 mg，羊、猪 0.2～0.5 mg。休药期 28 d，弃奶期 7 d。

拟肾上腺素药

拟肾上腺素药是指能兴奋肾上腺素能神经的药物。包括 α 受体兴奋药，如去甲肾上腺素；α、β 受体兴奋药如肾上腺素、麻黄碱；β 受体兴奋药，如异丙肾上腺素。后者主要用于扩张支气管，故又称为支气管扩张药或平喘药，在兽医临床上较少应用。

肾上腺素

本品为白色或类白色结晶性粉末，无臭，味苦；与空气接触或受日光照射，易氧化变质；在中性或碱性水溶液中不稳定，饱和水溶液显弱碱性反应。在水中极微溶解，在乙醇、三氯甲烷、乙醚、脂肪油或挥发油中不溶。在无机酸或氢氧化钠溶液中易溶，在氨溶液或碳酸钠溶液中不溶。

【作用与应用】本品对 α 与 β 受体均有很强的兴奋作用，药理作用广泛而复杂。①兴奋心脏：通过激动心脏 β_1 受体，提高心肌兴奋性，增强心率和心肌收缩力，增加心输出量。②通过激动血管 α 受体，使皮肤、黏膜血管和肾脏血管强烈收缩；通过激动 β_2 受体，使冠状血管和骨骼肌血管扩张。③升高血压：对血压的影响与剂量有关，常用剂量使收缩压升高，舒张压下降；大剂量使收缩压和舒张压均升高。④松弛支气管平滑肌：通过激动支气管平滑肌 β_2 受体，产生快速而强大的松弛支气管平滑肌的作用。此外，还可抑制肥大细胞释放致炎致敏物质，间接缓解支气管平滑肌痉挛，加之其能收缩支气管黏膜血管，降低了毛细血管通透性，从而有助于缓解过敏性疾病的呼吸困难症状。

兽医临床主要用于治疗过敏性疾病和心脏复苏。由于其缩血管作用，肾上腺素也常被加入局部麻醉药液以延缓局部麻醉药的吸收和延长作用时间。

【药物相互作用】①碱性药物如氨茶碱、磺胺类的钠盐、青霉素钠（钾）等可使本品失效。②某些抗组胺药（如苯海拉明、氯苯那敏）可增强其作用。③酚妥拉明可拮抗本品的升压作用。普萘洛尔可增强其升高血压的作用，并拮抗其兴奋心脏和扩张支气管的作用。④强心苷可使心肌对本品更敏感，合用易出现心律失常。⑤与催产素、麦角新碱等合用，可增强血管收缩，导致高血压或外周组织缺血。

【不良反应】本品可诱发兴奋、不安、颤抖、呕吐、高血压（过量）、心律失常等。重复注射可引起局部坏死。

【制剂与用法】盐酸肾上腺素注射液。皮下注射：一次量，马、牛 2～5 mL，羊、猪 0.2～1.0 mL，犬 0.1～0.5 mL。静脉注射：一次量，马、牛 1～3 mL，羊、猪 0.2～0.6 mL，犬 0.1～0.3 mL。

【注意事项】①与全麻药如水合氯醛合用时，易发生心室颤动。也不能与洋地黄、钙剂并用。②器质性心脏疾患、甲状腺功能亢进、外伤性及出血性休克等慎用。本品如变色即不得使用。

实训十二　有机磷酸酯类药物的中毒及其解救

一、目标

观察动物有机磷酸酯类药物中毒的主要症状，了解阿托品、碘解磷定的解毒作用及其解毒机理。

二、材料设备

兔开口器、兔胃管（可导尿管代替）、听诊器、毛剪、镊子、注射器（10 mL、1 mL）、针头、酒精棉、台秤；10％敌百虫、0.1％阿托品、2.5％碘解磷定注射液、家兔。

三、方法与步骤

取兔2只，称重编号，观察正常兔的唾液分泌、瞳孔大小、全身活动，四肢肌肉及排粪情况。然后，两兔按每千克体重5 mL灌服10％敌百虫溶液（或耳静脉注射按每千克体重1 mL），并记录灌服时间。待中毒症状（呼吸困难、全身肌肉震颤、四肢无力、频排稀粪、瞳孔缩小、唾液分泌增加等）明显后，甲兔由耳静脉注入0.1％阿托品注射液每千克体重1 mL。仔细观察中毒症状减轻或消失情况，哪些症状仍然存在，并记录。待15 min左右，再由耳静脉注射2.5％碘解磷定注射液每千克体重2 mL。观察中毒症状有何变化？乙兔中毒发生后，先注射碘解磷定，而后再注射阿托品，观察临床变化与甲兔有何不同（表7-3）。

表7-3　有机磷酸酯类药物的中毒及其解救实验记录

兔号	正常	中毒后	注射阿托品	注射碘解磷定
甲				
乙				

四、讨论分析

阿托品和碘解磷定解救有机磷中毒的机理是什么？两者有何不同？

案例分析

辽宁农业职业技术学院兽医门诊于2009年收诊一病马。

1. 临床症状

病马表现为典型的“木马状”，全身肌肉僵直，抬头举尾。表现为受刺激后全身肌肉强直和瞬膜突出。初期症状不明显，但可一手拉住笼头，另一手托起下颌呈水平状态后，轻拍下颌。此时可见瞬膜在拍打的瞬间脱出，并缓慢复原。

2. 诊断

根据临床上特异的“木马状”等症状而初步诊断为破伤风病。

3. 治疗

(1)中和毒素　中和并消除痉挛毒素是治疗本病的关键。临床实践证明：首次治疗时，大剂量一次使用破伤风抗毒素(精制破伤风血清)的疗效远优于小剂量多次应用的效果。用100万～120万IU破伤风抗毒素，以缓慢静脉滴注为佳。同时加入可的松0.2～0.5 g，可减少过敏并增强消炎效果。

(2)镇静解痉　早期轻微痉挛可不必镇静，轻度痉挛可单用25%硫酸镁注射液缓慢静脉注射，剂量控制在100 mL以内；中度痉挛可配合氯丙嗪300～500 mL，肌内注射；重度痉挛可用8%水合氯醛硫酸镁注射液200～400 mL，静脉注射。

(3)抗菌消炎　因绝大多数原发病灶已经愈合而无从查找，无法实施创伤局部处置，全身用药就成为抗菌消炎的唯一途径。用大剂量青霉素500万～2 000万IU、链霉素200万～500万IU，肌内注射，2次/d，连用3 d。

(4)对症疗法　对于肠音微弱，排粪迟滞，粪便干燥的患畜，可用液状石蜡500 mL、鱼石脂10 g、食盐20～30 g、温水500 mL灌肠。伴发肠炎时可静脉注射庆大霉素100万IU、黄连素0.5～1 g，配合口服氯霉素2～5 g，一般2次可治愈。酸中毒时可每日用5%碳酸氢钠500 mL静脉注射；排尿障碍时可用40%乌洛托品20～50 mL静脉注射，严重病例配合人工导尿。

复习思考题

1. 在对临床动物进行神经系统检查过程中，应当观察和分析动物的哪些异常表现？
2. 神经系统的病理变化主要有哪些？
3. 中枢神经兴奋药分为哪几类？简述剂量变化对中枢兴奋药作用强度、范围的影响。
4. 麻醉过程分为哪几期？一般外科手术在哪一期进行？为什么？
5. 进行全身麻醉时，要注意什么？
6. 盐酸普鲁卡因有何作用和用途？应用盐酸普鲁卡因应注意哪些问题？
7. 试述甲硫酸新斯的明、硫酸阿托品及肾上腺素对机体机能的影响和在兽医临床上的应用。

项目八

临床实验实训

实训十三　动物的保定与给药方法

【目标】掌握家畜常见的保定方法；灵活运用家畜给药方法。

【材料设备】

(1)动物：猪、牛、羊、马、犬。

(2)器材：剪毛剪、牛鼻钳、套猪器、开口器、胃管、耳夹子、长绳、嘴套、项圈、保定袋、导胃管、注射器等。

(3)试剂：生理盐水、凡士林(或液状石蜡)。

【方法与步骤】

一、动物的保定

为了保证诊疗工作的顺利进行，在诊疗过程中保护动物及诊疗人员，在诊疗之前要对动物进行保定。

(一)动物的接近

接近动物前，应了解并观察动物的习性及动物是否会出现惊恐和攻击人的神态(如马竖耳、瞪眼，牛低头凝视，猪斜视、翘鼻、发呼呼声等)，以防意外，确保人、畜安全。接近动物时，一般应请畜主在一旁协助，检查者应以温和的呼声，先向动物发出要接近的信号，然后再从其前侧方慢慢接近，决不可从其后方突然接近。

接近后，应轻轻抚摸动物的颈侧和肩部，使其保持安静和温顺状态，再进行检查。对猪，则可在其腹下部用手轻轻搔痒，使其安静或卧下，然后进行检查。

(二)保定

1. 简易保定法

本法适用于一般检查或简单处置，其方法依动物的种属而异。

(1)马简易保定法

鼻捻保定法：将鼻捻子的绳套套入左手上并夹于指间；右手抓住笼头，持有绳套的手自鼻梁向下轻轻抚摸至上唇时，迅速有力地抓住马的上唇，此时右手离开笼头，将绳套套于唇上，并迅速向一方捻转把柄，直至拧紧为止。

耳夹子保定法：先将一手放于马耳后的颈侧，然后迅速抓住马耳，以持夹子的另一手迅速将夹子放于耳根并用力夹紧，此后应一直握紧耳夹，免因骚动、挣扎而使夹子脱手甩出。也可用左手抓住笼头，右手紧拧马耳做徒手保定。

（2）牛简易保定法

徒手保定法：用一手抓住牛角，然后拉提鼻绳、鼻环，或用一手的拇指与食指、中指捏住牛的鼻中隔加以固定。

牛鼻钳保定法：将牛鼻钳的两钳嘴抵入两鼻孔，并迅速夹紧鼻中隔，用一手或双手握持，也可用绳系紧钳柄固定。

对牛的两后肢，通常可用绳在飞节上方将其绑在一起。

（3）羊简易保定法

一般检查时，可用两臂在羊的胸前及股后围抱即可固定；必要时，用手握住两角或两耳，固定头部；也可用两膝夹住羊颈部（或背部）进行固定。

（4）猪简易保定法

站立保定法：在猪群中，可将其赶至猪栏的一角，使其相互拥挤而不骚动，然后进行检查、处置。想抓住猪群中个体猪进行检查时，可迅速抓提猪尾、猪耳或后肢，并将其拖出猪群，然后做进一步保定。通常用绳套保定，在绳的一端做一活套，使绳套自猪的鼻端滑下，当猪张口时迅速将其套入上腭，立即勒紧；然后由一人拉紧保定绳的一端，或将绳拴于木桩上；此时猪多呈用力后退姿势，从而可保持固定的站立状态。也可使用带长柄的绳套，其方法基本同上。将绳套套入上腭后，迅速捻紧而固定。

提举保定法：抓住猪的两耳，迅速提举，使猪腹面朝前，并以膝部夹住其颈胸部；也可抓住后肢飞节，并将其后躯提起，夹住其背部而固定。

（5）犬的简易保定法

扎嘴保定：取绷带一段，先以半结做成套，绕犬的上、下颌一周，迅速扎紧，另个半结在下颌腹侧，两游离端顺下颌骨向后引至两耳后，绕到耳后颈部打结。

嘴套保定：将嘴套套住犬的上、下颌，嘴套固定带游离端先向后牵引至两耳后系紧。

项圈保定：先将项圈套住犬的头部，然后将项圈尾部绳系紧。

二维码 8-1　羊的保定（视频）

二维码 8-2　犬的保定（视频）

2. 栏内保定法

本法适用于大家畜的临床检查和治疗。

（1）单柱栏保定法　多用于室外或田野。将缰绳系于立柱（或树桩）上，用颈绳（或直接用缰绳），对马、骡和驴，可绕颈部后系结固定，对牛则绕两角系结固定。

（2）二柱栏内保定法　先将家畜引至柱栏的左侧，并令其靠近柱栏，之后将缰绳系于柱栏横梁前端的铁环上，再将脖绳系于前柱上，最后缠绕围绳及吊挂胸、腹绳。

(3)四柱栏保定法　本法常用于诊疗室内。保定栏内备有胸革与臀革(或用扁绳代替)、肩革及腹革。保定时,先挂好胸革;将家畜从柱栏后方引进,并把缰绳系于某一前柱上;挂上臀革。如此,对家畜便可进行一般检查。某些检查(如检查口腔),可按需要同时利用两前柱固定头部(或同时系好肩革)。在直肠检查时,须上好腹革及肩革,并将尾举向侧方或固定于后柱的某一铁环上。在导尿(特别是公马)或某些外伤处理时,还须固定一或两后肢,以防踢蹴。

二、动物给药方法

(一)胃管给药

投胃管既可以对食道、胃进行临床检查,同时也是临床常用给药方法。

胃管给药方法:投管前应将家畜确实保定。事先将胃管进行彻底清洗、消毒,然后在胃管表面涂擦凡士林或液状石蜡等润滑剂。对马属动物,一手掐住马的鼻中隔软骨,一手将胃管前端沿下鼻道的底壁缓缓送入。在牛、羊、猪常用开口器开口后将胃管自口腔送入。当胃管前端到达咽腔时即感觉有抵抗,此时不要强行推送,可轻轻来回抽动胃管,当引起动物吞咽动作时,应乘机送入食道内。如动物不吞咽,可用手捏压咽部或拨弄舌头以诱发吞咽。

胃管在食管中的标志是:当胃管通过咽后,用胶皮球向胃管内打气时,不但能顺利打入,而且在左侧颈沟部可见到有气流通过引起的波动;将压扁的胶皮球插入胃管外口内也不会鼓起来;把胃管在食管内向下推进时,可感到稍有阻力,乃至在颈部可看到胃管逐渐向下移动的迹象;将胃管外口放入水中,没有或有极少的气泡产生。诊疗结束后,缓慢将胃管抽出,用清水冲洗干净。

(二)注射给药

1. 皮内注射法

皮内注射法主要用于某些变态反应诊断(如牛的结核菌素皮内反应)或药物过敏试验(如绵羊痘预防接种和马鼻疽菌素皮内试验)等。

注射部位:多在肩胛部或颈侧中部1/3处,大耳朵犬也可在耳背部。绵羊痘接种在尾根、腋下或股内侧。马鼻疽菌素皮内反应在眼睑皮内。

注射方法:注射部剃毛,用75%酒精消毒后,左手食指和拇指绷紧注射部皮肤(或左手拇指与食指将术部皮肤捏起并形成皱褶);右手持注射器,使之与皮肤呈60°角,刺入皮内,注入规定量的药液即可。如推注药液时感到有一定阻力且注入药液后局部形成一小球状隆突,即为确实注入真皮层的标志。拔出注射针,术部消毒,但应避免压挤局部。

2. 皮下注射法

皮下注射法是将药液注入于皮下结缔组织内,经毛细血管、淋巴管吸收而进入血液循环的方法。凡是易溶解,无刺激性的药品、菌苗、疫苗均可皮下注射。因皮下有脂肪层,吸收较慢,一般须经5～10 min呈现药效。

注射部位:通常选择皮肤较薄、皮下组织发达、疏松而血管较少的部位,如颈部或股内侧皮下为较佳的部位。家畜多在颈侧,犬、猫在颈部或股内侧,禽类在颈中部,兔在颈部。

注射方法:先将动物保定好,再局部剪毛(对供玩赏用的长毛狮子犬等,为了避免因剪毛影响外观,可在注射局部用消毒棉球将被毛向四周分开),用70%酒精棉球消毒后,左手食指、中指和拇指将注射部皮肤轻轻掐起形成一皱褶,右手持注射器将针头刺入皱褶处皮下,深1.5～

2 cm;也可在注射部位先用针头深刺入肌肉然后用左手拇指和食指在注射部将皮肤和针头一起捏住,向上提拉,使针头进入皮下,将针头与注射器连接后右手将注射器内药液注入皮下,注药完毕,用酒精棉球按住进针部皮肤,拔出针头,轻轻按压进针部皮肤,局部用碘酊消毒。

注意事项:刺激性强的药品不能做皮下注射;药量多时,可分点注射,注射后最好对注射部位轻度按摩或温敷。

3. 肌内注射法

肌肉内血管多,药液注入后吸收较快,仅次于静脉注射;又因感觉神经较皮下少,疼痛较轻。一般刺激性较强的和较难吸收的药液,如水剂青霉素、维生素 B_1,或需达到药效和不能或不宜经口服给药时,或不能或不宜做静脉注射而又要求比皮下注射更迅速发生疗效者,均可肌内注射。但刺激性很强的药液,如氯化钙、水合氯醛和浓盐水等,都不能做肌内注射。因肌肉组织致密,仅能注入较小的剂量。

注射部位:应选择肌肉丰满无大血管及神经干的部位,如臀部、背部肌肉。大家畜及猪、羊等动物选择臀部和颈侧。犬、猫等小动物选择腰部肌肉,即脊柱两边的肌肉。但注射菌苗和疫苗时,规定的注射部位为后肢肌肉。禽在翼根内侧肌肉、胸部肌肉和腿部肌肉进行注射。

注射方法:大家畜及猪、羊等动物经确实保定后,注射部剪毛、消毒,宠物可将注射部被毛分开后消毒。术者用左手的拇指和食指将注射部皮肤绷紧,右手持连接针头的注射器,使针头与皮肤呈 60°角垂直刺入肌肉内,深 2～2.5 cm,回抽注射器针拴,针头无回血时,改用左手持注射器,以右手推动活塞手柄,即可将药液推入肌肉内。注射完毕后,局部应再次消毒。

为安全起见,对大家畜也可先以右手持注射针头,直接刺入局部,然后以左手把住针头和注射器,右手推动活塞手柄,注入药液。

4. 静脉注射法

将药液直接注射到静脉血管内的方法,称为静脉注射法。药液直接注入于静脉内,随血液而分布全身,可迅速发生药效,当然其排泄也快,因而在体内的作用时间较短;能容纳大量的药液,并可耐受(被血液稀释)刺激性较强的药液(如氯化钙、水合氯醛等)。静脉注射法一般用于药物不宜口服、皮下或肌内注射,需迅速发生药效时(如急救强心等);药物因浓度高、刺激性大、量多而不宜采取其他注射方法时;做诊断、试验检查时,如为肝、肾、胆囊等 X 线摄片;输液和输血时;用于静脉营养治疗时。

注射部位:大家畜牛、羊、马在颈部上 1/3 与中 1/3 交界处的颈静脉上,马、牛也可用胸外静脉或母牛的乳静脉;猪、兔采用耳静脉注射;犬可选用前肢腕关节稍上方的静脉或后肢跗关节外侧、距跗关节上方 5～10 cm 处的外侧隐静脉前肢上;猫选用后肢股内侧的隐静脉。禽类在肱窝处的翼根静脉,鸭为肱静脉。

注射方法:首先将静脉注射的药液配好,装在输液吊瓶架上,排净输液管内的气泡,然后进行静脉注射。

(1)大家畜静脉注射　先压迫静脉的近心端,阻断血液回流,使静脉怒张;家畜牛、马的静脉注射用 16—18 号注射针头,局部剪毛、消毒,左手拇指压迫颈静脉的下方,使颈静脉怒张,对准已怒张的血管右手持针头以腕力使针头近似垂直地迅速用力刺入皮肤及血管,见针头回血,将针头继续向血管内推进,然后松开对颈静脉近心端的压迫,连接输液管接头,调整控制开关进行静脉注射,输液管用夹子固定在颈部皮肤上。

(2)耳静脉注射　将猪站立或横卧保定,耳静脉局部按常规消毒处理。

一人用手指捏压耳根部静脉处或用胶带于耳根部结扎,使静脉充盈、怒张(或用酒精棉反复于局部涂擦以引起其充血);左手把持猪耳,将其托平并使注射部位稍高;右手持连接针头的注射器,沿耳静脉管使针头与皮肤呈45°角,刺入皮肤及血管内,轻轻抽回活塞手柄如见回血即为已刺入血管,再将注射器放平并沿血管稍向前伸入;解除结扎胶带或撤去压迫静脉的手指,左手拇指压住注射针头,右手徐徐推进药液,注完为止。

(3)其他静脉注射　乳静脉注射时压迫远离乳房的一端血管;犬的静脉注射可用弹力橡胶管扎紧注射部上方的肢体使血管怒张;猫的隐静脉注射时用手指压迫隐静脉近心端。手持注射针头顺血管方向与皮肤呈45°角,刺入血管内,刺入正确时可见到回血,调整针头与血管的角度,继续将注射针头送入血管内,解除对静脉近心端的压迫或松去弹力橡胶管结扎带,打开连接输液瓶上的控制开关即可点滴输液,用胶布固定针头,以防止针头从血管内移出。

在注射过程中要经常观察是否漏针,若发现漏针,应立即停止注射,重新调整针头,待正确刺入血管后再继续注入药液。注药完毕,拔下针头,用酒精棉球压迫片刻后可松解保定。

注意事项:

①严格遵守无菌操作原则,防止感染。

②仔细检查药物,如有变质、沉淀、浑浊、有效期已过或安瓿瓶有裂痕等现象,则不能应用。

③根据药液量、黏稠度和刺激性的强弱选择合适的注射器和针头。

④选择合适的注射部位,防止损伤神经和血管,避开发炎、感染化脓、旧针眼处、硬瘢痕及患皮肤病处。淤血及血肿部位不宜进行注射。

⑤药物按规定时间临时抽取,立即注射。注射前,排尽空气。

⑥进针后,先抽有无回血,静脉注射见回血方可注入药物,皮下、肌内注射无回血方可注入药物。

⑦切勿把针梗全部刺入,以防针梗从根部衔接处折断。万一针头折断,应保持局部与肢体不动,迅速用血管钳夹住断端拔出,如全部埋入肌肉,需请外科医生手术取出。为防止针头折断,刺入时应与皮肤呈垂直的角度并且用力的方向应与针头方向一致。

⑧长期肌内注射的病畜,注射部位应交替更换,以减少硬结的发生。

⑨多种药物同时注射时应注意药物配伍禁忌,在不同部位注射。对强刺激性药物不宜采用肌内注射,注射针头如接触神经时,动物骚动不安,应变换方向,再注药液。

5. 腹腔内注射法

腹膜是一层光滑的浆膜,分为壁层和脏层,两层之间是一个密闭的空腔,即腹膜腔。腹膜面积很大,大约等于体表皮肤的总面积;腹膜毛细血管和淋巴管多,吸收力强。当腹膜腔内有少量积液、积气时,可被完全吸收。利用腹膜这一特性,将药液注入腹膜腔内,经腹膜吸收进入血液循环,其药物作用的速度,仅次于静脉注射。

注射部位:小动物可在脐和耻骨前缘连线的中点,旁开腹白线一侧为注射部位。大动物可在左肷部或右肷部,牛在右侧肷窝部,马在左侧肷窝部,较小的猪则宜在两侧后腹部。

注射方法:术部剪毛、消毒后,用16—18号针头(小动物用7½号针头)垂直皮肤刺入,依次穿透腹肌和腹膜,当针头透过腹膜后,其阻力降低,有落空感。针头内不出现气泡及血液,也无腹腔脏器内容物溢出,经针头注入生理盐水无阻力,说明刺入正确。此时可连接注射器或连接输液吊瓶上的输液管接头向腹腔内注入药液,向腹膜腔内注入药液应加温至37～38 ℃,药液过凉，会引起胃肠痉挛产生腹痛。注入的药液应为等渗溶液且无刺激性；当膀胱积尿时，应轻轻压迫腹部，强迫排尿，待膀胱排空后再进行腹腔注射；注射过程中应防止针头退出腹腔外，必要时用胶布粘贴固定针头，一次注药量为 200～1 500 mL。注药完毕，拔下针头，局部消毒后松解保定。

注意事项：腹腔注射宜用无刺激性的药液；如药液量大时，则宜用等渗溶液，并将药液加温至近似体温的程度。

6. 气管内注射法

气管内注射是将药液直接注射到气管内，以治疗支气管炎、肺炎及肺脏内寄生虫的驱除。

注射部位：注射部位因家畜品种和治疗目的而有差别。治疗大家畜的支气管炎，应在第 3～4 气管环间进行注射；治疗肺炎时注射部位应接近胸腔入口处的气管环间进行注射；犊牛在气管的下 1/3 处软骨环间进行注射；绵羊及犬猫等动物在气管的上 1/3 处软骨环间进行注射。

注射方法：首先将动物的头抬高，使颈部处于伸展状态。注射部剪毛消毒后，将 16—18 号针头经皮肤垂直刺入气管内，当针头刺入气管内后有落空感，此时可缓慢将药液注入气管内。注射过程中要妥善保定动物头部，以防动物头颈部活动而使针头脱出或折断针头；注射的药液应加温至 38 ℃，刺激性强的药物禁忌做气管内注射。常用的药物有青霉素、链霉素、薄荷脑液状石蜡等。注射过程中若病畜剧烈咳嗽，可再注入 2%盐酸普鲁卡因 4～8 mL，以降低气管的敏感性。

学生工作单

<table>
<tr><td>课程</td><td>兽医临床基础</td><td>时间</td><td></td><td>组别</td><td></td></tr>
<tr><td>学生姓名</td><td colspan="5"></td></tr>
<tr><td>项目</td><td colspan="2"></td><td>模块</td><td colspan="2"></td></tr>
<tr><td>工作任务</td><td colspan="5">动物的保定与给药方法练习。</td></tr>
<tr><td>工作任务描述</td><td colspan="5">1. 掌握常见家畜保定方法。
2. 熟练进行各种动物给药。</td></tr>
<tr><td>学习目标</td><td colspan="5">能独立对动物进行临床诊疗和给药。</td></tr>
<tr><td>工作条件</td><td colspan="5">动物：猪、牛、羊、马、犬。
器材：剪毛剪、牛鼻钳、套猪器、开口器、胃管、耳夹子、长绳、嘴套、项圈、保定袋、导胃管、注射器等。</td></tr>
<tr><td>学习过程</td><td colspan="5">1. 如何对猪、马、牛、羊、犬进行保定？

2. 如何投胃管？

3. 如何对动物进行皮下注射、肌内注射、静脉注射？</td></tr>
<tr><td>学生评议</td><td colspan="5"></td></tr>
</table>

实训十四　犬的临床检查

【目标】掌握犬的一般临床检查程序内容及方法，掌握犬实验室检查的内容、方法。

【材料设备】

(1)动物：犬。

(2)器材：嘴套或项圈、听诊器、沙利氏血红蛋白计、血沉管和血沉架、5 mL 刻度试管、三用吸管、血细胞计数板、试管、5 mL 吸管、显微镜、载玻片、染色架、染色缸、滤纸、特种铅笔等。

(3)试剂：3.8%枸橼酸钠、生理盐水、食盐、0.1 mol/L 盐酸液或 1%盐酸液、0.85%氯化钠溶液、冰醋酸、1%亚甲蓝或 10%结晶紫液、瑞氏粉、吉姆萨粉、中性甘油、中性甲醇、磷酸二氢钾、磷酸氢二钠等。

【方法与步骤】

一、病畜登记

主要登记畜主姓名、地址，犬的种属、性别、年龄及毛色等。

二、检查程序及内容

(一)保定

在登记和保定过程中可向畜主询问病犬的现病史、过往病史及饲养管理情况。采用嘴套或项圈将病犬保定，保定要确实，保证不会伤到检查者。

(二)临床一般检查

1. 整体状态的观察。

2. 被毛、皮肤及皮下组织的检查。

3. 体温、脉搏及呼吸数的测定。

犬的体温、脉搏及呼吸数的测定须在动物安静状态下进行。

(1)体温的测定　测定体温通常用体温计在犬直肠内测量。测温时，先将温度计水银柱甩至 35.0 ℃以下；用消毒棉清拭之并涂以润滑剂；测温人员用一手将犬尾根部提起并推向对侧，另一手持体温表经肛门徐徐插入直肠中，并将固定于尾侧；停留 3～5 min，取出擦拭后记录读数；然后甩至 35.0 ℃以下，消毒备用。一般情况下正常成年犬体温在 37.5～38.7 ℃，幼龄犬在 38.2～39.2 ℃。

二维码 8-3　犬的体温测定

(2)脉搏及心跳次数的检查　犬的脉搏检查在股动脉，检查者位于犬的侧后方，一只手握后肢，一只手伸入股内侧感知股动脉的跳动。一般情况下正常犬的脉搏在 70～180 次/min。

(3)呼吸数检查　动物呼吸是由吸气和呼气两个过程组成的。检查者站在动物的前侧面，观察动物胸、腹壁的起伏动作或鼻翼的开张动作，一起一伏或开张一次为一次呼吸，也可将手背放在鼻孔前方来感觉呼出的气流，或用听诊器在肺部听诊测定呼吸数。一般情况下犬呼吸数在 15～30 次/min。

4. 眼结膜的检查

可用两手拇指或一手拇指、食指分别打开其上、下眼睑。观察眼结膜的颜色、分泌物和有无出血。病理情况下眼结膜颜色有潮红、苍白、发绀、黄疸。

5. 浅在淋巴结的检查

淋巴结主要有下颌淋巴结、颈前淋巴结、腹股沟淋巴结和膝上淋巴结等。淋巴结的检查，可用视诊、触诊，但常用触诊，必要时配合应用穿刺检查法。主要检查淋巴结是否有肿胀、化脓。

(三)实验室检查

1. 粪便检查

正常粪便主要由消化后未被吸收的食物残渣、消化道分泌物、大量细菌和无机盐及水等组成。粪便检查的主要的目的是：①了解消化道有无炎症、出血、寄生虫感染、恶性肿瘤等情况；②根据粪便的性状、组成、间接地判断胃肠、胰腺、肝胆系统的功能状况；③了解肠道菌群分布是否合理，检查粪便中有无致病菌以协助诊断肠道传染病。粪便进行实验室检查之前要进行一般检查。

粪便标本的采取直接影响结果的准确性，通常采用自然排出的粪便，标本采集时注意事项如下：①粪便检验应取新鲜的标本，盛器洁净，不得混有尿液，不可有消毒剂及污水，以免破坏有形成分，使病原菌死亡和污染腐生性原虫。②采集标本时应用干净的竹签选取含有黏液、脓血等病变成分的粪便；外观无异常的粪便须从表面、深处及粪端多处取材，其量至少为指头大小。③标本采集后应于 1 h 内检查完毕，否则可因 pH、消化酶等影响导致有形成分破坏分解。④查痢疾阿米巴滋养体时应于排便后立即检查。从脓血和稀软部分取材，寒冷季节标本传送及检查时均需保温。检查日本血吸虫卵时应取黏液、脓血部分，孵化毛蚴时至少留取 30 g 粪便，且须尽快处理。检查蛲虫卵须用透明薄膜拭子于晚 12:00 时或清晨排便前自肛门周围皱裂处拭取并立即镜检。⑤查找寄生虫虫体及做虫卵计数时应采集 24 h 粪便，前者应从全部粪便中仔细搜集或过筛，然后鉴别其种属；后者应混匀后检查。⑥做化学法隐血试验时，应于前 3 d 禁食肉类及含动物血食物并禁服铁剂及维生素 C。⑦做粪胆原定量时，应连续收集 3 d 的粪便，每天将粪便混匀称重后取 20 g 送检。⑧做细菌学检查的粪便标本应采集于灭菌有盖的容器内立即送检。⑨无粪便排出而又必须检查时，可经肛门或采便管拭取标本，灌肠或服油类泻剂的粪便常因过稀且混有油滴等而不适于做检查标本。⑩粪便检验后应将纸类或塑料标本盒投焚化炉中烧毁。搪瓷容器应泡于消毒液中(如过氧乙酸、煤酚皂液或新洁尔灭等)24 h，弃消毒液后，流水冲洗干净备用。所用玻片须用 5%煤酚皂液浸泡消毒。

(1)一般性状检查

①量：因为犬的体格大小、品种、饲喂情况不同，可通过询问畜主犬的排便量是否正常。

②外观：粪便的外观包括颜色与性状。

黏液便：正常粪便中的少量黏液，因与粪便均匀混合不易察觉，若有肉眼可见的黏液，说明其量增多。小肠炎时增多的黏液均匀地混于粪便之中；如为大肠炎症，由于粪便已逐渐成形，黏液不易与粪便混匀；来自直肠的黏液则附着于粪便的表面。单纯黏液无色透明、稍黏稠，脓性黏液则呈黄白色不透明，见于各类肠炎、细菌性痢疾等。

糖便：便呈粥状且内容粗糙，见于消化不良、慢性胃炎、胃窦潴留。

胨状便：患肠应激综合征的病犬常于腹部绞痛后排出黏胨状、膜状或纽带状物，某些慢性菌痢疾病犬也可排出类似的粪便。

脓性及脓血便：说明肠道下段有病变。常见于痢疾、溃疡性结肠炎、局限性肠炎、结肠或直肠癌。

柏油样黑便：上消化道出血时，红细胞被胃肠液消化破坏，释放血红蛋白并进一步降解为血红素、卟啉和铁等产物，在肠道细菌的作用下铁与肠内产生的硫化物结合成硫化铁，并刺激小肠分泌过多的黏液。粪便呈褐色或黑色，质软，富有光泽，宛如柏油。

稀糊状或稀汁样便：常因肠蠕动亢进或分泌物增多所致，见于各种感染或非感染性腹泻，尤其是急性胃肠炎。

白陶土样便：各种原因引起的胆管梗阻，进入肠内的胆汁减少，以致粪便胆素生成相应的减少甚至无粪便胆素产生，使粪便呈灰白色。

干结便：常由于习惯性便秘，粪便在结肠内停留过久，水分过度吸收而排出羊粪便样的硬球或粪便球积成的硬条状粪便。

③气味：正常粪便有臭味，主要因细菌作用的产物如吲哚、粪臭素、硫醇、硫化氢等引起的。

(2)显微镜检查

粪便直接涂片显微镜检查是临床常规检验项目。可以从中发现病理成分，如各种细胞、寄生虫卵、真菌、细菌、原虫等，并可通过观察各种食物残渣以了解消化吸收功能。为此，必须熟悉这些成分的形态。

一般采用生理盐水涂片法，以竹签取粪便异常的部分，若为成形便则自粪便表面、深处、粪便两端多处取材，混悬于载有一滴生理盐水的载玻片上，涂成薄片，厚度以能透视纸上字迹为度，加盖玻片，先用低倍镜观察全片有无虫卵、原虫包囊、寄生虫幼虫及血细胞等，再用高倍镜详细检查病理成分的形态及结构。

(3)饱和食盐水漂浮法

①饱和食盐溶液的配制：在 1 000 mL 开水中加食盐 380 g，充分搅拌，比重约为 1.18。

②卵囊的分离。

a)将粪便和 5 倍于粪便体积的生理盐水搅成混悬液。

b)将粪便混悬液经两层粗棉布(或先经 50 目后经 100～200 目网筛)滤过到第二个容器中，并将第二个容器中的滤过液倒入离心管中。

c)离心(3 000 r/min，3 min)，弃去上清液。

d)向沉淀中加入 10 倍的饱和盐水(先加少许，充分混匀后，再加其余的)充分混匀。

e)离心(3 000 r/min，3 min)。

f)捞取表层浮液，离心取沉淀。

g)取沉淀物混悬于载有一滴生理盐水的载玻片上，涂成薄片加盖玻片，先用低倍镜观察全片有无虫卵、原虫包囊、寄生虫幼虫及血细胞等，再用高倍镜详细检查病理成分的形态及结构。

2. 血常规检验

参见项目三中实训五血液样本的采集及处理、实训六血涂片制备及白细胞分类计数。

3. 尿常规检验

参见项目六中实训十一尿液实验室检查。

学生工作单

课程	兽医临床基础	时间		组别	
学生姓名					
项目	犬的临床检查		模块	一般检查、实验室检查	
工作任务	对病犬进行检查做出正确诊断，提交诊断报告。				
工作任务描述	1. 掌握犬一般检查程序、方法。 2. 掌握犬粪便、血液、尿液实验室检查方法。				
学习目标	通过一般检查和实验室检查做出诊断报告。				
工作条件	动物：犬。 器材：嘴套或项圈、听诊器、沙利氏血红蛋白计、血沉管和血沉架、三用吸管、血细胞计数板、试管、吸管、显微镜、载玻片、染色架、染色缸、滤纸等。				
学习过程	1. 如何对病犬进行一般临床检查？ 2. 如何对犬的粪便进行感官和实验室检查？ 3. 如何对犬的尿液进行感官和实验室检查？ 4. 通过一般检查和实验室检查做出诊断报告。				
学生评议					

实训十五　鸡的临床检查与病理剖检

【目标】熟练掌握鸡临床检查的方法，能够对鸡进行病理剖检并做出正确诊断。

【材料设备】体温计、手术刀、组织剪、镊子、一次性橡胶手套、0.1%新洁尔灭等。

【方法与步骤】

一、鸡的临床检查

通常情况下，对个别特殊的鸡只，检查外观、羽毛、可视黏膜（天然孔附近）、皮肤、关节、眼鼻、泄殖腔、呼吸音等。对病鸡群的个体两种检测方式：一种是对一定数量的病鸡逐只进行检查；另一种是随机拦截一小群逐只进行检查，分别记录检查结果，然后统计，看看有某种症状病鸡的总数和所占比例，这对疾病的初步诊断很有好处。

（一）群体检查

群体检查的目的主要在于掌握鸡群的基本状况。在进入鸡舍后，可以轻轻地敲击铁桶等物品或拍掌使发出突然的响声，此时如全群精神状况良好，则所有鸡只会停止采食、饮水和走动，凝视片刻，而病鸡则对声响毫无反应，闭目昏睡。看看无反应或反应迟钝的病鸡占多少比例，可以粗略了解疾病的严重程度。也可以拿一条小棍子，在鸡舍内边走边慢慢驱赶鸡只，健康的鸡只在你靠近之前早已走得远远的，而病鸡则行动笨拙或根本无反应。也可以在早晨添加饲料和饮水时观察鸡群的状况，健康的鸡群在添加饲料时都拥挤到食槽边争食饲料，而病鸡对饲料毫无兴趣，呆立不动，或啄食一下停很久再啄一下。在了解鸡群大体状况后，还要对鸡群仔细地做进一步观察，看看是否有异常。

（二）个体检查

1. 体温检查

体温变化是鸡发病的标志之一，可通过用手触摸鸡体或用体温计来检查。鸡正常体温为40～42 ℃。

（1）体温升高　有热源性刺激物作用时，体温中枢神经功能发生紊乱，产热和散热的平衡受到破坏，产热增多、散热减少而使体温升高，并出现全身症状称为发热。许多传染性疾病会引起禽只发热，如禽霍乱、沙门菌、新城疫、禽流感、热应激等。

（2）体温下降　鸡体散热过多而产热不足，导致体温在正常以下称体温下降，多见于营养不良、营养缺乏、中毒性疾病和濒死期的鸡只。

2. 冠髯检查

鸡正常情况下，冠和肉髯鲜红色，湿润有光泽，用手触诊有温热感觉。

①肿胀：多见于禽霍乱、禽流感、严重大肠杆菌或颈部皮下注射疫苗引起。

②苍白：若不萎缩，单纯性出现苍白，多见于白冠病、小鸡球虫病、弧菌肝炎、啄伤等。

③冠萎缩，颜色发黄：多见于消耗性疾病，如马立克病、淋巴白血病，因大肠杆菌感染引起

输卵管炎或其他病感染引起卵泡萎缩等。

④发绀，暗红色：多见于新城疫、禽霍乱、呼吸系统疾病等。

⑤蓝紫色：多见于 H5 禽流感感染。

⑥发黑者：多见于盲肠球虫病（又称黑头病）。

⑦有皮屑无光泽者：多见于营养不良、维生素 A 缺乏、真菌感染和外寄生虫病。

⑧有痘斑者：多见于禽痘。

⑨有小米粒大小梭状出血和坏死：多见于卡氏白细胞原虫病。

3. 鼻腔检查

检查鸡鼻腔时用左手固定鸡的头部，先看两鼻腔周围是否清洁，然后用右手拇指和食指挤压两鼻孔，观察鼻孔有无鼻液或异物。健康鸡鼻孔无鼻液。值得注意的是，凡伴有鼻液的呼吸道疾病一般可发生不同程度的眶下窦炎，表现眶下窦肿胀。

①透明无色的浆液性鼻液：多见于卡他性鼻炎。

②黄绿色或黄色伴黏液状鼻液，黏稠，灰黄色、暗褐色或混有血液的鼻液，混有坏死组织、伴有恶臭鼻液：多见于传染性鼻炎。

③鼻液量较多：常见于传染性鼻炎、禽霍乱、禽流感、鸡败血型支原体病、鸭瘟等。

④少量鼻液：可见于新城疫、传染性支气管炎、传染性喉气管炎、鸭衣原体病等。

⑤挤出黄色干酪样渗出物：多见于维生素 A 缺乏。

⑥鼻腔内有痘斑：多见于禽痘。

4. 眼部检查

正常情况下鸡的两眼有神，特别是两眼圆睁，瞳孔对光线刺激敏感，结膜潮红，角膜白色。在检查眼时，注意观察角膜颜色、有无出血和水肿、角膜完整性和透明度、瞳孔情况和眼内分泌物情况。

①眼半睁半闭，眼部变成条状：多见于传染性喉气管炎，环境中氨气、甲醛浓度过高。

②眼部出现流泪，严重时眼下羽毛被污染：临床多见于传染性眼炎、传染性鼻炎、传染性喉气管炎、鸡痘、支原体感染以及氨气、甲醛浓度过高。

③眼角膜充血、水肿、出血：多见于结膜炎、眼型鸡痘、禽曲霉菌病、禽大肠杆菌、支原体等。另外，当环境尘土过多也可以引起，应注意区别。

④眼部出现肿胀：严重时上、下眼睑结合在一起，内积大量黄色豆腐渣样物。临床多见于传染性眼炎、支原体、黏膜型鸡痘、维生素 A 缺乏，肉仔鸡大肠杆菌、葡萄球菌、绿脓杆菌感染等。

⑤眼角膜发红：临床多见于大肠杆菌。

⑥角膜浑浊，严重形成白斑和溃疡：临床多见于眼型马立克病。

⑦结膜有痘斑：多见于黏膜型鸡痘。

5. 脸部检查

正常情况下，家禽脸部红润，有光泽，特别是产蛋鸡更明显，脸部检查注意脸部颜色是否出现肿胀和脸部皮屑情况。

①脸部出现肿胀：若用手触诊，脸部出现发热，有波动感，多见于禽霍乱、传染性喉气管炎；触诊无波动感，多见于支原体感染、禽流感、大肠杆菌病。

②若两个眶下窦肿胀：多见于窦炎、支原体等。

③脸部有大量皮屑：多见于维生素A缺乏、营养不良和慢性消耗病。

④单侧肿胀、可挤出液体：可见于支原体感染。

⑤蓝紫色肿胀：多见于禽流行性感冒。

⑥除面颊肿胀以为，头部皮屑变硬：肿头症候群。

6. 口腔检查

用左手固定头部，右手大拇指向下扳开下喙，并按压舌头，然后左手中指从下颚间隙后方将喉头向上轻压，然后观察口腔。正常情况下，家禽口腔内湿润有少量液体，有温热感。口腔检查时注意上颚裂、舌、口腔黏膜及食管、喉头、气管等变化。

(1)口腔黏膜上形成一层白色假膜　多见于念珠菌。口腔黏膜出血溃疡，口腔及食管乳头变大，融合形成溃疡：多见于维生素A缺乏。上腭腭裂处形成干酪物：多见于支原体感染、黏膜型鸡痘。口腔内积有大量酸臭绿色液体：临床多见于新城疫、嗉囊炎和反流性胃炎。口腔积有大量黏液：临床多见于禽流感、大肠杆菌、禽霍乱等。口腔有泡沫液体：多见于呼吸系统疾病。口腔有血样黏条：多见于传染性喉气管炎。口腔积有稀薄血液：多见于卡氏白细胞原虫病、肺出血、弧菌肝炎等。

(2)喉头出现水肿出血　多见于传染性喉气管炎、新城疫、禽流感等。喉头被黄色干酪样物栓子阻塞：多见于传染性喉气管炎后期。喉头、气管上形成痘斑：多见于黏膜型鸡痘。气管内有黄色块状或凝乳状干酪样物：多见于支原体、传染性支气管炎、新城疫、禽流感等。舌尖发黑：多见于药物引起或循环障碍性疾病。舌根部出现坏死，反复出现吞咽动作：多见于家禽采食长草或绳头缠绕，使舌部出现坏死。鸭喙出现变形：上喙变短、变形，多见于鸭光过敏和药物过敏。

7. 嗉囊检查

嗉囊位于食管颈端和胸端交接处，在锁骨前形成一个膨大的盲囊，呈球形，弹性很强。鸡、火鸡的嗉囊比较发达。常用视诊和触诊的方法检查嗉囊。

①软嗉：体积膨大，触诊发软、有波动，如将禽的头部倒垂，同时按压嗉囊可从口腔流出液体，并有酸败味，临床常见于某些传染病、中毒性疾病；火鸡患新城疫时，嗉囊内有大量黏稠液体。

②硬嗉：当禽只缺乏运动、饮水不足，或喂单一干料，常发生硬囊，按压时呈面团状。

③垂嗉：嗉囊逐渐增大，总不空虚，内容物发酵有酸味，临床多见于饲喂大量粗饲料而引起。

④嗉囊破溃：多见于误食石灰或氢氧化钠引起。

⑤嗉囊壁增厚：用手触诊嗉囊壁增厚，多见于念珠菌感染。

8. 皮肤及羽毛检查

正常情况下，成年家禽羽毛整齐光滑、发亮、排列匀称，刚出壳雏禽有纤细的绒毛，皮肤因品种、颜色不同而有差异。

①皮肤上形成肿瘤：多见于皮肤型马立克病。

②皮肤上形成溃疡：在皮肤上形成溃疡，毛易脱落，皮下出现出血，临床多见于葡萄球菌感染。

③皮下出现白色胶样渗出物：多见于维生素E和亚硒酸钠缺乏。

④皮下出现绿色胶样渗出物：多见于绿脓杆菌感染。

⑤脐部愈合差，发黑，腹部较硬：多见于沙门菌、大肠杆菌、葡萄球菌、绿脓杆菌感染引起的脐炎。

⑥羽毛无光泽，容易脱落：多见于维生素 A 缺乏、营养不良、慢性消耗性疾病或外寄生虫病。

⑦皮下形成脓肿，严重破溃、流脓：临床上多见于外伤或注射疫苗感染引起。

⑧皮下形成气肿，严重时禽类像气球吹过一样：多见于外伤引起气囊破裂，进入皮下引起。

9. 胸部检查

正常情况下胸部平直，胸部肌肉附着良好，肉鸡胸肌发达，蛋禽胸部肌肉适中，肋骨隆起。在临床检查中注意胸骨平直情况、两侧肌肉发育情况以及是否出现囊肿等。

①胸骨出现弯曲，肋骨（软骨部分）出现凹陷：多见于钙、磷、维生素 D 缺乏，钙、磷比例不当，氟中毒。

②胸骨部分出现囊肿：多见于肉种鸡、仔鸡运动不足或垫料太硬引起。

③胸骨呈刀脊状：多见于一些慢性消耗性疾病，如马立克病、淋巴白血病、大肠杆菌引起的腹膜炎、输卵管炎。

10. 腹部检查

正常情况下，家禽腹部大小适中，相对比较丰满，特别是产蛋鸡、肉鸡用手触诊，温暖柔软而有弹性，在腹部两侧后下方可触及肝脏后缘；腹部下方可触及较硬的肌胃。对鸭、鹅需要用手触摸，可感到肌胃在手掌内滚动，按压有韧性。在临床过程中应注意观察腹部的大小、弹性、波动感等。

①容积变小：新城疫、禽流感等病毒病一般没有此变化，多见于家禽采食量下降和产蛋鸡停产。

②容积变大：若肉鸡腹部容积增大，触诊有波动感，临床多见于腹水综合征。若蛋鸡腹部较大，走路像企鹅，临床多见于家禽早期感染传染性支气管炎、衣原体引起的输卵管不可逆病变，导致大量蛋黄或水在输卵管内或腹腔内聚积。若雏禽腹部较大，用手触摸较硬，临床多见于由大肠杆菌、沙门菌或早期温度低引起卵黄吸收不良所致。禽流感、新城疫等疾病不常见。

③腹部变硬：触诊感觉很厚，临床多见于鸡过肥、腹部脂肪过多聚集引起。若肉鸡腹部触诊较硬，临床多见于大肠杆菌感染。产蛋鸡瘦弱，胸骨呈刀背状，腹部较硬且大，临床多见于大肠杆菌、沙门菌感染而引起输卵管内积有大量干酪样物质所致。腹部感觉有软硬不均的小块状物体，触诊有痛感，腹腔穿刺有黄色或灰黄色带有腥臭味浑浊的液体，多提示卵黄性腹膜炎。肝脏肿胀至耻骨前沿，多见于淋巴白血病。

11. 泄殖腔检查

正常情况下，泄殖腔周围羽毛清洁。高产鸡肛门呈椭圆形、湿润、松弛。检查时检查者用手抓住鸡的两腿把鸡倒悬起来，使肛门朝上用右手拇指和食指翻开肛门，观察肛道黏膜的色泽、完整性、紧张度、湿度和有无异物等。

①形成假膜，肛门周围发红肿胀，并形成一种有韧性、黄白色干酪样假膜。将假膜剥离后，留下粗糙的出血面。临床常见于慢性泄殖腔炎（也称肛门后淋）或鸭瘟。

②石灰样分泌物，肛门肿胀，周围覆盖有多量黏液状灰白色分泌物，其中有少量的石灰质。

常见于母鸡前殖吸虫病、大肠杆菌病等。

③脱肛，肛门明显突出，甚至肛门外翻并且充血、肿胀，发红或发紫。常见于高产母鸡或难产母鸡不断努责引起的脱肛症。

④泄殖腔黏膜发生出血，坏死。常见于外伤、新城疫与鸭瘟。

二、鸡的病理剖检

禽病直接威胁着养禽业的发展。目前，人们虽然采取种种预防措施，尽力减少或控制诸多疾病的流行，但一些亚临床型、非典型性疫病和新病不断发生，给养禽业造成很大损失，也给临床诊断带来很多麻烦。病理剖检是诊断禽病的一种重要手段。许多禽病，通过尸体剖检能观察到特征性病理变化，再结合发病情况、流行特点及临床症状，一般可予以确诊。在实际工作中，若能带着问题对某些器官进行有针对性、有目的性的检查，更能收到事半功倍的效果。

(一)病禽外观检查

先观察群体病禽的营养状况；羽毛是否蓬乱、污秽及有无脱毛等现象；皮肤有无淤血、出血、肿胀、结痂等；再检查天然孔有无分泌物流出，分泌物的颜色、性状如何，数量多少等；还要个别检查可视黏膜的色泽，是否有充血、淤血、出血、贫血等病变；观察泄殖腔周围的羽毛有无粪便污染，粪便颜色、气味如何；关节、腿、爪(蹼)有无肿胀、扭曲、粗大、变形或其他异常。

(二)禽尸剖检

将病死禽或处死禽浸于常水或消毒水中使羽毛浸湿，洗去尘垢、污物，先将腹壁和大腿内侧的皮肤切开，用力将大腿按下，使髋关节脱臼，将两大腿向外展开，从而固定尸体。再于胸骨末端后方将皮肤横切，与两侧大腿的竖切口连接，然后将胸骨末端后方的皮肤拉起，向前用力剥离到头部，使整个胸腹及颈部的皮下组织和肌肉充分暴露，以便检查皮下组织和肌肉是否存在病变(如水肿、出血、结节、变性、坏死等)。然后在胸骨后腹部横切穿透腹壁，从腹壁两侧沿肋骨头关节处向前方剪断肋骨和胸肌，然后握住胸骨用力向上向前翻拉，去掉胸骨露出体腔，观察内部情况(如位置、颜色、腹水性状、有无肿胀、充血、出血、坏死等)。术者用手指伸到肌胃下，向上勾起，从腺胃前端剪断，在靠近泄殖腔处把肠剪断，将整个消化道连同脾脏取出。小心切断肝脏韧带并连同心脏一起取出。如果是公禽注意保留睾丸的完整；如果是母禽可把卵巢和输卵管取出，使肾脏和法氏囊显现出来。用小镊子将陷于肋间的肺脏完整取出，从嘴角一侧剪开至食管和嗉囊，把气管剪开。从鼻孔上方切断鸡喙，露出鼻腔，用手挤压，检查分泌物的性状和鼻腔及眶下窦有无病变。剪开眶下窦，剥离头部皮肤，用弯尖剪剪开颅腔露出大脑、小脑。在大腿内侧剪去内收肌，暴露出坐骨神经。此外，脊柱两侧、肾脏后部有腰荐神经，肩胛和脊椎之间有臂神经，在颈椎两侧、食管两旁可找到迷走神经，若需要时，可分别重点检查。

剖检术应由表及里先实质器官，后腔性器官进行检查。剖检时，要仔细检查各组织器官的病变，并逐一做好记录，以便归类分析，做出正确的病理学诊断。

1. 体表检查

肥而丰满的病死禽，多死于急性病(如成禽发生急性传染病、雏禽过食、嗉囊扩张等)；瘦而衰弱的病死禽，往往死于慢性病(如寄生虫病、消耗性病、营养不良性病等)。皮肤上有结节，可见于皮肤型马立克病；皮肤大面积青紫，可见于新城疫、鸭瘟、巴氏杆菌病等；个别死禽皮肤呈片状出血、淤血，多见于外伤；皮肤上有水肿、出血、脱毛等可见于葡萄球菌病等。鸡冠、肉髯发绀，多见于新城疫、禽霍乱、禽流感等。可视黏膜、冠髯苍白或发绀、羽毛逆立蓬乱、泄殖腔周围有粪血污染，多为球虫病。头部有多发性丘疹样结节或结痂，往往是鸡痘。肉髯肿胀多见于慢性巴氏杆菌病及支原体病。头面部皮下水肿，无色或淡黄色渗出物增多，多为肿头综合征、禽流感等。眼睑肿胀，多见于慢性呼吸道病或传染性鼻炎、禽流感等。虹膜褪色、瞳孔缩小或形状不规则，多见于眼型马立克病；眼结膜充血潮红，眼球浑浊或失明，可见于传染性鼻炎、葡萄球菌病、支原体病等；眼结膜充血肿胀，有散在性出血点，是鸭瘟的病变特征。肛门外翻，后躯不洁，多为传染病引起的下痢（如雏鸡白痢、大肠杆菌病）和肠炎。腿关节及胫关节肿胀、粗大、变形，常见于病毒性关节炎、支原体病、大肠杆菌病、葡萄球菌病或微量元素缺乏症（如锰缺乏症）。

2. 皮肤检查

禽类皮下脂肪含量少，剖检时应注意观察，若皮下脂肪有出血点或出血性胶冻样浸润，可见于传染性败血症；皮下有充血、淤血、出血、水肿、坏死等多为葡萄球菌病；腹部皮下及大腿内侧有淡绿色胶冻样水肿液，多是缺硒的表现；硒-维生素 E 缺乏时，也可见皮下脂肪出血、肌间出血、胸肌和腿肌上出现灰白色条纹等病变。若单一性肌肉出血，多见于磺胺类药物中毒、传染性法氏囊病、住白细胞原虫病、包涵体肝炎等，鸡卡氏白细胞虫病的病变特征为肌肉苍白，胸部、腿部肌肉出现点状或片状出血。

3. 胸、腹腔检查

胸、腹腔内有出血点、出血斑，可见于传染性败血症；胸、腹腔内有积血或血凝块，多是腔积血；腹腔内有大量清亮透明或淡黄色的液体，常见于肝硬化、腹水症等；若有大量纤维素性渗出物并致使各脏器粘连在一起，多见于大肠杆菌病、沙门菌病、腹膜炎或陈旧性卵黄脱落症；雏鸡腹腔内有大量黄绿色渗出液，常见于硒-维生素 E 缺乏症，这一病变多与上述皮下肌间的病变相一致。

4. 呼吸道检查

鼻腔内渗出物增多或充满黏稠脓性液体，多见于传染性鼻炎、禽霍乱、禽流感、支原体肺炎和大肠杆菌感染引发的肿头综合征等。气管内有覆膜，可见于黏膜性鸡痘；气管内有大量干酪样渗出物，可见于传染性喉气管炎、传染性鼻炎、支原体肺炎、新城疫等。

5. 肺脏检查

检查肺脏时，若发现有大面积硬结肿块，可能是淋巴细胞性白血病、马立克病。雏鸡肺上有灰白色坏死灶或灰色肝变区并伴随有心、肝等器官变性、坏死的病变，多见于雏鸡白痢；若肺脏上有米黄色小结节，可见于霉菌性肺炎；肺脏呈灰红色，表面有纤维素性渗出物附着，常见于大肠杆菌病；肺部以淤血、水肿和实变为特征，有时见到黑紫色坏疽样病变，应为肺型葡萄球菌病。气囊增厚、浑浊并有干酪样渗出物，可见于传染性喉气管炎、传染性鼻炎、败血支原体病、新城疫等。气囊上附有纤维素性渗出物，常见于大肠杆菌病或沙门菌感染。

6. 消化道检查

剖检时，可见口腔、咽部、食道有黄白色脓液状小结节，多为维生素 A 缺乏症；有片状烂斑或溃疡，多为维生素 B_2 缺乏症；消化道黏膜表面有假膜，尤以食道黏膜上出现充血性浅在溃疡，大小不一，表面有淡黄色物质附着，是鸭瘟的病变特征。腺胃乳头充血、出血，腺胃与肌胃交界处有带状出血，多为传染性法氏囊病和新城疫；而腺胃的弥漫性出血或分泌物黏稠、增多，多与饲料单一或配比不当有关；腺胃肿胀、增厚、有肿块或结节，多见于马立克病或寄生虫病。肌胃角质层发生溃疡，多见于长期采食霉变饲料或日粮中铜含量过高；硫酸铜中毒死亡的病例，剖检可见食道、嗉囊黏膜出现凝固性坏死，胃肠黏膜有渗出性炎性反应。腺胃、肌胃萎缩，多见于营养不良，慢性消耗性疾病或日粮过精，砂粒采入量过少。小肠黏膜充血、出血，见于球虫病、新城疫、禽流感、禽霍乱、中毒等。盲肠有出血、肿胀、糜烂、溃疡，多见于传染性法氏囊病和新城疫；肠黏膜弥漫性充血、出血，整个肠道呈紫红色，多为大肠杆菌病；盲肠有出血、坏死，多为球虫病（以出血为主）或盲肠肝炎（以坏死为主）；见肠黏膜上有肉芽肿或肿瘤，应考虑为结核病或马立克病。

7. 肝脏检查

肝脏肿大呈暗红褐色，横切面流出大量的暗红色的凝固不良的血液或见到多量黑紫色血凝块（陈旧禽尸），应为肝淤血（但要注意与死亡倒、卧、侧形成的坠积性淤血相区别）；若是肝表面有多个灰黄色或灰白色增生性结节或油脂状肿瘤结节，多为马立克病、淋巴细胞性白血病、结核病等；肝脏肿大呈紫红色或铜锈色，被膜增厚并有渗出物附着，可见于大肠杆菌病；肝脏肿大并有粟粒大小灰白色或黄白色坏死灶，表面可见出血斑点，多见于禽霍乱、沙门菌病，而卡氏白细胞虫病多以肝脏表面有芝麻至绿豆大小出血斑点的病变为主；肝有结节状凸凹不平的肿胀物或体积缩小，硬度增加，多为肝癌或肝硬化；肝表面有鱼眼状溃疡灶或葡萄样坏死灶（中央部为灰黄色坏死，周边有出血环隆起），应为肝炎；肝脏明显肿大，呈灰黄色或土黄色，脆性增加，油腻光滑，常是脂肪肝的表现；若肝肿大呈淡紫红色，多是葡萄球菌病。有时大肠杆菌病、腹水综合征、支原体病、包涵体肝炎等可出现包膜下血肿或发生肝破裂。

8. 脾脏检查

脾脏肿大变圆，表面有灰白色油脂样增生结节或散在有细小白点，可见于马立克病、淋巴细胞性白血病；脾脏高度肿大，被膜紧张，色泽暗紫，脾髓软化如泥，往往是急性细菌性败血症（如巴氏杆菌病）；脾脏被膜增厚并伴有絮状渗出物附着，可见于腹腔内炎症、内脏型马立克病或坠卵型腹膜炎；脾轻度肿大，多为大肠杆菌病、传染性法氏囊病等。

9. 心脏检查

心包腔内有黄白色渗出物，发生绒毛心或心外膜和心包膜粘连，可见于纤维素性心包炎、沙门菌病、支原体病、大肠杆菌病等；心脏有肉芽肿，心脏变形，多为雏鸡白痢病；心包内有白色尿酸盐沉积，多为内脏型痛风病；心包扩张，内积多量透明液体，心室扩张，体积增大，多为肉鸡腹水症；心外膜下出血，心尖及心冠脂肪组织上有出血点、出血斑，可见于许多急性传染病（如禽流感、禽霍乱、新城疫、鸡伤寒等）；心肌有片状或带状坏死灶，可见于雏鸡白痢、白肌病；心肌有瘤状物，见于马立克病；心脏扩张，心肌色泽变淡，多见于硒-维生素 E 缺乏症。

10. 肾脏检查

肾脏被膜上有灰白色粉末状物沉积，多因饲料配合不当，钙、磷比例失调或肾型传染性支气管炎引起；肾脏内部有黄白色微细颗粒沉着或出现结石，多为尿酸盐沉着、维生素 A 缺乏、重金属中毒、尿毒症、沙门菌感染等疾病引起。肾脏肿大并有肿瘤出现，多见于淋巴细胞性白血病和马立克病。

11. 法氏囊检查

法氏囊是禽的中枢免疫器官。法氏囊上有结节性肿瘤多见于淋巴细胞性白血病;法氏囊增大或萎缩,可能为马立克病;法氏囊充血、出血、水肿、坏死,有些病例呈紫葡萄状,有些病例呈胶冻样,内含多量脓性黏液,为传染性法氏囊病;这些病例有时还伴有泄殖腔黏膜充血、出血,分泌物增多。在病程后期,可见法氏囊萎缩,囊内有黄色絮状物或干酪样物质。

12. 生殖系统检查

剖检时,应重点检查卵巢、输卵管、睾丸等病变。卵巢水泡样肿大,见于淋巴细胞性白血病、马立克病;卵泡异形、出血、灰暗、坏死、破裂、萎缩,多见于急性大肠杆菌病、雏鸡白痢等。母鸭(特别是产蛋期母鸭)的卵巢上呈弥漫性出血,有些病例整个卵巢呈紫红色,切开时流出红色而浓稠的卵黄液体,这是鸭瘟的特征性病变;输卵管苍白、萎缩或输卵管及子宫黏膜肥厚(产无壳蛋、异常蛋者)并可见管腔内有白色渗出物或干酪样物,见于传染性支气管炎和减蛋综合征。睾丸肿大增生,多见于淋巴细胞性白血病和急性马立克病;睾丸萎缩并见有脓肿灶,往往是沙门菌病。

13. 神经系统检查

脑膜出血水肿,脑实质灶状软化,坏死组织呈灰白色豆腐脑样变,病久死亡者可见到脑内有黄绿色浑浊的液体,多见于雏禽硒-维生素 E 缺乏症。若发现剖检病例之神经干(臂神经、坐骨神经)呈水肿样,比对侧神经粗大 2～3 倍,在同一条神经干上还可见到若干个小结节,使神经变得粗细不匀,并呈现灰白、灰黄色变化(正常颜色为银白色),病禽临床表现劈叉式姿势,应为马立克病。

学生工作单

课程	兽医临床基础	时间		组别	
学生姓名					
项目	鸡的临床检查和病理剖检		模块	鸡临床检查、鸡病理剖检	
工作任务	对鸡进行临床检查和病理剖检,提交诊断报告。				
工作任务描述	1. 掌握鸡一般检查程序、方法。 2. 掌握鸡剖检方法、病变与疾病。				
学习目标	通过临床检查和剖检对病鸡做出准确的诊断报告。				
工作条件	动物:鸡。 器材:体温计、手术刀、手术剪、一次性橡胶手套等。				
学习过程	1. 如何进行鸡群体检查? 2. 如何对鸡群的个体进行检查? 3. 如何对鸡进行病理剖检?				

续表

	4.掌握剖检病变与鸡病的关系。 5.通过临床检查和剖检对病鸡做出准确诊断报告。
学生评议	

实训十六　羊的临床检查与病理剖检

【目标】熟练掌握羊临床检查的方法，能够对羊进行病理剖检并做出正确诊断。

【材料设备】体温计、听诊器、手术刀、组织剪、镊子、一次性橡胶手套、0.1%新洁尔灭等。

【方法与步骤】

一、病畜登记

按照病志所列各项详细记载，如畜主姓名、住址；患畜的种别、年龄、性别、毛色、特征；发病日期，了解病史等。

二、临床一般检查

对羊进行精神状态、营养、体格发育、被毛皮肤等一般检查，以及体温、脉搏及呼吸数的测定。重点进行反刍及嗳气检查。

二、病理剖检

羊的尸体剖检，通常采取左侧卧位，以便于取出约占腹腔3/4的瘤胃。

(一)外部检查

外部检查包括检查畜别、品种、年龄、性别、毛色、营养状态、皮肤和可视黏膜以及部分尸征等。

(二)体腔的剖开与内脏的采出

1.剥皮

将尸体仰卧，自下颌部起沿腹部正中线切开皮肤，至脐部后把切线分为两条，绕开生殖器或乳房,最后于尾根部汇合。再沿四肢内侧的正中线切开皮肤,到球节做一环形切线,然后剥下全身皮肤。传染病尸体,一般不剥皮。在剥皮过程中,应注意检查皮下的变化。

2. 切离前、后肢

为了便于内脏的检查与摘除,羊先将右侧前、后肢切离。切离的方法是将前肢或后肢向背侧牵引,切断肢内侧肌肉、关节囊、血管、神经和结缔组织,再切离其外、前、后三方面肌肉即可取下。

3. 腹腔脏器的摘出

(1)切开腹腔　先将母畜乳房或公畜外生殖器从腹壁切除,然后从肷窝沿肋弓切开腹壁至剑状软骨,再从肷窝沿髂骨体切开腹壁至耻骨前缘。注意不要刺破肠管,造成粪水污染。

切开腹腔后,检查有无肠变位、腹膜炎、腹水或腹腔积血等异常。

(2)腹腔器官摘出　剖开腹腔后,在剑状软骨部可见到网胃,右侧肋骨后缘部为肝脏、胆囊和皱胃,右肷部可见盲肠,其余脏器均被网膜覆盖。因此,为了摘出羊的腹腔器官,应先将网膜切除,并依次摘出小肠、大肠、胃和其他器官。

①切取网膜。检查网膜的一般情况,然后将两层网膜撕下。

②小肠的摘出。提起羊盲肠的盲端,沿盲肠体向前,在三角形的回盲韧带处分离一段回肠,在距盲肠约 15 cm 处做双重结扎,从结扎间切断。再抓住回肠断端向身前牵引,使肠系膜呈紧张状态,在接近小肠部切断肠系膜。由回肠向前分离至十二指肠空肠曲,再做双重结扎,于两结扎间切断,即可取出全部小肠。采出小肠的同时,要边切边检查肠系膜和淋巴结等有无变化。

③大肠的摘出。先在骨盆口找出直肠,将直肠内粪便向前挤压并在直肠末端做一次结扎,并在结扎后方切断直肠。抓住直肠断端,由后向前分离直肠系膜至前肠系膜根部。再把横结肠、肠袢与十二指肠回行部之间的联系切断。最后切断前肠系膜根部的血管、神经和结缔组织,可取出整个大肠。

④羊胃、十二指肠和脾的摘出。先将胆管、胰管与十二指肠之间的联系切断,然后分离十二指肠系膜。将瘤胃向后牵引,露出食管,并在末端结扎切断。再用力向后下方牵引瘤胃,用刀切离瘤胃与背部联系的组织,切断脾膈韧带,将羊的胃、十二指肠及脾脏同时采出。

⑤胰、肝、肾和肾上腺的采出。胰脏可从左叶开始逐渐切下或将胰脏附于肝门部和肝脏一同取出,也可随腔动脉、肠系膜一并采出。肝脏采出,先切断左叶周围的韧带及后腔静脉,然后切断右叶周围的韧带、门静脉和肝动脉(勿伤右肾),便可采出肝脏。采出肾脏和肾上腺时,首先应检查输尿管的状态,然后先取左肾,即沿腰肌剥离其周围的脂肪囊,并切断肾门处的血管和输尿管,采出左肾。右肾用同样方法采出。肾上腺可与肾脏同时采出,也可单独采出。

4. 胸腔脏器的摘出

(1)锯开胸腔　锯开胸腔之前,应先检查肋骨的高低及肋骨与肋软骨结合部的状态。然后将膈的左半部从季肋部切下,用锯把左侧肋骨的上下两端锯断,只留第一肋骨,即可将左胸腔全部暴露。锯开胸腔后,应注意检查左侧胸腔液的量和性状,胸膜的色泽,有无充血、出血或粘连等。

(2)心脏的摘出　先在心包左侧中央做十字形切口,将手洗净,把食指和中指插入心包腔,提取心尖,检查心包液的量和性状;然后沿心脏的左侧纵沟左右各 1 cm 处,切开左、右心室,检查血量及其性状；最后将左手拇指和食指分别伸入左、右心室的切口内，轻轻提取心脏，切断心基部的血管，取出心脏。

(3)肺脏的摘出　先切断纵隔的背侧部，检查胸腔液的量和性状；然后切断纵隔的后部；最后切断胸腔前部的纵隔、气管、食管和前腔动脉，并在气管轮上做一小切口，将食指和中指伸入切口牵引气管，将肺脏取出。

(4)腔动脉的摘出　从前腔动脉至后腔动脉的最后分支部，沿胸椎、腰椎的下面切断肋间动脉，即可将腔动脉和肠系膜一并采出。

5. 骨盆腔脏器的摘出

先锯断髂骨体，然后锯断耻骨和坐骨的髋臼支，除去锯断的骨体，盆腔即暴露。用刀切离直肠与盆腔上壁的结缔组织。母羊还应切离子宫和卵巢，再由盆腔下壁切离膀胱颈、阴道及生殖腺等，最后切断附着于直肠的肌肉，将肛门、阴门做圆形切离，即可取出骨盆腔脏器。

6. 口腔及颈部器官的摘出

先切断咬肌，再在下颌骨的第一臼齿前，锯断左侧下颌支；再切断下颌支内面的肌肉和后缘的腮腺、下颌关节的韧带及冠状突周围的肌肉，将左侧下颌支取下；然后用左手握住舌头，切断舌骨支及其周围组织，再将喉、气管和食管的周围组织切离，直至胸腔入口处，即可采出口腔及颈部器官。

7. 颅腔的打开与脑的摘出

(1)切断头部　沿环枕关节切断颈部，使头与颈分离，然后除去下颌骨体及右侧下颌支，切除颅顶部附着的肌肉。

(2)取脑　先沿两眼的后缘用锯横行锯断，再沿两角外缘与第一锯相接锯开，并于两角的中间纵锯一正中线，然后两手握住左右两角，用力向外分开，使颅顶骨分成左右两半，这样脑即可取出。

8. 鼻腔的锯开

沿鼻中线两侧各 1 cm 纵行锯开鼻骨、额骨，暴露鼻腔、鼻中隔、鼻甲骨及鼻窦。

9. 脊髓的摘出

剔去椎弓两侧的肌肉，凿(锯)断椎体，暴露椎管，切断脊神经，即可取出脊髓。

上述各体腔的打开和内脏的摘出，是系统剖检的程序。在实际工作中，可根据生前的病性，进行重点剖检，适当地改变或取舍某些剖检程序。

(三)某些组织器官检查要点

1. 皮下检查

在剥皮过程中进行，要注意检查皮下有无出血、水肿、脱水、炎症和脓肿，并观察皮下脂肪组织的多少、颜色、性状及病理变化性质等。

2. 淋巴结

要特别注意颌下淋巴结、颈浅淋巴结、髂下淋巴结、肠系膜淋巴结、肺门淋巴结等的检查。注意检查其大小、颜色、硬度，与其周围组织的关系及横切面的变化。

3. 肺脏

首先，注意其大小、色泽、重量、质度、弹性、有无病灶及表面附着物等。然后，用剪刀将支气管剪开，注意检查支气管黏膜的色泽、表面附着物的数量、黏稠度。最后，将整个肺脏纵横切割数刀，观察切面有无病变，切面流出物的数量、色泽变化等。

4. 心脏

首先，检查心脏纵沟、冠状沟的脂肪量和性状，有无出血。然后，检查心脏的外形、大小、色泽及心外膜的性状。最后，切开心脏检查心腔。沿左侧纵沟切开右心室及肺动脉，同样再切开左心室及主动脉。检查心腔内血液的性状，心内膜、心瓣膜是否光滑，有无变形、增厚，心肌的色泽、质度，心壁的厚薄等。

5. 脾脏

脾脏摘出后，注意其形态、大小、质度；然后纵行切开，检查脾小梁、脾髓的颜色，红、白髓的比例，脾髓是否容易刮脱。

6. 肝脏

首先，检查肝门部的动脉、静脉、胆管和淋巴结。然后，检查肝脏的形态、大小、色泽、包膜性状、有无出血、结节、坏死等。最后，切开肝组织，观察切面的色泽、质度和含血量等情况。注意切面是否隆突，肝小叶结构是否清晰，有无脓肿、寄生虫性结节和坏死等。

7. 肾脏

先检查肾脏的形态、大小、色泽和质度，然后由肾的外侧面向肾门部将肾脏纵切为相等的两半（禽除外），检查包膜是否容易剥离，肾表面是否光滑，皮质和髓质的颜色、质度、比例、结构，肾盂黏膜及肾盂内有无结石等。

8. 胃的检查

检查胃的大小、质度，浆膜的色泽，有无粘连、胃壁有无破裂和穿孔等。反刍动物胃的检查，特别要注意网胃有无创伤，是否与膈相粘连。如果没有粘连，可将瘤胃、网胃、瓣胃、皱胃之间的联系分离，使四个胃展开。然后沿皱胃小弯与瓣胃、网胃之大弯剪开；瘤胃则沿背缘和腹缘剪开，检查胃内容物及黏膜的情况。

9. 肠管的检查

从十二指肠、空肠、回肠、大肠、直肠分段进行检查。在检查时，先检查肠管浆膜面的情况。然后沿肠系膜附着处剪开肠腔，检查肠内容物及黏膜情况。

10. 骨盆腔器官的检查

公畜生殖系统的检查，从腹侧剪开膀胱、尿管、阴茎，检查输尿管开口及膀胱、尿道黏膜，尿道中有无结石，包皮、龟头有无异常分泌物；切开睾丸及副性腺检查有无异常。母畜生殖系统的检查，沿腹侧剪开膀胱，沿背侧剪开子宫及阴道，检查黏膜、内腔有无异常；检查卵巢形状，卵泡、黄体的发育情况，输卵管是否扩张等。

11. 脑的检查

打开颅腔之后，首先检查硬脑膜有无充血、出血和淤血。然后，切开大脑，检查脉络丛的性状和脑室有无积水。最后，横切脑组织，检查有无出血及溶解性坏死等变化。

学生工作单

课程	兽医临床基础	时间		组别	
学生姓名					
项目	羊的临床检查和病理剖检		模块	羊临床检查、羊病理剖检	
工作任务	对羊进行临床检查和病理剖检，提交诊断报告。				
工作任务描述	1. 掌握羊一般检查程序和方法。 2. 掌握羊剖检方法、病理组织器官的检查及其临床意义。				
学习目标	通过临床检查和剖检对病羊做出准确诊断报告。				
工作条件	动物：羊。 器材：体温计、听诊器、手术刀、手术剪、一次性橡胶手套等。				
学习过程	1. 如何对羊进行保定？ 2. 羊的临床检查程序有哪些？ 3. 如何对羊进行全身检查？ 4. 如何对羊进行病理剖检？ 5. 通过临床检查和剖检对病羊做出准确诊断报告。				
学生评议					

实训十七　猪的临床检查与病理剖检

【目标】熟练掌握猪临床检查的方法，能够对猪进行病理剖检并做出正确诊断。

【材料设备】体温计、听诊器、手术刀、组织剪、镊子、一次性橡胶手套、0.1%新洁尔灭等。

【方法与步骤】

一、猪的临床检查

由于猪的临床检查与犬、羊的临床检查基本相同，详见犬、羊的临床检查。

二、猪的病理剖检

每种猪病的确诊必须经过流行病学、临床症状、病理剖检、实验室诊断等综合判断才能确诊，其中尸体剖检是确诊中很重要的一个环节，大部分养殖场的兽医人员都是通过剖检变化而确诊的，虽然没有经过实验室诊断就确诊是很不科学的，但由于实验室诊断要求的较高一般养殖场不具备这样的条件，而将病死猪送到专业的实验室去检验又延误了治疗时机，所以病死猪的尸体剖检就成了确诊疾病的重要依据。

（一）外部检查

检查四肢、眼结膜的颜色、皮肤等有无异常，下颌淋巴结是否有肿胀现象等。如亚急性猪丹毒，或见到皮肤大小比较一致的方形、菱形或圆形疹块；急性猪瘟，皮肤多有密集的或散在的出血点（或淤血点）；口蹄疫，四肢、口腔有水疱；猪疥螨病，皮肤粗糙有皮屑、背毛脱落、皮肤潮红甚至出血有痂皮；猪链球菌病，皮肤有突起的脓包，切开脓包流出淡黄色液体；附红细胞体病，眼结膜黄染。检查肛门附近有无粪便污染等。

猪外部检查与疾病的对应关系，见表 8-1。

表 8-1　猪外部检查与疾病的对应关系

器官	病理变化	疾病诊断
眼	眼角有泪痕或眼屎	猪流行性感冒、猪瘟
	眼结膜充血、苍白、黄染	热性疾病、贫血、黄疸
	眼睑水肿	猪水肿病
口鼻	鼻孔有炎性渗出物流出	流感、萎缩性鼻炎、喘气病、包涵体鼻炎
	鼻歪斜，颜面部变形	萎缩性鼻炎
	上唇吻突及鼻孔周围有水泡糜烂	猪口蹄疫、猪水疱病、猪水疱性疹、猪水疱性口炎
	齿龈、口角有点状出血	猪瘟
	唇、齿龈、颊部黏膜溃疡、坏死齿龈水肿	猪坏死杆菌病
		猪水肿病
皮肤	皮肤上有大小不等的紫红斑、指压褪色	急性猪丹毒、猪弓形虫病
	皮肤上有方形、菱形红色疹块	亚急性猪丹毒
	胸、腹和四肢内侧皮肤有出血斑点	猪瘟
	耳部、背部等部位皮肤坏死、脱落	猪坏死杆菌病
	下腹部和四肢内侧等处发生痘疹	猪痘
	颜面及头颈部皮下水肿	猪水肿病
	蹄部皮肤出现水泡、糜烂、溃疡	口蹄疫、水疱病、水疱性疹、水疱性口炎
	咽喉部明显肿大	猪炭疽、急性猪肺疫
肛门	肛门周围和尾部有粪污染	下痢性疾病

(二)固定、剖腹检查脏器

1. 固定

尸体取背卧位,一般先切断肩胛骨内侧和髋关节周围的肌肉(仅以部分皮肤与躯体相连),将四肢向外侧摊开,以保持尸体仰卧位置。

2. 剖开腹腔

从剑状软骨后方沿腹壁正中线由前向后至耻骨联合切开腹壁,再从剑状软骨沿左右两侧肋骨后缘切开至腰椎横突。腹壁被切成大小相等的两楔形,将其向两侧分开,腹腔脏器即可全部露出。剖开腹腔时,应结合进行皮下检查。看皮下有无出血点、黄染等。在切开皮肤时需要检查腹股沟浅淋巴结,看有无肿大、出血等异常现象。

3. 腹腔器官的采出与检查

腹腔切开后,须先检查腹腔脏器的位置和有无异物等。腹腔器官的取出有两种方法。

第一种方法,胃肠全部取出,先将小肠移向左侧,以暴露直肠,在骨盆腔中单结扎。切断直肠,左手握住直肠断端,右手持刀,从向前腰背部分离割断肠系膜根部等各种联系,至膈时,在胃前单结扎剪断食管,取出全部胃肠道。

第二种方法,胃肠道分别取出。①在回盲韧带(将结肠圆锥体向右拉,盲肠向左拉,即可看到回盲韧带),游离缘双结扎,剪断回肠,在十二指肠道,双结扎剪断十二指肠。左手握住回断端,右手持刀,逐渐切割肠系膜至十二指肠结扎点,取出空肠和回肠。②先仔细分离十二指肠、胰与结肠的交叉联系,再从前向后分离割断肠系膜根部和其他联系,最后分离并单结扎剪断直肠,取出盲肠、结肠和直肠。取出十二指肠,胃和胰。

取出腹腔的各器官后要逐一检查,可按脾、肠、胃、肝、肾的次序检查。

(1)脾　检查脾门血管和淋巴结,脾的长、宽、厚、重量、形态、色泽、包膜的紧张度、有无肥厚、梗死、脓肿及瘢痕。检查脾的质地,然后做一两个纵切。脾脏淤血时脾显著肿大,变软,切面有暗红色的血液流出。增生性皮炎时脾稍肿大,较实;萎缩时,包膜肥厚皱缩。急性猪瘟时脾发生出血性梗死。

(2)肠　检查肠壁的薄厚,黏膜有无脱落、出血,肠淋巴结有无肿胀等。对十二指肠、空肠、回肠、大肠、直肠进行分段检查。在检查时先检查肠管浆膜面的色泽,有无粘连、肿瘤、寄生虫、结节等。然后剪开肠管,随时检查肠管的内容物的数量、性状、气味、有无血液、异物、寄生虫。除去肠内容物后检查黏膜的性状、有无肿胀、发炎、充血、出血、寄生虫及其他病变。患猪副伤寒的猪肠黏膜表面覆盖糠麸样物质。

(3)胃　检查胃内容物的性状、颜色,剖去内容物看胃黏膜有无出血、脱落穿孔等现象。先观察大小、浆膜面的颜色、有无粘连。胃壁有无破裂和穿孔。剪开胃看胃的内容物的数量、性状、含水量、气味、色泽、成分、有无寄生虫。最后检查胃黏膜的色泽,注意有无水肿、充血、溃疡、肥厚等病变。

(4)肝　检查肝的颜色、质地等。先检查肝门部的动脉、静脉。胆管、淋巴结,然后检查肝脏的形态、大小、色泽、包膜性状、有无出血、结节、坏死等。切开组织看切面的色泽、质地和含血量。注意有无脓肿、寄生虫、坏死结节、肝小叶结构是否清晰。

(5)胆　检查胆囊是否肿大及胆汁的颜色是否正常。

（6）肾　先检查肾脏的形态、大小、色泽、质地。两个肾先做比较，看大小是否一样有无肿胀。注意包膜的性状，是否光滑透明、容易剥离，包膜剥离后检查肾表面的色泽、有无出血、瘢痕、梗死等病变。然后由肾的外侧向肾门将肾纵切为相等的两半，检查皮质和髓质的厚度、光泽、交接部血管的状态和组织纹理结构。检查肾盂有无积尿、积脓、结石等。

（7）膀胱　看膀胱的弹性、膀胱内膜有无出血点等。

（8）生殖器官　公猪检查睾丸、附睾。检查外部形态、大小、质地、色泽、有无充血、出血、瘢痕、结节、化脓和坏死等。母猪检查子宫、卵巢和输卵管。先注意卵巢的外形、大小，卵黄的数量、色泽，有无充血、出血、坏死等病变。观察输卵管的浆膜有无粘连，水肿液，黏膜有无肿胀，出血等病变。检查阴道、子宫时除了观察子宫的大小及外部病变外，还要检查阴道、子宫颈、子宫体直至左右两侧子宫角内容物的性状及黏膜的病变。

4. 胸腔剖开与各器官的检查

先检查胸腔压力，然后从两侧最后肋骨的最高点至第一肋骨的中央做锯线，锯开胸腔。用刀切断横膈附着部、心包、纵隔与胸骨间的联系，除去锯下的胸骨，胸腔即被打开。另一剖开胸腔的方法是：用刀（或剪）切断两侧肋软骨与肋骨结合部，再把刀伸入胸腔划断脊柱左右两侧肋骨与胸椎连接部肌肉，按压两侧胸壁肋骨，折断肋骨与胸椎的连接，即可敞开胸腔。

打开胸腔后先看肾包膜有无粘连、是否有纤维状物渗出，传染性胸膜肺炎时有此症状。

肺：看左右肺的大小、质地、颜色等。气喘病肺变为肉样、放在水中下沉，正常的肺放在水中是不下沉的。猪肺疫时肺脏表面因出血水肿呈大理石样外观。

心脏：先检查心脏纵沟冠状沟的脂肪量和性状。有无出血，然后检查心脏的外形、大小、色泽及心外膜的性状。检查心脏时注意血液的性状，检查心内膜的色泽、光滑度、有无出血、各个瓣膜是否肥厚、心肌有无坏死变性等。看心包膜有无出血点，切开心脏看二尖瓣、三尖瓣有无异常现象。猪丹毒溃疡性心内膜炎，增生，二尖瓣上有灰白色菜花赘生物检查时应特别注意。

肺脏：注意大小、颜色、重量、质地、弹性、有无病灶及表面附着物。然后剪开支气管，观察颜色表面附着物的数量、黏稠度。最后将肺脏纵横切割数刀，观察切面有无病变，切面流出物的数量、色泽变化等。

5. 颅腔剖开

清除头部皮肤和肌肉，先在两侧眶上突后缘做一横锯线，从此锯线两端经额骨、顶骨侧面至枕嵴外缘做二平行的锯线，再从枕骨大孔两侧做一“V”字形锯线与二纵线相连。此时将头的鼻端向下立起，用槌敲击枕嵴，即可揭开颅顶，露出颅腔。看有无出血点、萎缩、坏死现象。

6. 口腔和颈部器官采出

剥去颈部和下颌部皮肤后，用刀切断两下颌支内侧和舌连接的肌肉，左手指伸入下颌间隙，将舌牵出，剪断舌骨，将舌、咽喉、气管一并采出。看气管有无黏液、出血点等，扁桃体有无肿大、出血点等。

猪体内器官病变及可能涉及的疾病，见表 8-2。

表 8-2　猪体内器官病变及可能涉及的疾病

器官	病变	可能涉及的疾病
淋巴结	颌下淋巴结肿大、出血性坏死	炭疽、链球菌病
	全身淋巴结呈大理石样、出血(淋巴结周边出血)	猪瘟
	淋巴结全部出血，切面呈黑色	炭疽
	咽、颈及肠系膜淋巴结有黄白色干酪样坏死	猪结核病
	充血、水肿、小点状出血	急性猪肺疫、猪丹毒、链球菌病
	支气管淋巴结和肠系膜淋巴结有髓样肿胀，扁桃体有出血点或出血斑	猪气喘病、猪肺疫、传染性胸膜炎、副伤寒、猪繁殖与呼吸综合征
	肿大、切面均质如脂肪样，肠系膜淋巴结呈索状肿	猪圆环病毒病
肝	肝出血(点状、斑块样或条索样出血灶)	败血性感染、霉饲料中毒、棉籽饼中毒、附红细胞体病
	局灶性肝坏死(针尖至黄豆大，灰白色或灰黄色)	副伤寒、李氏杆菌病、巴氏杆菌病、伪狂犬病、弓形虫病、蛔虫移行性肝坏死
	大块性肝坏死(灰红色或黄色暗红色间杂，后期呈红褐色、棕黄色或深红色)	仔猪硒-维生素 E 缺乏、蛋氨酸缺乏、砷铜中毒、霉菌毒素中毒
	胆囊出血	猪瘟、猪胆囊炎
脾	边缘出血性梗死	猪瘟
	稍肿大，樱桃红色	猪丹毒
	淤血(明显肿大，黑红色或蓝黑色，切面突起，流出多量血液)	链球菌病、沙门菌病、炭疽、附红细胞体病
胃	胃黏膜斑点状出血、溃疡	猪瘟、胃溃疡
	胃黏膜充血、卡他性炎，呈大红布样	猪丹毒、食物中毒
	黏膜下水肿	水肿病
小肠	黏膜点状出血	猪瘟、猪繁殖与呼吸综合征
	节段性出血性坏死、浆膜下有小气泡	仔猪红痢
	以十二指肠为主的出血性、卡他性炎	仔猪黄痢、猪丹毒、食物中毒
	肠壁菲薄，呈半透明状，肠壁血管充血呈树枝状	猪传染性胃肠炎、轮状病毒腹泻、流行性腹泻
	回肠增生变厚，有堤状皱褶或/和血样内容物(或纯血液)	出血性增生性回肠炎(劳累氏菌引起)
大肠	盲肠、结肠有广泛糠麸样覆盖物(污灰色、黄绿色或褐色)	慢性副伤寒
	盲肠出血、结肠黏膜扣状溃疡	慢性猪瘟
	大肠急性出血性炎症	猪痢疾

续表 8-2

器官	病变	可能涉及的疾病
肺	小叶性肺炎(发炎小叶肿大、隆起,质地较实,紫红色,切面平滑、湿润;从细支气管内可挤出黏液或黏液脓性分泌物;发炎小叶周围有隆起的灰白色气肿或塌陷的肉样膨胀不全区;发炎小叶若为灰白色,多为慢性炎症或继发感染)	见于条件性病原(多杀性巴氏杆菌、副猪嗜血杆菌、链球菌、猪肺炎支原体、波氏支气管败血杆菌、化脓棒状杆菌、猪霍乱沙门菌)、猪流感、物理因素(尘埃、刺激性气体、低温等)
	大叶性肺炎(大理石样外观)	猪肺疫
	散发的灰白色或淡黄色隆起的结节(黄豆大至蚕豆大),质硬,周围有一圈红晕,若发生坏死,则结节中心呈褐色、烟褐色或黄绿色且中心凹陷	霉菌性肺炎
	肺高度水肿,肺小叶高度增宽,呈半透明状,肺浆膜下水肿,感到特别有光泽	弓形虫病引起的猝死
	肺小叶增宽,但小于弓形虫引起的 2 mm 的增宽幅度,也无肺浆膜下水肿	最急性传染性胸膜肺炎引起的猝死
	粟粒性、干酪样结节	结核病
心脏	心外膜斑点状出血	猪瘟、猪肺疫、链球菌病、猪繁殖与呼吸综合征
	心包积液	多继发于某些传染病(链球菌病、副猪嗜血杆菌病、梭菌性肠毒血症、水肿病、猪瘟、猪繁殖与呼吸综合征)、恶病质、肾炎、肾病、肝炎、右心衰竭
	心包积脓	链球菌病、葡萄球菌引起的心包炎、化脓性肺炎波及心包
	“虎斑心”(心肌呈灰黄色与红色相间的外观)	新生仔猪口蹄疫
	心肌条纹状坏死(苍白或灰褐色)	硒-维生素 E 缺乏、棉籽饼中毒、猪应激综合征、脑心肌炎病毒感染
	纤维素性心外膜炎	猪肺疫
	心瓣膜灰白色菜花样增生物	慢性猪丹毒、链球菌病
	心肌内有米粒大小白色囊泡	猪囊尾蚴病
肾	苍白、小出血点	猪瘟
	暗红、小出血点	伪狂犬病
	淤血(肿大、暗红,切面湿润,流出多量血液)	链球菌病、猪丹毒、肠毒血症、猪繁殖与呼吸综合征、右心衰竭
膀胱	针尖至针头大出血点	猪瘟
	斑状、片状出血	中毒性疾病
	纤维素性或化脓性炎症(黏膜粗糙,其上覆盖有纤维素或脓液,常伴有黏膜溃疡、出血)	链球菌病、大肠杆菌病、化脓棒状杆菌病

续表 8-2

器官	病变	可能涉及的疾病
浆膜及浆膜腔	浆膜出血	猪瘟、链球菌病
	纤维素性胸膜炎及粘连	猪肺疫、猪传染性胸膜肺炎、副猪嗜血杆菌病
睾丸	单侧或双侧肿大、发炎、坏死、萎缩	乙型脑炎、布鲁氏菌病
肌肉	臀部、肩胛肌、咬肌等有米粒大小泡囊	猪囊尾蚴
	肌肉组织出血、坏死、气泡	恶性水肿
	腹斜肌、大腿肌、肋间肌等有与肌纤维平行的毛根状小体	住肉孢子虫
血液	凝固不良	链球菌病、中毒性疾病

(三)注意事项

(1)在猪死亡以后,尸体剖检进行越快、准确诊断的概率越高。尸体剖检必须在死后变性不太严重时尽快进行。夏季须在死后 4～8 h 之内完成,冬季不得超过 18～24 h。

(2)剖检中要做好记录,将每项检查的各种异常现象详细记录下来,以便根据异常现象做出初步诊断。

(3)剖检过程中要注意个人的防护,剖检人员必须戴手套,防止手划伤感染。

(4)尸体剖检应在规定的解剖室进行,剖检后要进行尸体无害化处理,如抛到规定的火碱坑内。剖检完后所用的器具要用消毒液浸泡消毒。解剖台、解剖室地面等都要进行消毒处理,最后进行熏蒸消毒处理。防止病原扩散,以便下次使用。解剖人员剖检完后应换衣消毒,特别应注意鞋底的消毒。

学生工作单

<table>
<tr><td>课程</td><td>兽医临床基础</td><td>时间</td><td></td><td>组别</td><td></td></tr>
<tr><td>学生姓名</td><td colspan="5"></td></tr>
<tr><td>项目</td><td colspan="2">猪的临床检查和病理剖检</td><td>模块</td><td colspan="2">猪临床检查、猪病理剖检</td></tr>
<tr><td>工作任务</td><td colspan="5">对猪进行临床检查和病理剖检,提交诊断报告。</td></tr>
<tr><td>工作任务描述</td><td colspan="5">1. 掌握猪一般检查程序、方法。
2. 掌握猪剖检方法、组织器官病理检查及其临床意义。</td></tr>
<tr><td>学习目标</td><td colspan="5">通过临床检查和剖检对病猪做出准确诊断报告。</td></tr>
<tr><td>工作条件</td><td colspan="5">动物:猪。
器材:体温计、听诊器、手术刀、手术剪、一次性橡胶手套等。</td></tr>
<tr><td>学习过程</td><td colspan="5">1. 如何对猪进行临床检查?</td></tr>
</table>

续表

学习过程	2.如何对病死猪进行病理剖检？ 3.通过临床检查和剖检对病猪做出准确诊断报告。
学生评议	

实践任务成绩考核评分单

评分人				
团队成绩考核评分单				
学习任务				
团队成员				
评价内容	评价标准	赋分	得分	备注
分析任务	任务目标明确、完成任务计划合理	10		
任务分工	任务难易程度和工作强度分配合理	10		
资料收集	相关资料分析翔实	10		
任务方案	方案合理	20		
任务完成	检查与评价良好	30		
团队精神	团队合作好	10		
创新意识	有创新点	10		
合计		100		

团队成员成绩评分单									
评价内容	评价标准	赋分	成员姓名						备注
纪律情况	参加团队活动积极性和出勤情况	15							
态度情况	任务完成的及时性、完成态度	15							
个人成果	个人完成的任务质量	40							
在团队中的作用	完成任务的质与量的程度	10							
创新	个人或团队成果中发挥的创新作用	20							
合计		100							

参考文献

[1] 姚卫东,戴永海.兽医临床基础.北京:中国农业大学出版社,2008.
[2] 章红兵,丁岚峰.兽医临床诊疗基础.北京:科学出版社,2012.
[3] 徐世文.兽医临床诊疗基础.3版.北京:中国农业出版社,2012.
[4] 曾元根,徐公义,兽医临床诊疗技术.2版.北京:化学工业出版社,2015.
[5] 邱深本,李喜旺.动物药理.2版.北京:化学工业出版社,2016.
[6] 刘振湘,梁学勇.动物传染病防治技术.2版.北京:化学工业出版社,2016.
[7] 陈怀涛.动物疾病诊断病理学.2版.北京:中国农业出版社,2012.
[8] 钱锋.动物病理.北京:化学工业出版社,2012.
[9] 郭定宗.兽医临床检验技术.北京:化学工业出版社,2006.
[10] 邓俊良.兽医临床实践技术.北京:中国农业大学出版社,2007.
[11] 葛兆宏.动物微生物,北京:中国农业出版社,2001.
[12] 陆承平,刘永杰.兽医微生物学.6版.北京:中国农业出版社,2021.
[13] 姚卫东,范俊娟.兽医临床基础.北京:化学工业出版社,2014.
[14] 钱景富,王亚华,化军.禽病防制.北京:中国农业大学出版社,2023.
[15] 范俊娟,刘衍芬,曹晶,等.猪病防制.北京:中国农业大学出版社,2022.

附　录

教学资源索引